신역 자산어보

신역 자산어보

원저 정약전
글 이두순
그림 강우규

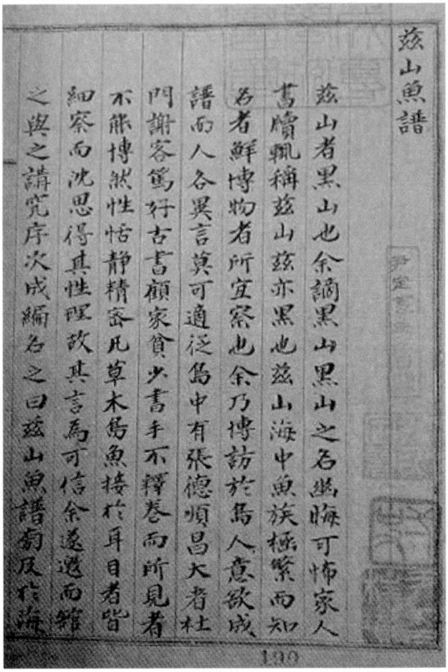
玆山魚譜

玆山者黑山也余謫黑山黑山之名幽晦可怖家人
書牘輒稱玆山玆亦黑也玆山海中魚族極繁而知
名者鮮博物者所宜察也余乃博訪於島人意欲成
譜而人各異言莫可適從島中有張德順昌大者杜
門謝客篤好古書顧家貧少書手不釋卷而所見者
不能博然性恬靜精密凡草木鳥魚接於耳目者皆
細察而沈思得其性理故其言爲可信余遂邀而館
之與之講究序次成編名之曰玆山魚譜旁及於海

190

목근통

목 차

머리말

이 책『신역 자산어보』는 손암 정약전(巽庵 丁若銓)의 명저『자산어보(玆山魚譜)』를 새롭게 번역하고 풀이한 것이다.

『자산어보』는 흑산도[1]연해의 해양생물에 대해 관찰하고 기록한 순한문 어보로 2백 년 전의 흑산 해양의 생물상을 기록한 생태지이며, 당시의 생활상을 기록한 귀중한 문화유산이다. 어보에 기록된 당시의 흑산도연해 어류 성상에 대한 상세한 관찰내용은 오늘날 과학의 잣대로 보아도 놀라운 수준의 업적이다. 우리는『자산어보』를 통해 저술 당시의 생물상과 오늘날의 생물상의 변화를 살려볼 수 있으며, 2백 년 전의 전통지식이 오늘날의 지식과 어떠했는가를 살펴 볼 수 있을 것이다.

『자산어보』는 1977년에 정문기에 의해 번역되어 출간된 바가 있다. 그러나 정문기의 번역본은 원문을 번역하는데 그치고 어보에 기술된 내용에 대한 설명이 부족한 감이 있다. 40여년이 지난 지금『자산어보』에 대한 새로운 사료가 많이 발굴되었고, 또 새로운 감각으로 다시 새겨 볼 필요성도 생겼다.

이 번역서는『자산어보』라는 한문어보의 내용을 한글로 옮기는 단순번역이 아니라, 어보 내용을 적극적으로 분석·고찰하는 이른바 연구번역[2]의 단계를 시도하였다. 즉 연구번역의 강점을 도입해서 직

---

1 黑山島: 전라남도 신안군 흑산면에 딸린 면적 19.7㎢의 섬이다. 목포에서 남서쪽으로 97.2km 떨어져 있으며 홍도·다물도·대둔도·영산도 등과 함께 흑산군도를 이룬다. 산과 바다가 푸르다 못해 검게 보인다 하여 흑산도라 했다.

2 연구번역은 전문적인 학습자나 연구자를 독자로 하는 전문서적 번역의

역한 다음에 주석과 해설을 통해 원문에 기록된 사실의 재해석에도 노력한 것이다.

이제 현대적 관점에서 『자산어보』라는 옛 어보가 무엇을 담고 있고, 오늘에 무엇을 전해주는가를 다시 살펴보는 한편, 어보가 품고 있는 여러 의문점에 대해 더욱 깊이 탐구해보고자 한다. 특히 어보에서 인용된 『본초강목』 등 여러 중국고전에서 기술한 어류의 이름과 생태를 우리 어류에 적용하는데서 따르는 모순과 무리함도 풀어보려 하는 것이다.

오늘날에도 역사학, 해양·수산학, 언어학, 민속학 등 다양한 분야에서 끊임없이 『자산어보』 연구를 위한 학술회의가 열리고 있다. 국가의 연구관리 전문기관인 한국학술재단에서는 『자산어보』를 세계에 알리기 위해 영문번역을 서두르고 있고, 또 이 어보를 알고자 하는 일반 독자층도 꾸준히 증가하고 있다. 이 연구번역서가 앞으로의 『자산어보』의 활용과 깊은 연구를 위한 디딤돌의 하나가 되기를 바란다.

온고이지신(溫故而知新)이란 말이 있다. '옛 것을 익히어 새로운 것을 안다'는 뜻이다. 또 이 말은 '옛 것이라도 두고두고 되새겨보면 새 맛이 난다'는 뜻으로도 새겨볼 수 있을 것이다. 이제 『자산어보』를 되새겨보면서 2백여 년 전에 저자 손암이 유배지 흑산도에서 외롭게 지내면서 후세에 전하려고 했던 바다의 이야기를 살펴보자.

한 방식으로 적극적인 직역에 비중을 두어 번역하는 것이다. 주석을 활용하며 이미 검증된 사실에서부터 아직까지 밝혀지지 않은 사실까지도 적극적으로 주석한다(김동욱, 2010). 비슷한 개념인 학술번역은 '철저한 문헌고증을 토대로 하면서 완전한 주석을 곁들인 번역'을 말한다(장유승, 2012).

일러두기

1. 이 책은 고려대학교에서 소장한 『자산어보』 필사본을 바탕 저본으로 삼아 번역하였으며, '가람본', '국립본', '정씨본', '상백본', '일석본'과 같은 다른 필사본 및 정명현의 '교감본'과 내용과 자구를 대조 검토하였다.

2. 원문에는 없지만 어명별로 일련번호를 붙였다.

3. 어보에는 중국의 의학서, 박물서 등 수많은 고서와 조선의 물고기와 관련된 여러 책이 인용되고 있다. 이 번역서에서는 인용서명을 본 책은 『 』, 책의 편명은 「 」으로 구분하여 한글로 적었다. 본문에서 일일이 설명하거나 주를 달지 않고 고서의 내용과 저술자의 인적사항을 약술하여 책 말미에 수록하였다.

4. 어보 원문에는 본문의 부연 설명을 작은 글자로 두 줄로 써놓은 곳이 있다. 번역 과정에서 번역문과 한자원문 모두 ( )안에 써놓은 부분이다.

5. 번역문은 한글표기를 원칙으로 하였지만, 필요한 한자인 경우 음이 같으면 ( )안에, 음이 다르면 [ ]안에 함께 써두었다.

6. 번역에 이용된 여러 필사본에는 오기, 오자 외에도 필사자의 버릇에 따라 많은 동자(同字), 속자(俗字), 이체자(異體字), 대자(代字)가 쓰이고 있다. 이러한 글자들을 모아서 책 말미에 가나다순으로 정리해 놓았다.

7. 어보의 1척(尺)은 주척을 기준한 것이며, 절기와 월명은 모두 음력이다.

8. 이 책은 옛 어보의 번역서이므로 어류의 학명, 상세한 성상 등은 필요한 경우에만 제시하고 있다. 더 자세한 내용을 알고 싶은 분은 어류도감을 참조하시기 바란다.

해제: 『자산어보』를 펴내며

1. 『자산어보』란

국립중앙도서관 소장 자산어보 필사본 표지

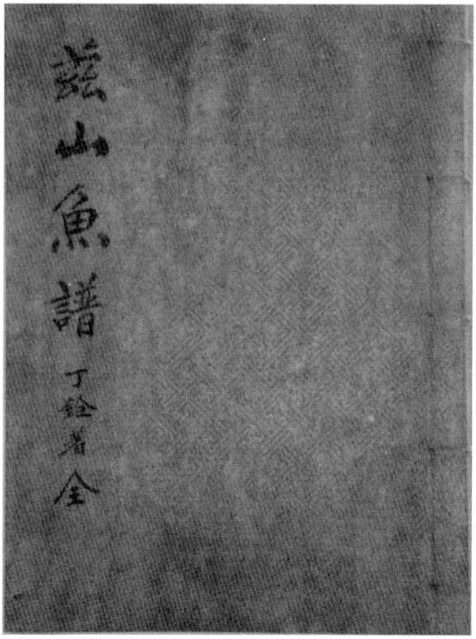

조선에서 학문의 경세치용과 이용후생, 실사구시를 추구하는 실학 사상이 본격적으로 꽃핀 시기인 1800년대 초, 학문의 실용성을 추구하는 학풍의 한 줄기로 오늘날의 어류도감격인 본격 어보가 우리나라에도 출현한다.

1803년에 김려(金鑢, 1766~1821)가 쓴 『우해이어보(牛海異魚譜)』가, 1814년에는 정약전(丁若銓, 1760～1816)이 쓴 『자산어보(玆山魚譜)』가, 그리고 1820년경에는 서유구(徐有榘, 1764～1845)가 쓴 『난

호어목지(蘭湖漁牧志)』의 「난호어명고」가 출현한다.

당시에도 사물에 대한 백과사전격인 『물보』, 『물명고』 등 류서[3]에서 물고기를 다루고 있었지만 물고기에 대한 간단한 이름풀이 수준에 불과하였다. 이 시기에 어류의 성상과 생태에 대해 본격적으로 고찰한 어보가 출현한 것이다. 가히 '어보의 시대'라 불려질만한 시기였다. 이들 어보는 오늘날에 와서 '3대어보'라 불리고 있으며, 어느 것의 우열을 따질 필요가 없는 선현의 노고가 서린 우리의 귀중한 문화유산이다.

3대어보의 하나인 『자산어보』는 저자 손암 정약전이 유배지인 흑산도에 머무는 동안(1807~1814) 연해의 해양생물을 관찰하고 기록한 어보이다. 『자산어보』에는 물고기뿐 아니라 게와 조개류[介貝類], 물새[海禽], 그리고 충수류(蟲獸類)와 해조류[海菜類] 등의 흑산도연해의 다양한 수산동식물의 명칭·형태·습성·분포 및 이용에 관한 저자의 관찰이 수록되어 있다.

『자산어보』는 현대 관점에서 보아도 과학적인 방법으로 어류의 생태를 기록한 본격 어보이며, 수산 생태지이자 박물서이기도 하다. 바다현장에서 저자가 직접 어류를 관찰하고, 만져가며 묘사하고 기록한 어보의 내용은 2백 년 전 흑산도 해양생물의 생태를 오늘에 생생하게 전해준다.

저자 정약전은 『자산어보』의 서문에서 어보를 쓰게 된 계기를 다음과 같이 밝히고 있다.

"자산의 바다에는 어족들이 매우 풍부한데, 그 이름을 알고 밝히는 것은 여러 사물에 대하여 두루 많이 알고자 하는 사람[博物者]이라면

---

[3] 類書: 내용을 사항별로 분류, 편집하는 형식을 취하고 있는 일종의 백과사전과 같은 책이다.

마땅히 그것을 살펴보아야할만한 것들이다. 나는 섬사람들을 널리 만나보았는데, 이곳 물고기에 관한 어보(魚譜)를 만들고 싶어서였다.”

그리고 『자산어보』 집필의 목적도 밝히고 있다.

“후세의 선비가 이 책을 수정하고 보완한다면 이 책은 치병하고, 이용하고, 이재하려는 전문가[數家][4]들에게 크게 도움을 주게 될 것이다. 그리고 시경(詩經)에 있는 사물을 공부하는 사람[詩人]들이 널리 배우고 익힘[博依][5]에 있어 미치지 못했던 곳에도 도움이 될 것이다.”

즉 『자산어보』의 저술목적은 단순히 어류 이름의 파악에 있는 것이 아니라, 수산자원의 이용과 활용을 위한 어류의 성상과 생태 파악에 있었던 것이다.

2. 저자 정약전

정약전(丁若銓)은 조선후기의 문신으로 실학자들과 교유하고 역수학, 천주교 등 서학(西學)에 관심을 가졌다. 본관은 나주(羅州)이며 자는 천전(天全), 호는 손암(巽庵)·매심재(每心齋)·일성루(一星樓)·연경재(硏經齋)이다.

1783년 사마시에 합격하여 진사가 되고, 1790년 증광별시에서 장원으로 급제하여 관로에 진출하였다. 1801년에 천주교를 탄압하는

4 『한서·동방삭전』에, “여러 수가에게 활쏘기를 시켰다. 궁 앞에 바리를 놓고 쏘았는데 모두 맞히지 못했다[上嘗使諸數家射覆.置守宮盂下,射之.皆不能中.].” 안사고가 주석하기를, “수가는 기술이 있는 사람이다[數家,術數之家也.].”라고 하였다. 어보의 수가는 높은 수준의 전문가를 칭한다.

5 ‘널리 배우지 않으면, 능히 시를 지을 수 없다(不學博依,不能安詩).’는 『예기』「학기」에서 출전된 말이다.

신유박해[6]가 일어나자 천주교를 신봉하였다는 죄목으로 전라도 신지도[7]로 유배되었다. 같은 해 11월 5일 다시 우이도[8]로 이배되었고, 1807년에는 흑산도로 이거하였다. 정약전은 흑산도 사리(沙里)에서 복성재(復性齋)라는 서당을 열어 섬 아이들을 가르쳤으며 실학사상에 기반을 둔 여러 저서를 남겼다.

정치적으로는 불행하였으며 결국 흑산도에서 돌아오지 못하고 유배생활 16년 끝에 1816년 생애를 마쳤다. 정약전의 저술은 주로 유배기간 중에 이루어졌으며 『자산어보』 외에 『손암서독(巽庵書牘)』, 『자산역간(玆山易柬)』, 『표해록(漂海錄)』[9], 「주역사해서서(周易四解序書)」, 「송정사의(松政私議)」[10]등이 현전하며, 『논어난(論語難)』, 『몽학의휘(蒙學義彙)』 등은 전해지지 않고 있다.

---

6 辛酉迫害: 개혁군주인 정조가 사거한 1801년(순조 1), 세도정권이 들어서면서 천주교에 대한 탄압이 본격화되어 이승훈 ·이가환 ·정약용 등의 천주교도와 남인계 진보주의자들이 처형, 유배되었다. 천주교에 위협을 느낀 집권 보수 세력의 종교탄압이자, 진보 정치세력을 탄압한 사건으로 신유사옥이라고도 한다.

7 薪智島: 전라남도 완도군에 있는 면적 30.92㎢의 섬으로 완도 동쪽 5㎞ 해상에 있으며 모황도 등과 함께 신지면을 이룬다.

8 牛耳島: 전라남도 신안군 도초면의 면적 10.7㎢의 섬으로, 화도·항도·승도·송도·가도·어락도 등 여러 섬을 거느린 우이군도의 주 섬이다. 1872년에 제작된 「전라우도나주지방흑산도지도」에는 소흑산(小黑山)으로 표기되어 있다(최성환, 2015).

9 신안 우이도에 살았던 정약용의 제자인 이강회(李綱會, 1789~?)가 정약용, 정약전 형제의 글과 자신의 글을 묶은 『유암총서』에 수록되어 있다.

10 「송정사의」는 당시 백성을 질곡에 빠뜨린 대표적 민폐인 소나무 벌목금지에 대한 정책제시를 담고 있다. 이 책은 실전된 것으로 알려져 있었으나, 『현산어보를 찾아서』의 저자인 이태원이 이강회의 문집 『운곡잡저』에서 찾았으며, 2012년에 발굴된 필사본 『여유당집』에도 손암의 시문과 함께 「송정사의」가 실려 있다.

『자산어보』는 어류에 대한 정밀한 관찰과 상세한 고증이 돋보이는 손암 정약전의 대표적인 저술로서 우리 해양생물학의 고전이자 명저로 평가받고 있다.

<정약전 연보>

1758년, 경기도 광주에서 출생

1776년, 호조좌랑이 된 아버지 정재원(丁載遠)을 따라 상경

1777년, 권철신을 중심으로 하는 서학(西學) 공부 모임인 강학회에 참여

1783년, 사마시에 합격

1784년, 천주교를 접하고 교리서를 읽으면서 천주교를 알게 됨.

1790년, 증광별시에서 장원으로 급제

1797년, 병조좌랑을 지냄.

1801년, 동생 정약용과 함께 천주교를 신봉했다는 죄목으로 국문을 받음. 전라도 신지도로 유배되었다가, 조카사위 황사영의 죄와 관련하여 다시 서울로 올라와 국문을 받고 11월 5일 우이도로 이배됨.

1807년, 흑산도로 이거

1814년, 다시 우이도로 이거

1816년, 우이도에서 음력6월 6일에 사망

3. 『자산어보』의 구성

『자산어보』는 총3권으로 이루어져 있으며 원본이 없이 필사본만 현재에 전해지고 있다.

어보에서는 흑산도 연해의 각종 어류와 해양생물을 린류(鱗類), 무린류(無鱗類)와 개류(介類), 잡류(雜類)로 나누어 총 55류, 238종[11]을 기록하고, 이름, 모양, 크기, 습성, 맛, 쓰임새, 분포 등을 자세히 기록했다.

『자산어보』 권별 수록 어류는 다음과 같다.

권1. 인류(鱗類): 비늘이 있는 어류 20류 84종[12]

권2. 무린류(無鱗類)와 개류(介類): 비늘이 없는 어류 19류 43종과 껍데기가 단단한 수산생물 12류 66종

권3. 잡류(雜類): 해충(海蟲) 4종, 해금(海禽) 5종, 해수(海獸) 1종, 해조류(海藻類) 35종

이러한 분류 방식은 당시 동양 최고의 박물지인 이시진의『본초강목』과 비교할 때, 새로운 생물군을 찾아내고 더 구체적으로 나누었다는 점에서 더욱 높은 분류학 수준의 업적이다.

---

11 『자산어보』의 수록 어종 수는 연구자에 따라 표제종외의 유사종을 어떻게 보는가에 따라 150~238종으로 달리 평가되고 있다.

12 어보에서는 類를 種보다 높은 분류단위로 삼고 있다[一類而有數種]. 대분류 단위인 鱗魚는 20類에 72種이지만 表題魚로 삼지 않은 유사종을 포함하고 있다. 이 번역서에서는 유사종을 포함하고 있는 어류를 민어(부세어), 조기(보구치, 반애, 황석어), 고등어(도도음발), 진사(독사, 마표사, 도음발사), 검어(등덕어, 응자어), 해도어(고소어), 대두어(덕음파)의 7개류로 보고, (　　)안의 12종의 유사종을 포함하여 총84종으로 평가했다.

4. 『자산어보』 집필 순서에 대한 고찰

자산어보의 내용 예, 정씨본

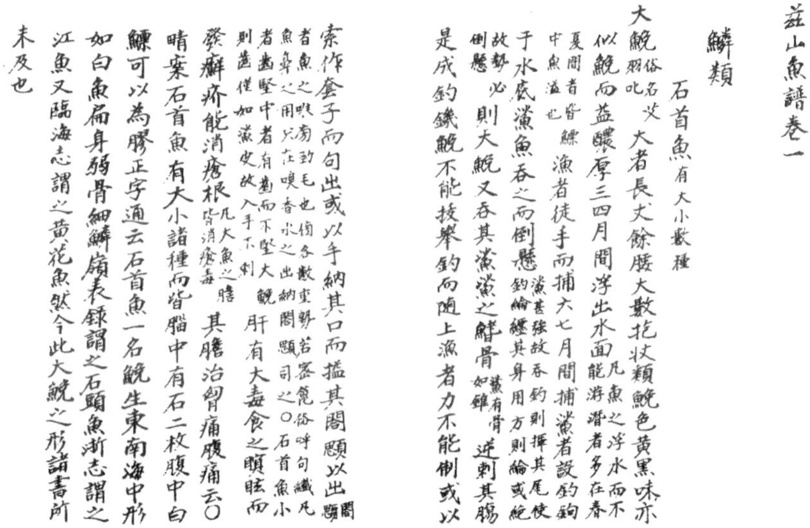
玆山魚譜卷一

鱗類

石首魚 有大小數種

大鮸 俗名艾羽叱 大者長丈餘腰大數抱狀類鮸色黃黑味亦似鮸而益醲厚三四月間浮出水面 凡魚之浮水而不能游潛者多在春夏間者皆鰾中氣溢也 漁者徒手而捕六七月間捕鮫者設釣鉤于水底鮫魚吞之而倒懸 鮫甚強故吞鉤則揮其尾使釣綸纏其身用方則綸或絶故勢必倒懸 則大鮸又吞其鮫鮫之鰭骨 鮫有骨如錐 逆刺其腸是戍釣鐵鮸不能拔舉釣而隨上漁者力不能制或以索作套子而句出或以手納其口而搖其閤顋以出 閤顋者魚之喉旁鈎毛也側各數重勢若簸箕俗呼句纖凡魚鼻之用只在嗅香水之出納閤顋司之○石首魚小者齒堅中者有齒而下堅大者齒則齒偃如鮫皮故入手不刺 大鮸肝有大毒食之瞑眩而發癬疥能消瘡根 凡大魚之膽皆消瘡毒 其膽治胷痛腹痛云○晴案石首魚有大小諸種而皆腦中有石二枚腹中白鰾可以為膠正字通云石首魚一名鮸生東南海中形如白魚扁身弱骨細鱗嶺表錄謂之石頭魚浙志謂之江魚又臨海志謂之黃花魚然今此大鮸之形諸書所未及也

어보에는 우선 각 어류의 생태에 대한 고찰을 기록한 본문이 있고, 여러 형태의 주석이 붙여져 있다. 또 본문보다 작은 글씨 2줄로 기술한 부분이 있다. 특정 사항이나 특정 용어에 대해 구체적으로 설명한 것으로 이 역시 주석의 한 형태이다.

○표를 한 후에 기록한 것은 저자가 본문에 대해 부연설명을 한 것으로 흑산도 현지 주민인 창대(昌大)의 의견을 별도로 주석한 것이 많다. 아무런 언급 없이 ○안(案)이라고 한 것은 저자가 원고본문에 대해 추가한 일종의 본주에 해당되는 것이다. 다시 덧붙일 것이 있으면 우안(又案)이라고 하고 저자의 의견을 붙였다.

○청안(晴案)이라고 기록된 것은 어보의 원고가 강진에 보내져서 다산 정약용의 제자인 이청(李晴)이 주석을 단 것이다. 이청은 1792

년생으로 다산 정약용이 강진에 유배되었을 때 14살의 나이로 다산의 제자가 되었고, 다산은 1806~1808년 이청의 집에서 생활하였다. 정약전이 『자산어보』 원고를 강진으로 보냈을 때 이청이 스승을 대신하여 자기 나름으로 주석한 안[晴案]을 달았다.

청안의 내용은 실제 흑산 현장의 어류를 고찰했기보다는 주로 문헌조사 형식을 취하고 있다. 『자산어보』 집필 당시 이청은 20여세의 젊은 나이였고, 유학을 공부한 선비였다. 스승 다산의 명을 받아 『자산어보』 원고를 보고 중국과 조선의 문헌에서 자신이 찾은 자료를 더하였다. 이것이 청안이다.

『자산어보』에는 이청이 주석을 단 어류가 모두 70종이 있다. 장접(長鰈)에 '이 물고기는 모양이 흡사 신발밑바닥과 같다[此形酷似鞋底矣.]'는 주석 1건 외에는 모두 중국과 우리 문헌을 통해 변증하는 오늘날의 문헌조사를 하고 있다. 또 장접의 모양 묘사도 개인적인 고찰이 아니라 문헌에서 나온 것을 출처를 밝히지 않은 것일 수도 있다[13].

이청의 고찰은 문헌조사에 의하고 있지만 그 방대한 조사량은 놀랄만하다. 이청의 안이 워낙 상세하고 어보에서 차지하는 분량이 많아 정약전과 더불어 『자산어보』의 공저자로 인정되어야 한다는 주장도 나올 정도이다. 이청의 안은 어보 본문에 이어서 자리하고 있지만, 몇 건의 예외가 있다. 특기할 만한 것을 살펴본다.

민어[鮸魚]와 추수어(蹜水魚)에 대한 2건의 청안 다음에 우안(又案)이 붙어 있다. 이청이 다시 안을 붙인 것인지, 아니면 어보의 원저자가 이청의 주석본을 본 후 안을 덧붙인 것인지 알 수 없다. 그러나 내용이 연관되어 있어 이청이 재차 주석[又案]을 붙인 것으로 볼 수도 있다.

---

13 유순이 쓴 『영표록이』에, "비목어를 남인들은 혜저어라고 부른다."고 하였다.

게와 조개의 서술에서 청안은 일반 고찰과 위치가 다르다. 다른 어류와는 달리 게와 조개 전반에 대한 문헌고찰인 청안이 우선 나온 다음에 게와 조개의 개별품목에 대한 설명이 이어진다.

청안은 『자산어보』 강독에서 수수께끼의 하나였다. 정문기의 『자산어보』 번역본에도 청안은 일반 안과 같이 취급하였다. 근년 정해렴과 이태원 등의 노력으로 이청이란 인물과 청안의 실체가 밝혀졌고(이태원 3, 2003), 이청이 『자산어보』의 저술에 기여한 공적도 인정받게 된 것이다.

『자산어보』는 초고가 일단 작성된 후 보완되었다. 『자산어보』에는 '원편에 빠진 것을 지금 보충한다[原篇缺,今補之]'고 한 부분이 있다. 결(缺)자는 궐(闕)자로 쓰여 있기도 한다. 또 '지금 보충한다[亦今補]'고 짧게 표시한 부분도 있다. 이와 같이 원고를 보완한 부분은 모두 13건으로 추가된 어종을 안의 형태별로 정리하면 다음과 같다.

- 안이 있는 항목: 箕尾鯊○案, 牛魚○案, 鯨魚○案, 蟹腹蛤○案,
  鱠殘魚○案, 蚶○案 ………………………………… (6건)
- 청안이 있는 항목: 赤魚○晴案 ………………………………………… (1건)
- 안이 없는 항목: 貫目鯖, 螯刺魚, 鼓蟹, 薄鰈, 錦鱗鯊, 匏子蛤 (6건)

어보는 일단 초고[原篇]가 완성된 다음 검토과정을 거쳐 보완되는 2단계를 거쳤던 것이다. 즉 원편을 보완해서 어보 원고가 완결된 다음 원저자의 주석[案]과 이청의 주석[晴案]이 붙여진 것으로 추정된다.

이 추가된 '原篇缺, 今補之', '亦今補' 부분도 이청이 추가한 것이라는 주장이 있다. 그러나 보완된 내용은 흑산도 바다 현장의 관찰기록이며, 현지이름[俗名]이 붙어 있다. 이청의 장기인 문헌조사 분야는 아니다. 역시 청년 선비인 이청이 추가하기에는 어려운 내용일 수도 있다. 또 보완된 부분 다음에 청안이 달린 경우[赤魚]가 있어 청안을 달기 전에 원고가 보완, 추가된 것으로 보아야 할 것이다. 어보 원고에 누락되어 있는 것이 있다고 해서 스승의 형님인 손암의 글에 이청이 자신의 의견을 자의적으로 추가하였다고 보기는 어려운 점이 있기 때문이다.

5. 『자산어보』 전래의 미스터리

『자산어보』에는 저자인 손암 정약전(丁若銓, 1758~1816)과 다산 정약용(丁若鏞, 1762~1836) 형제의 절절한 사연이 담겨있다.

천주교 탄압[辛酉迫害]이 일어난 1801년에 형제는 천주교도로 몰려서 형 정약전은 신지도로, 동생 정약용은 장기현[14]으로 유배를 당한다. 그러나 그해 다시 정약전은 흑산도로, 정약용은 강진(康津)으로 유배지를 옮긴다. 형제는 유배지에서 각자 저술에 힘썼고, 이때 정약전은 『자산어보』를 저술하였다.

정약전과 정약용 형제는 멀지 않은 거리인 전라도 강진과 흑산도에서 긴 유배생활을 하는 동안 서로 만나지 못하였지만, 편지는 주고받았으며 자료도 서로 교환하였다. 정약용이 정약전이 흑산도에서 『자산어보』를 집필하고 있는 것을 알고 의견을 교환하고 있으며, 정약전이 쓴 「송정사의」를 받아본 다산의 감상을 기록한 것이 남아 있어 그 상황을 짐작케 한다.

『자산어보』는 원본이 확인되지 않고 필사된 10여개 사본만이 일반에 알려져 있다. 과연 원본은 유실되어 없어진 것일까? 아니면 현재 전해진 사본 중에 원본이 존재하는 것일까? 『자산어보』는 정약전

14 長鬐縣: 현 포항의 옛 명칭이다.

이 흑산도에서 썼지만 어떤 경로로 오늘에 전해진 것인가에 대한 정보는 전혀 없다. 『자산어보』는 어디서 완결되었을까?

『자산어보』의 원저자가 손암 정약전인 것은 틀림없는 사실이다. 손암은 작성된 어보 원고를 강진에 있는 동생 다산 정약용에게 보냈다. 다산은 제자 이청을 시켜 주석을 붙이게 하였고, 그 주석본이 오늘에 전해지고 있다.

그러나 어보가 어느 곳에서, 어떤 과정을 통해 완결되었는가는 확실하게 알려져 있지 않다. 몇 가지 가정을 세워 『자산어보』의 완결 과정을 추정해 본다.

첫 번째 가설은 어보가 흑산도에서 완결되었을 것이라는 가정이다.

오늘에 전해지는 어보에는 저자 손암이 가경갑술년(嘉慶甲戌年, 1814)에 흑산도에서 어보를 썼다고 서문에서 밝히고 있다. 어보는 적어도 한 차례 이상 본문을 보완했다. '원편에 빠져있어 지금 보완한다[原篇缺, 今補之]'는 부분이 13개가 된다.

보완한 부분은 거의가 흑산 현장의 기록이며, 문헌조사의 흔적은 없다. 또 보완된 부분에 이청이 주석한 청안이 붙어 있는 것이 있어[赤魚] 청안에 앞서 본문이 보완된 것으로 보인다.

보완된 『자산어보』의 원고는 다산 정약용의 유배지인 강진으로 보내졌고, 그 다음에 이청의 주석 별지와 함께 원고는 다시 흑산도로 되돌아온다. 정약전은 원고를 정리하면서 방대한 이청의 주석을 살려 자신의 주석인 안(案)과는 별도로 청안(晴案)이라고 구분해 기록한 것이다. 동생의 제자인 이청의 노고를 높이 산 것이다.

그러나 흑산도에서 『자산어보』가 완결되었다고 가정해도 『자산어보』가 언제, 어떤 경로로 내륙으로 들어와서 오늘에 전해졌는가는 알 수 없다.

두 번째 가설은 어보가 강진에서 완결되었다고 가정하는 것이다.

서문까지 붙은 상태로 강진으로 보내진 『자산어보』 원고를 받아 본 다산 정약용은 제자 이청을 시켜 어보를 정리하게 한다. 이에 따라 이청이 어보에 방대한 주석을 붙이고 어보를 완결했다고 가정하는 것이다. 그러나 이 가정에도 의문은 남는다. 이청이 어보를 정리하는 과정에서 자신의 주석을 원고의 원 주석과는 달리 청안이라고 구분해서 기재하였을까, 하는 문제이다. 또 청안은 어류마다의 말미에 붙인 것이 대부분이나, 게와 조개 관련 기록에는 도입부분에도 청안이 있다. 원고를 재편집하는 과정까지 진행된 것이다.

정약용은 정약전을 형님이기에 앞서 지기[15]이자 선배로서 존경하였다. 스승의 형님은 스승보다 더 어려운 사람이다. 과연 이청이 스승 같은 분의 원고에 자신의 이름을 밝힌 안을 가필하고, 자의로 원고를 편집까지 할 수 있었을까? 이런 점에서는 『자산어보』가 오늘에 전해지는 형태로 정리하고 완결한 사람이 이청이라고 보기는 어려운 점이 있다.

세 번째 가설은 강진에서 제3의 인물이 『자산어보』를 완결했다고 가정하는 것이다.

정약전의 원고와 이청의 검토 안을 본 제3의 인물이 원고를 다시 편집하고, 이청의 주석을 청안이라고 별도로 표기해서 어보를 완성했

---

15 "외로운 천지 사이에 우리 손암선생만이 나의 지기(知己)였는데, 이제는 잃어버렸으니, 앞으로는 비록 터득하는 바가 있더라도 어느 곳에 입을 열어 함께 말할 사람이 있겠느냐. 나를 알아주는 이가 없다면 차라리 진즉에 죽는 것만 못하다. 아내도 나를 알아주지 못하고 자식도 나를 알아주지 못하고, 형제 종족들이 모두 나를 알아주지 못하는 처지에 나를 알아주던 우리 형님이 돌아가셨으니, 슬프지 않으랴(『다산시문집』제21권, '기이아(寄二兒)')."

다고 보는 가설이다. 이 청안의 부분은 객관적 위치인 제3의 인물이어야 밝힐 수 있는 부분이다. 이 제3의 인물은 손암의 원고와 이청의 주석을 합쳐서 어보를 완결했고, 또 방대한 주석을 작성한 이청의 노고를 높이 평가하여 청안이라고 밝혀 둔 것이다. 이 제3의 인물은 다산 정약용일 수도 있다. 상당히 비약적이고 대담한 가설이 된다.

정약용은 정약전의 묘지명에 형님 손암이 유배지에서 "『자산어보』 2권[16]을 저술했다."고 밝히고 있다. 그러나 자신의 학문적 업적과 여러 사안을 꼼꼼하게 기록해 남긴 다산의 자료에도 『자산어보』의 완결과 보전에 관한 내역은 전혀 없다.

과연 이 3가지 가설 가운데 어느 가설이 진실에 가까운 것일까? 또 이외의 다른 가설이 존재하는 것은 아닐까?

『자산어보』의 전래과정이 워낙 미궁 속에 빠져 있다 보니 여러 가지 설이 나오기도 하였다. 한 설에는 오랜 유배에서 풀린 다산 정약용이 형님의 유품을 수습하기 위해 흑산도에 가보니, 『자산어보』의 원고가 한 장 한 장 뜯겨져서 섬 어느 집의 벽지로 도배되어 있었다고 한다. 이를 다산이 제자 이청에게 필사시켜 어보가 오늘에 전해졌다는 것이다[17]. 그러나 다산이 유배에서 풀린 시기는 손암이 사거한지 2년 후인 1818년이고, 다산이 흑산도에 갔었다는 기록도 남아 있지 않다. 또 다른 설은 정약전이 사거한 후 유품이 선산이 있는 충주로 보내졌고, 어보의 원고가 묘지기 집의 벽지로 도배된 것을 보고 놀란 다산이 필사했다는 설이다[18]. 그러나 이 두 가지 이야기 모

16 현재 전해지고 있는 『자산어보』 사본은 3권으로 되어 있다.

17 손택수가 지은 『바다를 품은 책 자산어보』(2012)의 내용이다.

18 황인경의 『소설 목민심서』(2014)의 내용이다. 『눈높이대백과』에도 '『자산어보』에 관한 일화'로 올라 있다.

두 확실한 근거가 없는 ‘설’에 불과하다.

『자산어보』는 원본, 진본이 밝혀져 있지 않고, 이 어보가 세상에 알려진 사연도 미궁 속에 남아 있다. 누가, 어디서 어보를 완결했을까 하는 미스터리는 진본이 나타나면 절로 밝혀질 수도 있을 것이다. 『자산어보』 원본의 출현을 고대한다.

6. 번역 저본

고전번역에 있어 좋은 저본(底本)을 선정하는 것은 번역의 질에 크게 영향을 준다. 『자산어보』와 같이 진본이 없이 여러 사본이 전해지는 경우에서는 더욱 그러하다.

이 번역서는 애초 정문기(鄭文基, 1898～1995) 소장본과 국립중앙도서관이 소장한 『자산어보』 필사본을 저본삼아 출발하였다. 1977년에 처음으로 『자산어보』를 번역해서 세상에 내놓은 정문기는 자신의 번역본에 이용된 원문의 작성과정을 다음과 같이 설명하고 있다. “『자산어보』의 원본은 지금까지 입수하지 못하고 사본만 네 권이 입수되었다. 이 사본도 사본의 사본으로 네 권 모두가 완전한 책이 없었고 모두 결구가 있었다. 네 권 중 하나는 이왕직(李王職) 도서관에서 손으로 베꼈고 그 다음 하나는 나가사키 수산시험장장으로부터 빌어 필사했으며, 다른 하나는 아유가이[鮎貝] 씨로부터 빌었고, 나머지 하나는 홍택주(洪宅柱) 씨로부터 빌어가지고 필사한 것이다. 이 네 권을 대조하면서 결구를 보충하여 『자산어보』의 원본을 만들어 갔다(정문기, 2004).”

정문기가 정리한 『자산어보』 저본은 여러 필사본을 취합하여 작성하였고, 작성자가 저명한 수산학자라는 점에서 신뢰성이 높은 것으로 평가받아 한때 정본으로 받아들여졌다. 그러나 정문기 소장본 역시 필사본이 지닐 수 있는 오기, 누락 등 여러 문제점을 담고 있는 사본이었고, 또 국립중앙도서관 소장본도 비슷한 상황이었다.

현전하는 여러 『자산어보』 필사본의 자구별 비교검토를 통해서 각 필사본들이 지닌 문제점을 확인하고, 『자산어보』 원본의 모습을 파악하려한 연구가 있다(정명현, 2002). 이 연구에서 검토한 필사본은 ① 정문기 소장본, ② 서울대학교 규장각 가람문고 소장본, ③ 서울대학교 중앙도서관 일석문고 소장본, ④ 서울대학교 규장각 상백문고 소장본, ⑤ 국립중앙도서관 소장본, ⑥ 서강대학교 로욜라도서관 소장본, ⑦ 부경대학교 중앙도서관 소장본, ⑧ 서지학자 진기홍 소장본[19]이다. 이 연구에서는 8개 필사본이 누락된 내용이 있기도 하고, 오탈자가 있기도 하였지만 그중 가람본이 『자산어보』의 원본다운 모습을 가장 많이 담고 있다고 평가하고 있다(정명현, 2002).

이 번역서에서는 정명현의 연구에서 누락되어 있는 고려대학교 중앙도서관이 소장한 필사본[20]을 추가하여 검토하였다. 고대본은 일부 학자들에게는 알려져 있지만, 그 내용을 다른 사본과 비교하고 검토 평가한 서지학적 연구는 없었던 사본이다. 여러 사본과 비교 검토해 본 결과 고대본은 이제까지 가장 선본으로 알려진 가람본보다도 누락, 탈자, 오자, 오기가 더 적은 선본(善本)임을 확인할 수 있었다.

고대본은 일제강점기에 흔히 쓰였던 괘지[21]에 쓴 필사본이다. 이 사본에는 고려대학교의 전신인 보성전문학교의 도서관장서인이 찍혀 있으며 원소장자와 기증자의 도장도 찍혀 있다. 원소장자는 구한

---

19 이들 필사본은 정씨본, 가람본, 일석본, 상백본, 국립본, 서강본, 부경본, 진씨본이라고 약칭한다.

20 이하에서는 '고대본'이라고 칭한다.

21 罫紙: 미농지에 괘선을 박은 종이로 흔히 공문서를 작성하는 데 쓰이며 인찰지(印札紙)라고도 부른다.

말의 애국지사인 일사(辶史) 윤주찬(尹柱瓚, 생몰미상)[22]이며 기증자는 윤주찬의 아들인 윤정하(尹定夏, 1887~?)[23]인 것으로 확인된다.

고대본의 장점은 다음과 같다.

현재 학계에 알려진 『자산어보』 필사본 중 필사시기가 파악되는 사본은 정씨본(1943년경), 국립본(1946)[24], 상백본(1950년대), 일석본(1956), 부경본(1958)이 있다(정명현, 2002). 개인이 소장한 진씨본은 필사본으로 『호남문화연구』 창간호(1963)에 활자화되어 공개되었다[25]. 고대본의 필사년도와 도서관 기증연도는 확실히 밝혀져 있지 않지만, 도서관장서인과 지질로 미루어 일제강점기 초기의 사본인 것이 확실해서 필사시기가 이른 사본이다.

22 구한말의 애국지사로 을사조약 체결에 반대하여 항일운동을 벌였다. 1907년 3월 결사대를 편성하여 을사오적을 암살하려 하였으나 실패하였고 5년의 유배형을 선고받았다.

23 1897년부터 3년간 한성관립영어학교에서 수학하였고 일본 동경고등상업학교를 졸업하였다. 1909년부터 한성상업회의소에서 창간한 『상공월보』의 편집을 담당하였고, 조선상업계의 혁신을 위한 계몽운동을 전개하였다. 1910년부터 3년간 보성전문학교 강사 및 교수로 일했다.

24 국립본에는 경성에 사는 김태준(金台俊)의 소장본을 단기4279년에 정계섭(鄭啓燮)이 필사하고, 홍재하(洪在夏)가 교정했다고 적혀있다.

25 정명현은 공개된 진씨본이 필사본이 아닌 인쇄본이라는 점에서 '호남본'이라고 부르고 있다.

고려대학교 도서관 소장본의 모습

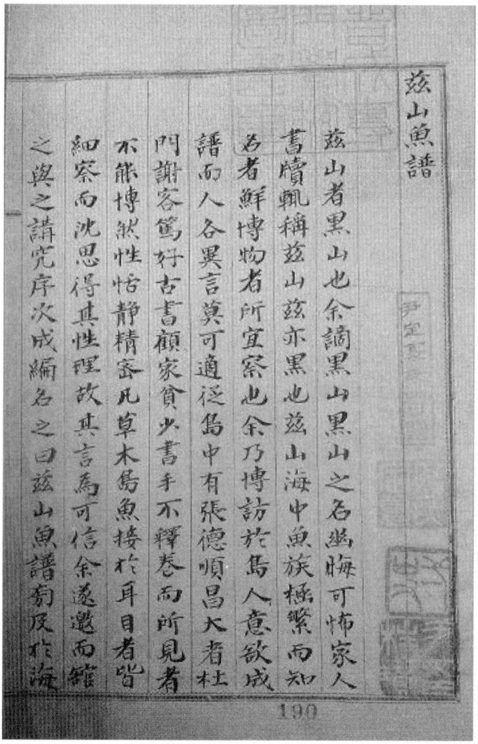
玆山魚譜
玆山者黑山也余謫黑山黑山之名幽晦可怖家人
書牘輒稱玆山玆亦黑也玆山海中魚族極繁而知
名者鮮博物者所宜察也余乃博訪於島人意欲成
譜而人各異言莫可適從島中有張德順昌大者杜
門謝客篤好古書顧家貧少書手不釋卷而所見者
不能博然性恬靜精密凡草木鳥魚接於耳目者皆
細察而沈思得其性理故其言爲可信余遂邀而館
之與之講究序次成編名之曰玆山魚譜旁及於海
190

고대본은 해서체 정자로 씌어있어 글자가 명확하고, 약자(略字), 속자(俗字), 이체자(異體字)나 대자(代字)를 쓰는 필사자의 개인적인 버릇이 적어서 필사본을 읽는 과정에서 나올 수 있는 오독의 우려가 적은 편이다. 또 고대본은 다른 필사본에 비해 내용 누락[26]과 오자, 탈자가 가장 적은 사본이며,『자산어보』관련학자들이 필사과정의 오기가 아닌가, 의문을 두어왔던 몇몇 어명을 확실하게 기록하고 있다[27].

---

26 다른 필사본의 누락 부분이 고대본에서 존재하는 모습과 고대본의 장단점은 번역본문에서 밝힐 것이다.

이 번역서의 원문은 고대본을 저본으로 삼아서 작성되었으며, 정씨본, 국립본, 상백본, 그리고 가람본과 대조하여 그 차이점을 각주에 일일이 밝혀놓았다. 그리고 이들 5개 필사본 사이에서 상호 의문이 있는 곳에서는 정명현이 취합한 『자산어보』 '교감본'[28]을 참조하였다.[29]

이상과 같이 작성된 어보 저본원문은 번역본문 다음에 수록하였다. 일반 독자들은 원문의 필요성을 느끼지 못할 수도 있다. 그러나 『자산어보』에 대한 깊은 이해를 원하는 사람은 책을 읽으면서 바로 역문과 원문을 대조할 필요성도 느낄 것이다. 또 여러 사본간의 차이점을 통해 『자산어보』 원본의 모습을 유추하려할 수도 있을 것이다. 저본 원문에는 번역자 나름으로 쉼표, 마침표와 같은 기초적인 표점을 쳐서 띄어서 읽고, 문단을 해석하는데 도움을 주려고 하였다.

7. 장창대라는 사람

손암 정약전은 유배지 흑산도에서 『자산어보』를 집필하면서(1807~1814) 어류의 생태를 깊이 알고 있는 장덕순(張德順), 창대(昌大)라는 한 젊은이(1792년생)를 만나게 된다. 손암은 흑산도 이웃 섬 대둔도[30] 사람인 창대를 자신의 숙소로 맞아들여 같이 지내면서 『자산어

---

27 다른 필사본에서 오기로 의심되던 大斯魚를 夫斯魚로, 羌鯊를 秃鯊로, 璽庫其를 璽庫萁으로, 海鮀를 海鮀로 정확히 기록한 것은 고대본의 신인도를 높이고 있다.

28 정명현은 가람본을 높이 평가하였고, 8개 필사본을 취합해서 『자산어보』 연구를 위한 활자화된 교감본을 만든바 있다(정명현, 2002).

29 이 번역서의 한계로 일석본, 부경본, 서강본은 원문대조를 하지 못했지만, 교감본을 통해 이들 사본이 정씨본·국립본과 비슷한 계열의 사본임을 확인할 수 있었다.

보』를 연구하였다.[31]

손암은 창대가 경전에 대한 학문수준은 그다지 높지 않지만, "그 성품이 조용하고 정밀해서 모든 풀과 나무, 새와 물고기[草·木·鳥·魚]에 대해 듣고 본 것을 모두 깊이 살펴서 그 성질과 이치를 알고 있었고, 그의 말이 믿을 만했다."며, 같이 어보를 연구하게 된 연유를 『자산어보』 서문에 남기고 있다.

손암은 창대가 아는 바다현장의 지식을 높이 평가하였고, 흑산도의 어류에 관한 생생한 정보를 창대를 통해 얻고 있다. "창대가 말하기를"이라며 직접 이름을 들어 주석한 것은 아홉 번에 불과하지만, 흑산도에서 부르는 물고기 이름[俗名], 어류와 동식물의 생태에 대한 생생한 묘사 등 창대의 이름이 드러나지 않은 내용까지 감안한다면 창대는 어보 작성 전반에 기여했던 것이다. 그러나 창대의 행적에 대해 알려진 바는 적다.

손암은 뛰어난 학자였지만 『자산어보』 외에 다른 저작은 알려진 것이 적었다. 2012년에야 정약전의 시문이 처음으로 발굴되었고[32], 그 시문에는 창대와 관련된 시 2수가 있어 창대란 인물의 면모를 엿보게 한다.

그 첫 수는 '장창대에게 주다'이다.

---

30 大屯島: 신안군 흑산면의 면적 3.4㎢의 섬으로 흑산도 북서쪽 3.2km 지점에 있고, 흑산도, 다물도, 홍도, 대장도와 함께 흑산군도를 이룬다.

31 서문에, "余遂邀而館之,與之講究."라 했다.

32 2012년 연세대학교에서 필사본 『여유당집』을 검토하는 과정에서 정약전의 시문이 최초로 발굴되었다. 이 필사본에는 정약용의 시문과 함께 정약전의 시 31수와 「송정사의」가 실려 있다(허경진, 2015).

〈장창대에게 주다〉

신안앞바다 서남쪽에 뛰어난 한 선비가 있으니,

전에 만난 적은 없었지만 두 마음이 곧바로 통했네.

엄자릉처럼 인간 세상사 우습게 여기고,

고향에 은거해서 낚시질하며 지내네.

〈贈張昌大〉

羅海西南一士奇, 生無半面兩心知. 嚴陵視屣人間事. 却向桐江理釣絲.

● 羅海: 당시 흑산도는 나주목에 속했으므로 신안앞바다를 나해라 한 것이다. 半面: 후한 응봉(應奉)이 수레 만드는 장인의 얼굴반쪽만 얼핏 보았는데도 수십 년이 지난 뒤에 바로 알아보며 반갑게 불렀다[半面之識]는 고사가 있다(『후한서』48권, 「應奉列傳」). 嚴陵: 후한의 은사 嚴光, 嚴子陵을 말한다. 광무제의 벗이었지만 벼슬을 사양하고 낚시하며 은거하였다. 桐江: 엄광이 은거하던 부춘강의 상류이다. 理釣絲: '낚싯줄을 손질하는 것'이 아니라, '낚싯줄을 놀리는 것' 즉 '낚시질을 하는 것'이다.

손암은 창대를 흑산도 어촌에서 만난 평범한 젊은이가 아니라 더불어 학문을 연구할 수 있는 대등한 선비로 예우하고 있다. 두 사람은 만나자마자 '얼핏 만난 적도 없었지만 두 마음이 통했다'며 서로를 알아본다. 그리고 손암은 창대가 지닌 바다현장의 지식을 '뛰어나다[奇]'고 하며 학문의 한 분야로 인정하고 있다.

다른 시 '장창대에게 부치다'에서는 손암과 창대 두 사람이 같이 머리를 맞대고 어보를 연구하는 모습이 나온다.

〈장창대에게 부치다〉

사람들은 장창대를,

뛰어난 은거한 선비라고 말하지.

고서가 항상 손에 들려있고,
묘한 도리를 마음에 지니고 있네.
문득 초저녁부터 이야기하다 보니,
어느새 밀물소리가 들려오누나.
언제나 밤낮을 다 지새우는데,
놀랍구나, 이치의 근원이 깊음이여.

〈寄張昌大〉

人說張昌大, 迢迢逸士林. 古書恒在手, 妙道不離心.
*忽忽*初更話, 悠悠隔海音. 何當窮日夜, 到底理源深.

● 迢迢: 아득히 먼. 逸士: 세상을 등지고 숨어사는 선비. 뛰어난 선비. *忽忽*: 문득, 잠시. 悠悠: 어느새. 何當: 언제쯤, 언제나. 到底: 생각이나 학식이 아주 깊다. 아무리 하여도. 도대체. 理源: 사물의 근원과 연원에 대한 원리를 뜻한다[理學淵源].

창대는 수산동식물에 관해 광범위한 지식을 갖췄을 뿐만 아니라 물고기의 척추 수를 실제 세어볼 만큼 지적 탐구심이 강한 선비였다. 손암은 시에서 창대가 아는 바다에 관한 지식을 '묘한 도리[妙道]'라며 높이 평가하고 있다. 유학과 경전에만 얽매이지 않는 손암의 실학적 학문관을 엿볼 수 있는 구절이다.

손암과 창대 두 사람은 초저녁에 만나 새벽 밀물소리가 들려올 때까지 물고기의 생태를 토론하고 있다. 그러고는, "언제나처럼 낮과 밤을 지새우는데, 이치의 근원이 참으로 깊기도 하구나[到底하다]." 라며, 생명체가 살아가는 이치가 오묘함에 새삼 감탄한다. 이처럼 손암과 창대가 머리를 맞대고 밤을 지새우며 연구 토론하는 가운데 『자산어보』는 탄생한 것이다.

8. 도판을 붙이며

『자산어보』에는 200종이 넘는 어류의 성상과 생태에 대한 당시 나름의 기록이 나온다. 어떤 어류는 오늘날 어명을 비정(比定)[33]하는데 큰 무리가 없지만, 어명 비정이 어려운 경우도 있다. 또 어류의 모양이 아무리 자세하게 글로 묘사되었어도 어보를 읽는 독자에게 그 이미지가 명확히 전달되기는 어려운 면이 있다.

이 번역서에서는 어명 비정이 가능한 어류에 대해서 도판을 붙이고 있다. 단일종이 아닌 총칭인 경우에는 가장 일반적이고 잘 알려진 어종을 대표어종으로 삼았다. 또 중국과 일본의 어류 관련 도판도 활용하여 독자의 이해를 돕고, 어명고의 내용에 대한 독자의 접근성을 높이려 하였다. 도판을 넣으면서 이 번역서가 단순한 어보가 아니라 어도보 혹은 어류도감의 구실도 할 수 있을 것으로 자부한다.

당초 정약전이 어보를 저술하려 마음먹었을 때의 책 제목은 '해족도설(海族圖說)'이었다. 그림과 해설이 있는 오늘날의 어류도감과 같은 구색이었던 것이다. 다산이 형님인 손암에게 보낸 편지 '작은형님께 올림[上仲氏]'에서 그 상황이 기록되어 있다. 다산은,

"해족도설은 여러 연구가의 수요가 될 것이니 그 활용이 매우 절실합니다."라며, 저술에는 찬성하였지만,

"해족도설은 무척 기이한 책으로 이것은 또 하찮게 여길 일이 아닙니다. 그림은 어떻게 하시렵니까? 글로 쓰는 것이 그림을 그려 색칠하는 것보다 나을 것입니다."[34]라며 그림을 붙이는 것에는 반대의 뜻

---

33 어떤 미상(未詳)의 물체에 대하여 그와 유사한 다른 물체와 비교하여 그 성질을 정하는 일이다.

34 "海族圖說,甚是奇書,此又不可少者.圖形何以爲耶,文字勝丹靑耳." 정약용, '上仲氏',『여유당전서』.

을 보인다.

오늘에 전해지는 『자산어보』에는 물고기 그림이 없다. 『자산어보』 자체만으로도 어류학에 관한 노작이며 훌륭한 문화유산이지만, 그림까지 갖추어져 있었으면 그 내용이 더욱 풍성하고 현장감을 더욱더 살릴 수 있지 않았을까, 하는 아쉬움을 금할 수 없다.

이번에 번역본 『신역 자산어보』 을 내놓으며 도판을 붙이는 것은 손암의 애초 정신을 계승할뿐더러, 『자산어보』가 본격 어류도감으로 다시 태어나는데 일조를 더한다는 마음으로 기쁘게 생각한다.

9. 『자산어보』 번역에서 유의한 사항

이 번역서는 어명고에 수록된 물고기마다의 번역문, 해설, 원문의 순서로 수록하였다. 『자산어보』는 순한문 자료이고 수많은 고서(古書)의 내용과 고사(故事)가 출현한다. 번역문은 직역을 원칙으로 하고, 가능한 한 한문을 적게 쓰면서 현대문으로 바꾸려 노력하였다.

그리고 원문에 대한 설명과 어류의 생태학적, 논리적 모순에 대한 이해를 돕기 위해서 평설(評說)이라는 이름으로 해설을 달았다. 평설에서는 일단 표제어가 된 어류가 현재 어떤 이름으로 불리는가를 비정하려 하였다. 기존 『자산어보』 관련 어명비정을 재검토하여 반영하는 한편 잘못 알려져 있는 점은 바로 잡으려 노력하였다. 어명이 밝혀지지 않았던 어종도 기존자료와 중국, 일본의 자료와 대조하여 가능한 한 우리 어명을 확인하려 하였다.

『자산어보』는 순한문 자료이지만 물고기 이름에는 한자이름과 함께 흑산도 현지에서 부르는 이름[俗名]이 병기되어 있다. 물고기의 현지이름을 한자를 차자[35]해서 기록했지만, 그 어종이 오늘날의 어

---

35 우리말 한자 표기방법에는 음을 빌려오는 음차(音借)와 뜻을 빌려 오는

느 물고기를 이르는가를 알아볼 수 있으며, 한자이름보다 더 오늘날 표준어명에 부합되는 경우가 더 많다.

어명 비정은 정문기의 번역본 『자산어보』와 『한국어도보』, 정석조의 『상해 자산어보』, 이태원의 『현산어보[36]를 찾아서』, 그리고 기출간된 여러 어류도감를 참조하였다. 또 이광정과 김홍석을 비롯한 여러 국어학자의 고어명 비정 자료도 참조하였다.

특히 『현산어보를 찾아서』는 저자가 실제 흑산도 현장을 수년에 걸쳐 곳곳이 찾아다니며 『자산어보』의 자취를 확인해서 『자산어보』를 재탄생시킨 역작이다. 씨는 흑산도 현지에서 부르는 어명을 대조 확인하면서 어보가 어떤 물고기를 묘사한 것인가를 비정하는 한편, 어류에 대한 높은 수준의 박물기와 흑산도의 풍물에 관한 수려한 기행문까지 수록하고 있다.

2014년 국립수산과학원에서는 흑산도 현지에 연구원을 파견해서 1년간 4계절 어획조사를 실시하였다. 조사에서 확보된 표본을 가지고 어명을 비정하고, 지역주민을 통한 방언조사로 어명을 확인한 결과를 발표였다. 가히 '『21세기 자산어보』'라고 자칭할만한 조사였다.[37]

이 책의 어명 비정 과정에서 조개류와 해초류의 현재 이름 확인은 이태원과 국립수산과학원의 조사에 크게 의존하였다. 노고에 찬사를

훈차(訓借)가 있다.

36 근년 『茲山魚譜』의 茲자가 '검다'는 의미이어서 '현'으로 읽어야한다는 견해가 제시되었으나, 茲를 '현'으로 읽으면 '검붉다'는 의미이어서 '자'로 읽어야 '검다'는 의미를 바로 전한다는 견해도 있다(김언종, 2003). 이 책에서는 오랫동안 일반화되어 온 독음이라는 점에서 『자산어보』로 한다.

37 이 조사보고서는 『신 자산어보』라는 이름으로 아카데미서적에서 다시 발간되었다(서영상, 2015).

보내며 공 없이 도움만 받는 것에 무색한 마음이다. 이러한 조사를 위해 저자들이 흑산도에서 만난 오늘날의 창대 씨들에게도 고마운 마음이다.

『자산어보』에는 수많은 중국고서가 인용되고 있다. 그러나 같은 한자이름을 쓰면서도 두 나라가 서로 다른 어류를 지칭하는 경우가 있다. 이는 우리가 한자를 빌려 기록해 온 결과이다. 우리의 사물, 어류에 한자이름을 적용한 결과 중국과 우리가 같은 한자이름을 쓰면서도 서로 다른 사물을 지칭하는 경우가 생길 수밖에 없었다. 이 책에서는 같은 한자이름을 가진 양국의 물고기를 상호 대조, 확인하여 어보의 이해를 돕고자 하였다.

『자산어보』에서는 여러 자료를 인용하다 보니 한 어종을 두고 기술한 내용이 아래위가 논리적으로 배치되는 경우도 있다. 또 현대 수산학, 어류생태학과 어긋나는 내용도 있다. 이러한 모순과 오류가 생긴 원인을 현대적인 관점에서 밝히려 하였다.

I. 자산어보 서문

자산(玆山)은 흑산(黑山)이다. 내가 흑산도에 귀양을 가있었는데, 흑산이란 이름이 아득히 멀고 어두운 것을 뜻하고 있어 두려웠었다. 집안사람들이 편지에 흑산을 번번이 자산(玆山)이라 쓰고 있었는데, 자(玆)는 흑(黑)을 말한다.

자산의 바다에는 어족들이 매우 풍부한데, 그 이름을 알고 밝히는 것은 여러 사물에 대하여 두루 많이 알고자 하는 사람[博物者]이라면 마땅히 살펴보아야할만한 것들이다. 나는 섬사람들을 널리 찾아보았는데, 이곳 물고기에 관한 어보(魚譜)를 만들고 싶어서였다. 그러나 사람마다 말이 달라서 어느 말을 믿어야 할지 알 수 없었다. 섬에 장덕순(張德順)이라는 사람이 있었다. 창대(昌大)라고 하는 이 사람은 밖으로 나다니지 않고, 손님을 사절하면서 고서를 즐겨 읽고 있었다. 다만 집이 가난하고 책이 적어 비록 손에서 책을 놓지 않고 있었지만 그 생각과 의견이 그리 넓지는 못했다. 그러나 그 성품이 조용하고 정밀해서 모든 풀과 나무, 새와 물고기[草木鳥魚]에 대해 듣고 본 것을 모두 깊이 살펴 그 성질과 이치를 알고 있었고, 그의 말이 믿을 만했다.

그리하여 나는 이 사람을 객사로 맞아들여서 같이 연구하였다. 이렇게 연구한 것을 차례로 엮은 다음, 이름을 『자산어보(玆山魚譜)』라고 하였다. 곁들여 바닷새[海禽]와 해초[海菜]에 이르기까지 엮어서 훗날 사람들이 참고할 수 있는 자료가 되게끔 하였다.

돌이켜 보건대 내가 고루하여서인지, 아니면 이미 본초(本草) 관련 서적에서 보았지만 그 이름을 알지 못하였거나, 혹은 예부터 기록된 것이 없어서 그 이름을 밝혀낼 수 없는 것들이 태반이었다. 이에 이 지역에서 부르는 이름[俗名]을 따라 한자로 적었고, 속된 사투리어서 글로 적기 어려운 것이 있으면 그 이름을 내가 지어 붙였다.

후세의 선비가 이 책을 수정하고 보완한다면 이 책은 치병(治病)하고, 이용(利用)하고, 이재(理財)하려는 전문가[數家]들에게 크게 도움을 주게 될 것이다. 그리고 시경(詩經)에 있는 사물을 공부하는 사람[詩人]들이 널리 배우고 익힘[博依]에 있어 미치지 못했던 곳에도 도움이 될 것이다."

1814년 열수 정약전(洌水 丁若銓) 씀

▌평설

서문에서 저자 정약전은 유배지인 흑산도에서 『자산어보』를 쓰게 된 계기를 설명하고 있다. 그리고 현지인 장덕순을 만나 어류, 해조, 해초 종류까지 조사 정리하게 된 경위를 설명하고 있다.

정약전은 박물자(博物者)란 말을 쓰고 있다. 즉, '여러 사물에 대하여 두루 많이 알고자 하는 사람'을 말하는 것이다. 기존 유학자를 위한 글이 아니라 실학 그리고 실생활에서 필요한 수산자원의 성질과 이치에 관한 지식을 알고자 하는 사람에게 책을 보여주고 싶다는 말이다.

서문의 마지막 구절은 정약전이 『자산어보』를 누가 보고, 어떻게 활용하기를 바란다는 저술 목적을 제시하고 있다. 이 어보는 '치병(治病)하고, 이용(利用)하고, 이재(理財)하려는 전문가에게 도움을 주기' 위해 쓴 것이라는 것이다.

어보에서 다룬 수산물은 먹을거리이기도 하지만, 기본적으로 사람에 이로운 약재가 되기도 한다. 수산자원의 성질을 잘 알고 쓰면 병을 치료할 수[治病] 있다는 것이다. 또 이용은 '어떤 대상을 필요에 따라 이롭게 씀'을 말한다. 즉 수산자원마다의 쓰임새를 사람에게 더욱 이롭게 밝힌다는 뜻이다. 또 이재라 함은 '어떤 재화의 성질을 이해하고 유리하게 다루어 운용함'을 뜻한다. 수산자원의 성질과 이치를 파악해서 효과적으로 관리한다는 뜻이다.

『자산어보』에는 수산물의 모양과 습성뿐만 아니라 이용 방법과 자원의 본질과 가치를 높이는 내용이 많이 포함되어 있다. '치병·이용·이재(治病·利用·理財)'는 정약전이 『자산어보』를 저술한 목적을 함축적으로 잘 나타내고 있다. 실학자인 저자는 실사구시(實事求是)와 이용후생(利用厚生)의 정신을 구현하고자 흑산도의 외로운 유배 생활 가운데에서 『자산어보』를 저술한 것이다.

〈원문〉 玆山者,黑山也.余謫黑山,黑山之名幽晦,可怖.家人書牘,輒[38]稱玆山.玆,亦黑也.玆山海中魚族極繁,而知名者鮮,博物者所宜察也.余乃博訪於島人,意欲成譜,而人各異言,莫可適從.島中有張德順昌大者,杜門謝客,篤好古書,顧家貧少書,手不釋卷,而所見者不能博.然,性恬靜精密,凡草木鳥魚,接於耳目者,皆細察而沈思,得其性理.故其言爲可信.余遂邀而館之,與之講究,序次成編.名之曰,玆山魚譜.旁及於海禽海菜,以資後人之考驗.顧余固陋,或已見本草,而不聞其名,或舊無其名,而無所可考者,太半也.只憑俗呼俚,不堪讀者,輒[39]敢創立其名.後之君子,因是而修潤之,則是書也,於治病·利用·理財[40]數家,固應有資.而亦以補[41]詩人博依之,所不及云爾.
嘉慶甲戌 洌水 丁銓書[42]

38 정씨본, 국립본, 상백본에는 輒로 되어 있다.
39 정씨본, 국립본, 상백본에는 輒로 되어 있다.
40 정씨본, 국립본, 상백본에는 理則으로 되어 있다.
41 정씨본, 국립본, 상백본에는 稱으로 되어 있다.
42 정씨본에는 著로 되어 있다.

II. 비늘이 있는 물고기

『자산어보』 제1권에서는 흑산도에서 나는 비늘이 있는 물고기 종류에 대해 기술하고 있다.

〈원문〉 玆山魚譜卷一,鱗類

1. 석수어(石首魚)

석수어에는 크고 작은 여러 종류가 있다.

▌평설

『자산어보』 제1권 첫머리의 내용으로 석수어라는 항목에 대면(大鮸), 면어(鮸魚), 추수어(踏水魚)라는 3종의 어류를 기술하고 있다. 옛글에서 석수어는 흔히 참조기를 말하는데, 어보에는 항목의 이름으로 쓰이고 있다.

어보에서는 魚類→鱗類→石首魚→大鮸·鮸魚·踏水魚로 어류를 단계적으로 구분해서 분류하고 기록하고 있다. 이는 중국의 『본초강목』이나 기존 어보에 비해 더욱 발전된 분류방법이며, 당시의 서구보다도 선진된 분류법이었다.

〈원문〉 石首魚(有大小數種.)

1-1. 대면(大鮸)

흑산도 현지사람들이 부르는 이름[俗名]은 애우질(艾羽叱)이다. 큰 것은 길이가 1장 남짓이 되며 둘레는 두어 아름정도가 된다. 모양은 민어[鮸]와 비슷하고, 색깔은 황흑색이다. 맛 역시 민어와 비슷한데 더 짙다. 3~4월[43]에 수면 가까이로 떠오르는데(대체로 물고기는 물에 뜨면 가라앉지 못하는 것이 많다. 봄과 여름사이의 물고기는 모두 부레 안에 공기가 넘쳐나기 때문이다.) 어부들은 맨손으로도 이 물고기를 잡는다.

6~7월에 상어를 잡는 사람들은 낚싯바늘을 물밑바닥에 설치해놓는데, 상어가 이것을 삼키고 거꾸로 매달리면(상어는 힘이 매우 세어서 낚싯바늘을 삼키고 꼬리를 휘둘러서 낚싯줄을 몸에 감고 힘을 쓰는데, 혹간은 낚싯줄이 끊어버리기도 하지만, 끝내는 그 힘으로 인하여 거꾸로 달리게 마련이다.), 대면이 그 상어를 잡아먹는다.

상어의 등지느러미 뼈(상어에 있는 송곳 같은 뼈)에 거슬려난 가시가 대면의 창자를 찌르고 낚싯바늘의 미늘처럼 된다. 대면은 낚싯바늘을 빼낼 수가 없어서 낚싯대를 위로 치켜들면 따라 올라오게 된다. 어부가 힘으로 제어하기 어려우면, 혹간은 줄로 올가미를 만들어서 그것으로 걸어 올리기도 하고 혹은 대면의 입안에 손을 넣어 합시(閤顋)를 잡아서 꺼내기도 한다(합시라는 것은 물고기의 목구멍 옆쪽에 난 빳빳한 털이다. 곁에 여러 겹이 빽빽하게 나 있어 참빗 같으며, 속칭 귀세미[句纖]라 한다. 무릇 물고기의 코의 쓰임은 냄새를 맡는데 있고, 귀세미는 물을 뿜고 마시는 역할을 한다. ○ 석수어는 작은 것이 이빨이 단단하고, 중간 것은 이는 있지만 단단하지 않고,

---

43 어보에 나오는 월(月)은 모두 음력이다.

큰 것[大鮸]은 이빨이 겨우 상어 껍질 정도여서 손을 넣어도 찔리지 않는다.). 간은 독성이 강해서 이것을 먹으면 어지럽고 두드러기가 생긴다. 상처를 아물게 하는(대체로 큰 물고기의 쓸개는 모두 상처를 아물게 하는 효능이 있다.) 것은 쓸개이며 가슴앓이나 복통을 낫게 한다고 한다.

○ 청안: 석수어에는 크고 작은 여러 종류가 있는데, 이들은 모두 머리 속에 돌 2개가 들어있다. 뱃속의 흰부레[白鰾]는 아교를 만드는데 쓴다. 『정자통』에 이르기를, "석수어는 일명 면(鮸)이라고 하며 동해, 남해에 나는데 모양은 백어(白魚)를 닮아서 납작하고 뼈가 약하며 비늘이 잘다."고 하였다. 『영표록』은 이것을 석두어(石頭魚)라고 했고, 『절지』에는 강어(江魚)라 하였고, 『임해지』는 황화어(黃花魚)라고 하였다. 그러나 지금까지 이 대면의 모습을 여러 전적에서 다룬 적이 없다.

▌평설

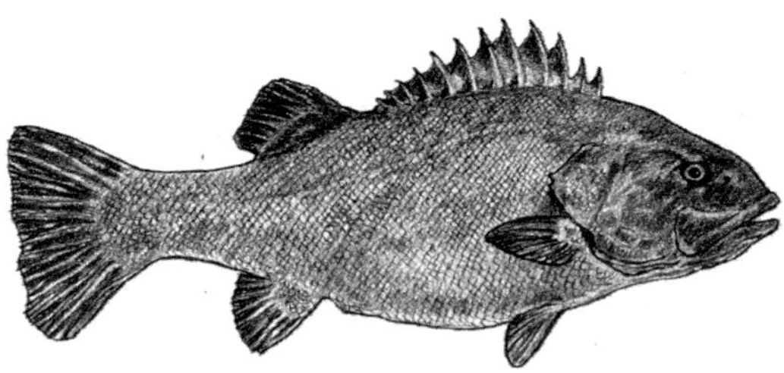

돗돔

어보의 저자가 민어 종류로 본 대면이라는 물고기에 대해 논하고 있다. 속명인 애우질(艾羽叱)을 애웇으로 읽는다고 보는 견해도 있지만 확실한 어명은 밝혀지지 않고 있다(이광정, 2003). 애우질(艾羽叱)이 개우질(芥羽叱)의 오기이며, 개우치를 음차해서 적은 것으로 보고 '큰 민어'라고 비정하기도 한다(홍순탁, 1963과 정문기, 1991). 개우질은 개웃으로 읽어야 하며 큰 민어를 가리키는 전남 방언 개우치와 같은 말이라고 보는 의견이다.

이청은 『정자통』, 『영표록』, 『절지』, 『임해지』와 같은 중국문헌을 고찰해서 주석을 달았지만, 대부분 조기 종류에 대한 기술이며 대면(大鮸)은 '전적이 없다'고 하였다. 이는 대면이 민어종류와는 다른 어종임을 나타낸다.

상어를 잡아먹는다는 어보 내용으로 보아 민어종류가 아니라 남해의 대형어종인 돗돔으로 비정하는 의견도 있다(이태원 2, 2003). 돗돔은 농어목 반딧불게르치과에 속하며 1.5m이상으로 자라는 대형 물고기이다. 주로 수심 400～500m의 암초지대에 서식하지만, 5～7월 산란기에는 수심이 얕은 곳으로 이동하고 이 시기에 낚시에 잡힌다. 돗돔은 생긴 모양이 큰 민어와 비슷한 점이 있어 어보에서 대면이라고 불린 것이다.

민어과 어류의 '머릿속에 있는 돌'은 이석(耳石)이라는 것으로 '동물의 내이(內耳)에 있는 골편(骨片)'을 말한다. 이석에는 성장 연륜이 나타나 이것으로 어류의 나이를 알 수 있다. 이석은 두석(頭石), 뇌석(腦石), 어수석(魚首石)이라고도 불리며 『식료본초』와 『본초강목』에는, "흥분하여 기절하는 증상을 치료한다."고 나와 있다. 또 이석은 가루를 내서 중이염 치료제로 쓰이며, 요로결석에도 효과가 있다.

귀새미는 물고기의 아가미 내부 기관을 말한다. 갑아(鬧亞)라고도 하며, 물고기의 아가미는 주름이 잡힌 아가미엽[鬧葉]과 안쪽에 있는 빗살 모양의 귀새미[鬧亞]로 나누어진다. 이 기관으로 물고기는 호흡과 혈액순환을 한다.

〈원문〉 大鮸(俗名艾羽叱).大者長丈餘,腰大數抱.狀類鮸,色黃黑.味亦似鮸,而益醲厚.三四月間,浮出水面(凡魚之浮水,而不能游潛者多.在春夏間者,皆鰾中氣[44]溢也.),漁者徒手而捕.六七月間,捕鯊者,設釣鉤于[45]水底.鯊魚呑之而倒懸(鯊,甚强.故呑釣,則揮其尾,使釣綸纏其身,用力[46]則綸或絕,故勢必倒懸.),則大鮸又呑其鯊.鯊之鰭骨(鯊有骨如錐.),逆刺其腸[47],是成釣鐵.鮸不能拔,擧釣而隨上.漁者力不能制,或以索作套子,而句[48]出.或以手納其口,而搤其閤顋以出(閤顋者,魚之喉旁勁毛也.傍各數重,勢若密篦,俗呼句纖.凡魚鼻之用,只在嗅香,水之出納,閤顋司之.○石首魚,小者,齒堅,中者,有齒而不堅,大鮸,則齒僅如鯊皮,故入手[49]不刺.).肝有大毒,食之瞑眩而發癬疥.能消瘡根(凡大魚之膽,皆消瘡毒.),其膽,治胃痛腹痛云.○晴案,石首魚有大小諸種,而皆腦中有石二枚,腹中白鰾,可以爲膠.『正字通』云,石首魚,一名鮸,生東南海中,形如白魚,扁身弱骨細鱗.『嶺表錄』謂之石頭魚,『浙志』謂之江魚.又『臨海志』謂之黃花魚.然,今此大鮸之形,諸書所未及也.

1-2. 면어(鮸魚)

현지에서 부르는 이름은 민어(民魚)이다. 큰 것은 길이가 4, 5자(주척[50]을 말하는 것이며 이후에 나오는 것 모두 같다.)이다. 몸은 약간 둥글고 색깔은 황백색이며, 등은 청흑색이다. 비늘이 크고 입이 크다. 맛은 담백하면서도 달며, 날 것과 익힌 것 모두 좋지만 말린

---

44 정씨본, 국립본, 상백본에는 魚로 되어 있다.
45 교감본에는 干으로 되어 있다.
46 정씨본, 국립본, 상백본에는 方으로 되어 있다.
47 정씨본, 국립본, 상백본, 가람본에는 膓, 교감본에는 腹으로 되어 있다.
48 勾자 대신 쓰인 것으로 보인다.
49 교감본에는 水로 되어 있다.
50 周尺: 주례(周禮)에 규정된 자로서 1자는 23.1cm이다(『표준국어대사전』).

것이 사람 몸에 더 이롭다. 부레는 아교를 만들 수 있다.

흑산도 바다에는 아주 귀하며 혹간 수면으로 떠오르며, 간혹 낚시로 잡기도 한다. 신안군도[羅州諸島][51] 북쪽에서는 5~6월에 그물로 잡고, 6~7월에는 낚시로 잡는다. 알집의 길이는 2자 가량이고, 절임과 어포 모두 맛있다. 어린 것은 속칭 암치어(巖峙魚)라 한다. 또 다른 종류가 있는데 현지사람이 부르는 이름은 부세[富世魚]이고 길이는 2자를 넘지 않는다.

○ 청안: 면(鮸)은 발음이 면(免)이고, 우리나라의 면과 민(民)의 발음이 비슷해서 민어(民魚)는 바로 면어(鮸魚)이다. 『설문』에 이르기를, "면은 물고기 이름으로 예야국(薉邪國)[52]에서 난다."고 하였는데, 예(薉)라는 것은 우리나라 영동 땅이다. 그러나 지금 영동바다에서 면어가 난다는 것은 아직 듣지 못하였다. 서해와 남해에는 모두 이 고기가 있다. 『본초강목』에 석수어를 말린 것을 상어(鯗魚)라고 하였다. 능히 사람을 보양한다 해서 양(養)자를 빌어다가 상(鯗, 건어 상)이라고 한 것이다. 나원이 이르기를, "어떤 물고기든 말린 것을 모두 상이라고 하는데, 그 맛이 석수어 말린 것에는 미치지 못한다. 그러므로 오로지 석수어만이 상이라는 이름을 독차지했다. 흰 것이 가장 맛이 좋다 하여 백상(白鯗)이라고 부른다. 간혹 바람을 맞아 색이 붉게 변한 것이 있는데, 그런 것은 제 맛을 잃는다."고 하였다. 우리나라에서도 민어로 상품의 건어를 만드는데 민어는 바로 면(鮸)이다.

○ 우안: 『동의보감』에는 회어(鮰魚)를 민어(民魚)라고 하였는데, 그러나 회(鮰)는 곧 위(鮠)이며 강이나 호수에서 사는데 비늘이 없

---

51 羅州諸島: 신안 앞바다를 말한다. 조선시대에 흑산도를 비롯한 신안의 여러 섬들은 나주목에 속했다.

52 삼국시대 이전에 강릉지역에 있던 초기 부족국가인 예(濊) 혹은 예야국(穢邪國)을 기록한 것으로 보인다.

다. 진장기가 잘못 알고 위(鮠)를 면(鮸)이라고 하였는데, 이시진은, "회(鮰)와 면(鮸)을 혼동해서는 안 된다."고 분명히 밝히고 있다.

▌평설

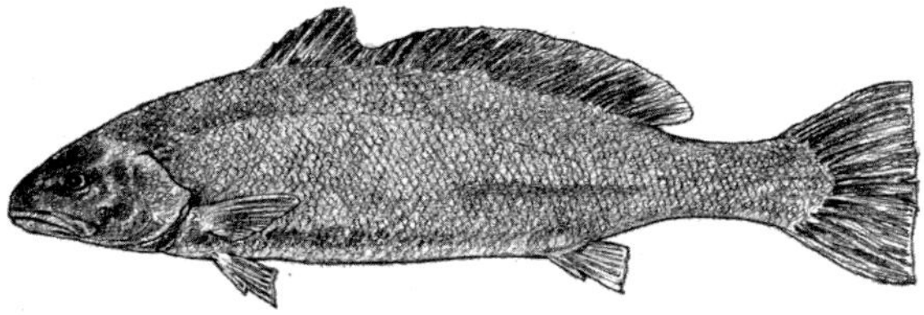

민어

면(鮸)은 글자 뜻이 참조기 면이지만 어보에서는 민어를 말한다. 민어는 농어목 민어과의 물고기로 지방에 따라 개우치, 홍치 또는 어스래기 등의 이름으로 불리기도 한다. 민어는 주로 수심 15~100m의 개흙이 진 연안에서 산다. 수놈이 살이 맛이 쫀득하고 몸이 커서 암놈보다 값이 비싸다. 수놈은 수치라고 불리는데 물고기 중 수놈이 더 비싸기는 드문 경우이다.

어보에서 민어의 '흰부레[白鰾]는 아교를 만드는데 쓴다'고 했다. 민어부레는 약재로서뿐 아니라 전통 접착제를 만드는 원료이기도 했다. 물고기의 부레로 만드는 풀은 어교(魚膠) 혹은 부레풀이라 하며, 민어부레로 만든 것이 가장 접착성이 좋으며 민어풀이라고 한다. 민어풀은 들러붙는 힘이 아교보다도 뛰어나 주로 공예품을 만들 때, 나무를 덧붙이거나, 자개 장식인 나전의 화각을 붙이는 데 쓰인다. 민어풀은 수용성이라 화각의 무늬 밖으로 밀려나온 풀을 물로 쉽게 씻어낼 수도 있어 편리하다. 또 활의 몸체를 만들 때 여러 재료를 붙이는 데에도 쓰였으며 화학접착제가 일반화되기 전까지는 가장 널리 쓰이던 접착제였다.

청안에서는 『본초강목』을 인용해서 말린 민어를 설명하려 하였지만, 실제는 석수어 즉 참조기의 건어인 굴비를 설명하고 있다. 어보에서 작은 것을 암치어라 부른다고 했는데, 오늘날 표준어로는 '배를 갈라 소금에 절여 만든 민어암놈' 혹은 '배를 갈라 소금에 절여 말린 민어[鰲魚]를 통틀어 이르는 말'이거나 '민어의 새끼'를 가리킨다(『표준국어대사전』).

어보에서는 부세를 민어의 작은 것으로 취급하고 있지만, 부세는 모양이나 쓰임새가 참조기와 거의 유사하다. 주둥이 끝이 둥글며, 굴비처럼 말려서 이용하지만 맛은 참조기에 비해 떨어진다. 부세를 보리조기라고 부르는 지역도 있는데, 이는 참조기와 비슷하지만 맛과 질이 좀 못하다는 데서 비롯된 이름이다.

어보에서는 청안에 이어 다시 안[又案]이 붙어 있다. 이청의 안이 연이은 것으로 보아야 할 것이다. 청안에서는 『동의보감』에 민어(民魚)를 회어(鮰魚)라고 기록된 것을 잘못으로 보았다. 회어, 위어는 중국의 민물에 사는 대형 메기 종류로 민어와는 동떨어진 어류이다. 그러나 회(鮰)자는 우리나라에서 만들어 쓴 한자의 하나로 '민어 회'라는 의미로 쓰였고, 『동의보감』의 회어는 민어를 지칭한 것으로 볼 수 있다. 중국의 회어(鮰魚)와 우리식 한자의 회(鮰)는 글자는 같지만, 다른 물고기를 지칭하고 있는 것이다.

물고기의 우리식 한자 이름은 민어 회(鮰) 외에도 국(鯏, 돌고래), 망(魟, 망둑어), 첩(鯜, 납자루·넙치), 화(夻, 대구) 등이 있으며, 중국에 없는 한자이거나 다른 물고기의 이름이다. 우리 선조들은 한자를 이용해서 우리식 글자를 만들어 썼으며, 이러한 한자를 국자(國字)[53]라고 한다.

---

53 나라의 글자라는 뜻에서는 한글을 이르는 말이지만, 한자어를 표기하는 데 쓰는 우리식 한자를 말하기도 한다.

〈원문〉 鮸魚(俗名民魚).大者長四五尺(以周尺言之,下皆倣此.).體稍圓.色黃白,背靑黑.鱗大口巨.味淡甘,鯹[54]熟俱宜,乾者尤益人.鰾可作膠.黑山海中稀貴,或浮出水面,或釣得.羅州諸島以北,五六月網捕[55],六七月釣捕.其卵胞,長數尺,醢鱐[56]俱美.幼者,俗呼巖峙魚.又有一種,俗呼富世魚,長不過二尺餘.○晴案,鮸音免,東音免民相近,民魚,卽鮸魚也.『說文』云,鮸魚[57]名,出薉邪國.薉者,我國嶺東地也.然,今嶺東之海,未聞産鮸,西南之海,皆有之耳.『本草綱目』,石首魚乾者名鯗魚,能養人,故字从[58]養.羅願云,諸魚薨乾,皆爲鯗,其美不及石首,故獨得專稱.以白者爲佳,故呼白鯗.若露風,則變紅色,失味.我國亦以民魚爲佳鯗,民魚,卽鮸也.○又按,『東醫寶鑑』,以鮰魚爲民魚.然,鮰卽鮠[59]也,生於江湖而無鱗.陳藏器,誤以鮠爲鮸,李時珎[60]辨之,鮰與鮸,不可混也.

1-3. 추수어(踏水魚)

추수어를 흑산도 현지에서 부르는 이름은 조기(曹機)이다. 큰 놈은 1자 남짓이 된다. 모양은 민어와 비슷하며 몸은 조금 좁다. 맛 역시 민어와 같으며 더욱 담백하다. 쓰임새도 민어와 같으며 알은 젓을 담는다. 흥양[61] 외해의 섬에서는 해마다 춘분이후에 그물로 잡는다. 영광 칠산[62] 바다에서는 한식이후에 그물로 잡고, 황해도 해주

---

54 상백본에는 鯉로 되어 있다.

55 가람본에는 網得, 교감본에는 綱得으로 되어 있다.

56 국립본에는 鱅로 되어 있다.

57 정씨본, 국립본, 상백본에는 魚가 鮮으로 되어 있다. 『설문』 원문은 '鮸, 魚名'이다.

58 從(좇을 종)과 동자이다.

59 가람본에는 鮸으로 되어 있다.

60 珎은 珍의 속자이다. 가람본에는 珍자와 珎자가 혼용되어 있다.

61 興陽: 오늘날의 전남 고흥지방을 말한다.

앞바다63에서는 소만이후에 그물로 잡는다.

흑산 바다에서는 6~7월에 비로소 밤에 낚시로 낚는데(물이 맑기 때문에 낮에는 낚시를 물지 않는다.), 이미 산란을 끝낸 뒤라서 봄에 잡히는 것보다는 맛이 떨어진다. 말려서 건어를 만들어도 오래 가지 못하는데, 가을이 되면 조금 나아진다. ○ 약간 큰 것(속칭 보구치)은 몸이 크지만 길이가 짧으며, 머리가 작고 구부러져 있고, 머리 뒤쪽이 높다. 맛은 누린내가 나서 오직 포를 만드는데 쓰일 뿐이며, 칠산 바다에서 나는 놈은 약간 낫지만 역시 맛은 좋지 않다,

○ 조금 작은 것(속칭 반애)은 머리가 약간 뾰족하며 몸은 옅은 흰색이다. ○ 가장 작은 것(속칭 황석어)은 길이가 4~5치로 꼬리가 아주 뾰족하며 맛이 매우 좋은데, 간혹 그물에 들어온다.

○ 청안: 『임해이물지』를 보면 석수어 가운데 작은 것을 추수(蹭水)라고 하고, 그 다음 것을 춘래(春來)라고 하였다. 전구성64의 『유람지』에는, "해마다 4월에 몇 리에 걸쳐 무리를 짓고 먼 바다에서 오는데, 어부들은 그물을 내려 조류를 막고 잡아 올린다. 첫물[初水]에 들어오는 놈이 가장 맛이 좋고, 두물[二水], 세물[三水]에 오는 놈은 차츰 잘아지면서 맛도 떨어진다."고 하였다(『본초강목』에 나와 있다.). 이 물고기는 때에 맞추어 조수를 좇아올라오므로 이름을 추수라고 한다.

요즘 사람이 사람들이 그물로 잡을 때, 떼를 지어 나타나는 것을 만나면 산더미처럼 잡을 수 있으며, 그것을 다 배에 실을 수가 없을 정도이다. 해주와 흥양에서 그물로 조기를 잡는 시기가 각기 다른

---

62 七山島: 전남 영광 앞바다를 말한다.

63 延坪島 일대를 말한다.

64 『난호어목지』에도 전구성으로 되어 있으나 田汝成의 오기이다(『중국역대인명사전』).

것은 시기와 물때를 따라 올라오기 때문이다. ○ 우안: 『박아』에는 석수어를 종(鯼)이라고 했으며, 『강부』의 주에는 종어(鯼魚)의 다른 이름을 석수어라고 하였다. 그러나 『정자통』에서는 석수어가 종(鯼)이 아니라고 분명하게 밝혔고, 『본초강목』 역시 두 가지 물고기로 따로 나누어 기록해 둔 바, 마땅히 살펴서 알아둘 만하다.

▌평설

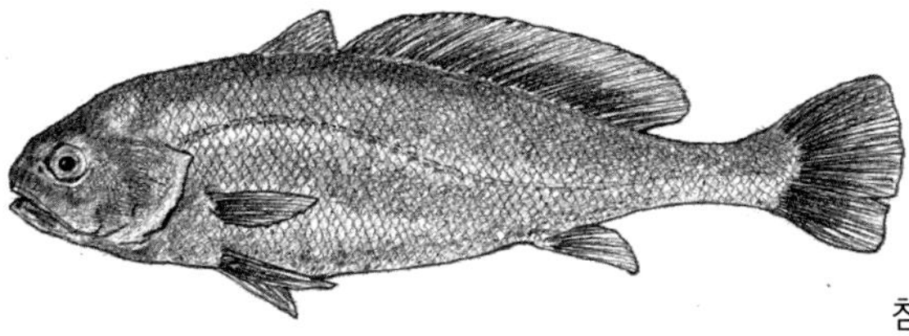

참조기

어보에서는 오늘날의 조기를 추수어(踏水魚), 속명은 조기(曹機)라는 표제어로 기록하고 있는데 조기는 참조기, 보구치, 수조기, 부세 등의 총칭이다. 어보에서 기술한 조기의 특성은 주로 참조기를 묘사하고 있으나, 다른 종류도 병렬로 설명하고 있다. 보구치(甫九峙)는 백조기이며, 반애(盤厓)는 수조기, 황석어(黃石魚)는 황강달이이다.

조기가 서해로 올라오는 과정을, '첫물에 들어오는 놈이 가장 맛이 좋고, 두물, 세물에 온 것은 물고기 크기도 점점 적어지고 맛도 점점 떨어진다.'고 하였지만 꼭 참조기의 이동만을 묘사한 것 같지 않다. 참조기와 더불어 황강달이, 수조기, 부세 등 크기가 다른 어종이 비슷한 시기에 서해로 올라오기 때문이다.

참조기는 겨울에는 남쪽바다에 있다가, 봄에 북쪽으로 이동하여 중국 연안과 한국의 서해안 일대에서 3～6월에 알을 낳는다. 산란기에는 산란장에 모여 개구리 울음과 비슷한 소리를 내거나 물 위로 튀어 올라오는 습성이 있다. 이 울음소리는, "주로 산란장을 들어갈 때와 나올 때 서로 자기들의 위치를 알리는 동시에, 위험을 느꼈을 때 일행에게 알리는 신호 같다."는 견해가 있다(정문기, 1997).

중국문헌에 석수어를 종(鯼)이라고도 하였지만, 한자이름만 같았지 조기종류와는 별도의 민물고기를 말한다. 중국의 종(鯼)은 잉어과에 속하는 대형 물고기(Elopichthys bambusa)로 황전(黃鱄), 황찬(黃鑽), 황협어(黃頰魚), 간어(竿魚), 수노호(水老虎), 대구감(大口鰄)이라고도 불린다. 우리나라에는 없는 물고기이다. 우리가 한자를 빌려 사물을 기록한 데서 나오는 혼선이다.

〈원문〉 䠓水魚(俗名曹機).大者一尺餘.狀類鮸,而體稍[65]狹,味亦似鮸而尤淡.用如鮸,卵宜醢.興陽外島,春分後網捕.七山海中,寒食後網捕,海州前洋,小滿後網捕.黑山海中,六七月始夜釣(水淸,故晝不呑釣.),已盡產卵,故味不及春魚者.腊之,不能耐久,至秋稍勝.○稍大者(俗呼甫九峙)軆[66]大而短,頭小而俯,故腦後高.味羶,惟堪作鱐.產於七山者,稍勝而亦不佳.○稍小者(俗呼盤厓),頭稍尖,色微白.○最小者(俗呼黃石魚),長四五寸,尾甚尖,味甚佳.時入於漁網中.○[67]晴案,『臨海異物志』,石首魚小者,名䠓水.其次名春來.田九成『游覽志』,每歲四月,來自海洋,綿亘數里.海人乃下網[68],截流取之.初水來者,甚佳,二水三水來者,魚漸小而味漸減(出『本草綱目』.).葢[69]此魚,隨時趁水而來,故名䠓水也.今人網捕之時,遇其群[70]來,得魚如山,舟不勝載.而海州興陽,網捕異時者,以其隨時䠓水也.○又按,『博雅』,石首,鯼也.『江賦』注,鯼魚,一名石首魚,而『正字通』,明辨石首之非鯼.『本草綱目』,亦別載爲二魚,可按而知也.

---

65 정씨본, 국립본, 상백본에는 精으로 되어 있다.

66 體의 속자이다.

67 고대본과 가람본에는 ○표가 없다.

68 국립본에는 綱로 되어 있다.

2. 치어(鯔魚)

치어에는 두어 종류가 있다.

▌평설

치어(鯔魚)와 가치어(假鯔魚) 2종류의 숭어과 어류에 대해 기술하고 있다.

〈원문〉 鯔魚(有數種.)

2-1. 치어(鯔魚)

흑산도 현지에서 부르는 이름은 수어(秀魚)이다. 큰 것은 길이가 5~6자이다. 몸통이 둥글고 검으며, 눈은 작고 노랗고, 머리는 편편하며 배는 희다. 성질이 의심이 많고 민첩해서 위험을 피한다. 헤엄을 잘 치고 잘 뛰어올라서 사람 그림자만 보아도 금방 달아난다. 물이 흐리지 않으면 낚싯바늘을 물지 않으며, 물이 맑으면 그물이 열 발자국 가량 떨어져 있더라도 그 기색을 알아차리고, 비록 그물에 들어가더라도 곧잘 뛰쳐나간다. 만약 그물이 뒤에 있으면 물 가장자리 쪽으로 나가 진흙 속에 엎드려 있으며 냉큼 물속으로 가려고 하지 않는다. 그물에 갇혀도 온몸을 흙에 묻고는 오로지 눈으로만 동정을 살핀다.

맛은 달고 깊어서 물고기 중에서 제일이다. 숭어를 잡는 시기는 일정하지 않지만 3~4월에 산란하므로 이 시기에 그물로 잡히는 놈

---

69 가람본에는 전문에 걸쳐 蓋가 속자인 盖로 되어 있다.

70 정씨본, 상백본, 가람본에서는 群을 羣으로 적고 있다. 羣자가 정자이다.

이 많다. 개펄의 흐린 물이 아니라면 잡히지 않는다. 이런 까닭에 흑산 바다에도 간혹 이 숭어가 있기는 하지만 잡기가 어렵다. ○ 작은 것은 속칭 등기리(登其里)라고 하고, 가장 어린 것은 속칭 모치(毛峙)라고 부른다(속칭 毛當 또는 毛將이라고 한다.).

▎평설

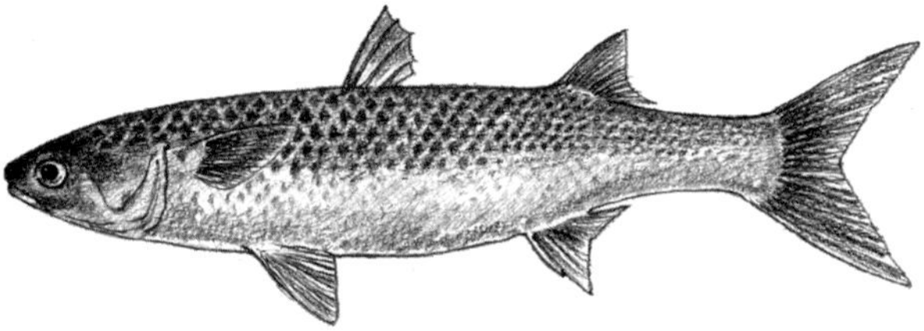

숭어

치어는 숭어로 비정된다. 숭어는 참숭어, 가숭어, 등줄숭어 등 숭어 무리의 총칭이기도 하지만, 일반적으로 숭어라 할 때는 참숭어를 말한다. 참숭어는 숭어목 숭어과의 물고기로 우리나라 전 연해에 분포하며, 기수[71] 및 담수에도 서식한다. 한자이름은 치어(鯔魚) 외에도 숭어(崇魚), 수어(秀魚·水魚)라고도 하였는데, 맛이 빼어나기[秀] 때문이라 한다.

숭어는 우리나라 전 해역에서 자라기 때문에 지역마다 부르는 이름이 다르다. 걸치기, 객얼숭어, 격얼숭어, 글거지, 나무래기, 대다리, 댕기리, 덜미, 동숭어, 동아, 동어, 뚝다리, 모그래기, 마룩쟁이, 말어, 먹그물모쟁이, 모대미, 모댄, 모댕이, 모쟁이, 모지, 모찌, 모치, 목시락, 몰치, 못찌, 못치, 몽어, 무근사슬, 무근정어, 무글모치, 무찌, 무치, 미렁이, 미패, 살모치, 셋메기모쟁이, 수치, 숭애, 애사슬, 애정어, 언지, 준거리와 같은 많은 이름이 전국각지에서 쓰이고 있다.

---

71 汽水: 바닷물과 민물이 섞여 염분농도가 얕은 강어귀에 있는 바다를 말한다.

무안지방에서는 제일 작은 숭어를 모치라고 하며 그 다음은 참동어, 손톱배기라 한다. 4년가량 자라면 댕가리, 5년은 딩기리, 6년은 무구력, 7년은 자라야 숭어라고 부른다(『한국민속대백과사전』). 이처럼 성장단계에 따라, 크기에 따라 다른 이름을 갖는 물고기를 출세어(出世魚)라고도 부른다.

치어는 참숭어를 말하지만 어보에서 기술한 음력3~4월에 산란하는 숭어 종류는 가숭어이다. 참숭어의 산란기는 양력10~2월이며, 산란 최성기는 10~11월이다. 가숭어는 참숭어와 산란기에도 차이가 있을 뿐 아니라 모양에도 차이가 있다. 가숭어는 눈에 테두리가 있어 숭어와 구분된다. 어보의 숭어 내용은 참숭어와 가숭어에 관한 고찰이 뒤섞여 있어 혼선을 준다.

〈원문〉 鯔魚(俗名秀魚).大者長五六尺.體圓而黑,目小而黃,頭扁腹白.性多疑而敏於避禍.又善游善躍,見人影輒跳避.水不至濁,未嘗含[72]釣.水淸則網在十步,已能色擧.雖入網中,亦能跳出.網在於後,則寧出岸而伕[73]於泥,不肯向水.而[74]罥於網,其伏於泥也,全身埋土,而惟以一目伺[75]動靜.味甘而醲厚,爲魚族第一.漁無定時,而三四月産卵,故此時網捕者多.非鹵濁水,不可襲取.故黑山海中亦或有之,而[76]不可得.○其小者,俗呼登其里.最幼者,俗呼毛峙(亦呼毛當,又呼毛將.).

---

72 정씨본에는 食으로 되어 있다.

73 정씨본, 국립본, 가람본에는 伏으로 되어 있다. 고대본과 상백본의 伕자는 伏의 대자로 쓰인 것이다.

74 정씨본, 국립본, 상백본에는 也로 되어 있다.

75 정씨본, 국립본, 상백본에는 [illegible]로 되어 있다.

76 정씨본, 국립본, 상백본에는 所로 되어 있다.

2-2. 가치어(假鯔魚)

현지에서 부르는 이름은 사릉(澌陵)이다. 모양은 참숭어와 같지만, 단지 머리가 조금 크며, 눈이 검고 크고, 더욱 민첩하다. 흑산도에서도 나는 것은 단지 이 종류뿐이다. 어린 것의 이름은 몽어(夢魚)이다.

○ 청안: 『본초강목』에서, "치어(鯔魚)는 잉어와 닮았고, 몸이 둥글고 머리가 납작하고 뼈가 연한데, 강과 바다의 얕은 물에서 산다." 고 하였다. 마지(馬志)[77]가 말하기를, "성질이 진흙 먹기를 좋아한다."고 하였다. 이시진이 말하기를, "치어(鯔魚)는 색깔이 검어 그 이름이 붙었다 하였다. 월나라 사람[粵人]이 잘못 말하기를 자어(子魚)라 했고, 동해에 있다고 했다. 노란 기름기가 맛있다."고 했다. 지금 사람들이 수어(秀魚)라 부르는 고기가 바로 이것이다(『삼국지』주에서 이르기를, 개상(介象)[78]이 손권(孫權)과 회를 논하면서, 개상이 수어가 가장 좋다고 하였다. 손권이 말하기를, 수어는 바다에서 나는데 어찌 구할 수 있냐고 하였다. 개상은 물을 길어다 웅덩이에 가득 채우고 나서 낚시를 드리우고 잠시 후에 수어를 낚아 올렸다 한다.).

가치어, 속명 사릉은 가숭어로 비정된다. 가숭어 역시 숭어목 숭어과의 물고기로 우리나라 내만의 연해에 분포하며, 생김새나 성상이 참숭어와 비슷해서 일반인은 구별하기 어렵다. 참숭어와 차이는 눈위를 덮는 기름눈꺼풀[脂瞼]이 약하며, 눈에 노란색 테두리가 있어 구별된다.

삼국지의 오왕 손권과 술사(術士) 개상의 일화에서의 치어(鯔魚)

---

77 馬志: 책 이름이 아니라 중국 북송시대에 의서『개보신상정본초』편찬에 참여한 의학자 이름이다. 馬誌라고도 한다.

78 介象: 중국 삼국시대 오나라 사람으로 도술을 수련해서 모습을 감추고 변할 수 있었다 한다.

는 참숭어를 말하는 것인데, 청안(晴案)에서는 가숭어에서 인용하고 있다.

▌평설

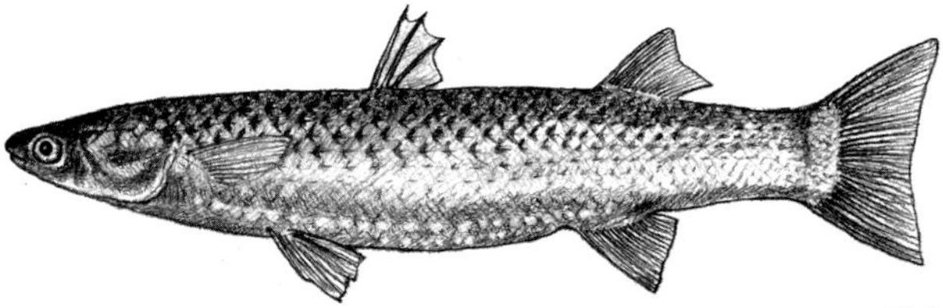

가숭어

현재도 많은 지역에서 숭어라고 부르며 먹고 있는 것은 가숭어이며(정문기, 1997), 비록 이름에는 '가'자가 붙었지만, 오히려 참숭어로 대접받고 있다. 어보에서도, "흑산도에서도 나는 것은 단지 이 종류뿐이다."라고 기록하고 있으며, 오늘날 흑산도지역에서는 가숭어를 아예 참숭어로 부르고 있다.

〈원문〉 假鯔魚(俗名[79]斘陵[80]).狀同眞鯔,但頭稍大,目黑而大,尤驍捷.黑山所産只此種.其幼者名夢魚.○晴案『本草』,鯔魚似鯉,身圓頭扁,骨軟.生江海淺水中.馬志云,性喜食泥.李時珍[81]云,鯔魚色黑,故名.粵人訛爲子魚.生東海,有黃脂,味美.今人所稱秀魚,即此也(『三國志注』云,介象與孫權論鱠,象曰,鯔魚爲上.權曰,此出海中安可得.象令汲水滿埳垂綸,須臾釣得鯔魚.).

---

79 가람본에는 呼로 되어 있다.

80 정씨본, 국립본, 상백본에는 斯陵으로 되어 있다.

81 가람본에는 속자인 珎로 되어 있다.

3. 노어(鱸魚)

농어[鱸魚]

▌평설

바다에 사는 농어 한 종류만을 기술하고 있다.

〈원문〉 鱸魚

3-1. 노어(鱸魚)

큰 것은 길이가 1장이다. 몸이 둥글고 길며 살이 찐 것이다. 머리가 작고, 입이 크며 비늘이 잘다. 아가미가 겹으로 되어 있지만 약해서 낚싯바늘에 걸리면 쉽게 찢어진다. 색깔은 희고 검은 어른어른한 무늬가 있으며, 등은 검푸르다. 맛이 좋고 담백하다.

4~5월에 나기 시작하며, 동지이후에는 자취를 감춘다. 성질이 민물을 좋아한다. 장마가 들어 물이 불었을 때 낚시꾼이 짠물과 민물이 만나는 곳에서 낚시를 던졌다가 들어 올리면, 농어가 바로 낚시를 문다. 흑산도에서 나는 것은 야위고 작으며, 맛 역시 육지 쪽에서 가까운 것에 나는 놈만 못하다. 그 어린 것은 속칭 보로어(甫鱸魚)라 부른다(혹은 乞德魚라고 부른다.).

○ 청안: 『정자통』에, “노(鱸)는 쏘가리[鱖]를 닮았고, 입이 크며 비늘이 작은데 길이는 두어 치이며 아가미가 네 겹이어서 사시어(四腮魚)라 부른다.”고 하였다. 이시진이 말하기를, “노어는 오나라에서 나며, 송강(淞江)에서 많이 난다. 4~5월에 가장 잘 잡히는 물고기로 길

이는 두어 치에 불과하며 쏘가리와 약간 닮아서 색깔이 흰데다 검은 점이 있다."고 했다(『본초강목』에 나온다.). 그러나 중국 강소성 소주 지역[吳中]에서 나는 노어는 짧고 작아서 우리나라의 노어와 다르다.

▌평설

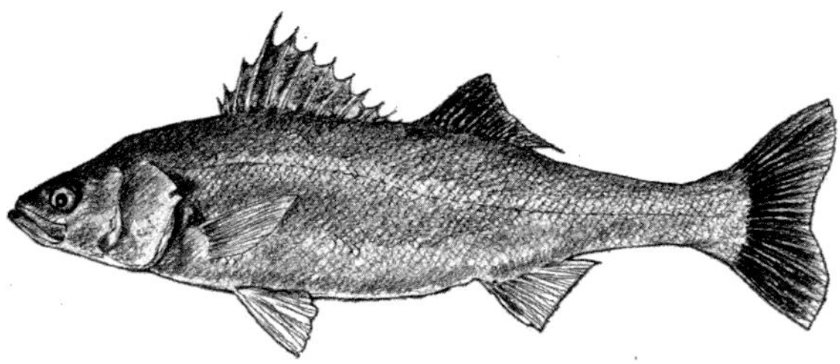
농어

바다 농어를 설명하고 있다. 농어는 농어목 농어과 물고기로 비슷한 어종에 넙치농어, 점농어가 있으며 서식 장소나 성상이 농어와 비슷하다. 농어(農魚)라고도 불리며 방언으로 농에, 까지맥이, 깔다구, 깔따구, 껄떡이, 깡다구, 깔대기, 껄떡, 연어병치, 독도돔, 절떡이, 보껄떡이, 가슬맥이라고도 불린다.

농어는 바닷물고기이지만 어릴 때에는 담수를 좋아해서 연안이나 강 하구까지 거슬러 올라오기도 한다. 여름에 많이 잡히며, 성장할수록 맛이 좋다. 몸길이는 1m정도이며 어릴 때에는 옆구리와 등지느러미에 작고 검은 점이 많이 흩어져 있으나, 자라면서 검은 점의 수가 적어진다. 봄부터 여름까지는 먹이를 먹기 위하여 육지에 가까운 얕은 바다로 이동하고, 겨울철에는 알을 낳고 겨울을 나기 위하여 수심이 깊은 곳으로 이동한다.

이청은 『정자통』에 나오는 노(鱸)를 바다농어와 비교하면서 의문을 나타내고 있다. 중국 고문헌에서 나오는 노어(鱸魚), 속칭 사새어는 민물고기인 꺽정이[淞江鱸魚]를 이르는 것이어서 혼란을 준 것이다. 중국문헌으로 우리 물고기를 비정하는데서 비롯된 혼선의 한 예이다. 꺽정이의 아가미 덮개 뼈가 겉으로 보기에는 두 겹으로 보이기 때문에 양쪽 아가미를 합쳐서 흔히 사새어(四鰓魚)라 부른다. 어보에서는 사시어(四腮魚)라고 적고 있으며 사새어와 같은 의미이다.

〈원문〉 鱸魚.大者長丈.體圓而長,肥者.頭小,巨口細鱗.鰓有二重而薄脆,鉤貫易裂[82].色白而有黑暈,背青黑.味甘而淸.四五月始生,冬至後絕蹤.性喜淡水.每霖雨水盛,釣者尋鹹淡水交會之際,投釣卽擧,則鱸隨而呑釣.產於黑山者,瘦細而小,味亦不如近陸地產.其幼者,俗呼甫鱸魚(又呼乞德魚.).○晴案,『正字通』,鱸似鱖,巨口細鱗,長數寸,有四腮,俗呼四腮魚.李時珍云,鱸出吳中淞江尤盛,四五月方出.長僅數寸,狀微似鱖,而色白,有黑点(出『本草綱目』.).蓋吳中之鱸短小,與我國異也.

82 정씨본에는 '而脆鉤薄貫易裂'로 되어 있다.

4. 강항어(强項魚)

강항어

▌평설

어보에서는 도미 종류를 강항어(强項魚)라고 총칭하며 강항어, 흑어(黑魚), 류어(瘤魚), 골도어(骨道魚), 북도어(北道魚), 적어(赤魚)의 6종류를 기술하고 있다.

〈원문〉 强項魚.

4-1. 강항어(强項魚)

현지에서 부르는 이름은 도미어(道尾魚)이다. 큰 것은 길이가 3~4자이다. 모양은 농어와 비슷하다. 몸이 짧지만 높아서, 높이가 길이의 거의 반이나 된다. 등은 붉고 꼬리는 넓으며 눈은 크다. 비늘은 민어를 닮았는데 가장 굳세며, 머리와 등덜미가 단단해서 다른 물건과 부딪치면 모두 깨뜨려버린다. 이빨이 무척 강해서 능히 전복과 고둥의 껍데기[83]를 부순다. 낚시에 걸리면 낚싯바늘을 펴거나 부러트릴 수 있다. 살은 자못 단단하며, 맛이 달고 짙다. 충청도[湖西]와 황해도[海西]에서는 4~5월에 그물로 잡고, 흑산도에서는 4~5월에 나오기 시작하며 입동이 되면 사라진다.

---

83 껍데기는 '달걀이나 조개 따위의 겉을 싸고 있는 단단한 물질[殼]'이고, 껍질은 '물체의 겉을 싸고 있는 단단하지 않은 물질'이다(『표준국어대사전』). 수산현장에서는 껍데기와 껍질이란 이름이 혼용하고 있다(홍기옥, 2012).

평설

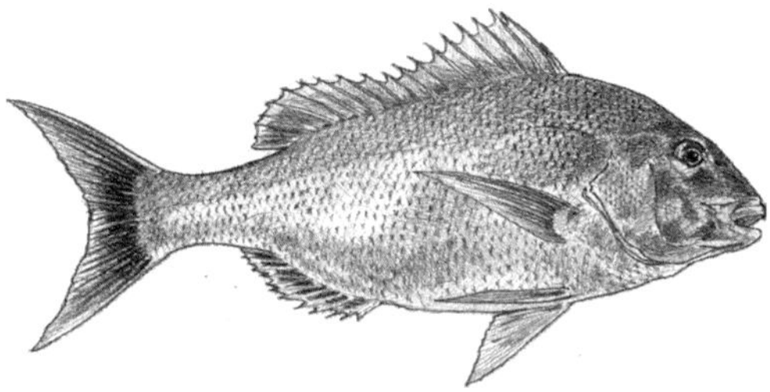

참돔

도미는 오늘날의 농어목 도미과의 도미종류를 통틀어 부르는 이름이다. 어보의 강항어, 속명 도미어는 참돔으로 비정된다. 크기가 상당히 큰 것으로 기록되어 있다. 참돔은 체색이 아름다워 바다의 여왕이라 불리며, 낚시 대상어로도 인기 있는 어종이다. 맛이 좋아 고급 요리 재료로 치며, 도미찜으로 유명하다.

방언이름으로 돔, 돗도미, 상사리, 배들레기, 고다이, 붉딩이라 불리며, 한자이름으로는 독미어(禿尾魚), 도음어(都音魚), 진도미어(眞道味魚), 해즉어(海鯽魚), 가즉어(假鯽魚) 등 여러 이름이 있다. 다산 정약용도 『아언각비』에서 해즉(海鯽)을 도미라 비정하고[海鯽者, 俗所謂道味也.] 있으며, 『경상도지리지』에 도미는 도음어(都音魚)로 기록되어 있다.

〈원문〉 强項魚(俗名道尾魚).大者長三四尺.形似鱸.體短[84]而高,高[85]居長之半.背赤,尾廣,目大.鱗似鯇而最剛.頭項硬甚,觸物皆碎.齒最强,能齧鰒[86]螺[87]之甲.含鉤而能伸能折.肌肉頗硬.味甘而醲.湖西·海西四五月網捕,黑山四五月始生,入冬絕蹤.

---

84 정씨본, 국립본, 상백본에는 知로 되어 있다.

85 정씨본과 상백본에는 尙으로 되어 있다.

4-2. 흑어(黑魚)

현지에서 부르는 이름은 감상어(甘相魚)이다. 색깔이 검고 조금 작다.

▌평설

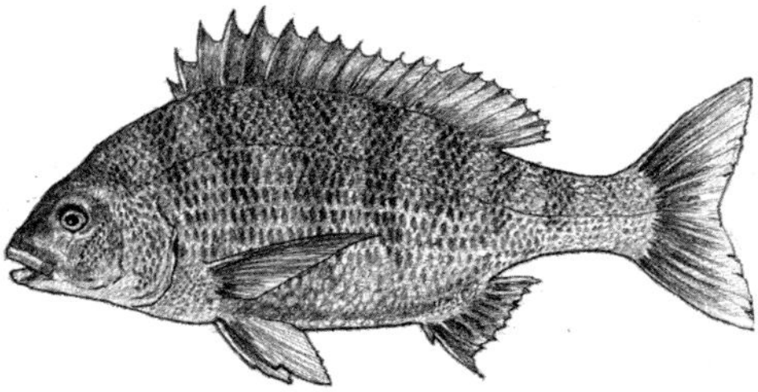

감성돔

흑어는 도미과의 감성돔으로 비정된다. 어보에서는 색깔이 검다고 했지만, 참돔에 비해 어두운 색깔이지 검은색은 아니며, 금속성 광택을 가진 흑회색, 은회색을 띤다. 다 자란 감성돔을 전남에서는 감상어, 경북에서는 감성도미, 부산에서는 감생이, 제주에서는 구릿이라고 부른다.

어린 감성돔의 경우, 강원도에서는 남정바리, 경북에서는 뺑철이, 전남에서는 비돔, 비드락, 서해안지방에서는 비디미, 배디미, 남해안지방에서는 살감싱이, 똥감생이, 제주에서는 뱃돔이라고 부른다. 갯바위낚시 대상어로 인기가 있으며, 양식대상어, 횟감, 구이 등으로도 수요가 많은 연안 도미종류이다.

〈원문〉 黑魚(俗名甘相魚).色黑而稍小.

86 정씨본, 국립본, 상백본에는 鰉으로 되어 있다.

87 가람본에는 螺자가 鰥로 되어 있다.

4-3. 유어(瘤魚)

현지에서 부르는 이름은 옹이어(癰伊魚)이다. 모양은 도미와 비슷하지만 몸이 약간 길고, 눈은 조금 작고 색깔은 자적색이다. 머리 뒤에 혹[瘤]이 있으며, 큰 것은 주먹만 하다. 턱 아래에도 혹이 있는데, 이것을 삶아서 기름덩어리를 만든다. 맛은 도미와 비슷하지만 좀 떨어진다. 머리에 살이 많으며 맛이 아주 짙다.

▌평설

혹돔

혹돔을 설명하고 있다. 이름 그대로 앞머리에 혹이 튀어나와 있다. 이름에는 '돔'이 들어 있지만 도미 종류가 아니라 농어목 놀래기과의 물고기이다. 방언이름으로 웽이, 엥이, 솔라리, 딱도미, 혹도미라 한다. 몸은 크고 긴 타원형이고 옆으로 납작하고, 몸길이는 약100cm 정도이다.

어릴 때는 옆구리 중앙에 넓은 흰색의 세로줄이 있으며 나이가 들면서 몸은 어두운 빛이 강해지며 앞이마가 혹 모양으로 튀어나온다. 혹 속에는 지방이 들어 있으며 암컷은 혹이 없다. 성숙한 수컷일수록 혹이 뚜렷하고, 아래턱도 부풀어 올라 있다. 주로 수심 20~30m의 암초지대에 살며, 전복, 소라, 새우, 게 등을 이빨로 깨뜨려 쪼아 먹는다.

중국에서는 혹이 있다고 해서 저류어(猪瘤魚), 융두어현(隆頭魚賢)이라고 부른다. 어보에서는 '맛이 아주 깊고 짙다'고 했지만 혹돔은 참돔에 비해 맛이 떨어지며, 난소에 독이 있다는 속설도 있어 식용으로는 그다지 인기가 없다.

〈원문〉 瘤魚(俗名癰伊魚).狀類强項,而體稍長,目稍小.色紫赤.腦後有瘤,大者如拳.頷下亦有瘤,而煮之成膏.味似强項而劣.頭多肉,甚醲厚.

4-4. 골도어(骨道魚)

현지에서 부르는 이름은 다억도어(多檍道魚)이다. 크기는 4~5치이다. 모양은 도미와 비슷하다. 색깔은 희고 뼈가 매우 단단하며, 맛은 박하다.

평설

군평선이

골도어, 속명 다억도어는 군평선이로 비정된다. 뼈가 억세고 거칠어서 골도어라고 기록된 것이다. 닥도미란 이름으로 비정되기도 하는데(정문기, 2004), 닥도미는 전남 방언으로 군평선이를 말한다(이태원 4, 2003). 얼게빗등어리, 챈빗등이, 딱때기, 쎅쎅이, 꽃돔, 꾸돔,

딱돔, 닭돔 등으로도 불린다.

군평선이는 농어목 하스돔과의 물고기로 한국 남부, 일본 남부, 동중국해, 대만 등의 북서태평양에 분포하며 4~8월에 연안에서 산란한다. 몸은 빗 모양의 강한 비늘로 덮여 있으며, 등지느러미와 뒷지느러미에 두껍고 단단한 가시가 있다. 비늘이 강해서 칼날이 잘 들지 않을 정도이며, 뼈가 억세고 굵어서 살은 별로 많지 않지만 희고 맛이 좋다.

〈원문〉 骨道魚(俗名多億道魚).大四五寸.狀類强項魚.色白,骨甚硬,味薄.

4-5. 북도어(北道魚)

현지에서 부르는 이름이 북도어이다. 큰 것은 7~8치가 된다. 모양은 도미와 비슷하다. 색깔은 희고, 맛 역시 도미와 비슷하지만 약간 옅고 박하다.

▍평설

흑산도 현지에서 부르는 이름이 북도어란 물고기는 붉도미, 붉돔을 음차해서 적은 것으로 추정할 수도 있다. 붉돔은 도미과에 속하며 겉모양은 참돔과 비슷하며 몸 색깔은 붉은색으로 배 쪽은 색깔이 다소 연하다. 등지느러미 막과 아가미 막은 선홍색으로 체장은 40cm정도이며 중국에서는 황조(黃鯛)라고 부른다.

그러나 어보에서는 북도어가 '색깔이 희다'고 하고 있어 붉돔으로 비정하기에는 문제가 있다. 속명 북도어의 북(北)자가 비(比)자의 필사과정의 오기로 보는 의견이 있으며(이태원 4, 2003) 비돔을 음차해서 적은 것으로 보고 있다. 오늘날 전라도지방에서는 감성돔 새끼를 비돔이라고 부르며, 흑산도에서는 감성돔 새끼를 비드락이라 부른다.

〈원문〉 北道魚(仍俗名).大者七八寸.狀類强項魚.色白,味亦如之,稍淡薄.

4-6. 적어(赤魚)

현지에서 부르는 이름이 강성어(剛性魚)이다. 모양은 도미와 닮았지만 작고, 색깔은 붉다. 강진현의 청산도[88] 바다에 많이 있으며, 8~9월에 나오기 시작한다(원편에 빠진 것을 지금 보충한다.). ○ 청안: 『역어류해』에서는 도미어를 가계어(家雞魚)라고 했다.

▌평설

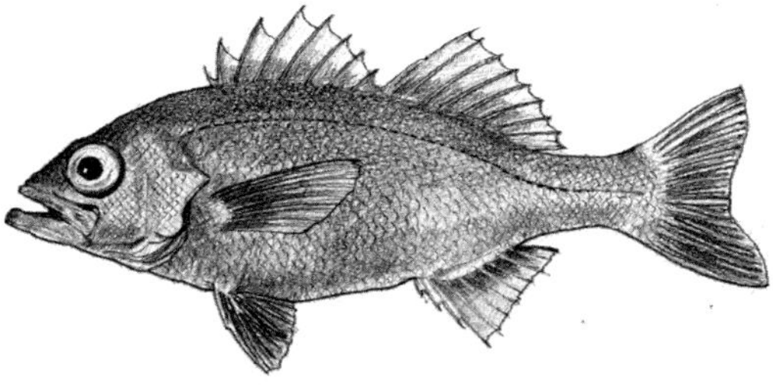

눈볼대

적어, 속명 강성어는 어보에 도미 종류로 기록되어 있지만 어명 비정이 어렵다. 『21세기 자산어보』 조사에서는 강성어를 눈볼대로 비정하고 있다. 눈볼대는 반딧불게르치과의 물고기로 최대 크기는 40cm정도이며 작은 물고기와 새우, 게, 오징어를 먹는다. 제주도를

88 靑山島: 완도(莞島) 남동쪽에 있는 섬으로, 면적 23.2㎢이다. 어보 작성 당시에는 강진현에 속했다.

포함한 남해에 서식하며 연중 잡힌다. 몸과 지느러미 전체는 선홍색을 띠나 배는 약간 희다. 몸에 비해 눈이 커서 눈볼대라는 이름이 있고, 눈퉁이, 눈뿔다고, 빨간고기 등으로도 불린다.

적어는 어보 원편에서는 빠졌다가 후에 보완된 부분이다. 보완된 다음에 다시 청안이 달려 있어 원편을 보완한 사람이 이청이 아닐 수 있음을 암시한다.

〈원문〉 赤魚(俗名剛性魚).狀如强項魚而小,色赤.康津縣之青山島海中,多有之.八九月始出(原編闕今補之.).○晴案,『譯語類解』,以道尾魚,爲家雞魚.

5. 시어(鰣魚)

시어

▌평설

시어에서는 한 종류만을 기술하고 있다.

〈원문〉 鰣魚

5-1. 시어(鰣魚)

시어를 현지에서 부르는 이름은 준치어(蠢峙魚)이다. 크기는 2~3자이다. 몸은 좁고 높다. 비늘이 크고 가시가 많다. 등은 푸르고, 맛은 달고 맑다. 곡우이후에 우이도에서 잡히기 시작하며, 차츰 북쪽으로 가서 6월에는 황해도에서 잡힌다. 어부들은 이를 쫓아가며 잡는데, 늦게 잡히는 것은 일찍 잡은 것만 맛이 못하다. ○ 작은 것은 크기가 3~4치인데 맛이 좋지 못하다.

○ 청안: 『이아』「석어」에서 이르기를 구(鯦: 준치 구)는 당호(當魱)라 했다. 『곽주』에는, "바닷고기이다. 편어(鯿魚)와 닮았고 비늘이 크며, 기름지고 맛이 있으며 가시가 많다. 오늘날 강동(江東)에서 그 가장 큰 3자나 되는 것을 당호라고 부른다."고 했다. 『유편』에서 이르기를, "구(鯦)가 나는 것은 때가 있다."고 하였으니 바로 지금의 준치를 말한다.

『집운』에는 시(鰣)와 시(鰣)가 동자라고 하였고89, 이시진은 이르

89 『강희자전』에는 鰣가 鰣의 이체자라고 하였다.

기를, "준치[鰣]는 모양이 빼어나고 납작하며, 방어를 조금 닮았으나 납작하다. 흰색이 은같이 희고, 고기에는 털과 같은 잔가시가 많다. 큰 것도 3자에 불과하고, 배 아래에는 삼각의 굳은 비늘이 있는데 마치 껍데기[甲] 같고, 그 기름도 역시 인갑(鱗甲) 안에 있다."고 하였다(『본초강목』에 나온다.). 이것이 바로 오늘날 속칭 준치어(蠢峙魚)이다.

○ 우안: 『역어류해』에는 준치어를 늑어(肋魚)라 했고, 일명 찰도어(鍘刀魚)라 했다. 『본초강목』에는 따로 늑어(勒魚)가 있는데 준치와 닮았으나 머리가 작고, 배 아래에까지 단단한 가시가 있는데, 요즘 흔히 말하는 준치어(蠢峙魚)는 아니다.

▌평설

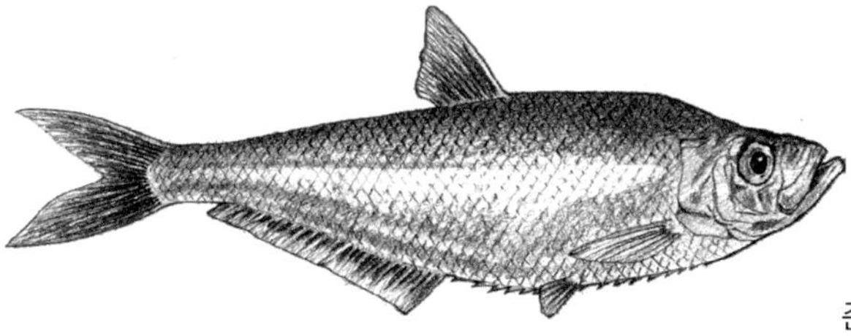

준치

모양이나 속명, 그리고 가시가 많다는 점에서 청어목 준치과의 준치로 비정된다. 중국에서 당호(當魱)라고 부르는 물고기는 준치의 대형종(Hilsa reevesi)으로 우리 해역에서는 나지 않는다. 그리고 중국에서 늑어(勒魚)라고 부르는 종류(Ilisha elongata)가 우리의 준치와 학명이 일치한다. 또 『역어류해』에서는 준치어를 늑어(肋魚)라고 했지만, 늑어는 밴댕이를 말하며 크기가 준치에 비해 작다.

준치는 제주도 서남해의 따듯한 바다에 살며 4~7월에 산란을 위해 북쪽으로 올라와서 강 하구나 기수역의 바닥이 모래나 진흙인 곳에서 산란한다. 방언이름으로는 준어, 왕눈이, 빈징어라고 한다.

준치가 '진어(眞魚)라 불리는 것은 생선 중에 가장 맛있어 참스러운 물고기'라는 뜻에서이고, 여름이 되면 사라졌다가 다음해 봄에 나타나는 습성 때문에 시어(時魚)라 불리기도 한다. 중국의 장강 하류에서 잡히는 준치는 맛이 좋아서 '천하제일의 생선[天下第一鮮]'이라고 불렸다고 한다. 워낙 맛이 좋기에 '썩어도 준치'라는 속담이 있다. 본래 좋고 훌륭한 것은 비록 상해도 그 본질적 가치에는 변함이 없음을 비유적으로 이르는 말이고, 준치가 맛난 고기임을 강조한 것이다.

〈원문〉 鰣魚(俗名蠢峙魚).大二三尺.體狹而高.鱗大而多鯁,背[90]青.味甘而淸.穀雨後,始漁於牛耳島,自此而漸北,六月間始至於海西.漁者,追而捕之,然,晩不如早.○小者,大三四寸而味甚薄.○晴案,『爾雅』「釋魚」云,鮥,當魱.『郭注』云,海魚也.似鯿而大鱗,肥美多鯁.今江東呼其最大長三尺者,爲當魱.『類篇』云,鮥出有時,卽今鰣[91]魚.『集韻』,鯺與鰣同.李時珍云,鰣形秀而扁,微似魴而長.白色如銀,肉中多細刺如毛.大者,不過三尺.腹下有三角[92]硬鱗如甲,其肪亦在鱗甲中(出『本草綱目』.).此卽今俗所稱蠢峙魚也.○又按,『譯語類解』,以蠢峙魚爲肋魚,一名鰳刀魚.『本草綱目』,別有勒魚似鰣,小首,只於腹下有硬刺.非今俗之蠢峙魚也.

---

90 상백본에는 胥로 되어 있다.

91 정씨본, 국립본, 상백본에는 鯺로 되어 있다.

92 가람본에는 角이 甲으로 되어 있다.

6. 벽문어(碧紋魚)

벽문어

▌평설

벽문어에서는 벽문어, 가벽어(假碧魚), 해벽어(海碧魚) 세 종류를 기술하고 있다.

〈원문〉 碧紋魚

6-1. 벽문어(碧紋魚)

현지에서 부르는 이름은 고등어(皐登魚)이다. 길이는 2자정도이다. 몸은 둥글고 비늘이 아주 잘며, 등은 푸르고 무늬가 있다. 맛은 좋지만 시고 탁해서 국을 끓이거나 절임을 할 수 있으나, 회나 포를 만들 수 없다.

추자도[93] 여러 섬에서 5월에 낚이기 시작하며, 7월에는 사라졌다가 8~9월에 다시 나타난다. 흑산 바다에서는 6월에 낚이기 시작해서 9월이면 없어진다. 이 물고기는 한낮에는 줄을 지어 헤엄쳐 다니며 빠르게 오가기 때문에, 사람이 쫓아다닐 수 없다. 성질이 밝은 것을 좋아해서, 횃불을 밝히고 밤에 낚는다. 또 맑은 물에서 놀기를 좋아하기 때문에 그물을 칠 수가 없다고 한다.

섬사람들의 말에 의하면, "이 물고기는 건륭 경오년(1760)에 많이

---

93 楸子島: 본토와 제주도의 중간에 위치한 섬으로 상추자도, 하추자도, 횡간도, 추포도의 4개의 유인도가 있으며 주변에 38개의 작은 무인도가 있다.

잡히기 시작해서, 가경 을축년(1805)에 그쳤다. 그러나 안 잡히는 해는 없었는데, 병인년(1806) 이후에는 매년 줄어들더니, 지금은 거의 안 잡힌다. 근래 영남바다에서 다시 이 물고기가 나왔다고 들었다." 고 한다. 그 이치는 알 수 없다. ○ 좀 작은 것(속칭, 道塗音發)은 머리가 약간 우그러들었고, 모양도 약간 높으며 색깔도 좀 엷다.

▌평설

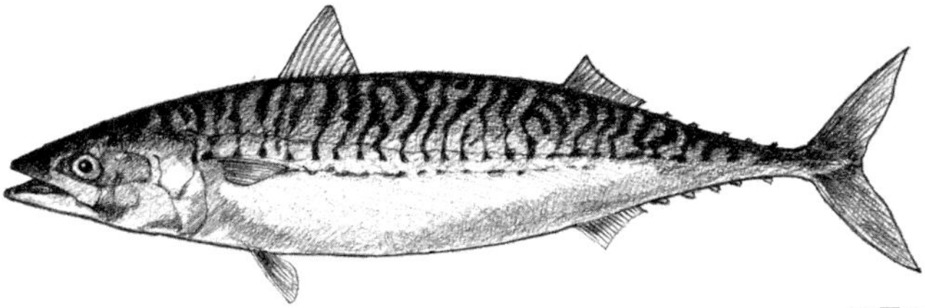

고등어

벽문어는 농어목 고능어과의 고등어이다. 등에 청흑색의 물결무늬가 측선에까지 분포하고 있어 벽문어(碧紋魚)란 이름을 얻었다. 이 색깔은 일종의 보호색으로 하늘에서 물고기를 잡아먹는 새들이 보면 바닷물 색깔과 같아서 잘 눈에 띄지 않고, 바다 속에서 포식자들이 보면 배가 밝은 색이라 잘 보이지 않는다. 물고기의 이런 색깔을 반대음영(反對陰影)이라 하는데 보호색이자 일종의 위장술이다.

고등어는 해수면 표층으로부터 300m이내의 중층에 서식하는 부어성(浮魚性) 어종이다. 계절회유를 하며, 북반구에 서식하는 종류는 수온이 상승하는 여름철에 북쪽으로 이동을 하고, 겨울철에는 남쪽으로 이동하여 산란한다. 한국에는 2~3월경에 제주 성산포 근해에 몰려와서 이동하는데 그 중 한 무리는 동해로, 다른 한 무리는 서해로 올라간다. 9월~다음해1월에 남으로 내려가기 시작한다. 목포 서쪽 근해가 풍어일 때는 부산 동쪽 근해는 흉어이고, 부산이 풍어일 때는 목포에 흉어현상이 일어난다.

어보에서 어부들이 불을 밝히고 고등어를 잡았다는 것은 물고기의 추광성(趨光性) 즉 '빛에 모여드는 성질'을 이용한 어로법으로 『자산어보』가 작성된 17세기에 이미 이 어로법이 발달되어 있었음을 보여준다.

어보에서 '이 물고기는 건륭 경오년(1760)에 많이 잡히기 시작해서, 가경 을축년(1805)에 그쳤다'고 하였는데, 이는 1700년대 후반이 소빙기[94]이어서 북반구의 한류에 서식하던 고등어 종류가 우리나라 연안으로 많이 몰려왔음을 기록한 것이다.

도도음발로 기록된 것은 고등어새끼인 돔발어를 음차한 것으로 보기도 하지만(정문기, 1991), 전갱이 새끼로 보는 의견도 있다(이태원 1, 2003). 어보에서는 고등어와 전갱이를 같은 한 무리로 취급하고 있다.

고등어는 성질이 급해 잡히자마자 죽어버린다. 죽으면 체내 아미노산이 히스타민으로 변해 식중독을 일으키기 쉽다. 이를 막기 위해서 고등어는 소금에 절여 자반고등어를 만든다. 자반고등어의 산지로 유명한 곳이 바닷가가 아니라 한참 내륙인 안동지방이다. 바다에서 갓 잡은 고등어는 안동으로 운송되는 동안 숙성과정을 거치게 되어 맛이 깊어진다. 고등어는 값싸고 맛도 있는데다, 영영가도 많아 서민들이 밥상에 즐겨 올려왔다.

---

94 小氷期: 역사시대에 산악빙하가 신장한 시기를 말한다. 16세기 말에 시작되어 1560년, 1750년, 1850년경에 빙하가 최대가 되었었다. 이 시기에는 세계적으로 기후변동이 일어나 해면이 저하하고, 식생의 변화가 일어났다.

〈원문〉 碧紋魚(俗名皐登魚).長二尺許.體圓,鱗極細,背碧有[95]紋.味甘酸而濁,可羹可醢,而不可鱠鱐.楸子諸島,五月始釣,七月絕蹤,八九月復出.黑山海中,六月始釣,九月絕蹤.是魚,晝則游行倏忽往來,人不可追.性又喜明,故爇燎[96]而夜釣.又喜[97]游淸水,故網不得施云.島人之言曰,是魚乾隆庚午始盛,至嘉慶乙丑,雖有豊歉,無歲無之.丙寅以後,歲歲減損,今幾絕蹤.近聞嶺南海中,新有是魚.其理不可知.○稍小者(俗呼道塗音[98]發),頭稍縮,形稍高,色稍淡.

6-2. 가벽어(假碧魚)

가벽어를 현지에서 부르는 이름은 가고도어(假古刀魚)이다. 몸이 좀 작고, 색깔은 더 옅으며, 입이 작고 입술이 얇다. 꼬리 옆에 잔가시가 줄지어 있으며 날개(지느러미)에 가서야 끝난다. 맛은 달고 짙어서, 고등어보다 낫다.

▌평설

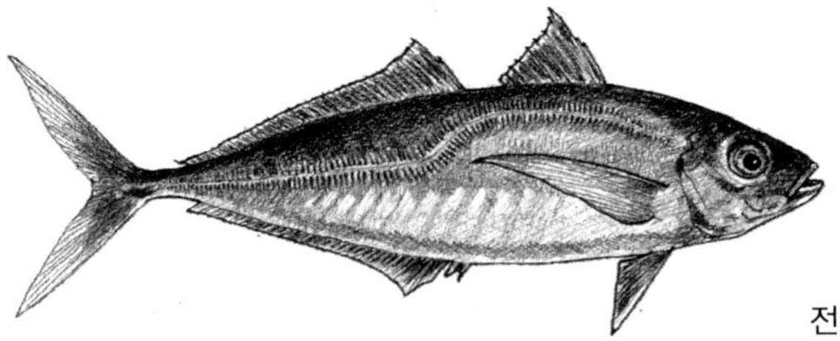

전갱이

95 가람본에는 有자가 없다.
96 정씨본, 국립본, 상백본에는 燃으로 되어 있다.
97 정씨본에는 善으로 되어 있다.
98 정씨본에는 首로 되어 있다.

잔가시가 옆으로 있다는 점에서 가고등어는 전갱이 종류로 비정된다. 옆구리에 모비늘[99]이 나 있고, 또 맛이 고등어보다 더 낫다는 점에서도 전갱이일 가능성이 크다. 전갱이는 전갱이과에 속하며 우리나라 전 연해에 분포한다. 몸길이는 40㎝정도이며 흔히 전갱이, 전강이, 매가리라고 불리며, 일본이름인 아지[鰺]라고도 불린다.

부산근해에서는 고등어 조업철인 봄에 같이 잡히며 추자도와 거문도 근해에서는 6월 상순부터 8월 중순에 이르는 기간에 횃불을 밝혀 유인하여 그물로 잡는다. 성상이나 잡는 방법이 고등어와 비슷해서 『자산어보』에는 고등어 무리로 분류한 것이다. 전갱이는 고등어와 회유시기가 같아서 낚시에 같이 잡히기도 한다. 전갱이는 고등어보다 주둥이가 약해서 강하게 잡아채면 주둥이가 찢어져 낚싯바늘이 빠지기도 한다. 『21세기 자산어보』 조사에서는 가고도어를 전갱이와 가라지로 비정하고 있다. 가라지도 전갱이과에 속하며 일본이름은 마루아지[丸鰺]이다. 『자산어보』 기록 당시에 고등어와 전갱이를 구분하지 않고 기록했을 가능성이 있다.

〈원문〉 假碧魚(俗名假古刀魚).體稍小,色尤淡,口小,脣薄.尾旁有細刺,成行至翼而止.味甘醲,勝於碧紋.

6-3. 해벽어(海碧魚)

현지에서 부르는 이름은 배학어(拜學魚)이다. 모양은 고등어와 같지만, 색깔이 푸르고 무늬가 없다. 몸은 살이 많으며 고기는 연하다. 먼 바다에서 헤엄쳐 다니며 육지 가까이는 오지 않는다.

---

99 稜鱗: 전어나 준치의 배 가장자리 또는 전갱이의 꼬리 측선을 따라 발달한 날카로운 비늘을 말한다.

▌평설

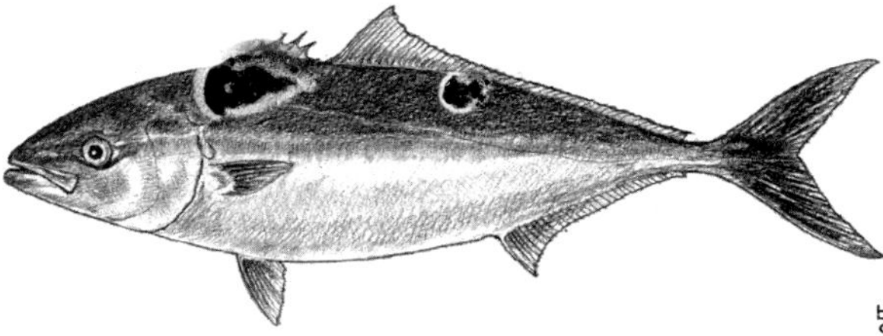

방어

해벽어는 방어로 비정되고 있다.[100] 해벽어의 속명인 배학어의 발음이 방어와 유사해서 어보를 작성할 때 저자가 어부가 말한 이름을 음차해 적은 결과로 추측하는 것이다. 또 색깔이 푸르고 모양이 풍만하다는 점, 먼 바다에서 사는 점으로 보아 방어종류일 가능성이 크다. 『자산어보』에서는 방어가 원양에서 사는 물고기로 흑산도연해에서 드물게 잡히는 까닭에 간략하게 기술된 것으로 보인다.

해벽어는 '모양은 고등어와 같지만, 색깔이 푸르고 무늬가 없다'는 어보의 설명에 따라 망치고등어로 비정되기도 한다(유재명, 1996). 망치고등어와 고등어 두 종은 혼동되어 유통되기도 하지만, 망치고등어가 배에 작은 회흑색 반점이 많다는 차이가 있다. 고도리, 점고등어, 점박이 고등어라는 별명도 있으며, 일본에서는 고마사바(ゴマサバ)라고 부른다. 또 흑산도에서 '먼 바다에 산다'는 점에서도 남방종인 망치고등어의 설명이 가능하다.

〈원문〉 海碧魚(俗名拜學魚).狀同碧紋.色亦碧而無紋.體肥肉脆.游行大海,不近洲渚[101].

---

100 『해양과학용어사전』, 『우리바다 어류도감』, 『두산백과사전』을 비롯한 여러 백과사전에서도 방어로 비정하고 있다.

101 정씨본, 국립본, 상백본에는 堵로 되어 있다.

7. 청어(靑魚)

청어

평설

청어에서는 청어(靑魚), 식청(食鯖), 가청(假靑), 관목청(貫目鯖) 4 종류에 대해 기술하고 있다.

〈원문〉 靑魚

7-1. 청어(靑魚)

길이는 1자 남짓이다. 몸이 좁고 색깔이 푸르며, 물에서 떠나 오래 되면 뺨이 붉어진다. 맛은 담백하고 박하며 국을 끓이거나 구어도 좋고, 절이거나 포로 만들어도 좋다. 정월이 되면 포구 쪽으로 와서 해안을 돌아다니며 알을 낳는다. 만 마리, 억 마리가 무리지어 이르며, 3달 동안을 바다를 뒤덮었다가, 알을 낳고는 물러간다. 그 후 어린 것이 길이가 3~4치가 되어 그물에 잡힌다.

건륭 경오년(1760) 이후 10여년 매우 많이 잡혔다가 그 후 쇠했다. 가경 임술년(1802)에는 매우 많이 잡혔고, 을축년(1805) 이후에는 성쇠를 거듭했다. 이 물고기는 동지이전에 영남좌도(嶺南左道)[102]에서 바다를 따라 나오기 시작해서, 서쪽으로 올라와 북쪽에는 3월에 해서에 나타난다. 해서의 것은 남해에서 나는 것의 2배가 된다. 영남과 호남이 서로 청어가 성하고 쇠하는 것이 교대로 된다고 한다.

---

102 서울 쪽에서 바라보는 경상도의 왼쪽을 말한다.

○ 창대가 말하기를, "영남에서 나는 것은 등뼈가 74마디이고, 호남에서 나는 것은 등뼈가 53마디"라고 한다. ○ 청안: 청어는 청어(鯖魚)라고도 한다. 『본초강목』에, "청어는 강과 호수에서 나며 머리에 뼈[枕骨][103]가 있는데 그 모양이 호박(琥珀)과 같다. 항상 잡힌다."고 했으니, 지금의 청어는 아니다. 오늘날의 것은 색이 푸르러서, 그 이름을 빌어 붙인 것이다.

▌평설

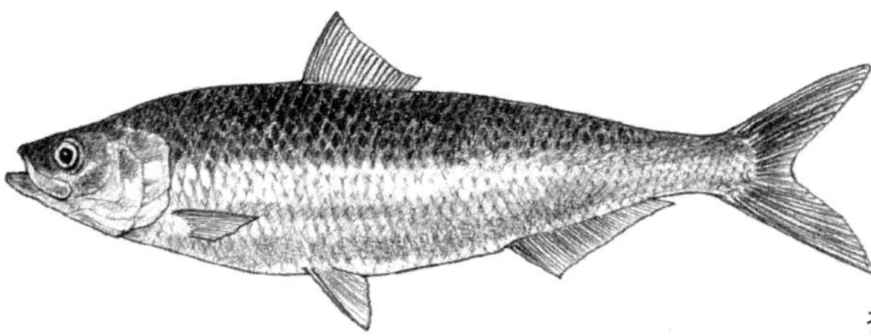
청어

청어(青魚)는 몸 색깔이 청색이라 붙여진 이름이며 옛 이름으로는 누어(鱸魚), 비유어(肥儒魚)가 있고, 지방이름으로는 비웃, 고심청어, 등어, 눈검쟁이, 푸주치 등이 있다.

청어는 찬 해류를 따라 움직이는 한류성 어종으로 우리나라 전 연안에서 잡혔던 산업적 가치가 높은 물고기이다. 어보에서는 1760년 이후 10여년 아주 많이 잡혔다고 하였다. 이 시기는 전 지구적인 소빙기로 한반도 연안에 찬 해류가 가까이 온 시기여서 청어가 많이 잡힌 것이다.

『난호어목지』에는 청어가, "겨울에 관북의 먼 바다에서 나고, 늦겨울에서 초봄에 동해를 따라 남해로 돌아 영남의 먼 바다에 이르러

---

103 머리뼈의 뒤쪽 하부를 이룬 뼈로 똑바로 누울 때에 베개에 닿는 부분이다.

그 생산이 더욱 번성하다. 또 서해로 돌아 황해도의 해주 앞바다에 이르면 더욱 살이 찌고 맛이 있다."고 기록하고 있다.

『신증동국여지승람』 영일현 산천조에는, "세간에 전하는 말에 의하면 매년 겨울에 청어가 반드시 먼저 여기에서 산출되는데 진헌(進獻)한 뒤에 제읍에서 이를 잡기 시작하며 그 산출의 다소에 의하여 다음해의 농사의 풍흉을 점친다."고 하였다. 찬 해류가 우리나라에 가까이 다가오면 청어는 잘 잡히지만, 농작물은 냉해를 입게 되어 흉년이 되는 것이다.

청어는 동해청어와 서해청어로 나누어진다. 동해청어는 시베리아 연해주에서 우리나라 동해안에 걸쳐 분포하지만 서해청어는 중부지방 황해, 충청도 연안에 분포한다. 이 두 종류가 서로 교류하고 있는지 아니면 서해청어가 독립적으로 번식을 해온 것인지는 확실한 증거가 없다. 수온이 찬 한류가 흐를 때 동해의 청어가 영남해안을 거쳐 다도해를 통해 서해로 넘나드는 것으로 추정되고 있다(정문기, 1997). 청어의 등골 마디 수는 53마디 내외로 조사되어 있다. 어보에서 창대가 '영남에서 나는 것은 등뼈가 74마디이고, 호남에서 나는 것은 등뼈가 53마디'라고 하였다. 실제 서해청어는 동해청어에 비해 맛도 좋고 더 기름진 대형어이다.

청안에서 지적한 『본초강목』의 청어는 바다청어가 아니라 길이가 200cm, 무게는 80kg이상까지 자라는 중국에 있는 잉어과의 대형 민물고기(Mylopharyngodon piceus)이다. 같은 한자이름이지만 우리 청어와는 전혀 다른 어종이어서 혼선을 준 것이다. "중국의 고어명록(古魚名錄)에서 등이 푸른 물고기를 모두 청어라 부른다(정석조, 1998)."는 주장도 있지만, 중국에는 청어라는 대형 민물고기가 따로 있어 고서에 인용되었고 현재도 담수호에서 양식되고 있다.

중국청어

〈원문〉 青魚.長尺餘.體狹,色青,離水久則頰赤.味淡薄,宜羹炙,宜醢鱐.正月入浦,循岸以行,以産其卵.萬億爲隊至則蔽海.三月間旣産則退.伊後,其子長三四寸者入網.乾隆庚午[104]後十餘年極盛.其後中衰,嘉慶壬戌極盛,乙丑後又衰盛.是魚,冬至前始出,於嶺南左道,遵海而西,而北.三月出於[105]海西.海西者,倍大於南海者.嶺南湖南迭相衰盛云.○昌大曰,嶺南之産,脊骨七十四節,湖南之産脊骨五十三節.○晴案,青魚亦作鯖魚.『本草綱目』,青魚生江湖間,頭中枕骨,狀如琥珀,取無時.則非今之青魚也.今以其色青,故假以名之也.

104 상백본에는 庚午가 庚子로 되어 있다.
105 교감본에는 魚로 되어 있다.

7-2. 식청(食鯖)

(현지에서 부르는 이름이 묵을충(墨乙蟲)이다. 묵을이라는 것[墨乙者]은 '먹는 놈'이다. 산란하는 것은 알지 못하고, 단지 먹을 것을 구한다.). 눈이 약간 크고, 몸은 약간 길다. 4~5월에 잡히며, 뱃속에 알이 든 것을 못 보았다.

▌평설

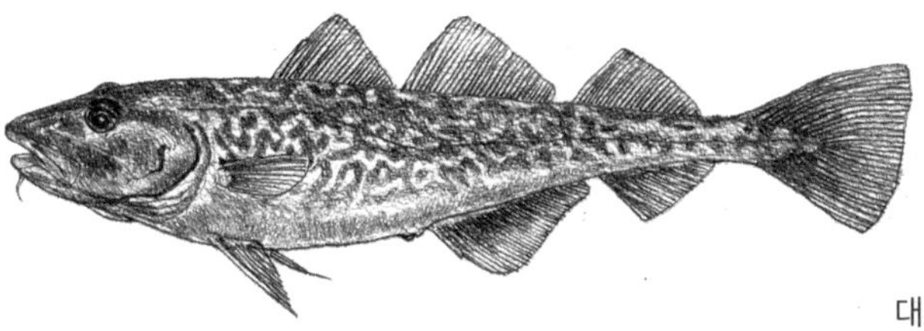

대구

어보에 청어와 비슷한 물고기로 기록된 식청, 속명 묵을충이 어떤 물고기인지는 비정하기 어렵다. 『21세기 자산어보』 조사에서는 식청을 대구로 보고 있다. 대구는 우리나라 전 연안에서 서식하며 양력12~3월에 연안의 내만에서 산란을 한다. 대구의 주둥이가 큰 것을 보고 식성이 좋을 것이라 추단한 것이 아닐까싶다. 대구는 청어에 비해 대형종인데, 어보에는 식청이 몸이 약간 길다고 했을 뿐 크기는 언급하지 않았다.

〈원문〉 食鯖(俗名墨乙蟲.墨乙者食也.言不知産卵,但知求食也.).目稍大,體稍長.四五月漁之,不見腹中有卵.

7-3. 가청(假靑)

현지에서 부르는 이름은 우동필(禹東筆)이다. 몸이 약간 둥글고 살지다. 맛은 약간 시지만 달고 짙어 청어보다 낫다. 청어와 같은 시기에 그물에 잡힌다.

▌평설

가청어, 속명 우동필(禹東筆)인 물고기의 현재 이름은 비정하기 어렵다. 흑산도에서 연안에서 개청어라 부르는 청어의 일종을 말하는 것으로 추정되기도 한다(이태원 1, 2003). 『21세기 자산어보』 조사에서는 방어로 비정하고 있다. "몸이 약간 둥글고 살졌다. 맛은 약간 시다."는 표현은 어보의 기록과는 합치된다. 그러나 어보에서는 우동필의 크기를 언급하지 않고 있어 방어라 비정하기에는 크기가 문제로 남는다. 또 방어는 해벽어란 이름으로 이미 어보에 기재되어 있다.

〈원문〉 假靑(俗名禹東筆).體稍圓而肥.味微酸而甘醲,優於靑魚.與靑魚仝時入網.

7-4. 관목청(貫目鯖)

모양은 청어와 같다. 두 눈이 아무런 걸림이 없이 맞뚫린다. 맛은 청어보다 더 뛰어나며, 건어로 만들어도 아주 맛있다. 청어로 만든 건어를 통틀어 관목(貫目)이라 하는데, 실은 그것이 아니다. 영남의 바다에서 나는 것 가운데 이것이 가장 희귀한 것이다(원편에 빠져 이제 보충한다.).

▌평설

꽁치

관목(貫目)은 눈을 꿰뚫어 엮어 말린 건어인 과메기를 말한다. 과메기의 고장인 구룡포의 사투리로 눈을 '메기'라고 하며, 관목이 '관메기'로 변했다가 '과메기'로 굳어졌다고 한다(『두산백과사전』). 과메기는 청어나 꽁치를 냉동과 해동을 반복하며 해풍에 건조시켜 만든다.

『자산어보』는 과메기를 만드는 관목청이라는 어종이 있음을 기술하고 있으며, 바로 꽁치를 기록한 것이다. 근래에 청어가 귀해지자 값싸고 건어를 만들기 쉬운 꽁치로 과메기를 만든다고 보는 것이 일반론이다. 그러나 어보는 관목청, 즉 꽁치로 청어보다 더욱 질 좋은 과메기를 만든다고 기술하고 있어 꽁치 과메기의 연원이 오래 되었음을 알려준다.

〈원문〉 貫目鯖.狀如青魚.兩目貫通無礙.味優於青魚.腊之尤美,故凡青魚[106]腊,皆稱貫目,非其實也.產於嶺南海中,最稀貴(原篇缺,今補之.).

---

106 정씨본, 국립본, 상백본에는 魚 다음에 之자가 더 있다.

8. 사어(鯊魚)

모든 알을 낳는 물고기는 암수의 교합이 없이, 수컷이 먼저 정액[白液]을 쏟은 다음 암컷이 그 위에 알을 낳으면 새끼가 된다. 오로지 상어만이 태생(胎生)으로 새끼를 배는 것이 정한 때가 없으니, 물고기 중 특별한 사례이다. 수컷은 밖에 두 개의 생식기가 있고, 암컷은 배에 2개의 태보[胞]가 있다. 태보에는 4~5개의 태(胎)가 있으며, 태가 자라서 새끼가 된다. 상어 치어는 가슴 아래 각기 하나의 알을 품고 있는데, 그 크기가 수세미만 하며, 알이 스러지면 태어난다(알이라는 것은 사람의 배꼽이다. 그러므로 새끼 상어의 뱃속에 있는 것은 바로 알의 즙액이다.).

○ 청안: 『정자통』에는, "바다 상어는 푸른 눈에 붉은 뺨이며, 등에는 지느러미[鬣]가 있고, 배 아래에도 지느러미[翅][107]가 있다."고 했다. 『육서고』에 이르기를, "상어는 바다에서 나며 그 껍질이 모래알 같아서 그런 이름을 얻었으며, 입이 크며 비늘이 없고, 태로 난다."고 했다. 『본초강목』은 교어(鮫魚), 일명 사어(沙魚), 일명 작어(䱜魚), 일명 복어(鰒魚), 일명 유어(溜魚)라 했다. 이시진이 이르기를, "예전에는 교(鮫)라 했고, 오늘날에는 사(沙)라 한다. 모두 한 류에 여러 종이 있는 것이며, 모두 껍질에 모래가 있다."고 하였다.

진장기가 이르기를, "그 껍질 위의 모래구슬은 속새[木賊][108]와 같이 나무를 문지를 수 있다(『본초강목』에 나온다.)."고 했다. 모두 이 상어를 가리키는 말이다. 그 새끼는 모두 태생이어서, 그 어미의 뱃

107 鬣(갈기 렵)과 翅(날개 시)에는 지느러미란 뜻이 있다.

108 속새과[木賊科]에 속한 다년생 상록초본으로 한방에서는 장출혈과 지혈제로 처방한다. 능선에 규산염이 축적되어 딱딱해서 나무의 면을 가는데 쓰기도 한다.

속을 드나든다. 심회원의 『남월지』에 이르기를, “환뢰어(環雷魚)는 작어(鰆魚)이다. 길이는 1장 가량이 되며, 배에 2개의 빈 굴이 있어 물을 담아 새끼를 키우는데, 한 배에 새끼 세 마리를 담으며, 새끼는 아침에 목구멍을 따라 나가서는, 저녁이 되면 뱃속으로 돌아온다.” 고 하였다. 『류편』 및 『본초강목』에도 모두 이같이 이르고 있으니, 가히 알아 두어야 할 일이다(작어는 바로 상어이다.).

▌평설

어보의 사어(鯊魚)에서는 상어에 대해 일반적인 고찰을 총론 격으로 정리한 다음 18종의 개별 상어에 대해 논하고 있다.

상어는 악상어목의 연골어류인 상어종류를 통틀어 부르는 이름이다. 상어는 전 세계의 외양에 널리 분포하며, 종류도 많고 크기도 매우 다양하다. 또 어보에서는 상어가 새끼를 낳는다고 하였는데, 실제 상어는 한 쌍의 교미기를 가지고 체내수정을 한다.

상어가 짝짓기를 한 후 새끼가 태어나는 방법은 3가지가 있다. 첫째는 태생(胎生)으로 8~12개월의 임신기간을 거쳐 바로 새끼를 낳는 것인데 태생상어 종류는 많지 않다. 귀상어, 청새리상어가 대표적인 태생상어이다. 두 번째는 난태생(卵胎生)으로 일정기간 어미의 수란관에서 알 상태로 있다가 부화된 후 소화기관과 연결된 낭황낭(卵黃囊)[109]에서 양분을 흡수하면서 어미의 뱃속에서 자라는 것이다. 이 경우 먼저 부화된 새끼가 더 어린새끼를 먹는 현상도 일어난다. 이

109 난황은 새나 물고기 같은 난생동물의 알에 포함되어 있는 영양물질이며, 배자가 성장해서 스스로 영양물을 섭취할 때까지의 영양원이 된다. 난황낭은 노른자위주머니라고도 하며 난태생 상어새끼의 소화관에 연결되어 있는 알주머니를 말한다.

러한 현상을 '자궁 내 동종 포식'이라고도 한다. 셋째는 난생(卵生)으로 일반 물고기처럼 두꺼운 알껍데기[卵殼]가 있는 알을 물속에 낳아서 부화되는 것이다.

어보에서 '상어치어가 가슴 아래 각기 하나의 알을 품고 있다'고 기술한 것은 난태생의 난황낭을 말하는 것이다. 그리고 예전사람들이 난태생 상어가 잡혔을 때 체내에 있던 어린새끼들이 쏟아지는 것을 보고 새끼가 어미 뱃속을 드나든다고 본 것이다. 난태생 상어의 뱃속에 있는 새끼들은 다 자라있고 사람들을 물기도 한다.

어보에서 모래[沙]라는 것은 상어의 몸이 꺼끌꺼끌한 방패비늘[楯鱗]로 덮여 있는 것을 설명하고 있다. 방패비늘은 피치(皮齒)라고도 하며 상어나 가오리의 비늘이 이에 속한다. 실제 옛날에는 상어의 가죽을 샌드페이퍼[砂布]처럼 뼈나 나무를 다듬는데 사용하기도 하였다.

〈원문〉 沙魚

凡魚之卵生者,無牝牡之交.而牡者先瀉其白液.牝者産卵于液,以化成其子.獨鯊者胎生,而胎無定時,水蟲之特例也.牡者外有二腎,牝者腹有二胞.胞中各成四五胎,胎成而産(句[110]).兒鯊胷下,各抱一卵,大如絲瓜.卵削[111]則産(卵子,卽人之臍也.故兒鯊腹中之物,卽卵之汁也.).○晴案,『正字通』,海鯊,靑目赤頰,背上有鬣,腹下有翅.『六書故』曰,鯊海中所産,以其皮如沙得名.哆口,無鱗,胎生.『本草綱目』鮫魚,一名沙魚,一名䱜魚,一名鰒魚,一名溜魚.李時珍云,古曰鮫,今曰沙.是一類而有數種也,皮皆有沙.陳藏器云,其皮上有沙,堪揩木如木賊(亦出『本草』.).皆指此海鯊也.其子皆胎生,而出入於母腹.沈懷遠『南越志』云,環雷魚,䱜魚也.長丈許,腹有兩洞,貯水養子,一腹容三[112]子.子朝從口中出,暮[113]還入腹.『類篇』及『本草綱目』皆言之,可按而知也(䱜魚卽海鯊.).

110 고대본에는 작은 글자로 주석으로 되어 있지만 뜻은 알 수 없다. 가람

8-1. 고사(膏鯊)

현지에서 부르는 이름은 기름사(其廩鯊)이다. 큰 것은 6~7자이다. 몸이 길고도 둥글며 색깔은 회색이다(모든 상어의 색깔은 모두 회색이다.). 지느러미와 꼬리에 각각 하나씩 송곳과 같은 뼈가 있고, 껍질은 모래 같이 단단하다. 간에 기름기가 특히 많아서, 전신이 모두 기름덩어리이다. 살은 눈처럼 희며, 굽거나 국을 끓여도, 맛이 진하며, 회와 포로는 적합지 않다.

○ 모든 상어고기를 다루는 방법은 뜨거운 물을 부은 다음 주무르면, 모래비늘이 저절로 벗어진다. 간을 조려서 기름을 취하며 등불을 밝히는데 쓴다.

▍평설

곱상어

고사, 속명이 기름사인 상어는 오늘날의 곱상어로 비정된다. 돔발상어목 돔발상어과에 속하며 몸에 지방질이 많아서 기름상어라고도 불린다. 난태생 종으로 어류나 연체동물들을 먹으며 주 먹이가 되는 대구나 명태 등을 따라 회유한다. 식용과 연료용으로 쓰이며, 간에서

본에는 본문으로 되어 있다. 子자로 의심된다.

111 정씨본, 국립본, 상백본에는 消로 되어 있다.

112 교감본에는 三 다음에 四자가 더 있다.

113 정씨본에는 墓로 되어 있다.

는 고품질의 간유를 얻을 수 있다. 예전 바닷가 벽지에서는 곱상어 간에서 기름을 내서 그 기름으로 등잔불을 밝혔다.

연골어류인 상어는 부레가 없기 때문에 지방질의 큰 간을 이용해서 부력을 얻는다. 상어의 간을 구성하는 지방질이 물보다 가벼워서 물에 뜨는 것을 돕는데 간이 내장의 90%가 되는 상어 종류도 있다. 곱상어는 상어 중에서도 간이 큰 종류이다.

〈원문〉 膏鯊(俗名其廩鯊).大者六七尺.體長而[114]圓,色如灰(凡鯊色盡然.).鰭上尾上各有一骨如錐,皮硬如沙.肝油特多,而全身皆膏脂也.肉雪白,或炙或羹,而味醲,不宜於鱠[115]鯌[116].○凡治鯊之法,以熱湯,沃而摩之,則沙鱗自脫.敖[117]其肝取油,而資燈燭.

8-2. 진사(眞鯊)

현지에서 부르는 이름은 참사(參鯊)이다. 모양은 기름상어와 비슷하지만 몸이 약간 짧고, 머리가 넓적하고 눈이 좀 크다. 고기는 미홍색이고, 맛은 약간 담백하며, 회와 포로 만들어도 좋다. ○ 큰 것의 이름은 독사(禿鯊)이고(속명 民童鯊), 중간 크기의 것은 마표사(榪杓鯊)이고(속명 朴竹鯊), 작은 것의 이름은 도음발사(道音發鯊)이다.

○ 창대가 말하기를, "마표사는 별도의 종류인데 머리는 가오리[海鷂魚]와 같고, 모양이 주걱[榪杓]과 비슷해서 그런 이름이 있다."

114 정씨본, 국립본, 상백본에는 面으로 되어 있다.

115 정씨본, 국립본, 상백본에는 繪로 되어 있다.

116 정씨본, 국립본, 상백본에는 腊로 되어 있다. 고대본과 가람본의 鯌는 腊의 오기로 보인다.

117 정씨본, 국립본, 상백본에는 然, 교감본은 熱로 되어 있다.

고 한다. 또 화사(鏵鯊)란 이름도 있는데(화 역시 마표와 닮았다.) 참상어의 종류가 아닌 것 같다.

▌평설

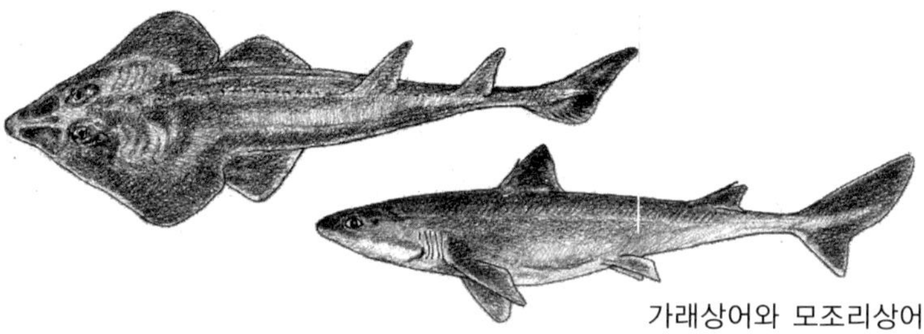

가래상어와 모조리상어

어보에서는 진사, 속명 참사라는 이름으로 비교적 작은 상어 무리를 한 묶음으로 설명하고 있다. 지금도 모조리상어, 돔발상어, 도돔발상어 등 돔발상어목 상어들은 통틀어 참상어라고 불린다.

어보에서는 참상어와 또 다른 종류인 독사와 마표사, 도음발사를 같이 설명하고 있다. 마표(榪杓)와 박죽(朴竹)은 나무로 만든 주걱을 뜻하는 옛 우리말이다. 마표사와 박죽사는 주걱상어 종류를 설명한 것으로 보이는데, 주걱상어는 가래상어의 잘못된 이름이다. 화(鏵)는 흙을 파헤치거나 떠서 던지는 기구인 가래로 화사는 몸에 비해 머리가 크고 둥근 상어 종류를 설명하고 있다. 창대가 말한 가오리[海鷂魚]와 비슷한 물고기는 홍어목 가래상어과의 가래상어이며, 이름에는 상어가 들어 있지만 가오리 종류이다.

독사(禿鯊)는 여러 필사본에 강사(羌鯊)로 되어 있으나 고대본과 가람본에서는 독사로 기록하고 있다. 독(禿)은 대머리 혹은 민둥의 의미가 있어 속명인 민둥상어[民童鯊]의 의미를 잘 설명하고 있다. 그러나 민동사는 별상어의 별명이어서(『한국어도보』), 『자산어보』의 참사 종류에 민동사를 포함시킨 것은 의문으로 남는다.

『21세기 자산어보』 조사에서는 참사를 모조리상어로 비정하고 있다. 모조리상어는 난태생으로 2~4마리를 낳으며, 최대 크기가 약 70cm로 물고기, 오징어, 새우 등을 먹는다. 모조리상어는 뿔상어, 짧은뿔상어, 단문극상어, 각상어 등의 이름도 있다.

〈원문〉 眞鯊(俗名參鯊).狀類膏鯊,而體稍短,頭廣,目稍大.肉色微紅,味稍淡,宜於鱠腊.○大者,名禿鯊[118](俗名民童鯊),中者,名榪杓[119]鯊(俗名朴竹鯊),小者名道音發鯊.○昌大曰,榪杓鯊別有一種,頭如海鷂魚,狀類榪杓,故名.又名鏵鯊(鏵亦似榪杓.),非眞鯊之中者也.

8-3. 해사(蟹鯊)

현지에서 부르는 이름은 게사(揭鯊)이다. 팽활 게를 먹기 좋아해 그런 이름이 있다. 모양은 기름상어와 비슷하게 생겼지만 뻐송곳이 없다. 옆구리 근처에 흰점이 있고, 줄을 이루어 꼬리에 이른다. 그 쓰임새는 참상어와 같고, 간에는 기름이 없다.

해사는 흉상어목 까치상어과의 별상어로 비정된다. 크기가 1m내외인 소형 상어로 몸은 청회색이며 작은 흰점이 많이 있어 별상어라고 부른다. 우리나라 전 해역에 살며 새끼를 낳는 난태생 상어로 임신기간은 10개월 정도이며, 몸이 가늘고 길며 머리가 납작하고 폭이 넓은 편이다.

---

118 정씨본, 국립본, 상백본에는 禿鯊가 羌鯊로 되어 있다.

119 정씨본, 국립본, 상백본에는 枸로 되어 있다.

▌평설

별상어

별상어는 살에서 게살과 비슷한 냄새가 나서 게상어란 별명이 붙었다. 껍질을 벗기고 회로 먹기도 하는데 고소하고 씹히는 맛이 좋다. 어보에는 별상어가 게를 먹기 좋아한다고 했는데 실제 관찰된 것인지는 확실치 않다.

〈원문〉 蟹鯊(俗名揭鯊).好食蟛蟹,故名.狀類膏鯊,而無骨錐.脅旁有白點,成行至尾.其用同眞鯊,肝無膏.

8-4. 죽사(竹鯊)

현지에서 부르는 이름이 죽사(竹鯊)이다. 기름상어와 닮았고 큰 것은 1장 가량이 된다. 머리가 약간 크고 입술[脣口][120]은 조금 납작하고 넓다(다른 상어의 입술은 비수와 같다.). 양 옆구리에 검은 점이 있는데, 줄을 지어 꼬리에 이른다. 쓰임새는 참상어와 같다.

◯ 청안: 소송이 이르기를, "크고 길며, 부리가 톱과 같은 상어[鮫]를 호사(胡鯊)라고 한다. 성질이 순하고 고기가 맛있으면서 껍질이 거친 것을 백사(白沙)라 하는데, 고기가 질기고 독이 약간 있다."고 하였다. 이시진이 이르기를, "등에 둥그런 무늬가 있어 사슴과 같고,

120 입과 입술을 아울러 이르는 말로 얼굴 중 입의 가장자리 부위이다. 입을 다물었을 때 외부에서 보이는 입의 일부로 口脣과 같은 말이다.

견고하고 강한 것을 녹사(鹿沙) 혹은 백사(白沙)라 한다. 등에 얼룩무늬가 있어 호랑이 같고, 견고하고 강한 것을 호사(虎沙) 혹은 호사(胡沙)라 한다(『본초강목』에 나온다.).”고 하였다.

오늘의 해사(蟹鯊), 죽사(竹鯊), 병치사(騈齒鯊), 왜사(矮鯊)와 같은 종류는, 모두 호랑이나 사슴과 같은 반점이 있다. 소송과 이시진이 말한 것은 이것을 가리키는 것이다.

▌평설

까치상어

죽상어는 흉상어목 까치상어과의 까치상어로 비정된나. 까치상어는 몸에 10여 줄의 진한 갈색 띠가 있으며 주둥이가 약간 둥글고 뭉툭하다. 몸 중앙 위쪽에는 흑갈색의 폭이 넓은 세로띠가 10개정도 있고, 검은 반점들이 몸에 퍼져있다.

한국 서해와 남해, 일본, 러시아 남부, 동중국해, 대만 등의 태평양 서부에 분포하며, 작은 물고기나 갑각류, 연체동물, 동물성 플랑크톤 등을 먹는다. 난태생으로 봄에 10~20마리의 새끼를 낳는다. 식용으로는 적합하지 않지만 관상용으로 인기가 많아 최근 인공 번식되고 있다. 흑산도 방언이름으로는 모사라고 부른다.

청안에서는 중국고전을 인용해서 호사(虎沙), 호사(胡沙), 해사(蟹鯊), 죽사(竹鯊), 병치사(騈齒鯊), 왜사(矮鯊)와 같이 반점이 있는 상어 종류를 검토하고 있지만, 까치상어와는 관련이 적은 내용이다.

〈원문〉 竹鯊(仍俗名).與靑鯊同,而大者一丈許.頭稍大而廣.脣口稍匾廣(他鯊脣口如匕首.).兩脅有黑點,成行至尾.用如眞鯊.○[121]睛案,蘇頌曰,鮫,大而長,喙如鋸者曰,胡鯊.性善而肉美,小而皮粗者曰,白沙,肉彊而有小毒.李時珍曰,背有珠文如鹿,而堅彊者曰鹿沙,亦曰白沙.背有斑文如虎,而堅彊者曰,虎沙,亦曰胡沙(出『本草綱目』.).今蟹鯊,竹鯊,騈齒鯊,矮鯊[122]之類,皆有斑[123]點,如虎如鹿.蘇·李所言,卽指此也.

8-5. 치사(癡鯊)

치사를 흑산도 현지에서 부르는 이름은 비근사(非勤鯊)이다. 큰 것은 5~6자이다. 몸이 넓으면서 짧고, 배가 크고 황색이다(다른 상어들은 모두 배가 희다.). 등은 자흑색이고 입은 넓고 눈은 움푹 들어갔다. 성질이 느릿하고 둔해서 물에서 끄집어내어 하루가 되어도 죽지 않는다. 회로는 적합하지만 다른 용도는 없으며, 간에 기름이 아주 많다.

▍평설

복상어

121 고대본과 가람본에는 ○표가 없다.
122 정씨본에는 短鯊로 되어 있다.
123 정씨본, 상백본에는 班으로 되어 있다.

치사, 속명 비근사는 두툽상어과의 복상어로 비정된다. 소형 상어 종류로 배에 공기나 물이 차 있을 때가 많아서 배가 부풀어 있어 복상어라 불린다. 알로 번식을 한다. 치사라는 한자이름은 어보 저자가 이 상어가 성격이 느릿하다는 특징을 따서 작명한 것이다. 전라남도 방언으로 '비근거리다'라는 말은 '물건의 사개가 어그러져 이리저리 흔들린다'는 의미가 있다. 80㎝전후 크기의 소형 상어로 몸은 옅은 황갈색 바탕에 7개의 굵은 갈색 띠와 크고 작은 흑갈색 반점이 있고, 상어종류 중에서 맛이 있는 종류이다.

〈원문〉 癡鯊(俗名非勤鯊).大者五六尺.體廣而短,腹大而黃(他魚皆腹白.).背紫黑,口廣目陷.性甚緩愚,出水一日不死.宜於鱠轟,他不堪用.肝膏特盛.

8-6. 왜사(矮鯊)

현지에서 부르는 이름은 전담사(全淡鯊)이다. 길이는 두 자가 못 된다. 모양이나 색깔과 맛이 모두 비근상어와 비슷하다. 단지 크기가 작은 것이 다르다. ○ 청안: 섬사람들이 왜사를 부르기를 조전담사(趙全淡鯊)라 하고, 또 제주아(濟州兒)라 부르고 있는데 무슨 뜻인지 모르겠다.

▌평설

두툽상어

왜사, 속명 전담사는 흉상어목 두툽상어과의 두툽상어로 비정된다. 괘상어, 개상어, 두테비, 두테비상어(부산), 범상어(전남) 등 방언 이름이 있다. 몸길이가 50cm정도인 소형 상어로 작은 물고기나 갑각류, 연체동물 등을 먹고 산다. 몸은 방패비늘로 덮여 있으며, 뒤쪽으로 문지르면 부드럽지만 앞쪽으로 문지르면 꺼끌꺼끌하며 어묵 등 어육 가공품의 원료로 이용된다.

조전담사는 두툽상어의 흑산도 속명인 조전대미 혹은 좆전대미를 음차해서 적은 이름이고, 제주아도 좆주아를 음차한 이름으로 보인다. 남자의 성기인 좆과 관련된 이름이어서 무슨 뜻인지 모른다는 기록이 남은 것이라는 견해이다(이태원 1, 2003).

〈원문〉 矮鯊(俗名全淡鯊).長不數尺.狀色性味皆類癡鯊.但,體小爲異.○晴案[124],島人呼矮鯊曰,趙全淡鯊,又呼濟州兒,未知何義也.

8-7. 병치사(駢齒鯊)

현지에서 부르는 이름은 애락사(愛樂鯊)이다. 큰 것은 1장반이나 된다. 모양은 비근상어와 비슷하고 자흑색이다. 겹쳐난 이빨은 회색이며, 양 옆구리에 흰 점이 줄을 이루고 있다. 꼬리는 조금 가늘고, 이빨은 굽은 칼과 같이 아주 강하고 날카로워서 다른 상어를 물어뜯을 수 있다. 다른 상어가 낚시에 걸려 있으면 병치사가 물어뜯어 먹다가 잘못 낚싯바늘을 삼켜 버려 사람들에게 잡힌다. 뼈가 부드럽고 연해서 날로도 먹을 만하다.

---

124 정씨본, 국립본, 상백본은 청안을 작은 글자로 두 줄로 기재하고 있다.

평설

칠성상어

병치사, 속명 애락사는 신락상어목 신락상어과의 칠성상어로 비정된다. 애락사라는 속명과 흰점이 있다는 점에서는 얼룩상어로 볼 수도 있지만 이빨이 크고 사납다는 점에서 칠성상어로 비정된다. 이 상어는 이빨이 겹쳐서 나 있어 어보의 저자가 이름을 병치[125]사라 적은 것이다.

상어는 일반적으로 아가미구멍이 5개이지만, 칠성상어는 아가미구멍이 7개인 것이 특징으로 몸길이가 3m정도인 대형 상어이다. 태생으로 12개월의 임신기간을 거쳐 육지에서 가까운 얕은 바다에 새끼를 낳는다.

연안의 얕은 모래바닥이나 해조 군락 근처에 서식하며 문어, 연어, 가오리류 등을 잡아먹는다. 때로는 다른 상어나 물개도 잡아먹지만 사람을 공격하지는 않는 것으로 알려져 있다(김익수 외, 2005).

〈원문〉 騈齒鯊(俗名愛樂鯊).大者一丈有半.狀類癡鯊,紫黑.騈齒,灰色,兩脅有白點成行.尾稍細,齒如曲刀而甚堅利,能齧他鯊.他鯊含鉤,則騈齒圿[126]而啗之,誤呑其鉤,爲人所得.骨柔脆可生食.

---

125 騈齒: 이빨이 겹으로 나있는 것을 말한다('謂,牙齒重迭', 『죽서기년』).

126 고대본 외의 사본들은 切이다. 고대본의 圿(흙벽 근)은 切의 오기이다.

8-8. 철좌사(鐵剉鯊)

현지에서 부르는 이름은 줄사(茁鯊)이다. 기름상어와 크기가 같다. 등이 조금 넓고, 꼬리 위의 지느러미는 조금 움푹해서 고랑과 같다. 입 위에 뿔이 하나 있는데, 그 길이가 몸 전체의 삼분의 일이 되며, 모양이 창칼과 같다. 양변에 톱날처럼 거꾸로 선 가시가 있으며, 아주 강하고 날카롭다. 사람이 잘못 건드리면 칼날에 닿은 것보다 심하게 다친다. 그래서 이름을 철좌(鐵剉)라고 했다. 톱니가 칼을 가는 줄칼[鐵剉]과 같음을 가리킨다. 뿔 바닥에 두 개의 수염이 나 있고 길이가 1자정도이다. 철좌사의 쓰임새는 참상어와 같다.

○ 청안: 『본초강목』에, "상어 코앞에 있는 뼈가 도끼와 같아 능히 사물에 부딪치고 배를 깰 수 있는 것을 거사(鋸沙) 혹은 정액어(挺額魚)라 한다. 혹 번작(鱕䱜)이라고 하는데 코의 뼈가 도끼와 같아서이다."라고 하였다(이시진의 설이다.). 좌사의 『촉도부』에 이르기를, "인·구·번·작(鰤·龜·鱕·䱜)의 주에 번작(鱕䱜)은 가로로 난 뼈가 있고, 코앞은 도끼와 같은 모양을 하고 있다."고 하였다. 『남월지』에 이르기를, "번어(鱕魚)는 코에 도끼와 같은 횡골이 있어, 바다에서 배들을 만나면 반드시 자른다."고 하였다. 이것이 요즘 부르는 철좌사(鐵剉鯊)이다. 철좌사에는 크기가 2장인 것이 있는데, 극치사(戟齒鯊)나 기미사(箕尾鯊)의 종류이고, 모두 능히 사람을 삼키고 배를 뒤집는 놈들이다.

철좌사, 속명 줄사는 톱상어목 톱상어과의 톱상어로 비정된다. 방언이름으로 줄상어라고도 불린다. 주둥이는 검(劍) 모양으로 납작하고 길며, 양쪽에 크기가 일정하지 않은 날카로운 이빨이 한 줄로 늘어서 있어 마치 톱날처럼 보이기 때문에 이런 이름이 붙었다. 연안 얕은 바다에 사는 난태생 상어로서 진흙 속에 있는 작은 동물들을 긴 주둥이로 파헤쳐 잡아먹거나 고기떼 사이에 들어가 주둥이를 휘둘러 죽여 잡아먹는다.

▌평설

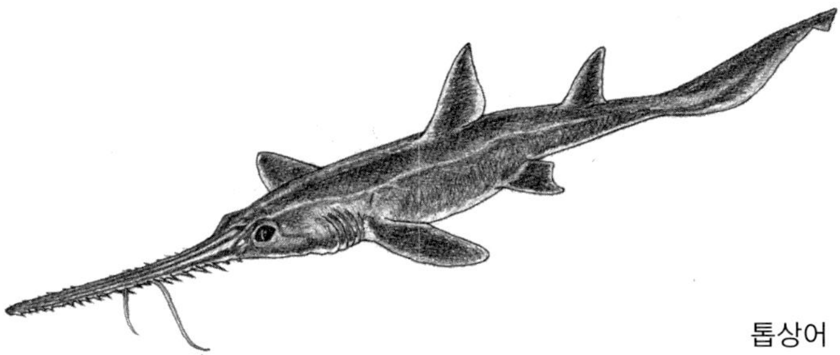

톱상어

이청의 안에서는 중국 고전을 인용하여 사람을 삼키고 배를 부수는 사나운 상어를 표현했지만, 톱상어는 1.5m내외의 그다지 크지 않은 상어이다. 험상궂게 생긴 톱 모양의 주둥이 때문에 중국문헌에서 그렇게 장황스럽게 묘사된 것이다. 중국에서는 거사(鋸鯊)라고도 부르며 1급 보호어종목록에 들어 있어 거래가 엄격히 규제되고 있다.

〈원문〉 鐵剉鯊(俗名茁鯊).與膏鯊大同.背稍廣,尾上鰭稍陷如溝.口上有一角,其長居全體三分之一,狀如戈[127]劍.兩邉有倒刺如鋸,甚堅利.人或誤觸,甚於兵刃,故日鐵剉.指礪鋸如刀之鐵剉子也.角底有兩鬚,長尺許.其用如眞鯊.○晴案,『本草綱目』,鮫[128]鼻前有骨如斧斤,能擊物壞舟者日鋸沙,又日挺額魚.亦日鐇鰽,謂鼻骨如鐇斧也(時珍說).左思『蜀都賦』云,鉚[129]龜鐇鰽注云,鐇鰽有横骨,在鼻前如斤斧形.『南越志』云,鐇魚[130],鼻有横骨如鐇,海船逢之必斷.此皆今俗之鐵剉鯊也.今鐵剉鯊,有大二丈者,而戟[131]齒鯊,箕尾鯊之屬,皆能呑人覆舟也.

---

127 가람본에는 刀로 되어 있다.

8-9. 효사(驍鯊)

현지에서 부르는 이름은 모돌사(毛突鯊)이다. 다른 상어와 크기가 비슷하고, 길이는 1장정도이다. 그중 아주 큰 것은 혹간 3~4장이 되어 잡을 수 없다. 이빨이 매우 단단하고, 사납고 날쌔다. 어부들이 세 갈래진 미늘창으로 찌른 다음 창에 줄을 묶고는 상어가 성을 내고 날뛰도록 내버려두었다가 힘이 빠지기를 기다려서 줄을 거둬들인다. 혹간 낚시를 할 때 뜻하지 않게 낚싯바늘을 물은 채로 도망가기도 한다. 낚싯줄을 손가락에 매어 놓았으면 손가락이 잘라지고, 낚싯줄을 허리에 매어 놓으면 전신이 물속으로 끌려들어간다. 그러면 상어가 사람을 끌고 달린다 한다. 쓰임새는 다른 상어와 같고, 맛이 조금 쓰다.

▌평설

청상아리

효사, 속명이 모돌사인 상어는 어보의 설명에 크고 사나운 상어로 묘사되어 있다. 모돌상어는 흑산도 방언으로 대형 상어인 악상어나

128 국립본에는 絞로 되어 있다.
129 가람본에는 鯽으로 되어 있다.
130 상백본에는 魚자가 有로 되어 있다.
131 정씨본, 국립본, 상백본에는 載로 되어 있다.

흉상어 무리를 통칭하는 것이며, 악상어과의 대표적인 상어가 청상아리와 백상아리이다. 청상아리는 사나운 상어 종류이며, 별명이 모조리, 도두리, 모도리이어서 효사는 청상아리로 비정할 수 있다.

청상아리는 길이가 2~6m이고, 체중은 약500kg인 대형 상어이다. 상어 가운데 속도가 가장 빠른 종류로 알려져 있으며, 대양의 열대·온대 해역에 널리 분포하는 난태생 상어이다. 잡식성으로 어류, 포유류, 새, 두족류, 썩은 고기 등을 가리지 않고 먹으며, 사람들에게도 피해를 주는 위험한 상어종류이다.

〈원문〉 驍鯊(俗名毛突鯊).與他鯊大同,而大丈許.其絕大者,長或三四丈,而不可捕得.齒甚硬,驍勇絕倫.漁者,以三枝鐵錐刺之,繫索於錐,任其怒逸,待力盡然後收索.或釣時,不意而含鉤逸走,綸繫於指,則指折[132].綸繫於腰,則全身仍隨以入水,鯊乃曳而走焉.用如他鯊,而味稍苦.

8-10. 산사(鏟鯊)

현지에서 부르는 이름은 제자사(諸子鯊)이다. 큰 것은 2장 가량이고, 몸은 올챙이를 닮았다. 앞 지느러미가 큰 것이 부채와 같다. 껍질의 모래가 가시처럼 날카로워서 이것을 삽으로 삼으면 살포[鐵鏟][133]보다 더 예리하다. 껍질을 갈아서 기물을 장식하면 단단하고 매끄럽고, 별들과 같은 무늬가 있어서 사랑스럽다. 맛은 좋지 않아서 회로나 먹을 만하다.

○ 청안: 『순자』「의병편」에 이르기를, "초나라 사람들이 상어 가

---

132 국립본에는 拆으로 되어 있다.

133 살포[鐵鏟]: 2~3m의 긴 자루에 작은 삽이나 괭이를 단 농기구로 논의 물꼬를 트거나 막을 때 쓴다.

죽과 무소뿔로 갑옷을 만든다."고 하였다. 『사기』「예서」의 상어 가죽으로 장식한 말의 배띠[鮫韅]에 대한 주석에서 서광(徐廣)이 이르기를, "상어 가죽은 옷과 기물을 장식할 수 있다."고 했고, 『설문』에서는, "상어는 바다고기로 가죽으로 칼을 장식할 수 있다."고 했다. 이것은 모두 지금의 산사(鏟鯊)를 가리킨다.

『산해경』에 이르기를, "장수(漳水)는 동남쪽으로 흘러 휴수(睢水)로 들어가는데, 그 곳에 상어가 많아, 가죽으로 도검을 장식하고, 주둥이 껍질로는 나무와 뿔을 다스린다."고 하였다. 이시진이 이르기를, "가죽에 있는 모래구슬은 도검을 꾸밀 수 있고, 뿔과 뼈를 다스린다."고 했다. 구착(口錯)이라는 것은 입안의 껍질이다. 산사는 입안의 껍질이 아주 날카로워, 갈고 닦는데 쓰는데 속칭 구중피(口中皮)가 바로 이것이다.

▌평설

전자리상어

산사, 속명 제자사는 전자리상어로 비정된다. 전자리상어는 전자리상어목 전자리상어과에 속하며 방언이름은 제자리, 저자리, 저자상어이다. 바닥에 붙어살아서 '제자리에 있는 물고기'란 의미이다. 크기는 2m내외이며 색깔은 어두운 갈색 바탕에 불규칙한 무늬가 흩어져 있다. 우리나라 전 해역에 분포하며, 모래·개펄 바닥에 서식하면서 가자미류와 민어과 어류 등의 경골어류와 오징어류를 잡아먹는다.

전자리상어는 상어 종류이지만 편평한 몸과 넓은 가슴지느러미를 가지고 있어 가오리 모습을 많이 닮았다. 상어 가죽[鮫皮]은 무늬가 아름다워 옷과 가구를 장식하거나 칼집과 칼자루를 만들어서 활용도가 높았고, 표면이 껄끄러워서 사포(砂布)처럼 목재나 뿔을 다듬는데 사용했다. 이런 가죽의 효용은 전자리상어만의 특성이 아니라 다른 상어종류에도 해당되는 특성이다.

〈원문〉 鏟鯊(俗名諸子鯊).大者二丈許,體似蝌蚪,前翼大如扇.皮沙尖利如刺,以之爲鏟,利於鐵鏟.磨其皮,以飾[134]器物,堅滑而有文星星可愛.味薄猶可鱠食.○晴案,『荀子』「議兵篇」云,楚人鮫革犀兕以爲甲.『史記』「禮書」,鮫鞹注徐廣云,鮫魚皮可以飾[135]服器.『說問』云,鮫,海魚,皮可飾刀.此皆指今之鏟鯊也.『山海經』云,漳水東南流注于睢[136],其中多鮫魚,皮可飾刀劍,口錯治材角.李時珍曰,皮有珠可飾刀劍,治骨角.口錯者,口裏之錯皮也.今鏟鯊口裏之皮,甚利於磨揩,俗謂之口中皮,卽是也.

8-11. 노각사(艫閣鯊)

현지에서 부르는 이름은 귀안사(歸安鯊)이다. 큰 것은 1장 남짓이 된다. 머리는 배의 문설주[艫閣]와 닮았고, 앞쪽은 모지고 뒤쪽은 모지라져서 기름상어를 닮았다. 눈은 문설주의 좌우 구석에 있다. 등지

---

134 정씨본에는 餙로 되어 있다.

135 정씨본에는 餙로 되어 있다.

136 가람본에는 淮로 되어 있다. 『산해경』에는 '漳水出焉,而東南流注於睢'로 되어 있다.

느러미가 매우 커서, 지느러미를 펴고 가면, 배가 돛을 편 것과 흡사하다. 맛이 아주 좋으며, 회와 국, 그리고 건어로도 적합하다. 노각이라는 것은 바다배의 제도로서, 앞 돛대에 의지해 가로지른 큰 격두(格頭)인데(머리는 뱃전 밖에 있다.), 좌우를 모두 판자 설주로 만들고 귀안(歸安)이라 부르며, 그래서 오늘날에는 이름을 노각이라 한다. 이 물고기의 모습이 그것과 비슷해서 붙인 이름이다. ○ 청안: 이 상어의 양 귀가 솟아나와 있고, 사투리로 귀[耳]를 귀(歸)라고 해서, 그 이름이 귀안(歸安)이다. 귀안은 배의 양쪽 귀를 말한다.

▌평설

귀상어

노각사, 속명 귀안사인 상어는 귀상어로 비정된다. 악상어목 귀상어과의 상어로 머리 모양이 배의 귀안과 닮았다 하여 귀상어라 불린다. 노각과 귀안은 배 멍에의 양쪽으로 튀어나온 부분을 말한다. 머리 좌우 측면으로 망치 모양의 돌출된 부위의 바깥쪽에 눈이 있어 안경상어, 망치상어라고도 불린다.

귀상어는 최대 몸길이 3.5m정도까지 성장하며 어류와 오징어·갑각류를 주로 먹는다. 태생어종으로 사람을 공격하기도 하는 사나운 상어 종류이다. 고기와 지느러미, 간, 기름 등이 식용으로 이용되며, 건조한 지느러미는 중국요리인 샥스핀의 재료로 쓰인다.

〈원문〉 艫閣鯊(俗名歸安鯊).大者丈餘.頭似艫閣,前方以後殺,似丫髻鯊.目在艫閣左右之隅.脊鰭甚大,張鰭而行,恰如張帆.味甚佳,宜鱠及羹腊.艫閣者,海船之制,於前檣所倚之大橫格頭(頭在舷外.).左右皆作板閣,謂之歸安,故今名曰艫閣.是魚之狀類是,故名.○晴案,是鯊有兩耳聳出,而方言謂耳曰歸,故曰歸安也.艫閣,亦船之兩耳也.

8-12. 사치사(四齒鯊)

현지에서 부르는 이름은 단도령사(丹徒令鯊)이다. 큰 것은 7~8자이다. 머리는 귀상어와 비슷하다. 단지 귀상어는 머리가 평평한 널조각 같은데, 이 상어는 머리 뒤가 자못 불룩하고 장방형이다. 머리 아래는 다른 상어와 같다. 좌우에 이가 2개씩 볼 가까이에 나 있으며, 이빨뿌리 쪽은 널찍하고 앞쪽으로 향하면서 점차 뾰족해진다. 이빨의 모양이 반파된 항아리 같이 울퉁불퉁하며, 전복의 등 같이 미끄럽고 광택이 난다. 단단해서 돌을 깨부수고, 전복과 소라 껍데기를 물어뜯을 수 있다. 성질은 둔하고 게을러서 물에서 헤엄치는 사람이 만나면 끌어안고 나올 수가 있다. 쓰임새는 비근상어와 같고, 맛은 약간 쓰다.

▌평설

괭이상어

사치사, 속명 단도령사는 괭이상어로 비정되고 있다. 괭이상어는 괭이상어목 괭이상어과의 연안성 상어로 우리나라에는 제주도 주변 해역의 바다 밑에 주로 서식한다. 애몽상어, 씬도령, 씬도롱, 단도롱, 괴상어, 괭상어, 고양이상어, 전등이, 도렝이, 꼬내기, 고동무치, 도롱상어 등의 방언이름이 있다.

어보에서 묘사된 것처럼 단단한 이빨로 조개·고둥 등 패류를 으깨어 그 속살을 먹고, 그 밖에 새우류, 게류, 어류 등도 먹는다. 몸길이는 약1m정도이며 상어종류 가운데 원시적인 종의 하나로, 두 눈 위에 볏 모양의 융기가 있고 생김새가 기이해서 사나워 보이지만, 실제는 온순하다.

〈원문〉 四齒鯊(俗名丹徒令鯊).大者七八尺.頭似艫閣鯊,但艫鯊如平板,此則腦後頗凸成,長方形.頭下如他鯊.左右各有二齒近頰,豊本向前漸殺.狀如半破壺碨磊,如鰒殼之背,而滑澤,堅可碎石,能齧鰒螺之甲.性極頑懶,泅水者遇之,抱之而出.用如癡鯊,而味頗苦.

8-13. 은사(銀鯊)

현지에서 부르는 이름이 은사이다. 큰 것은 5~6자이다. 성질은 약하고 힘이 없으며, 색깔이 은처럼 희다. 비늘은 없고 몸이 좁으면서 높다. 눈은 크며 볼 옆에 있다(다른 물고기는 눈이 머리 쪽에 있다.). 연한 콧부리[酥鼻]는 입 밖으로 4~5치 나와 있고, 그 아래에 입이 있다(수비라는 것은 머리가 끝나는 곳에 별도로 나와 있는 살덩이인데, 앞쪽을 향해 뾰족하다. 연골이고 부드럽고 매끈하다고 해서 그런 이름이 있다.). 지느러미는 살지고 넓은 것이 부채와 같고, 꼬리는 올챙이 같다. 쓰임새는 다른 상어와 같고 회를 치면 아주 좋다. 그 지느러미를 말려 포로 만들어 불에 쪼여 따듯하게 해서 붙이면, 유종(乳腫)[137]을 치료할 수 있다.

▌평설

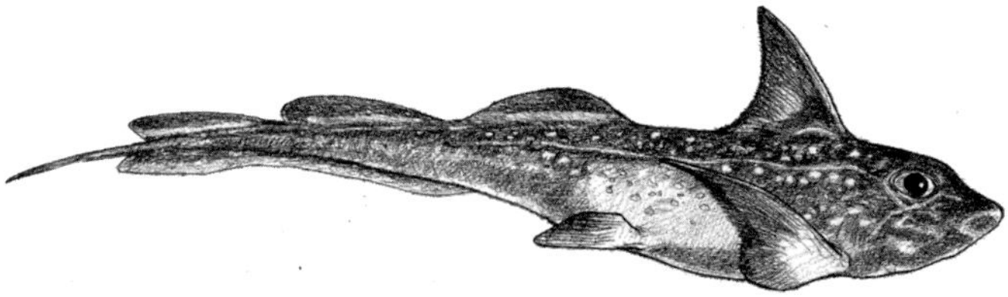

은상어

은사는 은상어목 은상어과의 은상어로 비정된다. 은상어는 어보에서 묘사한대로 몸이 좁으면서 높고, 눈은 크며 볼 옆에 있는 특징이 있다. 또 주둥이는 앞 끝이 뭉툭하며 입은 배 쪽에 위치하며 지느러미가 크고 넓다. 은상어는 이름에 상어가 들어 있으나 연골어류가 아니라 전두류[138]에 속한 물고기이다. 몸이 옆으로 납작하며 꼬리가 뒤로 갈수록 실처럼 가늘어진다. 깊은 바다에 살며 연체동물, 극피동물 및 갑각류를 먹고 산다. 봄에 짝짓기를 해서 체내수정을 하고 겨울에 알을 낳는다.

은상어는 등지느러미 앞에 있는 가시가 난 곳에 독을 분비할 수 있는 독선이 있으나 독성이 강하지는 않다. 어보에서 이 상어가 비늘이 없다고 했지만, 방패비늘이 옆줄에 있다. 그러나 '지느러미를 말려 포로 하여 따듯하게 하여 붙이면, 유종(乳腫)을 치료할 수 있

137 유방염, 즉 여자들의 젖이 곪는 종기로, 유옹(乳癰) 또는 젖멍울이라고도 한다.

138 全頭類: 판새류에 딸린 한 목으로 상어 종류와 비슷하나, 머리는 크고 아감구멍은 아감딱지로 덮였고, 비늘이 없다. 연골어류인 상어와 경골어류의 중간 위치로 평가된다.

다'는 어보의 기록은 다른 문헌에서 확인할 수 없다.

〈원문〉 銀鯊(仍俗名).大者五六尺.質弱無力,色白如銀.無鱗,體狹而高.目大而在頰傍(他魚目在腦旁.).酥鼻出口外四五寸,口在其下(酥鼻者,頭盡處別出一肉,向前殺尖,軟滑如酥,故今名之.).翼肥而廣如扇,尾如蝌蚪.用如他鯊,而鱠尤佳.其翼腊之,火溫而傅之,能治乳腫.

8-14. 도미사(刀尾鯊)

현지에서 부르는 이름이 환도사(還刀鯊)이다. 큰 것은 1장 남짓이 된다. 몸이 둥글어 동과[139]와 같고, 둥근 몸 끝에 꼬리가 달린 것이 길짐승[140]과 같다. 꼬리 길이가 몸의 1배이며, 넓고 곧은데 끝은 모지라졌다. 꼬리 끝이 굽은 것이 환도[141]와 같고, 날카롭기가 칼날 같으며 쇠보다 더 단단해서, 꼬리로 휘둘러 다른 고기를 때려서 잡아먹는다. 맛은 아주 박하다.

▌평설

환도상어

139 冬瓜: 박과의 1년생 초본이며, 참외와 비슷하게 생겼지만 크며, 과피가 흰색으로 털이 나있다.

140 走獸: 기어 다니는 뭍에 있는 짐승을 통틀어 이르는 말이다.

141 環刀: 조선시대에 고리를 사용하여 군인이 패용하였던 도검을 말한다.

도미사, 속명 환도사는 현재명이 환도상어이다. 악상어목 환도상어과의 상어로 꼬리지느러미가 유난히 크고 칼과 같은 모양이어서 이름이 환도상어이다. 꼬리지느러미 위쪽(상엽)의 길이가 전체 몸길이의 절반에 달할 만큼 길며 등은 청흑색 또는 청회색이고, 배는 희다. 5m정도까지 자라는 대형 상어로 꼬리와 살은 식용한다.

한국 남부, 인도양과 태평양의 열대, 온대 해역 등에 분포하며 물고기 떼를 발견하면 물장구를 쳐서 물고기를 모아 놓고 꼬리지느러미로 쳐서 먹이를 기절시킨 다음에 잡아먹는다. 꼬리는 헤엄을 칠 때 추진력을 얻는 부위이기도 하지만, 먹이를 모으고 잡는 역할까지 하는 것이다. 환도상어의 먹이를 잡는 특성은 현대과학에서도 쉽게 관찰할 수 없는데, 이미 2백 년 전에 이러한 상황을 잘 묘사한 어보의 기록이 놀랍다.

〈원문〉 刀尾鯊(俗名還刀鯊).大[142]者丈[143]餘.體圓似冬瓜.瓜末尾屬如走獸.尾長於元體一倍,廣而直,末仰殺.末曲如還刀,利如鋩,堅於鐵.用之揮擊以食他魚.味甚薄.

8-15. 극치사(戟齒鯊)

현지에서 부르는 이름이 세우사(世雨鯊)이다. 큰 것은 2~3장이다. 모양은 죽상어와 비슷한데, 단지 검은 점이 없다. 색깔은 회색이면서 약간 흰빛이 돈다. 입술에서 잇몸까지 이빨이 4겹으로 늘어섰는데, 마치 창을 세운 것 같다. 성질은 느리고 게을러서 사람들이 낚시로

142 정씨본에는 犬으로 되어 있다.

143 정씨본, 국립본, 상백본에는 文으로 되어 있다.

낚아낼 수 있다. 어떤 사람은 말하기를, "이 상어가 그 이빨을 아끼고 있어, 낚싯줄이 이빨에 걸리면 끌려나온다."고 하는데, 실은 그런 것이 아닐 것이다. 살을 갈라서 뼈에 이르러도, 놀라지 않고 움직이지도 않는다. 만약 그 눈과 뼈에 접촉되면 놀라 날뛰어서 사람이 접근하지 못한다. 살코기가 눈 같이 희며, 포를 뜨거나 회를 뜨면 그래도 살을 떤다. 맛은 아주 박하며, 간에는 기름이 없다.

▌평설

백상아리

극치사, 속명 세우사는 백상아리로 비정된다. 악상어목 악상어과의 대형 상어로 크기가 최대 6.5m정도에 달한다. 인도양·태평양·대서양의 온대 및 열대 해역에 서식하며 뱀상어와 함께 가장 난폭한 상어로 분류되며, 바다사자·고래 등 큰 포유류도 공격해 잡아먹는다.

백상아리는 서식범위가 넓고 극지에 가까운 차가운 물에서도 활동한다. 사람을 공격해서 인명사고를 일으키고 있는 식인상어의 하나이다. 한국의 서해에도 5~6월에 나타나서 해녀와 키조개를 잡는 잠수부를 공격하기도 한다. 영화 죠스의 흉포한 주인공으로 잘 알려져 있는 상어이다.

〈원문〉 戟齒鯊(俗名世雨鯊).大者二三丈.狀類竹鯊,而但無黑點.色如灰而微白.自脣至腭[144],齒有四重森列,如戈戟簇立.性甚緩慢,故人能釣出.或言,甚愛其齒,故釣綸罥齒,則隨牽而出,殊不然也.割肉至骨,不驚不動.若觸其目與骨,則皷[145]勇踊躍,人不敢近.肌[146]肉雪白,或脯或畾,猶然癋瘂.味甚薄,肝無膏.

8-16. 철갑장군(鐵甲將軍)

크기는 두어 장(丈)이다. 모양은 큰 민어를 닮았고 비늘이 손바닥만 한데, 매우 단단해서 강철 같다. 두드리면 쇳소리가 나고, 5색의 무늬가 얽혀 있어, 아주 선명하면서도 미끄럽기가 빙옥(冰玉)과 같다. 맛은 매우 좋은데, 흑산도 사람이 한 번 잡아본 적이 있다고 한다.

▌평설

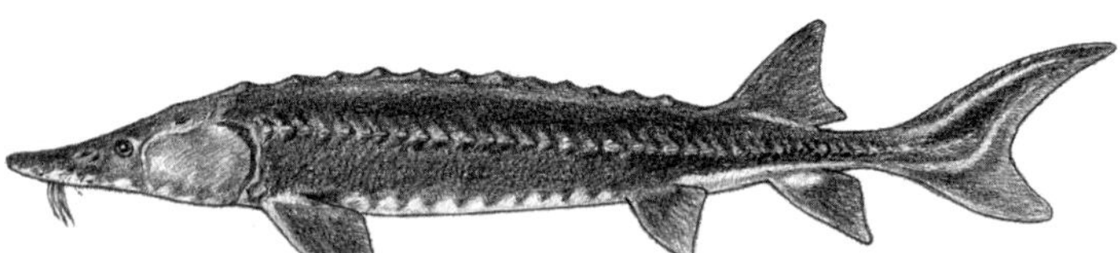

철갑상어

철갑장군은 철갑상어로 비정된다. 철갑상어목 철갑상어과의 물고기로 이름에는 상어가 들어있지만 경골어류에 속하며, 연골어류인 상어와는 별도의 어종이다. 한국·중국·일본·러시아의 담수에 분포한

144 교감본에는 齶으로 되어 있다.
145 가람본에는 동자인 鼓로 되어 있다.
146 가람본에는 肥로 되어 있다.

다. 우리나라에 사는 철갑상어는 크기는 2m정도이며 서해안의 금강 유역에 분포했지만 1995년 이후에는 관찰되지 않고 있다. 멸종위기에 몰려 있어 1996년 3월에 특정야생동식물 보호종으로 지정되었다.

『재물보』에는 전어(鱣魚)·황어(黃魚)·옥판어(玉版魚) 등으로 기록되었고, 『본초강목』에는 홀어(忽魚)라 기록되어 있다. 몸은 긴 원통 모양이고 주둥이가 길며 뾰족하다. 몸은 5개의 세로줄이 있는 판 모양의 단단한 굳비늘[147]로 싸여 있다.

〈원문〉 鐵甲將軍.大數丈.狀似大鮸,而鱗掌許大,堅硬如鋼鐵,叩之鐵聲.五色錯雜成文,極鮮明而滑如冰玉.其味亦佳,島人嘗[148]一獲.

8-17. 기미사(箕尾鯊)

현지에서 부르는 이름은 내안사(耐安鯊) 혹은 돈소아(豚蘇兒)라고 한다. 큰 것은 5~6장이다. 모양은 다른 상어와 같으나 몸이 아주 검고, 지느러미와 꼬리가 커서 키[箕]와 같다. 바다상어 중 가장 큰 것이다. 먼 바다에 살고 있으며, 날씨가 비가 오려고 할 때 무리지어 나타나 고래처럼 물을 뿜어 물결을 일으켜서, 배가 감히 가까이 갈 수 없다(원편에 빠져 지금 보충한다.).

○ 안: 『사기』「시황본기」에 신선의 술법을 닦는 사람[方士]인 서불[149] 등이 바다로 가서 선약을 구하려 하였지만, 수년이 지나도 구

147 표면이 단단하며 광택이 있는 네모난 모양의 물고기 비늘로 철갑상어의 비늘 따위이다.

148 정씨본, 국립본, 상백본에는 當으로 되어 있다.

149 徐市: 중국 진(秦)나라 때 방사이며 서복(徐福)이라고도 한다. 진시황에게 먼 바다에 삼신산과 신선이 있다고 하면서 불사약(不死藥)을 구해준다고 바다로 떠난 뒤 다시는 돌아오지 않았다. 이름인 경우 서불이라

하지 못하였다. 그래서 속여서 말하기를, "봉래(蓬萊)에서 약을 구할 수는 있지만, 항상 큰 상어가 있는 어려움 때문에 가지 못했다."고 하였다. 『조수고』에서 이르기를, "바다의 상어 중 호두사(虎頭鯊)는 몸이 검고 큰 것은 2백여 근이 나가며, 봄이 끝날 무렵 바다기슭으로 나와서 10일이면 호랑이로 변한다."고 했다. 모두 지금의 기미사를 말한다. 단 호랑이가 된다고 하는 설은 아직 확인하지 못했다. 『술이기』에서 이르기를, "어호(魚虎)가 늙으면 상어가 된다."고 하였다. 이시진 또한, "녹사(鹿沙)는 사슴으로 변할 수 있고, 호사(虎沙)도 호랑이가 물고기로 변한 것이다."라고 하였다. 사물은 본래 서로 변하는 것이 있다지만, 뚜렷이 밝혀져 있지는 않다.

▌평설

범고래

기미사는 범고래로 비정되고 있다. 속명이 내안사(耐安鯊)이어서 내안상어라고도 불린다. 이름에 '상어'가 들어있지만 연골어류인 상어종류가 아니라, 고래목 돌고래과의 포유류이다. 전 세계의 바다에 서식하며 길이가 7~10m, 몸무게는 6~10톤에 달한다.

흰줄박이돌고래라고도 한다. 등은 검은색이고 배면은 흰색이어서

읽는다.

경계선이 뚜렷하다. 등 위로 높게 솟아 오른 등지느러미가 특징이어서 고래 가운데 외형적으로 가장 식별이 쉽다. 무리를 지어 다니며 주로 물고기나 오징어를 잡아먹는다. 때로는 다른 종류의 고래를 습격하기도 하며, 바다표범이나 물개도 잡아먹는다.

범고래는 울산 반구대 고대벽화에도 묘사된 종류로서 흑산도가 회유경로의 하나였다. 어보에서는, "먼 바다에 살고 있으며, 비가 오려고 할 때 무리지어 나타난다."고 표현하였지만, 비가 오기 직전에 바다가 잔잔할 때 범고래가 사람의 눈에 잘 보였기 때문으로도 보인다. 또 어보에서는 사람에게 위협적인 것으로 묘사되었지만, 사람을 공격한 사례는 보고되지 않고 있다.

〈원문〉 箕尾鯊(俗名耐安鯊,又稱豚蘇兒).大者五六丈.狀如他鯊,而體純黑.鰭與尾大如箕.海鯊之最大者也.居於大海,天欲雨,則群出噴波如鯨,船不敢近(原篇缺,今補之.).○案,『史記』「始皇本紀」,方士徐市等,入海求神藥,數歲不得.乃詐曰,蓬萊藥可得,然常爲大鮫魚所苦,故不得至.『鳥獸考』云,海鯊,虎頭鯊,體黑,巨者二百斤.常以春晦,陟於海山之麓,旬日化爲虎.皆今箕尾鯊之謂也.但化虎之說,未有實見.『述異記』云,魚虎老變爲鮫魚.李時珍,又以鹿沙爲能變鹿,以虎沙爲虎魚所化.則物固有相變者,然未可明也.

8-18. 금린사(錦鱗鯊)

현지에서 부르는 이름은 총절립(悤折立)이다. 길이는 1장반이다. 모양은 다른 상어와 같지만 몸이 조금 좁다. 윗입술에 두 개의 수염이 있고, 아랫입술에도 두 개의 수염이 있어, 움직이면 더부룩이 늘어진다. 비늘 크기가 손바닥만 하고, 층층이 진 기왓장 같이 매우 현란하다. 고기는 부드럽고 맛이 좋으며, 학질을 치료할 수 있다. 혹간 그물에 잡힌다(역시 지금 보충한다.).

▌평설

칼상어

모양이 상어와 같지만 몸이 상어보다 좁고 수염이 더부룩하며 비늘이 번쩍인다는 어보의 묘사로 보아서는 철갑상어의 한 종류로 보인다. 금린사는 철갑상어의 별명이기도 하다. 그러나 철갑상어는 철갑장군이란 이름으로 어보에 이미 수록되어 있다. 우리나라 연안에서 나는 철갑상어류는 철갑상어 외에도 칼상어가 있다. 금린사는 칼상어를 묘사한 것일 수 있다.

칼상어는 몸이 가늘고 길며, 긴 원통형으로 횡단면은 대체로 오각형이다. 머리는 비교적 작고 눈은 크다. 주둥이는 짧으며 이래턱에 촉수와 같은 2쌍의 수염이 있어 감각기관 노릇을 한다. 등과 옆구리 윗면은 회갈색이 도는 청색이고 옆구리 아랫면은 백황색이며 배는 흰색이다. 각 지느러미는 회흑색이며 그 가장자리는 흰색이다. 칼상어는 멸종위기 야생동물로 지정되어 보호받고 있다.

〈원문〉 錦鱗鯊(俗名悤折立).長一丈有半.狀如他鯊,而體稍狹.上脣有二鬚,下脣有一鬚,擧之鬖髿.鱗[150]大如掌,層次如屋瓦,極絢爛.肉酥而味佳,能治癟.時或網捕之(亦今補[151].).

---

150 국립본에는 鮮으로 되어 있다.

151 가람본에는 '亦今補'가 없다.

9. 검어(黔魚)

검어에서는 검어(黔魚), 박순어(薄脣魚), 적박순어(赤薄脣魚), 정어(䱡魚), 조사어(釣絲魚), 석어(螫魚) 여섯 종류에 대해 기술하고 있다.

〈원문〉 黔魚

9-1. 검어(黔魚)

현지에서 부르는 이름은 검처귀(黔處歸)이다. 모양은 도미와 비슷하고, 큰 것은 3자정도이다. 머리와 입, 눈이 크다. 몸은 둥글며 비늘이 잘고, 등의 검은 지느러미 갈기가 매우 굳세다. 맛은 농어를 닮았고, 살코기는 조금 단단하다. 4계절 언제나 있다.

○ 조금 작은 것(속명 登德魚)은 색깔이 검고 붉은 빛을 띠었으며, 맛은 검처귀보다 못하다. ○ 더 작은 것(속명 應者魚)은 색깔이 자흑색이고 맛은 박하다. 항시 바위사이에 살며, 멀리 다니지 못하는데, 대체로 검처귀 종류는 모두 바위사이에서 산다.

▌평설

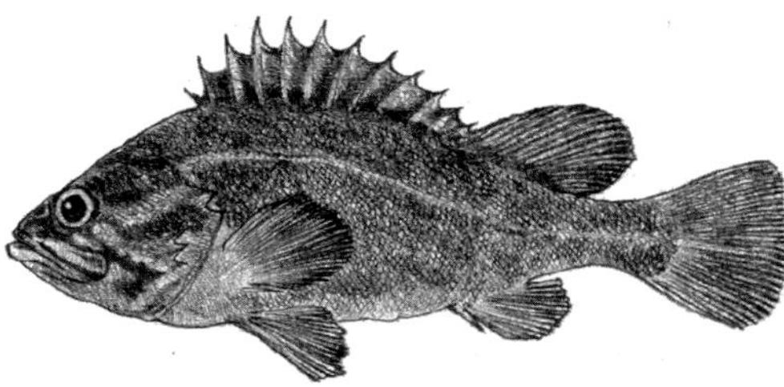

조피볼락

검어, 속명 검처귀는 학자에 따라 현재명이 달리 비정되고 있다. 쏨뱅이목 양볼락과의 쏨뱅이로 보기도 하지만(정문기, 1991), 조피볼락으로 보는 견해도 있다(이태원 2, 2003). 조피볼락 역시 양볼락과의 물고기로 모양과 성상이 쏨뱅이와 비슷한 점이 많다.

조피볼락은 몸길이가 30cm 가량으로 3~4월에 새끼를 낳는 태생어이다. 넙치와 함께 대표적인 양식어종이며 조피볼락이라는 이름보다 보통 우럭이라 불린다. 『21세기 자산어보』 조사에서도 검어를 볼락종류로 보고 있으며, 조금 작다고 기록된 등덕어는 쏨뱅이, 더 작은 것인 응자어는 황해볼락으로 비정하고 있다.

〈원문〉 黔魚(俗名黔處歸).狀類强項魚,大者三尺許.頭大,口大,目大,體圓.鱗細,背黑,鰭鬣剛甚.味似鱸魚,肌肉稍硬.四時皆有.○稍小者(俗名登德魚),色黑而帶赤,味薄於黔魚.○尤小者(俗名應者魚),色紫黑,味薄.常居石間,不能遠游.大抵黔魚之屬,皆在石間.

9-2. 박순어(薄脣魚)

현지에서 부르는 이름은 발락어(發落魚)이다. 모양은 검처귀와 비슷하고, 크기는 조기[石首魚]와 같다. 색깔은 청흑색이고 입이 작은데, 입술과 아가미가 몹시 얇다. 맛은 검처귀와 같은데, 낮에는 먼 바다에서 돌아다니다가 밤이면 석굴로 돌아온다.

▌평설

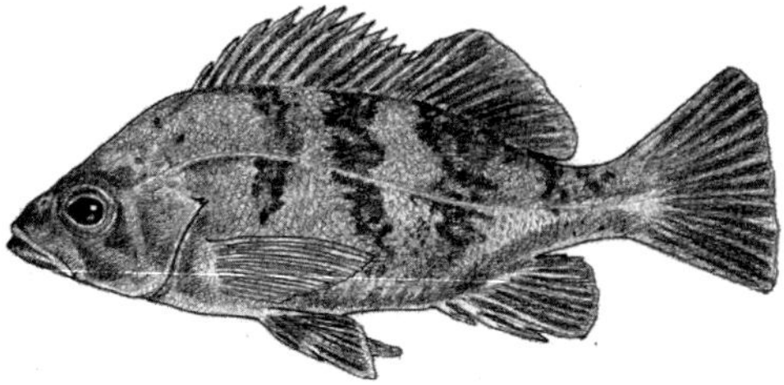

볼락

박순어, 속명 발락어는 볼락으로 비정된다. 볼락은 쏨뱅이목 양볼락과의 물고기로 특정 물고기의 이름이자, 우럭볼락, 눌치볼락, 도화볼락, 황볼락, 개볼락, 조피볼락 등 양볼락과 물고기의 통칭이기도 하다. 『우해이어보』에는 보라어(甫鱺魚)라고 기록되어 있다. 볼락은 크기가 20~30cm로 방추형이고 잿빛을 띤 갈색이 가장 많다. 볼락의 색깔은 서식장소나 물의 깊이에 따라 변이가 심하다.

〈원문〉 薄脣魚(俗名發落魚).狀類黔魚,而大如䲖魚(石首魚).色青黑.口小,脣鰓甚薄.味同黔魚,晝游大海,夜歸石窟.

9-3. 적박순어(赤薄脣魚)

현지에서 부르는 이름은 맹춘어(孟春魚)이다. 모양은 볼락과 비슷하지만, 색깔이 붉은 것이 다르다.

▌평설

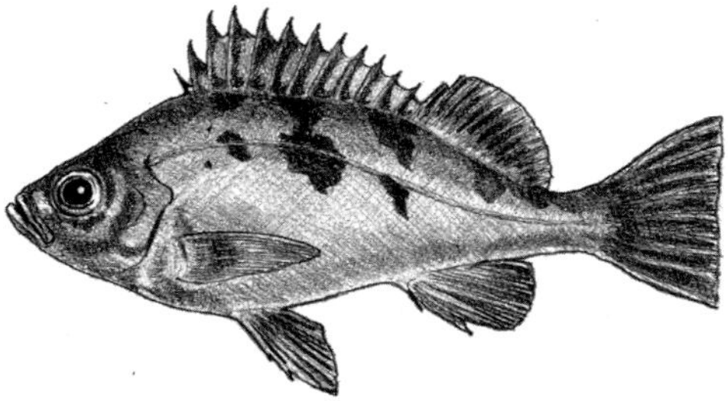

불볼락

적박순어, 속명 맹춘어는 볼락 종류를 말하고 있다. 속명 맹춘어와 비슷한 맹졸램이, 맹춀랭이는 불볼락의 방언이름이기도 하다(이광정, 2003). 불볼락은 낚시 대상어종으로 유명하며 흔히 열기라고도 부른다. 『한국어도보』에서는 적박순어를 도화볼락으로 비정하고 있다(정문기, 1991). 불볼락과 유사하게 생겼지만 체측에 5~6개의 흑갈색 무늬가 뚜렷하고 윤곽이 둥글면서 등 쪽에 치우쳐 있어 무늬의 형태와 위치로 구분된다. 색깔이 붉은 볼락 종류는 불볼락, 도화볼락, 황볼락 등이 있어, 『자산어보』 저술 당시에 이들 볼락 종류들을 정확히 구분하지 않았을 수도 있다.

〈원문〉 赤薄脣魚(俗名孟春魚).與薄脣魚同,色赤爲異.

9-4. 정어(赬魚)

현지에서 부르는 이름은 북제귀(北諸歸)이다. 모양은 검처귀와 비슷하지만, 눈이 더 크고 튀어나왔다. 색깔은 붉고, 맛은 검처귀와 비슷하지만 조금 못하다.

▌평설

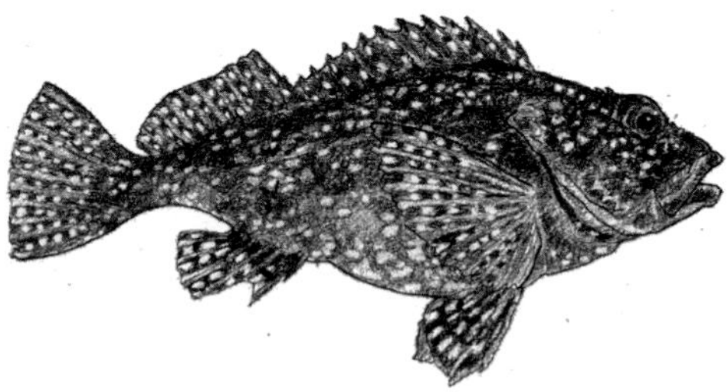

쏨뱅이

정어, 속명 북제귀는 쏨뱅이로 비정되고 있다. 북제어(北諸歸)는 뿍저구라고 읽히며, 북(北)은 붉다는 뜻이다(이광정, 2003). 『21세기 자산어보』 조사에서는 붉은쏨뱅이로 비정하고 있으며, 흑산도 방언 이름을 북저구로 밝히고 있다.

쏨뱅이는 쏨뱅이목 양볼락과의 몸길이 30cm정도인 작은 물고기로 암초지역에 주로 서식하는 연안 정착성 어류이며, 한국, 일본, 동중국해, 대만 등의 북서태평양에 분포한다. 부산에서는 삼베이, 청산도에서는 복조개, 순천에서는 삼뱅이, 완도에서는 쑤쑤감펭이, 통영에서는 자우레기, 전남 지역에서는 쑤염어라 부른다. 이 외에 제주에서는 쏠치, 우럭, 서산에서는 감팽이, 경기지역에서는 삼식이, 해남에서는 쏨팽이로 부른다.

〈원문〉 赬魚(俗名北諸歸).狀類黔魚,目尤大而突.色赤.味亦似黔魚而薄.

9-5. 조사어(釣絲魚)

현지에서 부르는 이름은 아구어(餓口魚)이다. 큰 것은 2자 가량이다. 모양이 올챙이와 비슷하다. 입이 매우 큰데, 입을 있는 대로 벌린다. 색깔은 붉다. 입술 머리에 낚싯대 같은 것이 2개 있는데, 크기는 의침(醫鍼)만 하고, 길이는 4~5치이다. 낚싯대 끝에 낚싯줄이 있는데 굵기가 말총만 하다. 줄 끝에는 밥알 같은 흰 미끼가 달려 있다. 그 미끼를 놀리고 있다가, 다른 고기가 먹으려고 가까이 오면 재빨리 입을 벌려 잡아먹는다.

▌평설

아귀

조사어, 속명 아구어로 기록된 물고기는 아귀로 비정된다. 아귀는 아귀목 아귀과에 속하며 같은 과에 황아귀와 용아귀가 있지만 아귀가 주로 식용으로 소비된다. 아귀(餓鬼)라고도 불리는데 입이 크고 흉하게 생긴 모습과 자신만큼 큰 물고기도 잡아먹는 식성 때문에 아귀란 이름을 갖게 된 것이다. 다른 한자이름은 안강어(鮟鱇魚)이다. 안강망이란 그물은 바로 이 아귀의 주둥이처럼 아가리가 넓은 그물이다.

아귀는 어보에 기록된 것처럼 머리에 나있는 가느다란 낚싯대 같은 것의 끝에 달린 흰 미끼처럼 보이는 부분을 흔들어서 먹이를 유인해서 잡아먹는다. 아귀는 심해에 사는 어종으로 흔히 보기 어려운데 200년 전에 쓰인 어보에 이처럼 성상이 정확히 묘사된 것은 놀라운 일이다. 아귀에 관한 기록은 『자산어보』가 세계 최초이며, 서양의 기록은 1930년대 중반에야 나타난다.[152]

〈원문〉 釣絲魚(俗名餓口魚).大者二尺許.狀類蝌蚪,口極大,開口便無與地.色紅.脣頭有二釣竿,大如醫鍼,長四五寸.竿頭有釣絲,大如馬尾,絲末[153]有白餌如飯粒.弄[154]其綸餌,他魚以爲食而來就,則攫而食之.

9-6. 석어(螫魚)

현지에서 부르는 이름은 손치어(遜峙魚)이다. 모양은 작은 검처귀와 비슷하고, 크기도 그렇다. 등지느러미에 심한 독이 있고, 성이 나면 고슴도치 같고, 가까이 가면 쏜다. 사람이 쏘이면 견디기 어려울

---

152 영국의 Willson이 1936년경에 아귀를 수족관에서 기르면서 낚시하는 습성을 밝혀냈다(김무상, 2003).

153 정씨본, 국립본, 상백본에는 未로 되어 있다.

154 정씨본, 국립본, 상백본, 가람본에는 美으로 되어 있다.

정도로 아프다. 솔잎을 달인 물[松葉煎湯]에 쏘인 곳을 담그면 효과가 매우 좋다.

▎평설

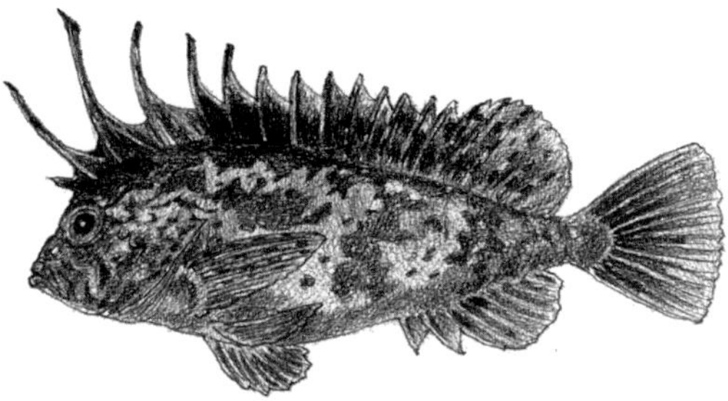

미역치

석어, 속명 손치어로 기록된 어종은 쑤기미로 비정되기도 하며(정문기, 2004), 미역치로 비정되기도 한다(이태원 2, 2003). 쑤기미와 미역치는 둘 다 쏨뱅이목 양볼락과의 물고기이며 서식양상이 비슷하다. 또 등지느러미에 강한 독이 있는 점도 같다.

미역치가 길이가 10cm정도인데 비해 쑤기미는 다 자라면 길이가 25cm정도이다. 어보에서 석어의 크기가 작은 조피볼락과 같다고 하였으므로, 크기에서는 미역치가 더 어울린다. 모양도 쑤기미보다는 미역치가 볼락 종류와 비슷하게 생겼다. 미역치는 체형이 측편된 타원형이며, 주황색 바탕에 흑갈색 무늬가 흩어져 있다. 등지느러미의 가시에 독을 지니고 있는 크기 7~9㎝인 소형어로서 동·남해 연안에 널리 서식하고 있다.

쑤기미는 얼룩덜룩한 무늬 때문에 흔히 범치, 쑥쑤기미, 쐬미, 창쑤기미, 바다쑤기미, 미역치 등으로도 불린다. 제주도에서는 손치, 쏘치, 쏜치, 쏠치라고 불린다(김순자, 2014). 어보의 저자가 미역치와 쑤기미를 같은 종으로 보고 기술한 것으로 볼 수도 있지만, 쑤기미는 석자어(螫刺魚)란 이름으로 별도로 기록되어 있다. 석자어 역시 가시를 갖고 쏜다는 이름을 뜻한다.

〈원문〉 螫魚(俗名遜峙魚).狀類小黔魚,大亦如之.脊鰭甚毒,怒則如蝟,近之則螫.人[155]或被螫,痛不可忍.松葉煎湯浸其螫處,則神效.

155 정씨본에는 入으로 되어 있다.

10. 접어(鰈魚)

접어란 이름으로 형태가 납작한 물고기인 접어(鰈魚), 소접(小鰈), 장접(長鰈), 전접(羶鰈), 수접(瘦鰈), 우설접(牛舌鰈), 금미접(金尾鰈), 박접(薄鰈)의 8종류를 기술하고 있다.

〈원문〉 鰈魚

10-1. 접어(鰈魚)

흑산도 현지에서 부르는 이름은 광어(廣魚)이다. 큰 것은 길이가 4~5자이고, 너비도 2자정도이다. 몸이 넓고 얇으며, 두 눈이 왼쪽에 몰려 있고, 입은 가로로 갈라져 있으며 꽁무니가 입 아래에 있다. 창자는 지갑[156]과 같고 두 개의 방이 있으며, 두 개의 알집이 있는데, 가슴에서 등뼈 사이를 따라 꼬랑지까지 이른다. 등은 검고 배는 희다. 비늘이 아주 잘고, 맛은 달고 짙다.

○ 청안: 우리나라를 접역(鰈域)이라고 부르는데, 접(鰈)이라는 것은 동쪽지방의 물고기를 말한다. 『후한서』「변양전주」에 이르기를, "비목어(比目魚)는 일명 접(鰈)인데 지금 강동에서는 판어(板魚)라 부른다."고 했다. 『이물지』에 이르기를, "일명 약엽어(箬葉魚), 속칭 혜저어(鞋底魚)라 한다."고 했다. 『임해지』에서는 비사어(婢屣魚)라 했고, 『풍토기』에 노교어(奴屩魚)라고 하였다. 이들 물고기가 단지 반쪽[片][157]만 있다고 보았으므로, 그 모양에 따라 그런 여러 가지 이

---

156 紙匣: 가죽이나 헝겊 따위로 쌈지처럼 조그맣게 만든 물건으로 돈이나 귀중품을 보관한다.

157 片: 나무를 두 조각으로 나눈 오른쪽 조각으로 전하여 사물의 반쪽이나

름들이 붙었다. 그러나 지금 우리나라 바다에서 접어(鰈魚)가 나는데, 크고 작은 여러 종류가 있고, 부르는 이름도 각기 다르다. 그리고 모두 별개의 물고기로 홀로 다니며 암수가 있고, 두 눈이 한쪽으로 치우쳐 있으며, 입은 가로로 찢어져 있다. 얼핏 보고 외짝으로는 다니기 어렵다고 하였지만, 실제 확인해 보니 두 조각이 합쳐져야 다니는 것이 아니다.

안: 『이아』에서 이르기를, "동방의 비목어는 한 쌍이 아니면 나아가지 못하며, 그 이름은 접(鰈)이라 부른다."고 하였다. 곽박의 주[郭注][158]에 이르기를, "모양은 소의 지라를 닮았고, 비늘은 잘며 자흑색인데, 눈이 하나여서 두 조각이 서로 합해져야 다닐 수 있으며, 지금 물속에 살고 있다."고 하였다. 좌사 『오도부』에는 조양개(罩兩魪)라 했고, 주(注)에서는 좌우의 개(魪)는 눈이 하나이어서 비목어라 했다.

사마상여의 『상림부』에 이르기를, 우우허납(禺禺鱋魶)이라 했고, 주석하기를, "허(鱋)는 허(魼)라고도 쓰는데, 비목어이다. 모양은 소의 지라[脾臟]를 닮았고, 두 쪽이 합쳐야 다닐 수 있다."고 하였다.

이시진이 이르기를, "비(比)는 나란히 한다는 것이어서, 이 물고기가 각기 한 눈만 있으므로 서로 나란히 해야 다닐 수 있다."고 했다. 단씨(段氏)[159]의 『북호록』에서 겸(鰜)에 대해 말하기를, "겸은 넙치이다."라고 했다. 또 이르기를, "두 쪽이 서로 합치는데, 그 합치는 곳은 평평하고 비늘이 없다."고 했다.

모든 이런 의견은 접어를 보지 못하고, 뜻만 가지고 말한 것이다. 오늘날의 접어는 한 마리마다 눈이 두 개이며, 분명히 한 마리 홀로

떼어낸 일부분을 이른다.

158 곽박이 『이아』의 주석한 주해서가 유명해서 『곽주』라고 한다. 시경의 주석본은 여럿이지만, 흔히 『주』라고 하면 곽박의 주석본을 말한다.

159 『북호록』을 쓴 단성식을 말한다.

도 다닌다. 아래 배와 위 등이 하나로 완전한 몸을 이루고 있고, 한 마리도 홀로 다닐 수 있고, 두 마리가 나란히 되어야 다니게 되는 것이 아니다.

이시진은 거듭 말하기를, "합친 자리 반쪽은 평평하고 비늘이 없다."고 하였다. 본 것처럼 말하고 있지만, 기실 주의 깊게 본 것이 아니다. 『회계지』에 이르기를, "월나라 왕이 고기를 다 먹지 않고, 그 반을 물에 버렸더니, 물고기가 되었다. 반쪽이 없으므로 반면어(半面魚)라 이름을 지었고, 이것이 바로 접어[鰈]이다."라고 하였다. 곽박의 『이아주』에, 접어를 왕여어(王餘魚)라 하고, 또 『이어찬』은, "비목의 물고기를 왕여어라고 부른다. 비록 두 쪽이 있다지만 실은 한 마리 고기이다."라고 하였다. 왕여어가 바로 회잔어(鱠殘魚)이지만, 접어가 아니다. 곽박이 잘못 안 것이다(『정자통』에는 비목어의 이름이 판어(版魚)인데 세속에서 반(魬)으로 바꿨다 했다.).

▌평설

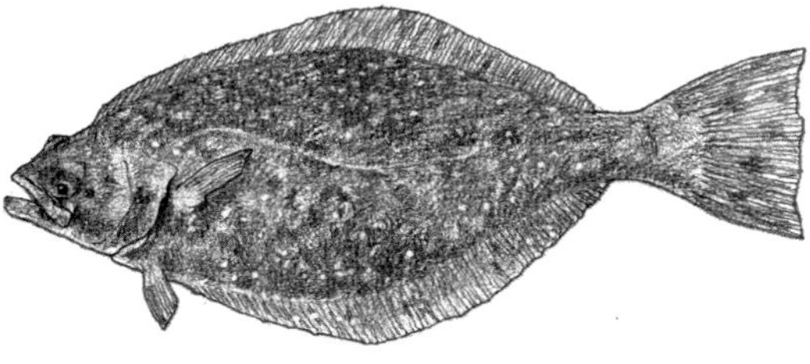

넙치

어보에서는 접어(鰈魚)란 큰 항목을 두고 몸이 납작한 가자미목의 어류를 논하고 있다. 접(鰈)은 떡갈나무 잎처럼 넓적한 잎[廣葉]에 어원을 두고 있다. 가자미 접(鰈)은 '물고기 어(魚)'에다 '나뭇잎 엽(枼)'을 더해 나뭇잎처럼 둥글납작한 물고기를 의미한다. 혹간 접의 어원을 나비[蝶]에 두고 있다고 보기도 하지만 나비 역시 나뭇잎처럼 얇게 생긴 벌레란 의미의 한자이다.

표제 물고기인 접어(鰈魚), 속명이 광어(廣魚)인 물고기는 가자미목 넙치과의 넙치를 말한다. 속명 광어는 오늘에도 쓰이는 이름이다. 넙치는 저서성 어류로 대륙붕주변의 모래 바닥에 주로 서식한다. 눈은 몸의 왼쪽에 치우쳐 있고, 두 눈 사이는 넓고 편평하며 최대 몸길이가 85cm정도까지 성장한다.

접어는 몸이 납작하고, 눈이 비대칭적으로 몰린 가자미과와 넙치과, 참서대과의 물고기를 통칭하는 옛 이름이다. 『난호어목지』에서는 가자미를 접어로 보고, 또 비목어(比目魚)라 부르고 있다.

고대 중국인들은 동쪽 바다에 '눈이 하나인 물고기' 혹은 '몸이 반쪽인 물고기'가 있다고 믿었고, 이 물고기는 두 마리가 합쳐져야 다닐 수 있다고 보았다. 이 물고기는 암수가 서로 도우며 평생을 같이 다녀야 한다고 보아서 부부의 금슬을 상징하는 이름이기도 하다. 이러한 비목어, 즉 접어가 많이 사는 우리 바다를 접해(鰈海)라 했고, 우리나라를 접역(鰈域)[160]이라 부르기도 했다. 중국인들이 구전으로만 접한 흔히 볼 수 없는 가자미 종류에 대한 황당한 이야기가 모여져 환상적인 기록을 만들어 낸 것이다.

청안은 중국문헌을 통해 편어에 대해 고찰하고 있다. 중국에서는 흔히 볼 수 없는 넙치류의 물고기에 대해 비목어 등 환상적으로 묘사한 기록이 많지만, 이청은 비목어가 전설 같은 이야기라고 확언하고 있다. 또 『이아주』에 왕여어를 넙치로 본 잘못을 지적하고 있다.

---

160 접역 외에도 鰈國, 鰈墟, 鰈水之鄕 등의 이름이 있다(양태진, 「한배달」 1990년 여름호).

〈원문〉 鰈魚(俗名廣魚).大者長四五尺,廣二尺許.體廣而薄,兩目偏於左邉,口縱坼[161],尻在口下.腸[162]如紙匣有二房,卵有二胞,自胷而由脊骨間,達于尾.背黑腹白.鱗極細,味甘而醲.○晴案,我邦謂之鰈域,鰈者東方之魚也.『後漢書』「邉讓傳注」云,比目魚一名鰈,今江東呼爲板魚.『異[163]物志』云,一名箬葉魚,俗呼鞋底魚.『臨海志』曰,婢屣魚.『風土記』曰,奴屩魚.葢是魚,只有一片,故因其形似,有此諸名也.然,今我方之海産,此鰈魚大小諸種,俗稱各異.而皆一箇獨行,有雌有雄,兩目偏著[164],一口縱坼[165].驟看雖若隻體難行,實驗非是,兩片上竝也.按,『爾雅』云,東方有比目魚,不比不行,其名謂之鰈.『郭注』云,狀似牛脾,鱗細紫黑色.一眼,兩片相合乃得行.今水中所在有之.左思『吳都賦』云,罩兩魪,『注』云,左右魪一目,則比目魚[166].司馬相如『上林賦』云,禺禺鱋[167]魶,注鱋一作魼,比目魚也.狀似牛脾,兩相合乃行.李時珍云,比竝也,魚各一目,相竝而行也.段[168]氏『北戶錄』謂之鰜,鰜兼也.又云,兩片相合,其合處半邉,平而無鱗.凡此皆未見,鰈形以意言之也.今鰈魚,明一箇有[169]兩目,明一箇獨行.下腹上背,獨成完體,非相竝而行也.李時珍又從而申之曰,合處半邉,平而無鱗.有若目覩者,然其實非目覩也.『會稽志』云,越王食魚未盡,以半棄之水中,化爲魚.遂無一面,名半面魚[170],此卽鰈也.半面[171]獨行,非相竝也.郭璞『爾雅注』以鰈爲王餘魚,又其『異魚贊』云,比目之鱗,別號王餘,雖有二片,其實一魚.王餘魚卽鱠殘魚,非鰈也.郭氏誤言之也(『正字通』,比目魚,名版魚,俗改作魬.).

161 정씨본과 상백본에는 圻으로 되어 있다. 坼의 대자로 보인다.
162 가람본에는 속자인 膓으로 되어 있다.
163 가람본에는 黑으로 되어 있다.
164 교감본에는 箸로 되어 있다. 箸와 著는 '붙는다'는 뜻의 동자로 쓰인다.
165 정씨본, 상백본에는 圻으로 되어 있다.
166 가람본에는 魚가 黑으로 되어 있다.
167 가람본에는 鑪로 되어 있다.
168 정씨본, 국립본, 상백본에는 叚로 되어 있다.

10-2. 소접(小鰈)

현지에서 부르는 이름은 가잠어(加箴魚)이다. 큰 것은 2자 가량이 된다. 모양은 넙치와 비슷하지만, 몸이 더 넓고 두텁다. 등에 어지럽게 점이 있는 것도 있지만, 점이 없는 것도 있다. ○ 청안: 『역어류해』에는 이 물고기를 경자어(鏡子魚)라고 했다.

▌평설

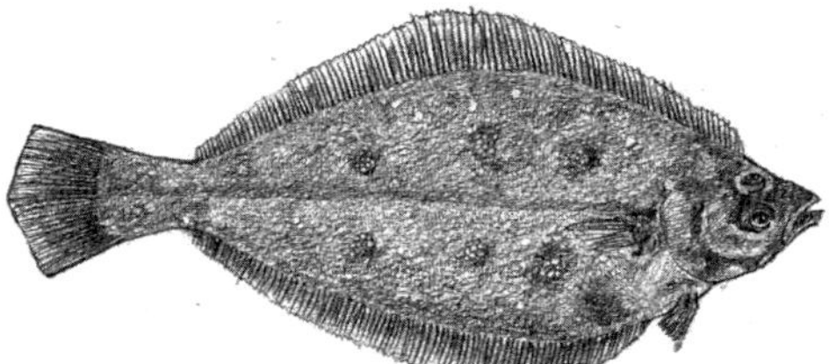

물가자미

소접, 속명 가잠어는 가자미종류를 설명하고 있다. 넙치보다 크기가 작은 것들을 통틀어 소접이라 한 것이다. 가자미류는 가자미목에 속하는 넙치류, 가자미류, 서대류 등을 모두 포함하며 넙치, 도다리, 서대 등 몇 종을 제외하고는 모두 가자미로 통칭된다. 전 세계적으로 망둑어류 다음으로 종류가 많아 520여종에 달하며 한국에서도 서대류, 넙치류를 제외하고도 30여종이 알려져 있다.

총칭 가자미에는 줄가자미, 물가자미, 돌가자미, 찰가자미, 참가자미, 점가자미, 강도다리 등 여러 종류가 있다. 치어일 때는 머리 양측에 한 개씩의 눈이 있고 다른 물고기처럼 표층 가까이에 살지만,

---

169 가람본에는 明으로 되어 있다.
170 상백본에는 平面魚로 되어 있다.
171 상백본에는 平面으로 되어 있다.

성장함에 따라 왼쪽 눈이 머리의 배면을 돌아 오른쪽 눈에 접근해 온다. 이때부터 치어는 몸의 오른쪽을 위로해서 바닥에 눕게 되며, 몸 색깔도 좌우가 각각 달라진다.

『한국어도보』에서는 소접을 눈가자미로 비정하고 있고, 『21세기 자산어보』 조사에서는 물가자미로 비정하고 있다. 그러나 『자산어보』 원문에 점이 있거나 없는 여러 종이 있다고 쓰여 있는 점에 미루어 여러 가자미류를 총칭해서 기록한 것 같다.

〈원문〉 小鰈(俗名加簪魚).大者二尺許.狀類廣魚,而體尤廣益厚.背有亂點,亦有無點者.○晴案,『譯語類解』,以此爲鏡子魚.

10-3. 장접(長鰈)

현지에서 부르는 이름은 혜대어(鞋帶魚)이다. 몸이 더 길며 좁다. 맛은 아주 진하며 두텁다. ○ 청안: 이 물고기는 모양이 신발바닥과 흡사하다.

▌평설

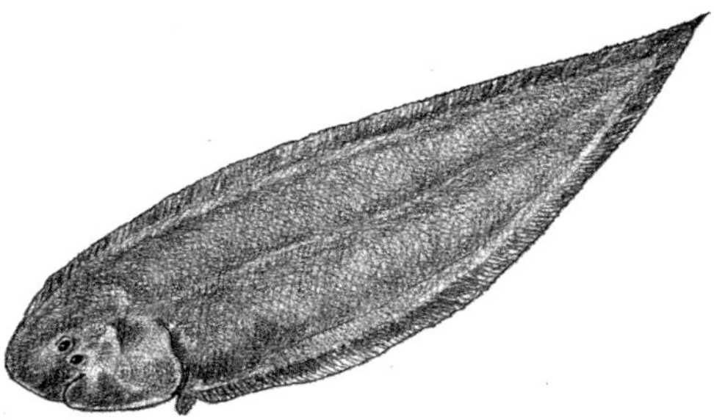

참서대

장접, 속명 혜대어는 서대 종류를 말한다. 우리나라 해역에는 각시서대, 납서대, 참서대, 개서대, 박대, 보섭서대 등 2과 15종의 서대류가 살고 있다. 서대류는 가자미아목의 물고기와 마찬가지로 몸이 옆으로 납작하고 비대칭이며, 2개의 눈이 머리의 한쪽에 있으며, 등지느러미와 뒷지느러미가 몸길이의 많은 부분에 걸쳐 있다.

옛 문헌에는 설어(舌魚)라고 하였고, 셔대라고도 하였다. 서대는 서대아목 물고기의 총칭이기도 하지만, 일반적으로는 참서대를 말한다. 참서대는 날것으로 국이나 찌개를 끓이거나 구워서 먹기도 하고 말려서 건어물로 쓰기도 한다. 『21세기 자산어보』 조사에서는 혜대어를 참서대와 개서대를 함께 부르는 이름으로 비정하고 있다. 청안에서 '혜저[鞋底]'란 말은 유순이 쓴 『영표록이』에, "비목어를 남인들은 혜저어라고 부른다."[172]고 한 것을 인용한 것이다.

〈원문〉 長鰈(俗名鞖帶[173]魚).體尤長而狹.味甚醲厚.○[174]晴案,此形酷似鞋底矣.

10-4. 전접(貚鰈)

현지에서 부르는 이름은 돌장어(突長魚)이다. 큰 것은 3자 가량이 된다. 몸은 장접과 같고, 배와 등에 검은 점이 있다. 맛은 누린내가 심하다.

---

172 "比目魚,南人謂之鞋底魚(劉恂,『嶺表錄異』卷下)."

173 가람본에는 蒂로 되어 있다. 蔕(가시 체)의 동자이다.

174 고대본에는 ○표가 없이 빈자리로 있다.

▌평설

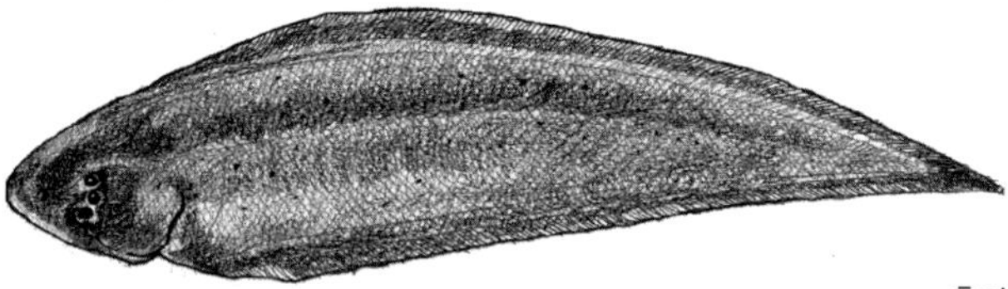

흑대기

전접, 속명 돌장어로 기록된 서대류의 현재 어명은 흑대기(정문기, 1991)로 비정되기도 하며, 어보의 묘사에서 '비린내가 심하다'는 점에서 노랑각시서대(이태원 3, 2003)로 비정되기도 한다. 어보에서 전접의 냄새를 '누리다[羶, 누린내 전]'이라고 표현하고 있다. 일반적인 비리다는 표현[腥, 비릴 성]과는 다르다.

각시서대 종류는 황갈색 바탕에 흑갈색 줄무늬가 있는데 반해 흑대기는 갈색 바탕에 작은 점들이 흩어져 있어 어보의 묘사는 흑대기에 가깝다. 그러나 흑대기나 노랑각시서대는 그리 크지 않은데다(25~35cm), 비린내도 심하지 않다. 또 어보에서 전접의 크기가 3자라고 했기 때문에 또 다른 종류일 가능성도 있다.

〈원문〉 羶鰈(俗名突長魚).大者三尺許.體如長鰈,腹背有黑點.味頗羶.

10-5. 수접(瘦鰈)

현지이름은 해풍대(海風帶)이다. 몸이 수척하고 얇으며, 등에 검은 점이 있다.

○ 이상 여러 접어들은 모두 국과 회로도 좋지만, 말려서 포를 만들기에는 적합하지 않다. 아무튼 동해에서 나는 좋은 것에는 미치지 못한다.

▌평설

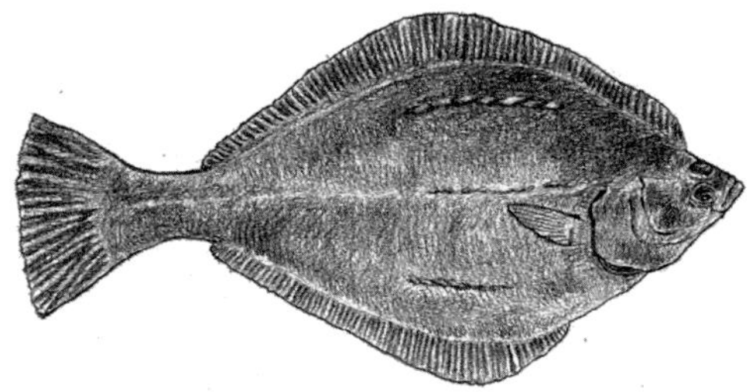

돌가자미

수접의 속명 해풍대는 도다리의 통명으로 고유종 도다리 외에도 가자미과 어류 전체가 도다리로 불리고 있다. 전국적으로 돌가자미, 범가자미, 문치가자미, 용가자미, 참가자미 등이 모두 도다리라고 불리고 있으며, 해풍대, 해풍때기라는 이름으로도 불리고 있다.

흑산도에서는 돌가자미가 도다리라고 불리고 있고, 군산지역에서 범가자미가 도다리로, 그리고 창원지역에서는 문치가자미가 도다리로 불리고 있다. 『자산어보』가 흑산도라는 특정지역의 기록이기 때문에 어보의 수접은 오늘날에도 해풍대라고 불리고 있는 돌가자미를 기록한 것으로 볼 수도 있다(이태원 3, 2002).

어보에는 수접, 해풍대가 '등에 검은 점이 있다'고 했다. 이러한 특징을 가진 가자미에는 별가자미와 문치가자미 등이 있다. 어보의 짧은 정보만으로 해풍대의 현재이름을 돌가자미 단일종으로 확단하기는 어려운 점이 있다. 어보의 기록 역시 현지에서 해풍대라고 부르는 가자미 종류를 총칭해서 기록한 것일 수도 있기 때문이다.

돌가자미는 두 눈이 오른쪽에 몰려있고, 눈이 있는 쪽은 황갈색, 눈이 없는 쪽은 흰색을 띠며 등 쪽과 배 쪽에는 단단한 돌기물이 나 있다. 우리나라 전 연해와, 일본 연해, 서해, 대만과 동중국해에 널리 분포하는 고급 식용어종의 하나이다.

〈원문〉 瘦鰈(俗名海風帶).體瘦而薄,背有黑點.○已上諸鰈,俱宜羹炙,而腊則不佳.都不如東海之良.

10-6. 우설접(牛舌鰈)

현지이름이 우설접(牛舌鰈)이다. 크기는 손바닥만 하고 길어서 소의 혀와 흡사하다.

▮ 평설

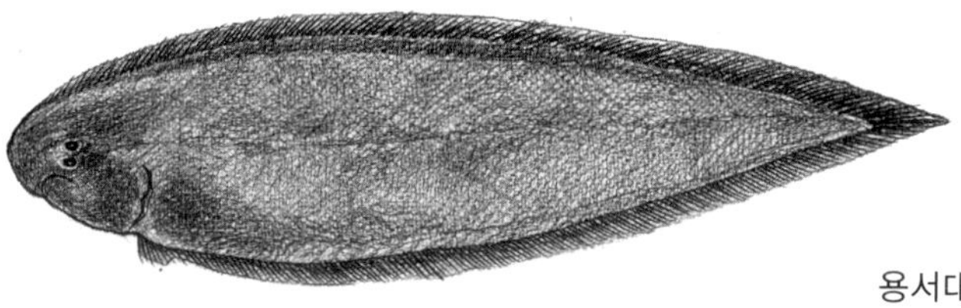

용서대

우설접은 오늘날의 각시서대를 이르는 것으로 보기도 하지만(정문기, 1991), 용서대나 개서대 중 하나일 것이라는 흑산 현지 조사도 있다(이태원 3, 2003).

용서대는 다른 서대종류와 같이 눈이 측편되어 있고 눈이 있는 쪽은 짙은 갈색 또는 갈색을 띠지만, 눈이 없는 쪽은 희다. 등지느러미와 뒷지느러미는 연한 노란색 또는 갈색을 띠며 꼬리지느러미는 어둡다. 수심 20~85m의 바닥이 모래나 진흙으로 된 대륙사면에서 주로 서식하며 게류·조개류·갯지렁이류를 먹고 산다.

참서대과의 물고기인 용서대와 개서대는 참서대와 비슷하게 생겼으며 쓰임새도 거의 같다. 참서대가 눈 사이에 측선이 있는 대신, 용서대는 눈 사이에 측선이 없으며, 개서대는 측선이 두 줄인 차이가 있다.

〈원문〉 牛舌鰈(仍俗名).大掌許而長,酷似牛舌.

10-7. 금미접(金尾鰈)

현지이름이 투류매(套袖梅)이다. 가자미와 닮았고 꼬리 위에 한 덩어리의 금빛 비늘이 있다.

▌평설

금미접이 어느 가자미 종류인지는 확실치 않다. 『21세기 자산어보』 조사에서는 노랑각시서대로, 이태원은 참서대(이태원 3, 2003)로 비정하고 있다. 꼬리에 금빛 비늘이 있다는 점에서 참서대일 가능성도 있으나, 노랑각시서대 역시 노란색 바탕의 온몸에 검은색 가로띠가 발달하여 화려하며 검정색 꼬리지느러미 위에는 5~6개의 노란색 반점이 있다.

속명 투류매(套袖梅)가 투수매(套袖梅)의 오기라는 설이 있다. 어보 작성 당시 흑산도에서 토시매 혹은 토시가자미라고 불리는 서대 종류의 이름을 음차해서 적은 것으로 보인다는 것이다(이광정, 2003). 투수는 '소매를 씌운다'는 뜻으로 표준어에서는 토시라고 한다. 토시는 '추위를 막기 위해서이거나, 팔소매를 가뜬하게 하기 위해 팔뚝에 끼는 것'이다.

〈원문〉 金尾鰈[175](俗名套袖梅),似小鰈而尾上有一團金鱗.

175 정씨본, 국립본, 상백본에는 우설접의 하위 종으로 기재되어 있다.

10-8. 박접(薄鰈)

현지이름은 박대어(朴帶魚)이다. 서대와 닮았지만 더 작다. 종이처럼 얇아서 이어 엮어 포를 만든다(이상 모두 이제 보충한 것이다.).

▌평설

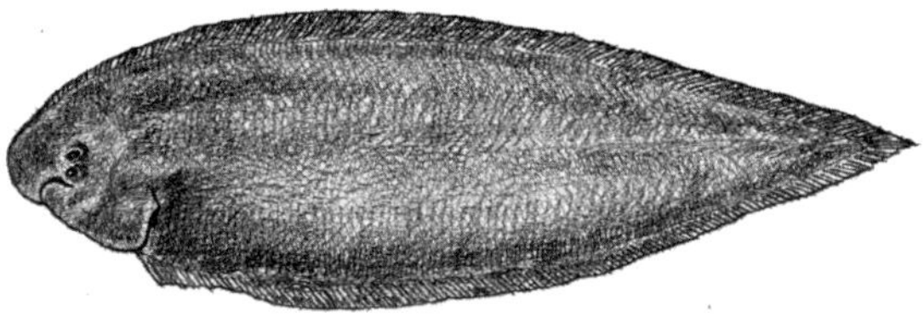

박대

박접은 오늘날의 박대로 비정된다. 가자미목 참서대과에 속하는 물고기로 참서대과 어류 중 가장 큰 어종이며 몸이 매우 납작하다. 참서대와 함께 서해안에서 많이 잡혔으나 최근에는 감소하고 있다. 등지느러미는 머리 위에서 시작되어 꼬리지느러미와 연결되며 가슴지느러미가 없다. 가까운 바다의 진흙 바닥에 서식하는 저서성 어류로서 기수역이나 민물에 살기도 한다.

〈원문〉 薄鰈[176](俗名朴帶魚[177]),似牛舌鰈而尤小.薄如紙,編聯而腊之(已上,俱今補.).

---

176 정씨본, 국립본, 상백본에는 우설접의 하위종으로 기재되어 있다.

177 가람본에는 朴蔕魚로 되어 있다.

11. 소구어(小口魚)

소구어

▌평설

소구어에서는 1종류만을 기술하고 있다.

〈원문〉 小口魚

11-1. 소구어(小口魚)

현지에서 부르는 이름은 망치어(望峙魚)이다. 큰 것은 1자정도이다. 모양은 도미와 비슷한데, 높이가 더 우뚝하다. 입은 작고 색깔은 희며, 알이 아니라 새끼를 낳는다. 살코기는 연하고 맛이 좋다.

▌평설

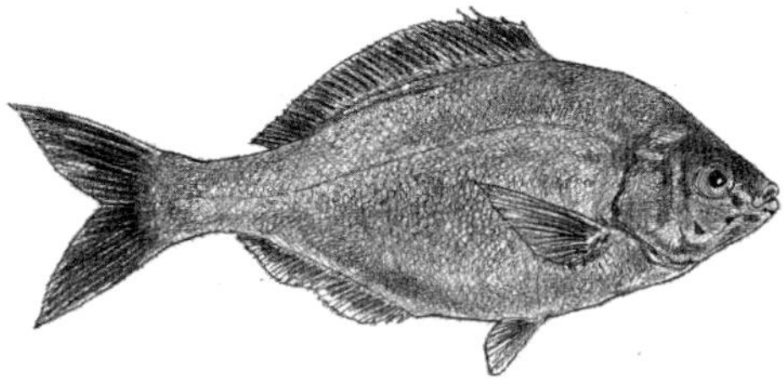

망상어

소구어는 농어목 망상어과의 물고기인 망상어, 청록망상어, 인상어를 두루 부르는 이름이다. 그중 망상어가 가장 흔한 종류이며 망치, 맹치, 망싱이라고도 불린다. 망상어는 바닥이 모래나 진흙으로 이루어진 얕은 바다에서 무리를 지어 생활하는 습성이 있고, 동물성 플랑크톤이나 갯지렁이, 작은 새우, 조개 등을 먹고 산다. 일반 물고기와 달리 체내수정을 통해 번식을 해서 새끼를 낳는다. 교미기는 11월경이고 4~5월경에 새끼를 낳는다. 붕어와 모양이 닮아서 바다의 붕어라고도 불린다.

〈원문〉 小口魚(俗名望峙魚).大者一尺許.狀類强項魚,而高益崇.口小色白,以胎生子.肌[178]肉脆軟,味甘.

178 정씨본, 국립본, 상백본에는 肥로 되어 있다.

12. 도어(魛魚)

도어에서는 어보 저자가 소어(蘇魚) 종류로 구분한 도어(魛魚)와 해도어(海魛魚) 두 종을 기술하고 있다.

〈원문〉 魛魚

12-1. 도어(魛魚)

현지에서 부르는 이름은 위어(葦魚)이다. 크기는 1자 남짓이다. 소어(蘇魚) 종류인데 꼬리가 매우 길다. 색깔은 희고 맛은 극히 달고 진해서 회감으로 매우 좋다. ◯ 청안: 지금의 위어는 강에서 나고, 소어는 바다에서 나지만, 이것들은 한 종류로 바로 도어(魛魚)이다. 『이아』「석어」에서 이르기를, "열(鮤)은 멸도(鱴刀)이다."라고 했다. 『곽주』에서 이르기를, "지금의 제어(鮆魚)는 도어(魛魚)라고 부른다."고 했다. 『본초강목』에는, "제어(鱭魚), 일명 제어(鮆魚), 일명 열어(鮤魚), 일명 멸도(鱴刀), 일명 도어(魛魚), 일명 수어(鰽魚)"라 했다. 『위무식제』에서는 망어(望魚)라 했다. 형병(邢昺)은 이르기를, "구강(九江)에 있다."고 했다.

이시진은 이르기를, "제(鱭)는 강과 호수에서 살며, 매년 3월이면 나기 시작하는데, 모양이 좁으면서 길고 얇아 나뭇조각을 깎아 놓은 것 같고, 또 길고 얇은 첨도(尖刀) 모양이다. 비늘이 잘고 색깔은 희며, 살 속에 잔가시가 많다."고 했다. 『회남자』에서 이르기를, "제어(鮆魚)는 마시기는 하되 먹지는 않는다."고 했다. 또 『이물지』에서 이르기를, "수어(鰽魚)는 초여름에 바닷물을 따라, 물길을 거슬러 올라온다. 길이는 1자 남짓이고, 배 아래가 칼 같으니, 바로 수(鰽)는 새가 변화된 것이다."라고 했다. 이러한 것을 보면 위어가 바로 도·제(魛·鮆)인 것을 알 수 있다. 『역어류해』에는 도초어(刀鞘魚)라고 했다.

▌평설

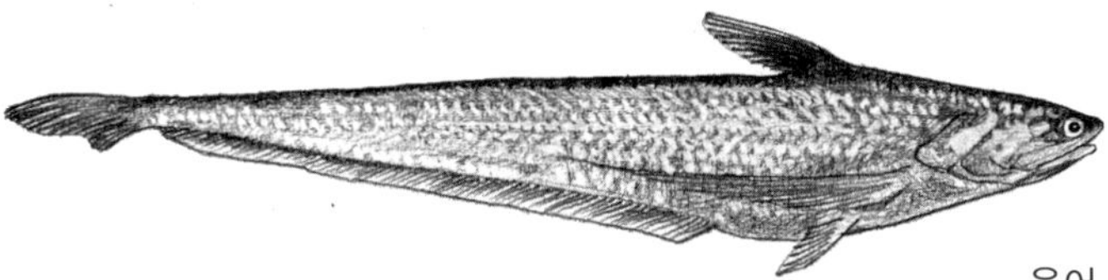

웅어

도어(魛魚), 속명이 위어인 물고기는 웅어로 비정된다. 어보에서는 도어라는 큰 묶음에서 웅어와 밴댕이를 같이 설명하고 있다. 또 이청의 안에서 예증한 중국문헌 역시 웅어와 밴댕이를 같이 설명하고 있다.

웅어는 청어목 멸치과 물고기로 우리나라 서·남해안에 분포한다. 4～5월에 하천의 하류로 올라와서 산란한다. 치어는 여름에서 가을에 걸쳐 바다로 내려가서 월동하고, 성장한 후 하천에서 산란하며, 산란 후에는 죽는다. 얕은 강물 갈대숲에서 산란하는 습성이 있어 갈대 위(葦)자를 써서 위어(葦魚)라고 하였고, 우어, 웅에, 위어, 위여, 차나리 등 여러 방언이름이 있다. 웅어는 예부터 한강 하류 행호(杏湖)의 특산물로 나라에서 직접 운영하는 위어소(葦魚所)를 두고 웅어를 잡아서 궁중 수요에 충당했다.

어보에서는 『회남자』를 인용해서 웅어가, "마시기는 하지만 먹지는 않는다[飮而不食]."고 하고 있다. 이는 웅어가 번식을 위해 회유하는 시기에는 먹이를 먹지 않기 때문이다. 어보에서는 웅어를 일단 제(鱭)라고 기록하고 중국 고문헌을 통해 비정하려 하고 있다. 중국에서 제(鱭)라고 불리는 물고기는 속명이 제어(鱭魚), 도어(刀魚)라고 불리며 우리 웅어와 비슷한 어종이다. 중국에서 제어는 봉제(鳳鱭), 봉미어(鳳尾魚), 자제(子鱭)로도 불린다. 그러나 봉제와 봉미어는 싱어를 말하는 것이다.

〈원문〉 魛魚(俗名葦魚).大一尺餘.類蘇魚而尾甚長.色白,味極甘醲,鱠之上品.○晴案,今葦魚産於江,蘇魚産於海,是一種屬,卽魛魚也.『爾雅』「釋魚」云,鮤,鱴刀.『郭注』云,今之鮆魚也.亦呼爲魛魚.『本草綱目』,鱭魚,一名鮆魚,一名鮤魚,一名鱴刀,一名魛魚,一名鰽魚.『魏武食制』謂之,望魚.邢昺云,九江有之.李時珍云,鱭[179]生江湖中,常以三月始出.狀狹而長,薄如削木片,亦如長薄尖刀形.細鱗白色,肉中多細刺.『淮南子』曰,鮆魚飮而不食.又『異物志』云,鰽魚,初夏從海中,泝[180]流而上.長尺餘,腹下如刀,是鰽,鳥所化.據此可知葦魚,卽魛鮆也.『譯語類解』謂之刀鞘魚.

12-2. 해도어(海魛魚)

현지에서 부르는 이름은 소어(蘇魚) 또는 반당어(伴倘魚)이다. 크기는 6~7치이다. 몸이 높고 얇으며 색깔은 희다. 맛은 달고 진하다. 흑산도 바다에도 간혹 있으며, 망종 무렵에 암태도[181]에서 잡기 시작한다. ○ 작은 것(속명 古蘇魚)는 크기가 3~4치이고, 몸이 약간 둥글고 두텁다.

---

179 가람본에는 鱗으로 되어 있다. 가람본의 오기이다.

180 정씨본과 상백본에는 沂로 되어 있다.

181 巖泰島: 전라남도 신안군 암태면에 있는 섬으로 목포에서 서쪽 25㎞ 지점에 있다.

▌평설

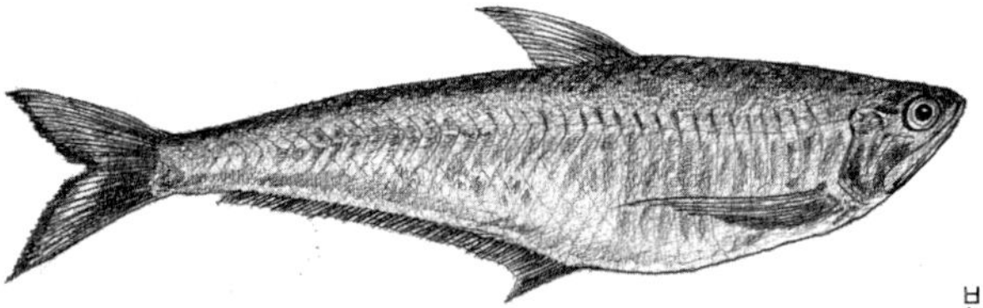

반지

해도어, 그리고 속명이 소어와 반당어인 이 물고기는 이름만으로는 밴댕이로 보기 쉽다. 그러나 밴댕이는 청어목 청어과로 몸이 납작하고 아래턱이 돌출한 전어와 유사한 모양이어서 웅어와는 모양에 차이가 있다. 『한국어도보』에서는 소어(蘇魚)를 반지로 보고 있고, 이태원도 반지로 추정하고 있다. 그리고 어보에서 소어, 반당어의 작은 것이라고 설명된 고소어(古蘇魚)는 청멸로 비정된다(이태원 2, 2003). 실제 흑산도 주민들도 반지와 밴댕이의 이름을 바꿔 부르는 경우가 있으며, 어류학자들도 혼동하는 경우도 있다.[182] 『자산어보』의 저자가 두 물고기를 혼동했을 가능성도 있다. 그러나 웅어와 모양이 더 닮은 물고기는 멸치과의 반지이며, 반지의 꼬리지느러미는 웅어와 비슷한 형태이다.

반지는 몸길이가 20cm정도인 멸치과의 바닷물고기이다. 몸은 매우 옆으로 납작하고 머리는 작다. 등은 연한 암갈색을 띠고 배 쪽은 흰색을 띠며, 배의 정중앙 선에는 날카로운 인판이 있다. 무리를 지어 이동하며 주로 동물성 플랑크톤을 먹고 산다. 고소어, 근어, 소어라고도 부른다. 경기도 지방에서는 밴댕이, 반댕이 등으로 부르며,

---

182 정문기는 『자산어보』 번역본에서는 해도어를 밴댕이로 기록하였으나, 『한국어도보』에서는 반지로 보고 있다. 또 『21세기 자산어보』 조사에서는 해도어를 밴댕이로 비정하고 있다.

남해 서부에서는 송어새끼라고 부른다.

〈원문〉 海鰤魚(俗名蘇魚,又名伴倘魚).大六七寸.體高而薄,色白.味甘而醲.黑山海中間有之,芒種時始漁於巖泰島地.○[183]小子(俗名古蘇魚)大三四寸,體稍圓而厚.

183 정씨본, 국립본, 상백본에는 ○표가 없다.

13. 망어(蟒魚)

망어에서는 망어와 황어 두 종류를 기술하고 있다.

〈원문〉 蟒魚

13-1. 망어(蟒魚)

현지에서 부르는 이름이 망어(蟒魚)이다. 큰 것은 8~9자이다. 몸은 둥글고 둘레가 3~4아름이며(圍는 한 아름이다.), 머리는 작고, 눈도 작으며, 비늘이 매우 잘다. 등은 검고 구렁이와 같은 검은 무늬가 있다(고등어무늬와 같은데 크다.). 매우 날쌔고 튼튼해서 여러 장을 뛸 수 있다. 맛은 시고 짙어, 좋지 않으며 탁하다.

○ 청안: 『역어류해』에서 발어(拔魚), 일명 망어(芒魚)라 한 것이, 바로 이 망어(蟒魚)이다. 『집운』에는 위어(鮪魚)가 뱀을 닮았다 했고, 『옥편』은 야어(鰤魚)가 뱀과 닮았고 길이는 1장이라고 했다. 지금의 망어 종류를 말한 것이다.

▌평설

삼치

어보의 망어는 삼치로 비정된다. 삼치는 농어목 고등어과로 몸길이는 100㎝내외인 대형어종이다. 등에 고등어와 같이 검푸른 무늬

[碧紋]가 있는데 구렁이 무늬와 같다고 해서 망어(蟒魚)라고 불린다. 이청의 안에서 '구렁이를 닮았다'고 한 것 역시 모양이 아니라 무늬를 말한 것이다.

망어(亡魚, 魟魚)라고도 불리며 이름에 망(亡)자가 들어 있어 사대부 집에서는 먹는 것을 기피했다고 한다(『난호어목지』). 1905년에 조사된 『한국수산업조사보고』에 충청도연해에서는 삼치를 우어(憂魚)라고 하여 먹기를 기피하는 경향이 있다고 하였다. 우어는 '근심스런 물고기'란 뜻이다. 삼치는 다른 어류에 비해 부패속도가 빨라서 냉장시설이 미진했던 옛날에 식중독의 위험성이 많았기 때문에 우어라고 낮춰 불린 것이다. 삼치는 맛있는 물고기인데도 어보에서 '맛은 시고 질어, 좋지 않으며 탁하다'고 맛을 저평가한 것은 의문이다.

청안에서 중국의 한자사전인 『집운』과 『옥편』을 인용해서 망어를 '뱀을 닮은 길게 생긴 물고기'로 본 것은 삼치의 모양과는 차이가 있다. 이름의 망(蟒, 왕뱀)자만을 가지고 주석을 단 것으로 보인다. 망어(蟒魚)는 길이가 길어서가 아니라 몸의 무늬가 구렁이를 닮아서 생긴 이름이다.

〈원문〉 蟒魚(仍俗名).大者八九尺.體圓三四圍,頭小目小(圍拱也.).鱗極細,背黑似蟒有黑紋(似碧紋魚而大.).頗勇健,能跳數丈.味酸而厚,但劣濁.○晴案,『譯語類解』拔魚,一名芒魚,卽此蟒魚也.『集韻』,鯛魚似蛇,『玉篇』,鯽魚似蛇,長一丈.似今蟒魚之類也.

13-2. 황어(黃魚)

현지에서 부르는 이름은 부사어(夫斯魚)이다. 큰 것은 1장정도이다. 모양은 망어와 닮았고 높이가 약간 높으며, 색깔은 온통 누르다. 성질이 날쌔고 튼튼하며 매우 사납다. 맛은 변변치 못하다.

▌평설

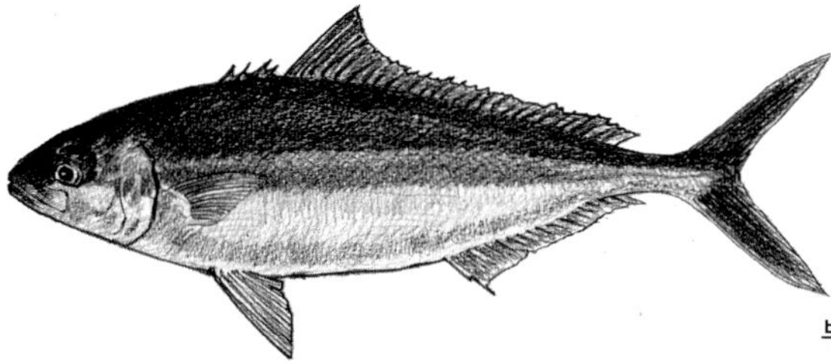

부시리

한자이름은 황어라고 하였지만 오늘날의 황어와는 성상이 다르다. 속명인 부사어(夫斯魚)는 오늘날의 부시리로 비정되고 있다. 부시리는 농어목 전갱이과의 물고기로 황조사(黃条鰤)로도 불리며, 제주도에서는 부수리로도 불린다.

부시리는 방어와 비슷하게 생겼지만 몸이 가늘고, 몸길이가 100cm 넘게 나가는 큰 바닷물고기이다. 등은 청록색이고 배는 은백색이며, 주둥이부터 꼬리자루까지 측선을 따라 노란무늬가 있다. 우리나라 동해와 제주도를 포함한 남해와 서해 남부에 서식하며, 연안 바위지역의 중층, 저층에 주로 서식하며 멸치류, 고등어류, 오징어류, 새우류를 잡아먹는다.

정씨본과 국립본, 상백본에서는 황어의 속명을 대사어(大斯魚)로 기록하고 있다. 여러 『자산어보』 연구에서 대사어가 부사어의 오기로 추정되고 있었으나, 확실한 근거는 없었다. 고대본과 가람본에서는 황어의 속명이 부사어(夫斯魚)라고 기록하고 있어 어보의 황어가 부시리라는 근거를 제시하고 있다.

〈원문〉 黃魚(俗名夫斯魚[184]).大者一丈許.狀如蟒魚,而稍高,色全黃.性勇健而暴急,味薄.

14. 청익어(靑翼魚)

청익어에서는 청익어와 회익어 두 종류를 기술하고 있다.

〈원문〉 靑翼魚

14-1. 청익어(靑翼魚)

현지에서 부르는 이름은 승대어(僧帶魚)이다. 큰 것은 2자정도이다. 목덜미가 매우 크고, 모두 뼈로 되어 있다. 머리에는 살이 없고 몸은 둥글다. 입 주변에 2개의 수염이 있는데 질푸른 색이다. 등은 붉고 옆구리 쪽에 날개가 있는데, 크기는 부채와 같으며 폈다 닫았다 하며, 색깔은 선명한 푸른색이다. 맛은 달다.

▌평설

성대

청익어, 속명이 승대어인 물고기는 표준명이 성대로 비정된다. 성대는 쏨뱅이목 성대과에 속하며 단단하고 각진 머리로 인해 갑두어

---

184 고대본과 가람본을 제외한 사본에는 大斯魚로 되어 있다.

(甲頭魚)라고도 불린다. 잘대, 승대(전남), 끗달갱이(포항), 쌀대(주문진)라는 지방이름도 있고, 『난호어목지』에는 승대어(承隊魚)로 기록되어 있다.

가슴지느러미가 유난히 크고 색깔이 짙푸르다. 가슴지느러미 앞쪽이 변형되어 발처럼 되어 있어서 해저의 모래 위를 걸어 다니면서 먹이를 찾아서 '걸어 다니는 물고기'란 별명이 있다. 담백한 맛을 지닌 맛있는 고기이며 겨울이 제철이다.

〈원문〉 青翼魚(俗名僧帶魚).大者二尺許.頸甚大而皆骨.顱無肉,體圓.口旁有二鬚,極青.背赤,脅旁有翼,大如扇可卷舒,色青極鮮明.味甘.

14-2. 회익어(灰翼魚)

현지에서 부르는 이름은 장대어(將帶魚)이다. 크기는 1자 남짓이 된다. 모양은 청익어와 비슷하다. 머리가 약간 얄팍하고 길며, 그 뼈 역시 그렇다. 색깔은 황흑색이며, 날개가 약간 작고, 몸과 같은 색깔이다.

평설

양태

회익어는 성대과의 꼬마달재로 비정되기도 하며(정문기, 1991), 양태로 비정되기도 한다(이태원 1, 2003). 『21세기 자산어보』 조사에서는 양태와 까지양태를 두루 기록한 것으로 비정하고 있다. 까지양태는 양태와 형태가 비슷하지만, 눈이 더 크고 몸에 있는 검은 점이 양태보다 더 크다.

양태는 쏨뱅이목 양태과에 속하며 몸길이가 50cm 가량인 바닷물고기로 몸은 상하로 납작하고 길다. 우리나라 서해와 제주도를 포함한 남해에 서식하며, 장대, 장태, 낭태 등으로도 불린다.

〈원문〉 灰翼魚(俗名將帶[185]魚).大一尺餘,狀類青翼魚.頭稍匾而長,其骨亦如之.色黃黑,翼稍小,而與體同色.

---

185 교감본에는 將大로 되어 있다.

15. 비어(飛魚)

비어 항목에서는 1종류만을 기술하고 있다.

〈원문〉 飛魚

15–1. 비어(飛魚)

현지에서 부르는 이름은 날치어(辣峙魚)이다. 큰 것이라야 2자가 못된다. 몸은 둥글고 색깔은 푸르다. 새처럼 날개가 있는데 색깔이 푸르고 선명하며, 날개를 펴서 날면 능히 수십 보에 이른다. 맛은 아주 좋지 않으며, 망종 무렵에 해안에 모여들어 알을 낳는다. 어부들은 횃불을 밝혀 들고 쇠로된 작살로 잡는다. 홍의도[186]와 가계도에서 나지만, 흑산도에도 간혹 있다.

○ 청안: 날치어는 모양은 가숭어와 비슷하지만 지느러미가 날개 같아서 날 수 있다. 성질이 밝은 것을 좋아해서 어부들이 밤중에 그물을 치고, 횃불을 밝혀 놓으면, 이 물고기가 떼를 지어 날아서 그물에 들어온다. 혹간 사람들에게 쫓기면 날아가서 육지의 들판에 떨어지기도 한다. 이것이 바로 문요어(文鰩魚)이다.

『산해경』에 이르기를, "관수(觀水)는 서쪽으로 유사(流沙)로 흘러 들어 가는데, 그곳에 문요어가 많다. 모양은 잉어와 같고, 물고기 몸에 날개가 있으며, 푸른 무늬와 흰 머리에 붉은 주둥이로 밤에 나르면, 그 소리가 난계(鸞雞)와 같다."고 하였다.

『여씨춘추』에 이르기를, "관수(雚水)의 물고기로 이름은 요(鰩)이

186 紅衣島: 전라남도 신안군 흑산면 홍도리인 홍도를 말한다.

며, 그 모양은 마치 잉어 같고 날개가 있다. 항상 서해를 따라 날아다니다가, 동해에서 헤엄쳐 다닌다."고 하였다. 『신이경』에 이르기를, "동해와 남해 가운데 있다. 온(溫)이라는 호수에도 요어(鰩魚)가 있는데, 길이는 8자이다."라고 하였다.

좌사 『오도부』에 이르기를, "문요(文鰩)가 밤중에 날아서 낚싯줄에 부딪친다."고 하였다. 『임읍기』에 이르기를, "비어(飛魚)는 몸이 둥글며, 큰 것은 1장 남짓이 되며, 날개가 매미와 같다. 오갈 때 무리 지어 날아서 빙빙 돌면 일산을 편 것 같고, 가라앉으면 바다 밑바닥까지 헤엄친다."고 하였다. 『명일통지』는 이르기를, "섬서성(陝西省) 호현(鄠縣)의 노수(澇水)에는 비어가 나오는데, 생김새는 붕어와 같고, 먹으면 치질이 그친다."고 하였다.

이러한 모든 설에 근거하면, 동해, 남해, 서해 3곳에 모두 큰 문요어가 있는 것이다. 그래서 고황이 사신으로 신라에 가는 사촌형을 전송하는 시에 이르기를, "남쪽바다에 큰 날개를 드리우고, 서쪽바다를 문요가 마신다."고 하였다. 이는 우리나라의 바다에 문요어가 살고 있기 때문에, 그렇게 읊은 것이다.

또 『습유기』에 이르기를, "선인 영봉(甯封)이 비어(飛魚)를 먹고 죽었다가, 2백년 후 다시 살아났다."고 했다. 『유양잡조』에 이르기를, "낭산(朗山)의 낭수(浪水)에 있는 물고기가 있는데, 길이가 1자이며 날 수 있고, 날아오르면 구름을 넘나들며 하늘에서 쉬고, 못 속으로 돌아온다."고 하였다(단성식). 말이 비록 괴이하기는 하지만, 비어가 필시 문요일 것이다.

또 『산해경』에, "동수(桐水)에는 활어(鰨魚)가 많은데, 그 모양이 물고기인데 날개가 있어, 오갈 때는 번쩍거린다. 또 효수(囂水)는 서쪽으로 흘러 황하로 들어가는데, 그곳에 습어[鰼]가 많다. 습어는 그 모양이 까치와 같은데 날개가 10개이고, 비늘 끝에 깃털이 있다."고 하였다. 또 "저산(柢山)에 있는 물고기는 모양이 소와 같고, 뱀 꼬리에 날개와 깃털이 옆구리 밑에 있어 허어(鯥魚)라 한다."하였다. 이 종류들은 모두 날아다니는 물고기[飛魚]이며, 『산해경』에서 말한 물고기들이 항상 있는 것은 아닐 것이다.

▌평설

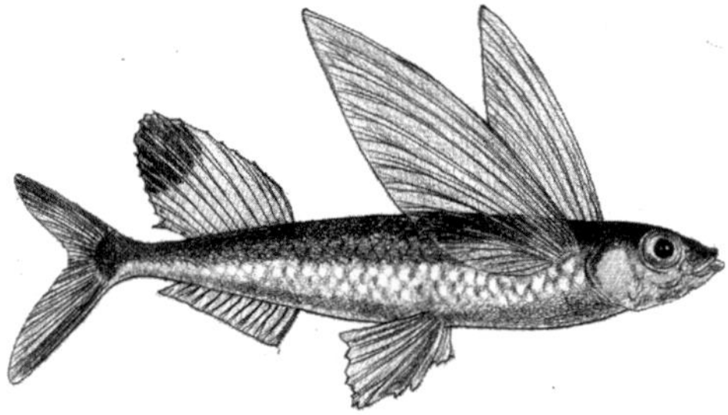

날치

날치는 동갈치목 날치과에 속하며 위협을 느끼면 물 밖으로 튀어나와 큰 가슴지느러미를 이용해서 비행한다. 날치고기 같은 방언이름이 있다. 날치는 내장이 작아서 신선도가 쉽게 떨어지지 않고 맛은 담백하다.

몸은 가늘고 긴 방추형이고 주둥이는 짧으며 눈은 크다. 가슴지느러미와 배지느러미는 흰색으로 크다. 4월 중순이 되면 떼를 지어 난류를 타고 제주도 부근 및 남해안 연안으로 이동해 온다.

수면위로 뛰어 오르는 고기는 많지만, 날치는 공중에서 빠른 속도로 꽤 멀리까지 날아간다. 수면을 전속력으로 헤엄치다가 상체를 일으켜 꼬리로 수면을 타듯이 뛰어 오르고 잘 발달된 양쪽 가슴지느러미와 배지느러미를 활짝 편 채 글라이더처럼 활강한다. 물위로 나오는 순간 속력은 시속 50~60km정도이며 나는 동안 꼬리지느러미를 조작하여 방향을 바꿀 수 있다. 보통은 해면에 닿을 정도로 비행하지만 2~3m정도로 높게 비상하기도 하며 최장 비행시간은 30~40초이며 400여m까지 난다.

『산해경』에 나오는 날아다니는 물고기들

〈원문〉 飛魚(俗名辣峙[187]魚).大者二尺弱.體圓[188]色青.有翼如鳥,色青鮮,飛則張之,能至數十步.味極薄劣.芒種時,聚于[189]海岸産卵.漁者爇燎用鐵鎞錐[190]捕之.只産於紅衣可桂島,而黑山間有之.○晴案,飛魚狀類假鯔魚,而鰭大如翼,故能飛.其性喜明,漁者乘夜設網,而設燎,魚乃群飛入網.或爲人所困,則飛落於原野.此卽文鰩魚也.『山海經』云,觀水西流注于流沙,其中多文鰩魚.狀如鯉魚,魚身而鳥翼,蒼文而白首赤喙,以夜飛,其音如鸞雞[191].『呂氏春秋』云,雚水之魚,名[192]曰鰩,其狀若鯉而有翼.常從西海飛,游於東海.『神異經』云,東南海中有溫湖,中有鰩魚,長八尺.左思『吳都賦』云,文鰩夜飛而觸綸.『林邑記』云,飛魚,身圓[193],大者丈餘,翅如胡蟬.出入群飛.游翔翳薈,沈則泳于海底.『明一統志』云,陝西[194]鄠縣澇水出飛魚,狀如鮒,食之,已痔疾.據此諸說,則東西南三方皆有文[195]鰩也.故顧況送從兄使新羅詩云,南冥垂大翼,西海飮文鰩.蓋以我邦之海亦有文鰩,故詠之也.又『拾遺記』云,仙人甯封,食飛魚而死,二百年更生.『酉陽雜俎』云,朗山浪水有魚,長一尺,能飛.飛卽凌雲空,息卽歸潭底(段[196]成式).言雖吊[197]詭,而所云,飛魚必文鰩也.又『山海經』,桐水多鮹魚,其狀如魚而鳥翼,出入有光.又囂水西流注于河,其中多鰼鰼之魚,其狀[198]如鵲而十翼,鱗在羽端.又柢山有魚焉.其狀如牛,蛇尾有翼.有羽在脅下曰,鯥魚.此類皆是飛魚,然『山海經』所言,未必皆恒有之物也.

『난호어목지』에는 이 고기가 봄에서 여름으로 바뀌는 계절에 떼를 지어 해상을 나는데, 물에서 1척 정도 떨어져서 푸드득대는 소리를 내며 난다고 했다. 날치는 서해에서 보기 힘든 고기이어서 중국 사람들이 날아다니는 물고기를 상상 속에서 환상적으로 그리고 있다. 『산해경』에는 문요어(文鰩魚) 외에도 나어(鸁魚), 습습어(鰼鰼魚), 활어(鮹魚)와 같은 날아다니는 물고기를 묘사한 것이 더 있다. 모두 몸통은 물고기인데 머리는 물고기나 새이고, 날개를 가진 모습으로 묘사된다.

---

187 국립본에는 時로 되어 있다.
188 가람본에는 圓 다음에 而자가 있다.
189 교감본에는 尤로 되어 있다.
190 교감본에는 錐자가 없다.
191 가람본에는 鷄로 되어 있다. 『산해경』에는 "文鰩魚」,常行西海,其音如鸞雞."라 하였다.
192 가람본에는 明으로 되어 있다.
193 가람본에는 圓 다음에 而가 있다.
194 가람본에는 西가 而로 되어 있다.
195 정씨본, 국립본, 상백본에는 大로 되어 있다.
196 정씨본, 국립본, 상백본에는 叚로 되어 있다.
197 국립본과 상백본에는 弔으로 되어 있다.
198 상백본에는 狀 다음에 注자가 더 있다.

16. 이어(耳魚)

고대본에서는 이어와 서어를 독립적인 류(類)로 보고 있으나, 정씨본과 국립본에는 이어를 류(類)로 놓고 그 하위로 이어와 서어 두 종(種)을 기술하고 있다. 이 번역본에서는 정씨본의 분류방법을 따랐다.

〈원문〉 耳魚

16-1. 이어(耳魚)

현지에서 부르는 이름은 노남어(老南魚)이다. 큰 것은 2~3자이다. 몸이 둥글고 길다. 비늘은 잘고 색깔은 황색 혹은 황흑색이다. 머리에 두 귀가 있으며 파리 날개와 같다. 맛은 없으며, 바위사이에 산다.

▌평설

노래미

이어는 쏨뱅이목 쥐노래미과의 노래미로 비정된다. 북한에서는 황석반어라 부르며, 남쪽지역에서도 노르매, 노랭이, 놀래기, 황석반어 등 여러 이름으로 불린다. 노래미는 눈 위쪽에 아가미를 여닫을 때마다 하늘대는 돌기가 있고, 어보에서는 이것을 귀라고 본 것이다. 물고기에는 겉으로 드러난 귀가 없다.

노래미는 1년 내내 우리나라 연근해 전 지역에서 볼 수 있는 정착성 어류로서 홀로 생활하며 바위틈에 몸을 숨기고 머리만 내밀고 있다가 자기 구역을 지나가는 먹이를 잡아먹는다. 탐식성이 강하여 낚시에도 쉽게 잡힌다. 어보에서는 맛이 없다고 했지만, 육질이 단단하고 맛이 고소한 편이다.

〈원문〉 耳魚(俗名老南魚).大者二三尺.體圓而長.鱗細.色黃或黃黑.頭有兩耳,如蠅翼,味薄.伏於石間.

16-2. 서어(鼠魚)

현지에서 부르는 이름은 주노남(走老南)이다. 모양은 노래미와 비슷하고, 머리가 조금 뾰족하게 모지라졌다. 색깔은 적색과 흑색이 섞여 무늬를 이루며, 머리에 이어처럼 귀가 있다. 살코기는 푸르고 맛이 없으며 비린내가 매우 심하다. 모든 물고기는 봄에 알을 낳는데, 이 물고기만은 홀로 가을에 알을 낳는다.

▌평설

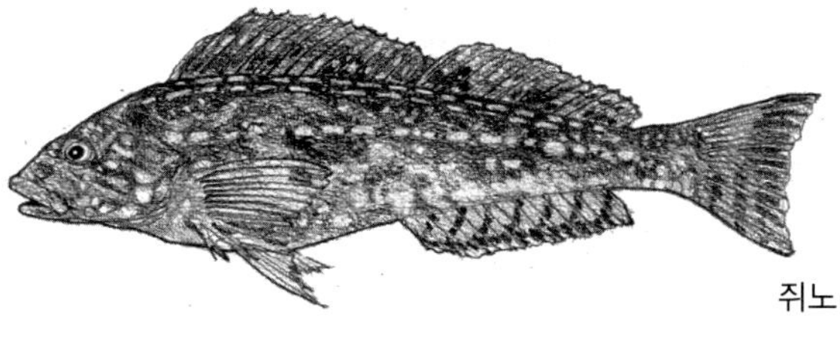

쥐노래미

서어, 속명 주노남은 노래미과의 쥐노래미로 비정된다. 어보에서 기록대로 노래미와 비슷하게 생겼지만, 노래미가 꼬리지느러미가 둥근 편임에 비해 쥐노래미는 거의 직선이다. 노래미는 갈색과 흑갈색이 섞여 있지만, 쥐노래미는 흰색이 강하고 크다. 쥐노래미의 외관상 가장 큰 특징은 측선이 다섯줄이 되는 점이다.

노래미와 쥐노래미는 생김새가 비슷하고 서식 성상도 유사해서 일반인들이 구별하지 않고 모두 노래미라고 부른다. 어보에서, "이 물고기만은 홀로 가을에 알을 낳는다."고 했는데, 쥐노래미는 10~1월에 산란하며 알 덩어리를 해조류나 암반에 붙여 놓는다. 노래미의 산란기 역시 11~12월이어서 가을에 알을 낳는 것은 노래미 종류의 전반적인 특징이다.

〈원문〉 鼠魚(俗名走老南).狀類耳魚,而頭稍尖殺.色赤黑相斑[199],頭亦有耳.肉青.味甚薄,腥臭尤甚.凡魚皆春卵,而耳魚獨秋卵也.

---

199 정씨본에는 班으로 되어 있다.

17. 전어(箭魚)

전어에서는 1종류만을 기술하고 있다.

〈원문〉 箭魚

17-1. 전어(箭魚)

현지에서 부르는 이름이 전어(箭魚)이다. 큰 것은 1자정도이다. 몸이 높고 납작하며, 색깔은 청흑색이다. 기름이 많아 맛이 달고 짙다. 흑산도에도 간혹 있지만, 육지 가까운 곳에서 나는 것만 못하다.

▌평설

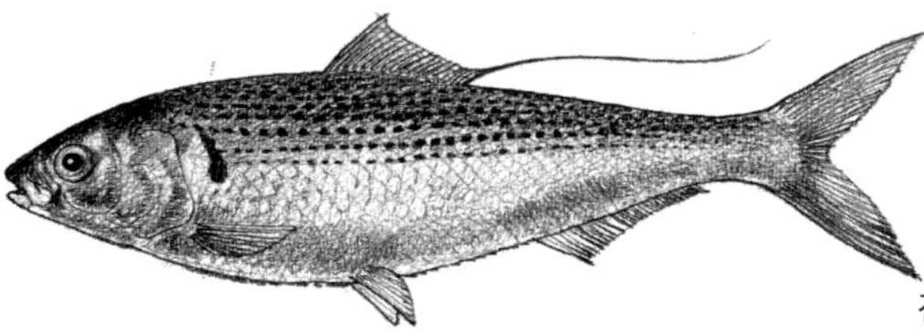
전어

어보에 전어라고 기록된 것은 청어목 청어과의 전어이다. 방언이름으로 강릉에서는 새갈치, 전라도에서는 되미, 뒤애미, 엽삭, 경상도에서는 전애라고 불린다. 크기에 따라 큰 것은 대전어, 중간 크기의 것은 엿사리라고 하며, 강원도에서는 작은 것을 전어사리라 부른다. 작은 물고기이지만 가을에 맛이 있어 '봄 도다리, 가을 전어'란 말이 있다.

『난호어목지』에는, "서해와 남해에서 나는데 입하전후에 매년 와서 풀이 있는 물가에서 진흙을 먹을 때 어부들이 그물을 쳐서 잡는다. 살에 잔가시가 많지만 부드러워 목에 걸리지 않으며 씹으면 기름지고 맛이 좋다. 상인들이 소금에 절여 서울에다 파는데 귀천을 가릴 것 없이 모두 진귀하게 여긴다. 그 맛이 좋아서 사는 사람들이 가격을 따지지 않기 때문에 전어(錢魚)라는 별명이 있다."고 기록되어 있다.

〈원문〉 箭魚(仍俗名).大者一尺許.體高而狹,色青黑.多膏味甘厚.黑山或有之,不如近陸之產.

18. 편어(扁魚)

편어 항목에서는 1종류만을 기술하고 있다.

〈원문〉 扁魚

18-1. 편어(扁魚)

현지에서 부르는 이름이 병어(甁魚)이다. 큰 것은 2자정도이다. 머리가 작고 목덜미가 움츠러들었고 꼬리는 짧은데, 등은 불룩하고 배는 튀어나왔다. 그 모양이 네모났고, 길이와 높이가 대략 비슷하다. 입은 아주 작고 색깔은 청백색인데, 맛은 달다. 뼈는 연하며 회와 구이도 좋고 국으로도 좋다. 흑산도에 간혹 있다.

○ 청안: 지금의 병어가 옛글의 방어(魴魚)라기에는 의심스럽다. 『시』에서 이르기를, "방어(魴魚) 꼬리가 붉다."고 했고, 『이아』「석어」에는 방(魴)은 비(魾)라고 했다. 『곽주』에서 이르기를, "강동에서는 방어(魴魚)를 편(鯿)이라 불렀으며, 일명 비(魾)라고 했다."고 하였다. 육기의 『시소』에서 이르기를, "방어는 넓고 살이 얇으며, 순하고 힘이 적은데, 비늘이 잘며 고기 중 맛있다."고 했다.

『정자통』에서 이르기를, "방어는 머리가 작고 목덜미가 움츠러들었고 배는 넓으며, 등뼈는 솟았고, 비늘이 잘고, 색깔은 청백색이다. 뱃속의 기름이 심히 살지다."고 하였다. 이시진이 이르기를, "너른 배에 납작한 몸으로, 살지고 맛이 좋으며, 성질이 흐르는 물을 좋아한다."고 하였다.

이러한 여러 설에 의하면, 바로 방어의 모양은 흡사 병어와 같다. 그러나 방어는 바로 민물[川水]에서 나는 것이다. 『시』에서 말하기를, "어찌 물고기를 먹음에, 하필 황하의 방어이냐."라고 하였다. 『향어』에서 이르기를, "이수(伊水)와 낙수(洛水)의 잉어와 방어가 소와 양처럼 맛있다."고 하였다. 또 이르기를, "사는데 있어 양수(梁水)의 방어를 먹을거리로 한다."고 하였다. 『후한서』「마융전주」에는, "한중의 편어가 매우 맛나서 사람들이 잡는 것을 법으로 금하고, 뗏목[槎]으로 물을 막았다."고 한다. 그래서 '사두축항편(槎頭縮項鯿)'이라는 말이 있고, 방어는 바로 강물에 사는 고기인 것이다. 지금의 병어가 민물에서 나는 물고기라는 말은 듣지 못했다. 오로지 『산해경』에 이르기를, "대편(大鯾)은 바다에 산다."고 했고, 그 주에서 편(鯾)이 방(魴)이라고 하였다. 이시진이 이르기를, 그 큰 것은 2, 30십 근이나 되는 것이 있다고 했으니, 방어 역시 바다에서 나는 물고기이다. 그러나 지금 병어는 큰 것을 보지 못했으니, 의심스러울 뿐이다.

▌평설

병어

어보에서 편어(扁魚), 그리고 속명이 병어인 이 물고기는 오늘날도 병어라 불리고 있다. 병어는 농어목 병어과의 바닷물고기로 무리를 이루어 지내는 습성이 있으며 우리나라 서해, 남해의 연근해에 분포한다. 큰 놈은 60cm에 달하는 것도 있지만 대체로 우리 식탁에 오르는 병어는 30cm미만의 작은 것이다. 병어는 몸길이가 60cm라면, 등높이가 45cm일 정도로 납작하고 둥그스름하며, 흰색이고 등은 파란색을 띤 은백색이다. 입이 아주 작고 온몸에 떨어지기 쉬운 잔 비늘이 있으며 배지느러미는 없다. 한 마디로 병어의 모양은 마름모꼴이다.

이청의 안에서 병어에 대해 장황하게 고찰하면서 중국문헌의 편어(扁魚), 방어(魴魚)를 병어라고 보는 것을 의심스러워하며, 어명 규명에 혼란을 겪는다. 이런 혼선이 일어난 것은 어떤 이유일까?

우리는 한자를 빌려 모든 사물을 기록해 왔다. 우리 바다에서 나는 병어를 편어(扁魚) 혹은 편어(鯿魚)라고 한자로 기록했지만, 정작 『이아』, 『곽주』, 『시소』, 『정자통』과 같은 중국고전에서 말하는 편어는 병어와 전혀 다른 물고기였다. 중국의 편(鯿, 방어 편), 방(魴, 방어 방), 비(魾, 방어 비)는 모두 한 가지 민물고기의 이름이며 시경에서 말하는 축항편이다. 따라서 중국의 민물고기인 편어, 방어의 기록을 가지고 우리바다에 사는 병어를 제대로 묘사하기는 어려운 것이다.

중국의 편어 무창어, 방어

중국의 민물 편어 종류는 어보에서 묘사한 것처럼 입이 작고, 등이 툭 튀어나온 물고기이며 병어와 모습이 비슷하다. 중국 편어는

잉어과의 양식어로 여러 종류가 있고, 가장 잘 알려져 있는 것이 무창어(武昌魚, Megalobrama amblycephala)이다. 이 무창어는 지금도 중국에서 편어 혹은 방어로 불리고 있다. 이 물고기가 시경에 나오는 황하의 편·비(鯿·魾)이며 방·비(魴·魾)인 것이다.

편어가 고문에서 자주 인용되는 소위 사두축항(槎頭縮項)이며, 당나라 시인 맹호연(孟浩然)과 두보(杜甫)의 시가 유명하다. 맹호연의 시에, "시험 삼아 낚싯대 드리우니, 사두의 편어가 잡히네[試垂竹竿釣, 果得槎頭鯿.]."라고 하였고, 두보는, "부질없이 사두의 축항편을 낚고 있네[謾釣槎頭縮項鯿.]."라고 하였다. 축항편(縮項鯿)은 축경편(縮頸鯿), 사두편(槎頭鯿)이라고도 한다.

〈원문〉 扁魚(俗名瓶魚).大者二尺許.頭小,項縮,尾短,背凸[200],腹突.其形四出,長如高略相等.口極小,色青白.味甘.骨脆,宜於鱠[201]炙及羹.黑山或有之.○晴案,今之瓶魚,疑古之魴魚也.『詩』云,魴魚頳尾,『爾雅』「釋魚」魴,魾.『郭注』云,江東呼魴魚爲鯿[202],一名魾.陸璣『詩疏』云,魴魚廣而薄,肥[203]恬而少力,細鱗.魚之美者.『正字通』云,魴魚,小頭縮項[204],闊腹穹脊,細鱗,色青白.腹內肪甚腴.李時珍云,闊腹扁身,味甚腴美,性宜活水.據此諸說,則魴魚之形恰如瓶魚也.但魴魚,是川水之産也.『詩』云,豈其食魚,必河之魴,『鄉語』云,伊洛鯉魴,美如牛羊.又云,居就粮梁水魴.後漢「馬融傳注」,漢中鯿魚甚美,常禁人捕,以槎斷水.因謂之槎頭縮項鯿[205],則魴是川水之魚也.今瓶魚,未聞産於川水者.惟『山海經』云,大鯾[206]居海中.注云,鯾[207]卽魴也.李時珍云,其大有至二三十斤者,則魴亦有産於海者也.然今瓶魚未見大者,是可疑也.

200 가람본에는 凸이 凹로 되어 있다.

201 가람본에는 膾로 되어 있다.

202 가람본에는 編으로 되어 있다.

사두(槎頭)는 뗏목이란 뜻이 있지만, 강에다 섶나무를 쌓아 물고기 모으는 삼(槮)을 말하기도 한다. "세상에서 어삼(魚槮)을 사두라고 하는 것은 쌓아 놓은 섶나무가 차아(槎枒, 나뭇가지가 몹시 얽힌 모양)해서 그렇게 말한다."는 것이다(『이아』). 사두는 섶나무를 말하며 고기깃[罧]이라고도 부른다. 한겨울에 섶나무를 강물바닥에 쌓아 놓고 그 밑에 숨어든 물고기를 그물로 잡는 간단한 어로 장치이다.

우리 옛 분들은 사두축항이 나오는 유명한 시는 잘 알고 있었지만, 이 물고기가 민물고기 편어, 방어이며 우리의 바다 병어와는 전혀 다르다는 것까지는 알지 못했던 것이다.

---

203 가람본에는 肌로 되어 있다.
204 정씨본에는 頂으로 되어 있다.
205 정씨본에는 編으로 되어 있다.
206 정씨본에는 鯾으로 되어 있다.
207 정씨본에는 鯾으로 되어 있다.

19. 추어(鯫魚)

추어에서는 추어(鯫魚), 대추(大鯫), 단추(短鯫), 수비추(酥鼻鯫), 익추(杙鯫)라는 저자가 멸치 종류로 분류한 다섯 종에 대해 기술하고 있다.

〈원문〉 鯫魚

19-1. 추어(鯫魚)

현지에서 부르는 이름은 멸어(蔑魚)이다. 몸이 아주 작아서 큰 것이라야 3~4치이다. 색깔은 청백색이다. 6월에 나오기 시작해서 상강 무렵이면 사라진다. 성질이 밝은 것을 좋아한다. 밤마다 어부들이 불을 밝혀서 유인한 다음, 함정[窪窟]에 이르면 뜰채로 떠서 잡아낸다. 국을 끓이거나, 소금에 절이거나, 말리기도 하며, 혹간은 낚시 미끼로 쓴다. 가가도[208]에서 나는 것이 몸이 조금 크다. 겨울철에도 잡히지만 관동지방에서 잡히는 좋은 것만은 못하다.

○ 청안: 지금의 추어는 소금에 절이거나 말리거나 해서, 여러 가지 음식을 만드는데 반찬 중에서 값싼 것이다. 『사기』「화식전」에 이르기를, '추어가 1천 석'이라 했다. 『정의』에서 이르기를, '잡스런 작은 고기[雜小魚]'라 했다. 『설문』에서는 멸치는 '흰 물고기'라 했다. 『운편』에서는 추어는 '작은 물고기'라고 했다. 지금의 멸어가 바로 이 물고기이다.

---

208 可佳島: 전남 신안군의 가거도(可居島)를 말한다. 옛 지명이 가가도(佳嘉島), 가가도(家假島)이다. 1872년 제작된 「전라우도나주지방흑산도지도」에는 우이도가 소흑산(小黑山)으로 표기되어 있다(최성환, 2009).

▌평설

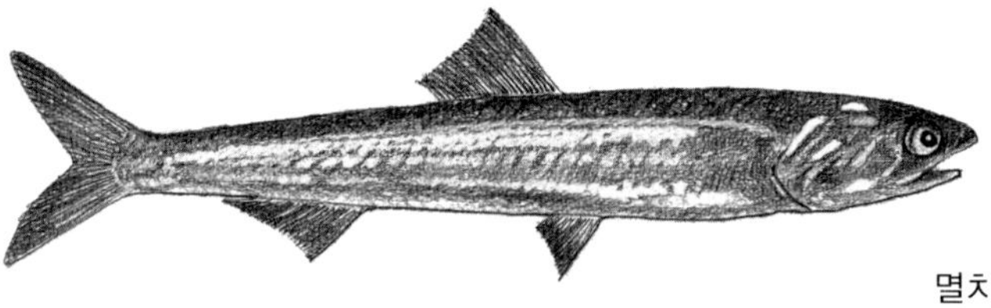

멸치

멸치는 청어목 멸치과의 물고기로 바다 표층 가까운 곳에서 무리를 이루고 살며, 몸길이가 15cm정도에 불과한 작은 물고기이다. 등쪽은 짙은 푸른색이고, 중앙과 배 쪽은 은백색이다. 유어일 때는 부유성 해조류를 따라 다니면서 플랑크톤, 작은 갑각류, 연체동물의 유생, 어류의 알 등을 잡아먹는다. 봄과 여름에는 연안에서 생활하다가 북쪽으로 이동한다.

『난호어목지』에는 이추(鮧鰌), 몃으로 기록되어 있다. 『여지승람』에는 행어(行魚)라 기록되어 있고, 멸치(蔑致), 멸어(蔑魚) 멸오치(蔑五致), 기어(幾魚), 멸어(滅魚), 추어(鯫魚)라는 이름이 고서에서 보인다. 『우해이어보』에는 말자어(末子魚), 멸아(鱴兒)라고 하였다. 멧치, 몃, 잔사리, 열치, 돗자래기, 순봉이, 노랑고기, 중나리 등의 방언이름이 지방에 따라 크기에 따라 이름으로 불리고 있다.

이렇게 이름이 풍부한 것은 멸치가 여러 해역에서 잡히고, 오래전부터 우리 식생활과 밀접한 관련이 있는 고기임을 말해 준다. 『오주연문장전산고』에는 멸치에 대해, "조선 동해와 북해에서 나는 물고기 가운데 작은 것이 있는데 멸어(蔑魚) 혹은 며어(旀魚)라 한다. 그물을 한 번 치면 배에 가득히 잡힌다. 어부들이 바로 말리지 않으면 곧 썩어버려 밭에 비료로 쓴다. 산 것은 탕을 만드는데 기름기가 많아 먹기 어렵다. 마른 것은 날마다 반찬으로 삼는데, 마치 명태와 같이 온 나라에 두루 넘친다."라고 기록하고 있다.

어보에서는 멸치를 잡는 어살을 묘사하고 있다. 방렴, 덤장으로 불리기도 하는 어로장치이다. 방렴에서 물고기가 마지막으로 모이는 곳을 임통이라고 하는데 어보에는 와굴(窪窟)이라고 표현되어 있다.

〈원문〉 鯫魚(俗名蔑魚).體極小,大者三四寸.色青白.六月始出,霜降則退.性喜明光,每夜漁者,爇燎而引之,及到窪窟,以匡[209]網汲出.或羹,或醢,或腊,或爲魚餌.產於可佳島者,體頗大.冬月亦漁,然,都不如關東者之良.○晴案,今之蔑魚,醢之腊之,充於庶羞[210],膳品之賤者也.『史記』「貨殖傳」云,鯫千石.『正義』云,謂雜小魚.『說文』云,鯫白魚也.『韻篇』云,鯫小魚也.今之蔑魚則是鯫[211].

19-2. 대추(大鯫)

현지에서 부르는 이름은 증얼어(曾蘗魚)이다. 큰 것이 5~6치이다. 색깔은 푸르고 몸은 조금 길다. 지금의 청어와 닮았는데, 멸치보다 조금 먼저 온다.

▌평설

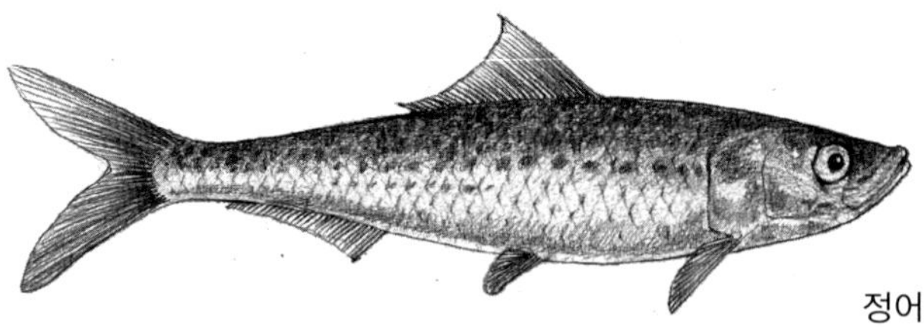

정어리

209 가람본에는 㔴로 되어 있다.
210 가람본에는 耆로 되어 있다.
211 정씨본, 국립본, 상백본에는 𣁋로 되어 있다.

대추, 속명 증얼어는 정어리로 비정된다. 정어리는 청어목 청어과의 한류성 어류로 우리나라의 동해안과 남해안에 회유한다. 정어리는 해류의 변화에 따라 수십 년 주기로 어획량이 변화한다. 정어리는 어획량이 많아 식용뿐만 아니라 어분, 어유의 원료, 양식어의 사료로 이용되었다.

정어리는 등 푸른 생선으로 부패하기가 쉽다. 『우해이어보』에는, "잡은 지 며칠 지나면 고기는 더욱 매워져서, 사람에게 두통을 일으키게 한다. 진해(鎭海) 사람들은 증울(蒸鬱)이라고 하는데, 덥고 답답해 두통이 난다는 말이다."라고 정어리의 옛 이름을 풀이하고 있다.

〈원문〉大鯫(俗名曾蘖魚).大者五六寸.色青而體稍長.似今之青魚,先於小鯫而至[212].

19-3. 단추(短鯫)

현지에서 부르는 이름은 반도멸(盤刀蔑)이다. 큰 것이 3~4치이다. 몸은 조금 높으며 살지고 짧다. 색깔은 희다.

▌평설

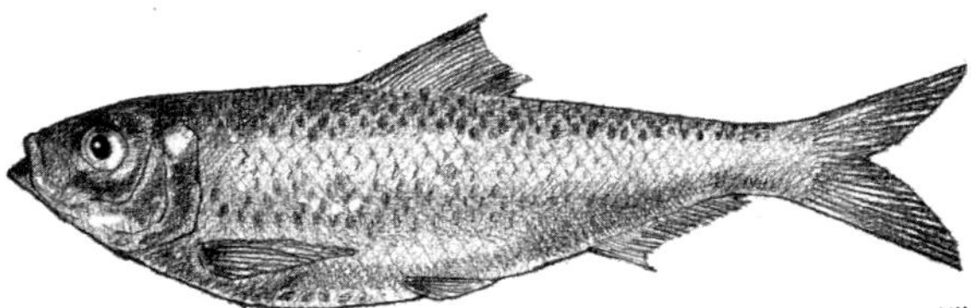

밴댕이

212 가람본에는 至가 生으로 되어 있다.

단추는 이름 그대로라면 짤막한 멸치로 밴댕이로 비정할 수 있다. 그러나 밴댕이, 단추의 현재명에 대해서는 다른 의견도 있다.[213] 청어목 청어과에 속하는 밴댕이는 몸길이가 15cm 가량이며 옆으로 납작하며 다소 가늘고 길어 멸치와 비슷하게 생겼다. 등은 파란빛을 띤 흑색이고, 옆구리와 배는 은백색이다. 아래턱은 위턱보다 약간 돌출되어 있다. 연안에 무리를 지어 서식하며 주로 동물성 플랑크톤을 먹고 살며, 주로 봄부터 가을까지 잡힌다.

밴댕이는 산란기를 맞아 기름기가 오르는 음력 5~6월에 가장 맛이 좋다. 밴댕이는 주로 회, 구이 등으로 먹는데, 잡은 후 시간이 경과되면 젓갈을 만든다. '오뉴월 밴댕이'라는 속담이 있는데, 변변치 않지만 때를 잘 만났다는 것을 빗대는 말이다.

밴댕이가 많이 잡히는 남서해안에서 반당어, 반담이, 반당어, 띠푸리라고도 불리며, 충청남도 서천 일대에서는 들퍼리라고도 불린다. 경기도지방에서는 밴댕이를 반지라고 부르지만 전혀 다른 종이며, 밴댕이의 한자이름인 소어(蘇魚)는 『표준국어대사전』에 그 뜻이 밴댕이와 반지로 같이 올라있을 정도로 두 어류의 이름이 혼용되고 있다.

〈원문〉 短鯫(俗名盤刀蔑).大者三四寸,體稍高,肥而短.色白.

---

213 정문기의 『자산어보』 번역본에는 단추를 속명인 반도멸로만 기록하고 있으나, 『21세기 자산어보』 조사에서는 단추를 반지로 비정하였다. 이태원의 『현산어보를 찾아서』에서는 반도멸이 밴댕이인 것에 더 무게를 두고 있다.

19-4. 수비추(酥鼻鯫)

현지에서 부르는 이름은 공멸(工蔑)이다. 큰 것이 5치이다. 몸은 손가락 굵기로 길고 수척하다. 머리가 작고 연한 콧부리[酥鼻]가 반치 가량 나와 있다. 색깔은 푸르다.

▌평설

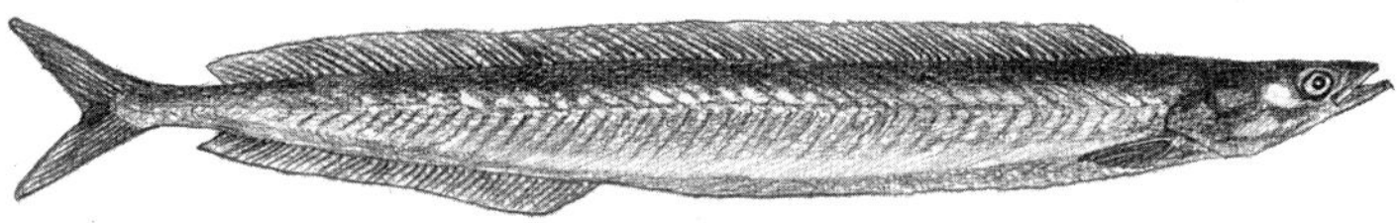

까나리

수비추, 속명 공멸은 꽁치로 보기도 하지만(정문기, 1991), 어보에는 관목청이란 이름으로 이미 꽁치가 기록되어 있다. 크기가 작고 방언으로 공멸이라 부르는 까나리를 말하는 것으로 비정된다(이태원 2, 2003).

까나리는 농어목 까나리과의 물고기로 몸빛은 등 쪽은 녹갈색이고 배 쪽은 은백색이다. 주둥이는 튀어나와 있으며 아래턱이 위턱보다 길다. 우리나라 전 연안에 분포하는 근해어로서 어린 물고기는 모래 속에 숨어 살며 여름잠을 자기도 한다. 방어와 같은 양식어의 사료로 사용되고 있고, 액젓으로도 이용되고 있다. 강원도 동해안에서는 양미리라고 부르고, 흑산도 일대에서는 솔멸이라고도 부른다.

〈원문〉 酥鼻鯫(俗名工蔑).大者五寸[214].寸[215]體長而瘦.頭小而用酥鼻半寸許,色青.

---

214 교감본에서는 寸을 六의 오기로 보고 있다.

19-5. 익추(杙鯫)

현지에서 부르는 이름은 말독멸(末獨蔑)이다. 멸치처럼 자그마하고 색깔도 역시 같다. 몸은 살지지 않았고, 꼬리는 모지라지지 않았다. 모양이 말뚝과 같아서 그런 이름이 붙었다.

▌평설

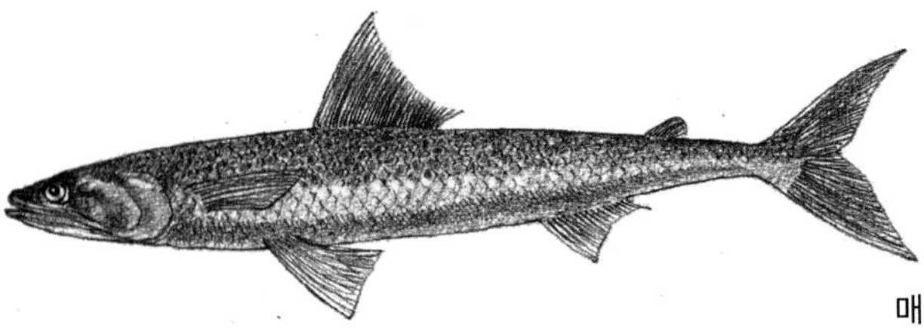

매퉁이

어보에서는 멸치와 비슷하게 생긴 물고기를 익추, 익멸이라고 기록하고 있다. 익멸을 매퉁이 종류로 보는 견해가 있고(이태원 1, 2003), 『21세기 자산어보』 조사에서는 날매퉁이로 비정하고 있다.

매퉁이는 홍매치목 매퉁이과에 속하며 몸이 원통형으로 가늘고 길고, 머리는 납작한 편으로 최대 체장은 45cm정도까지 자란다. 매퉁이는 주로 바닥이 모래나 갯벌인 대륙붕에 주로 서식하며, 겨울에는 근해로 여름에는 내만으로 계절이동을 하며 흑산도에서 매퉁이가 멸치와 같이 잡히기도 한다. 어보에는 익추가 '멸치처럼 자그마하다'고 하였지만, 매퉁이가 멸치보다는 더 크다. 익멸을 매퉁이로 확정하기에는 약간의 의문이 남는다.

〈원문〉 杙鯫(俗名末獨蔑).如小鯫而色亦同.頭不豊,尾不殺.狀如杙,故名[216].

---

215 가람본에는 寸자가 없다.

20. 대두어(大頭魚)

대두어에서는 대두어, 철목어, 석자어(螫刺魚) 세 종류에 대해 기술하고 있다.

〈원문〉大頭魚

20-1. 대두어(大頭魚)

현지에서 부르는 이름은 무조어(无祖魚)이다. 큰 것이라야 2자가 못된다. 머리가 크고 입도 크고, 몸은 가늘다. 색깔은 황흑색이다. 맛은 달고 짙다. 밀물과 썰물이 드나드는 곳에서 놀며, 성질이 둔하고 사람을 두려워하지 않아, 낚시로 잡기가 아주 쉽다. 겨울철이면 개흙을 파고 들어가 숨는다. 어미를 먹으므로 무조어(無祖魚)란 이름이 있다고 한다. 흑산도에도 간혹 있지만 먹을 만하지 못하고, 육지와 가까운 곳의 것이 맛이 좋다. ○ 또 다른 종류인 작은 것(속명 德音巴)은 길이가 5~6치이고, 머리와 몸이 서로 비슷하다. 색깔은 황색이거나 흑색이다. 뭍이 가까운 연해에 산다.

▌평설

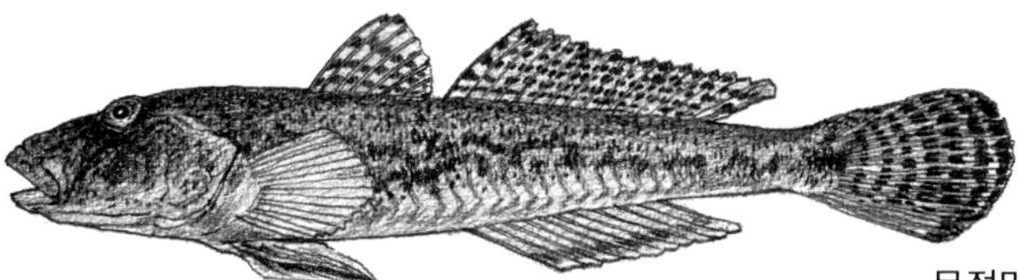

문절망둑

216 국립본에는 故 다음에 名자가 없다.

어보에 대두어로 기록된 것은 흔히 망둥이로 불리는 망둑어이다. 농어목 망둑어과에는 문절망둑, 왜풀망둑, 흰발망둑, 점줄망둑, 줄망둑, 도화망둑, 수염문절, 숨이망둑, 짱뚱어, 점망둑, 댕기망둑, 풀비늘망둑, 두건방둑, 날개망둑, 살망둑, 꾹저구, 얼룩망둑, 갈문망둑, 풀망둑 등등 40종이 넘는 어종이 있다. 거의가 다 망둥이로 불리고 있다.

망둑어과 고기는 좌우의 배지느러미가 둥근 빨판으로 변형되어 다른 물건에 쉽게 붙을 수 있는 것도 있다. 또 가슴지느러미가 발달되어 기거나 뛰기에 적합한 것도 있다. 망둑어는 물 밖으로 나오면 공기호흡을 할 수 있어, 습기가 있는 상태에서는 22~60시간 정도 물에 들어가지 않고도 살 수 있고 직사광선에서도 잘 견딘다.

『21세기 자산어보』 조사에서는 대두어를 문절망둑으로 비정하고 있다. 문절망둑은 망둥어류 중에서도 머리가 큰 편이며 흔히 문절이, 운저리, 무조리, 문주리 등의 이름으로 불린다. 무조어는 문절이, 문조리를 음차한 이름으로도 볼 수 있다. 또 동족의 살을 미끼로 써도 낚시에 잘 낚이므로 어보에서는 '조상이 없는 고기', '조상을 모르는 고기'라는 뜻에서 한자이름을 무조어(無祖魚)라고 기록한 것이다.

〈원문〉 大頭魚(俗云[217]无祖魚).大者二尺弱.頭大,口大,體細.色黃黑,味甘而醲.游於潮汐往來之處,性頑不畏人,故釣捕甚易.冬月穿泥而蟄.食其母,故俗稱[218]無祖魚云.黑山間有而不堪食.產於近陸者,甚佳.○又一種小者(俗名[219]德音巴[220]),長五六寸,頭與體相稱.色或黃或黑,海水近濱處有之.

---

217 가람본에는 俗名으로 되어 있다.

218 정씨본, 국립본, 상백본에는 似稱으로 되어 있다.

219 정씨본에는 俗音으로 되어 있다.

220 가람본에는 德音巴가 德昔色으로 되어 있다.

20-2. 철목어(凸目魚)

현지에서 부르는 이름은 장동어(長同魚)이다. 큰 것은 5~6치이다. 모양은 대두어와 비슷하고 색깔은 검고 눈이 튀어나왔다. 물에서 헤엄을 잘 치지 못하고, 개펄 흙을 좋아하며, 뛰어올라 물을 스치듯이 다닌다.

▍평설

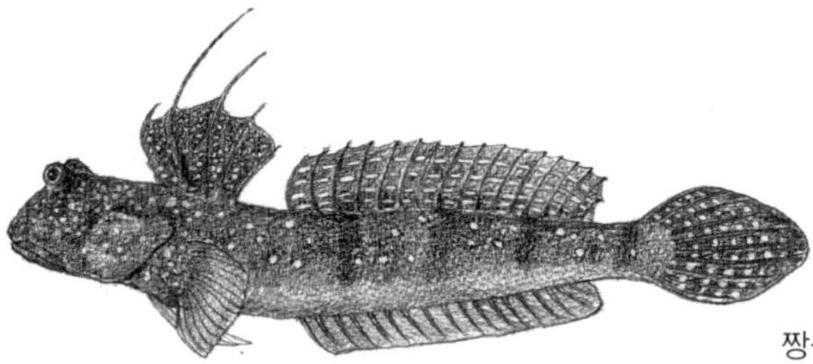

짱뚱어

철목어는 오늘날의 짱뚱어이다. 농어목 망둑어과의 바닷물고기로 몸길이는 18cm정도이고, 색깔은 푸른색이나 배 쪽은 연한 색이며 몸 쪽에는 흰색의 작은 점이 흩어져 있다. 꼬리지느러미에는 흰색 반점이 세로로 늘어서 있다. 뒷지느러미에는 반점이 없고 몸과 지느러미의 반점은 하늘색이다. 바닷물이 드나드는 조간대[221]에서 서식한다.

짱뚱어는 목구멍 안쪽에 잘 발달한 실핏줄이 있어 이것을 통해 공기호흡을 하기 때문에 오랫동안 공기에 노출되어도 잘 견딘다. 가슴지느러미와 꼬리지느러미의 근육이 잘 발달해 있어 물위나 물 빠진 진흙 위를 펄떡대며 뛰어다니거나 기어 다니고, 나무나 바위 위까지 뛰어오르기도 한다. 짱뚱어는 겨울철이면 굴속에 들어가 겨울잠을

221 潮間帶: 해안의 만조선과 간조선 사이를 차지하는 지대를 말한다.

자며 활동을 멈춘다. 갯벌 위를 개흙을 묻히면서 뛰어 다니는 습성으로 인해 『난호어목지』에는 탄도어(彈塗魚)라고 기록되어 있다.

〈원문〉 凸[222]目魚(俗名長同魚).大者五六寸.狀類大頭魚,而色黑.目凸[223],不能游水,好於鹵泥,跳躍掠水而行.

20-3. 석자어(螫刺魚)

현지에서 부르는 이름은 수염어(溲髯魚)이다. 모양은 장뚱어와 비슷하고 배가 크며, 성이나면 부풀어 불룩해진다. 등에 가시가 있어, 사람이 쏘이면 고통스럽다(원편에 빠진 것을 지금 보충한다.).

▌평설

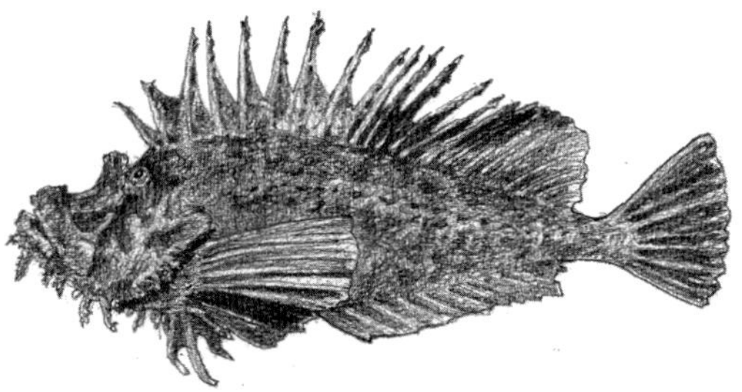

쑤기미

석자어, 속명이 수염어인 물고기는 쑤기미로 비정된다(이태원 4, 2003). 수염어가 수여미, 쑤기미로 바뀌었다고 본 것이다. 어보에서는 망둥이 종류와 같이 논하고 있지만, 쑤기미는 쏨뱅이목 양볼락과에 속한다.

---

222 가람본에는 凹로 되어 있다.
223 가람본에는 凹로 되어 있다.

쑤기미는 암갈색, 적갈색 또는 노란색을 띠고 있으며 등 쪽과 가슴지느러미는 얼룩덜룩한 무늬가 있다. 수심 200m미만인 연안의 모래와 갯벌 바닥에 서식하며, 6-7월에 산란한다. 얼룩무늬 때문에 흔히 범치, 쑤기미, 쑥쑤기미, 쐬미, 창쑤기미, 바다쑤기미, 미역치 등으로도 불린다. 지느러미가시에 독샘이 있어 가시에 찔리면 심한 통증을 느끼게 되어 잡을 때 주의해야 한다.

어보에는 석자어의 속명을 수염어(溲髯魚)라고 기록하였는데 오늘날 수염어(鬚髯魚)라고 불리는 물고기로는 쏨뱅이가 있다. 쏨뱅이는 몸길이가 20cm 가량인 양볼락과의 바닷물고기로 머리의 뒤쪽에 날카로운 가시가 발달되어 있다. 몸은 진한 황갈색을 띠고 흑갈색 반점이 흩어져 있고, 바위가 많은 연안의 바닥에 서식하며 쫌배, 쫀뱅이, 삼뱅이, 쏨팽이, 자우레기, 수염어, 쑤염어 등으로도 불린다.

『21세기 자산어보』 조사에서는 석자어를 삼세기과의 삼세기로 비정하고 있다. 삼세기는 쑤기미와 비슷하게 생겼지만, 등 가시에 독선이 없다. 모양이 쑤기미와 닮아서 천적들이 독이 있는 쏨뱅이인 줄 알고 피하게 하는 의태[224]현상을 이용하며 사는 것이다. 삼세기는 탱수, 삼숙이, 수베기, 삼식이라고도 부른다. 삼세기의 생김새는 쑤기미와 비슷하지만, 독가시가 없다는 점에서 석자어로 보기는 어렵다.

〈원문〉 螫刺魚(俗名溲[225]髯魚).狀類凸[226]目魚,而腹大,怒則膨脝.背有刺,螫人則痛(原篇缺,今補之.).

---

224 擬態: 동물이 몸을 보호하거나 쉽게 사냥하기 위해서 주위의 물체나 다른 동물과 비슷한 모양을 하는 것을 말한다.

225 국립본에는 渡로 되어 있다.

226 가람본에는 凹로 되어 있다.

III. 비늘이 없는 물고기

자산어보 제2권에서는 '비늘이 없는 물고기' 종류를 기술하고 있다. 그러나 비늘이 없는 물고기는 드물다. 비늘이 워낙 잘아서 없는 것처럼 보이는 것도 포함되어 있다.

〈원문〉 玆山魚譜卷二,無鱗類.

1. 분어(鱝魚)

무린류의 첫 번째로 분어(鱝魚)란 대항목 아래 분어(鱝魚), 소분(小鱝), 수분(瘦鱝), 청분(靑鱝), 묵분(墨鱝), 황분(黃鱝), 나분(螺鱝), 응분(鷹鱝)의 8종 어류에 대해 기술하고 있다.

〈원문〉 鱝魚

1-1. 분어(鱝魚)

현지에서 부르는 이름은 홍어(洪魚)이다. 큰 것은 너비가 6~7자이다. 암컷이 크고 수컷이 작다. 몸은 연잎을 닮았고, 색깔은 적흑색이다. 연한 육질의 코[酥鼻]가 머리 쪽에 자리 잡고 있는데 코의 바닥은 풍성하고 끝은 뾰족하다. 입은 코 아래쪽에 있고, 가슴과 배 사이에 가로로 입이 있다. 등위에(즉 수비의 기부) 코가 있고, 코 뒤에 눈이 있다.

꼬리는 돼지꼬리와 같으며, 꼬리뼈에는 어지럽게 가시가 나 있다.

수놈은 뼈로 된 생식기[陽莖]가 2개 있는데, 모양이 휘어진 칼[曲刀]과 같다. 생식기의 바닥에는 불알[囊卵]이 있고, 양쪽에 작은 가시가 있다. 암컷과 교잡할 때 양쪽의 가시로 걸고 교잡한다. 혹간 암컷이 낚시를 물고 엎드려 있을 때, 수컷이 이에 붙어 교합하다가, 낚시를 들어 올리면 한 쌍이 같이 위로 올라온다. 암컷은 먹을 것 때문에 죽고, 수컷은 음탕함 때문에 죽는 것이어서, 가히 음란함을 탐하는 자들에게 경계가 될 만하다.

암컷은 산문(産門) 외에 다른 구멍이 하나 있는데, 안으로 세 구멍과 통한다. 가운데 구멍은 내장과 통하고, 양쪽 구멍은 태를 이룬다. 태의 위에는 알과 같은 것이 있어, 알을 슬면 태가 생겨 새끼가 된다. 태 안에는 각 4~5마리가 생긴다(상어의 산문이 밖으로는 하나지만, 속으로는 셋인 것이 역시 이와 같다.).

동지이후에 잡기 시작해서, 입춘전후에 살이 오르고 커지며 맛이 좋다. 3~4월이 되면 몸이 마르고 맛도 떨어진다. 회로도, 구이도, 국으로도, 포로도 모두 맛있다. 나주근읍의 사람들은 삭힌 홍어를 잘 먹는데, 사람들의 기호에 차이가 있어서이다. 가슴과 배에 혹[癥瘕]이 나는 병을 오래 앓은 사람이 홍어 삭힌 것으로 국을 끓여 먹으면, 능히 그 병을 구제할 수 있다고 한다. 또 홍어는 숙취를 푸는 데 가장 좋다. 뱀[蛇]은 홍어를 기피하므로, 홍어 씻은 물을 버린 곳에는 뱀이 접근하지 않는다. 뱀에게 물린 곳에 홍어 껍데기가 붙이면 효험이 있다.

◯ 청안: 『정자통』에 이르기를, "홍어의 모양은 큰 연잎 같고, 꼬리가 길고, 입은 배 아래쪽에 있고, 눈은 이마 위에 있으며, 꼬리는 길고 마디가 있어 사람을 쏜다."고 하였다. 『본초강목』에는 해요어(海鷂魚), 일명 소양어(邵陽魚)(『식감』에는 少陽이라 했다.), 일명 하어(荷魚), 일명 분어(鱝魚), 일명 포비어(鯆魮魚), 일명 번답어(蕃蹹

魚), 일명 석려(石鱺)라 했다. 이시진이 말하기를, "모양은 소반 및 연잎 같고, 큰 것은 둘레가 7~8자이고, 다리가 없고 비늘이 없으며, 살 속의 모든 뼈가 마디마디 이어져 있는데 연해서 먹을 만하다."라고 했다. ○[227]『동의보감』에는 공어(鯕魚)라 했는데, 공(鯕, 가오리 공) 역시 물고기의 이름이지만(음이 공) 잘못 안 것이다.

▌평설

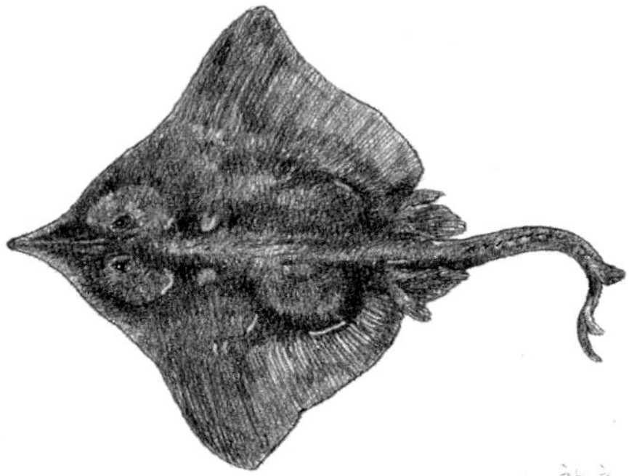

참홍어

분어, 속명이 홍어(洪魚)는 오늘날에도 홍어라 불리고 있다. 홍어목 홍어과의 물고기이며, 같은 과에 참홍어, 광동홍어, 살홍어, 무늬홍어, 깨알홍어, 홍어, 고려홍어, 바닥가오리, 저자가오리, 도랑가오리, 오동가오리가 포함되어 있다. 참홍어와 간재미가 모두 홍어라 불리고 있으나 흑산도에서는 참홍어(Raja pulchra) 만을 홍어로 보며『자산어보』의 홍어는 참홍어를 말한다.

참홍어의 몸길이는 150㎝정도이고, 몸은 마름모꼴로 폭이 넓으며, 머리는 작고 주둥이는 짧으나 튀어나와 있다. 눈은 튀어나와 있으며, 눈의 안쪽 가장자리를 따라 5개의 작은 가시가 나 있다. 수컷은 배

227 정씨본과 국립본에는 ○표가 없다.

지느러미 뒤쪽에 대롱모양의 생식기 2개가 몸 밖으로 튀어나와 있으며 가시가 나 있다.

참홍어는 가오리와 흡사한 모양이지만 주둥이가 더 뾰족하며, 굵은 꼬리 윗부분에 2개의 지느러미와 가시가 2~4줄 늘어서 있다. 산란기는 9월부터 이듬해 3월까지이며, 11～12월에 가장 성하다. 홍어는 난생이며 한번에 4～5개의 알을 낳으며, 알은 단단한 껍질에 싸여 있다. 봄에 산란하므로 어보에서 새끼를 낳는다고 한 것은 다른 가오리 종류의 특성이다. 또 꼬리에 가시가 있는 것은 홍어가 아니라 가오리 종류의 특징이다. 생식기가 두 개인 물고기는 상어나 가오리 무리 중에서만 볼 수 있는 희귀한 경우이다. 물론 이 생식기를 받아들이는 암놈의 그곳도 두 곳이 된다.

〈원문〉 鱝魚(俗名洪魚).大者廣六七尺.雌大雄小.體似荷葉,色赤黑.酥鼻當頭位,豊本而尖末.口在酥鼻底,胷腹間直口.背上(卽酥鼻之本.)有鼻,鼻後有目.尾如豬尾,尾脊有亂刺.雄者,陽莖有二,陽莖卽骨,狀如曲刀.莖底有囊卵,兩翼有細刺.交雌,則以翼刺句之而交.或雌者,含鉤而伏,則雄者就而交之,擧釣則竝隨而上.雌死於食,雄死於淫,可爲饕淫者之戒.雌者,産門外有一孔,內通三穴.中穴通於腸,兩旁成胞.胞上有物如卵,卵消,則産胞而成子.胞中各成四五子(鯊魚産門之外一,內三亦同此.).冬至後始捕,立春前後肥大而味佳.至於三四月[228],則體瘦而味劣.宜鱠炙羹腊.羅州近邑之人,好食其鮾者,嗜好之不仝也.胷腹有癥瘕宿疾者,取鱝魚之鮾者,作羹飽之,能驅下穢惡.又最能安酒氣.又蛇忌鱝魚,故其腥水所棄之處,蛇不敢近.凡蛇咬處傅其皮良效.○晴案,『正字通』云,鱝魚,形如大荷葉,長尾,口在腹下,目在額上,尾長有節,螫人.『本草綱目』海鷂魚,一名邵陽魚(『食鑑』作少陽.),一名荷魚,一名鱝魚,一名鯆魮魚,一名蕃蹹魚,一名石蠣.李時珍云,狀如盤及荷葉,大者圍七八尺.無足無鱗,肉內皆骨,節節聯比,脆軟可食.皆指今之洪魚也.○[229]『東醫寶鑑』作䱋魚,然,䱋是魚子之稱(音拱.),恐誤.

어보에, “뱀[蛇]은 홍어를 기피함으로, 홍어 씻은 물을 버린 곳에는 뱀이 접근하지 않는다. 뱀에게 물린 곳에 홍어껍질을 붙이면 효험이 있다.”고 하였다. 홍어는 뱀에 대한 민속처방처럼 알려져 왔다. 실제 홍어껍질은 해독작용이 있고, 치매 예방에도 효과가 있는 것으로 밝혀져 있다. 홍어는 톡 쏘는 맛이 나도록 삭혀서 막걸리를 곁들여 먹는 홍탁(洪濁)이 유명하며, 전남 서남해안지방에서는 잔치 음식에 삭힌 홍어가 빠지지 않는다. 홍어를 삭혀 먹는 것은 어보 작성 당시에도 이미 있었으며, 전남지방의 특색 있는 음식이었던 것이다.

1-2. 소분(小鱝)

현지에서 부르는 이름은 등급어(登及魚)이다. 모양은 홍어와 비슷한데 작고, 너비가 불과 2~3자이다. 수비(酥鼻)는 짧고 그다지 뾰족하지 않다. 꼬리는 가늘고 짧으며, 고기는 아주 살지고 두텁다.

▌평설

어보의 소분은 크기가 작은 가오리 종류로 보인다. 또 속명 등급어는 발급어(發及魚), 발내어(發乃魚)로 기록되어 있는 사본도 있다.

작은 가오리 종류이고, 홍어보다 작다는 점에서 간재미라고도 볼 수도 있다. 또 흑산도에서는 아직 교미산란을 하지 않은 어린 암컷 참홍어를 가리킨다는 의견도 있고, 참홍어의 새끼를 말하는 것이라는 의견도 있다(이태원 5, 2003). 『21세기 자산어보』 조사에서는 소분을 참홍어가 아닌 홍어(Raja Kenojei)로 비정하고 있다.

어보의 짧은 기록만으로 어명을 비정하기 어렵다.

---

228 정씨본, 국립본, 상백본에는 二四月로 되어 있다.

229 정씨본, 국립본, 상백본에는 ○표가 없다.

〈원문〉 小鱝(俗名登及魚[230]).狀類鱝而小,廣不過二三尺.酥鼻短而不甚尖.尾細而短,肉甚肥厚.

1-3. 수분(瘦鱝)

현지에서 부르는 이름은 간잠어(間簪魚)이다. 너비가 불과 1~2자이다. 몸이 아주 여위고 얇으며, 색깔은 황색으로 맛이 없다.

▌평설

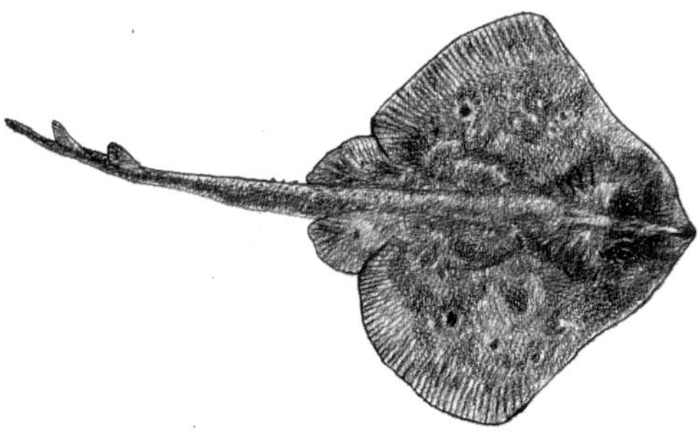

홍어

어보의 간잠어는 간자미, 간재미를 말하며, 전라도와 충청도, 경기도 일대에서 광범위하게 쓰이는 사투리이다. 『표준국어대사전』에는 간자미가 '가오리의 새끼'로 올라있지만, 간재미와 가오리는 엄연히 다른 종이다. 오늘날 흑산도지역에서는 간재미를 참홍어(Raja pulchra)와 구분하여 홍어(Raja Kenojei)라고도 부른다. 『자산어보』가 흑산도의 물고기에 대한 기록이어서 수분(瘦鱝)은 간재미 즉 홍어를 지칭하는 것으로 보인다.

---

230 정씨본, 국립본, 상백본에는 發及魚로 되어 있다.

〈원문〉 瘦鱝(俗名間簪魚[231]).廣不過一二尺.體極瘦薄,色黃,味薄.

1-4. 청분(靑鱝)

현지에서 부르는 이름은 청가오(靑加五)이다. 큰 것은 너비가 10여자이다. 모양은 홍어와 비슷한데 수비가 얇고 넓다. 등은 푸른색이고, 꼬리는 홍어보다 짧고 가시가 있다. 5마디인 꼬리의 5분의 4 지점에 송곳 같은 가시가 있다. 가시에는 거슬려 난 미늘 같은 것이 있는데 이것에 쏘이면 뽑아내기 어려우며 독성이 매우 강하다(이하 4종은 모두 꼬리에 가시가 있는 점이 같다.). 다른 것이 침범하면, 바로 꼬리를 질풍에 날리는 낙엽처럼 휘둘러서, 해치는 것을 막는다.

○ 청안: 『본초습유』에, "해요어(海鷂魚)는 동해에서 나며, 이빨이 석판 같고, 꼬리에는 강한 독이 있어, 다른 것을 만나면 꼬리를 휘둘러서 잡아먹는다."고 하였다. 그 꼬리에 사람이 쏘이면 심한 경우에는 죽기도 한다. 사람이 오줌 누는 곳을 살펴 꽂아 놓으면, 사람을 음종통[232]을 앓게 하는데, 뽑아 버리면 바로 낫는다. 바다사람들이 독가시에 찔리면, 어호[233]를 둘렀던 대나무나 해달의 가죽으로 독을 푼다(진장기). 지금의 청분, 황분, 묵분, 나분과 같은 여러 가오리들은 모두 꼬리에 가시가 있다.

---

231 정씨본과 국립본에는 間簪으로 되어 있다.

232 陰腫痛: 음부가 붓고 아픈 병을 말한다.

233 魚扈: 물이 드나드는 바다 물목에 대나무발이나 그물을 세워 물고기를 잡는 옛 어로법인 죽방렴 혹은 방렴을 말한다.

▌평설

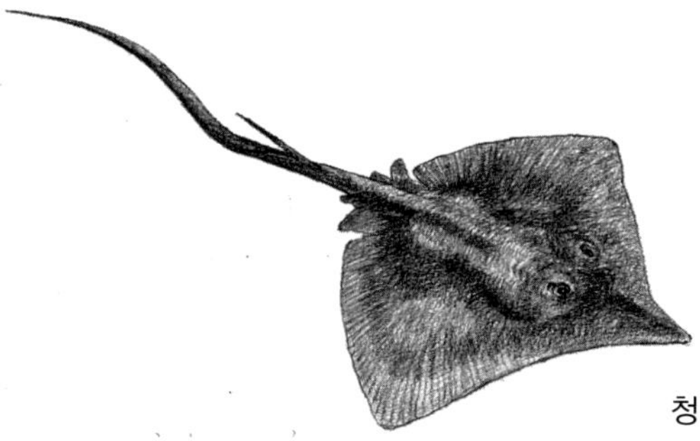

청달내가오리

어보에서는 분(鱝)이란 큰 항목에서 여러 종류의 가오리에 대해 고증하고 있다. 속명이 청가오란 것은 청가오리로 읽을 수 있으나 현재의 어떤 가오리 종류를 말하는가는 확실하지 않다. 홍어목 색가오리과의 청달내가오리로 비정되기도 하지만(정문기, 1991) 확단할 수 없다. 이청의 주석 내용도 청분 뿐 아니라 가오리 종류에 대해 일반적인 고찰을 하고 있다.

〈원문〉 靑鱝(俗名靑加五).大者廣十餘尺.狀類鱝,而酥鼻匾廣.背蒼色.尾短於鱝而有錐,五分其尾,錐在其四分之地.雖[234]有逆刺如鑶,以之螫物,則入[235]而難拔,又有大毒(已下四種,其尾錐皆同.).有物侵之,則搖其尾如飄風之葉,以禦其害.○晴案,『本草拾遺』,海鷂魚,生東海,齒如石版,尾有大毒,逢物以尾撥而食之.其尾刺人,甚者至死.候人尿處釘之,令人陰腫痛,拔去乃愈.海人被刺毒者,以魚扈竹及海獺皮解[236]之.陳藏器[237].今靑黃墨[238]螺,諸鱝皆有錐尾也.

234 정씨본, 국립본, 상백본에는 錐로 되어 있다. 문맥상 錐가 맞는 것으로 보인다.

235 국립본에는 人으로 되어 있다.

236 가람본에는 解가 鮮魚로 되어 있다. 가람본의 오기로 보인다.

청달내가오리는 색깔은 등은 회갈색, 배는 색깔이 좀 밝다. 몸통과 머리 부분이 가슴지느러미와 합쳐져서 형성된 넓고 평평한 체반(體盤)은 너비가 길이보다 길다. 꼬리의 길이가 체반 길이의 거의 2배에 달하며, 꼬리 등 쪽에 큰 가시가 있는데 찔리면 살 속 깊이 박히기 때문에 빼기가 어렵다.

태생어(胎生魚)이며, 봄철에 새끼를 낳는다. 『우해이어보』에는 청달내가오리를 청가오리(青家鰞鯉)라고 기록하고 있어, 청분이 청달내가오리일 가능성을 보이고 있다.

1-5. 묵분(墨鱝)

현지에서 부르는 이름은 묵가오(墨加五)이다. 청가오리와 비슷하고, 색깔이 검은 것이 다르다.

▌평설

흑가오리

흑분, 속명 묵가오를 『한국어도보』에는 묵가오리라고 비정하고 있

237 고대본과 가람본은 본문으로 되어 있지만, 정씨본, 국립본, 상백본에는 작은 글자로 주석의 형태이다.

238 정씨본에는 黑으로 되어 있다.

지만 이는 『자산어보』의 묵가오를 보고 명명한 것이다. 『표준국어대사전』에도 먹가오리와 흑가오리가 같은 말로 올라 있고, 『21세기 자산어보』 조사에서도 묵가오를 흑가오리로 비정하고 있어, 묵가오는 홍어목 색가오리과의 흑가오리로 비정될 수 있다.

흑가오리는 한국 서해와 남해, 일본 등 북서태평양지역에 분포한다. 체형은 오각형이고, 주둥이는 짧다. 꼬리는 매우 가늘고 길며, 등쪽에는 1개의 날카로운 독가시가 있다. 등은 보라색을 띄는 검은색이고, 주둥이에서 몸의 후단까지 흰 감각공이 양쪽 측면으로 분포하며 배는 희다.

〈원문〉 墨鱝[239](俗名墨加五).與青鱝同,而色黑爲異.

1-6. 황분(黃鱝)

현지에서 부르는 이름은 황가오(黃加五)이다. 청가오리와 비슷하고, 등이 황색이고, 간에는 기름이 가장 많다.

▌평설

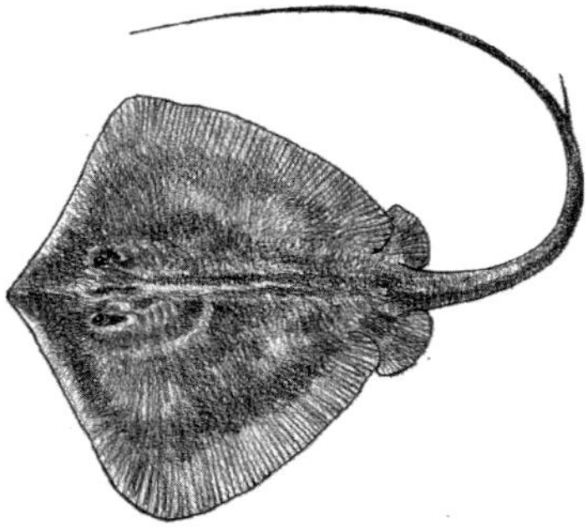

노랑가오리

239 정씨본에는 黑鱝으로 되어 있다.

황가오리, 속명이 황가오로 기록된 것은 노랑가오리로 비정된다. 노랑가오리는 홍어목 색가오리과로 수심 10m정도의 바다에서 생활하며 겨울이 되면 깊은 바다로 이동한다. 난태생으로 5~8월에 10마리정도의 새끼를 낳는다. 살은 맛이 있어 회나 찜을 해서 먹는다. 『우해이어보』에는 귀공(鬼䱻)으로 기록되어 있다.

〈원문〉 黃鱝(俗名黃加五).與靑鱝同,而背黃.肝膏最盛.

1-7. 나분(螺鱝)

현지에서 부르는 이름은 나가오(螺加五)이다. 황가오리와 비슷하게 생겼고, 사치상어처럼 이빨이 목구멍에 있으며, 울퉁불퉁한 날카로운 돌기가 둥글게 나 있는 것이 소라의 목덜미와 같다.

▌평설

나분은 구강 구조가 상어와 같다고 하였지만 어떤 가오리 종류인지 비정할 수 없다. 구강 구조만으로는 매가오리로 볼 수 있지만(이태원 5, 2003), 매가오리는 어보에 별도로 기록되어 있다. 나가오를 강원도에서 고동메기, 오동메기라고 부르는 가오리 종류라는 의견이 있지만(이광정, 2003) 확실한 이름을 비정할 수 없다.

〈원문〉 螺鱝(俗名螺加五).類黃鱝,而齒在喉門如四齒鯊,而磈磊.其尖乳環列如螺頸.

1-8. 응분(鷹鱝)

현지에서 부르는 이름은 매가오(每加五)이다. 큰 것은 너비가 수십 장이다. 모양은 가오리 같은데, 가장 크고 힘이 세다. 화가 나서 어깨를 곧추 세우면 기러기를 낚아채는 매를 닮았다. 뱃사람이 닻을 내려서 몸을 건드리면, 대노하여 어깨를 접고, 어깨와 등 사이를 파묻어서 고랑을 만들고는, 드디어는 그 고랑에 닻줄을 메고는, 배를 끌고 나는 것처럼 달린다. 닻을 거두면 뱃전까지 따라오므로, 뱃사람들이 겁이 나서 닻줄을 끊는다.

○ 청안: 『위무식제』에 이르기를, "번답어(蕃蹹魚)는 큰 것은 키(箕)와 같고, 꼬리 길이가 여러 자이다."라고 하였다. 이시진이 말하기를, "큰 것은 둘레가 7~8자이다."라고 하였지만 오늘날 매가오리의 큰 것은 아무도 못 보았다고 한다. 매가오리 꼬리의 추는 성이 나서 때리면 고래도 자를 수 있다고 한다.

▌평설

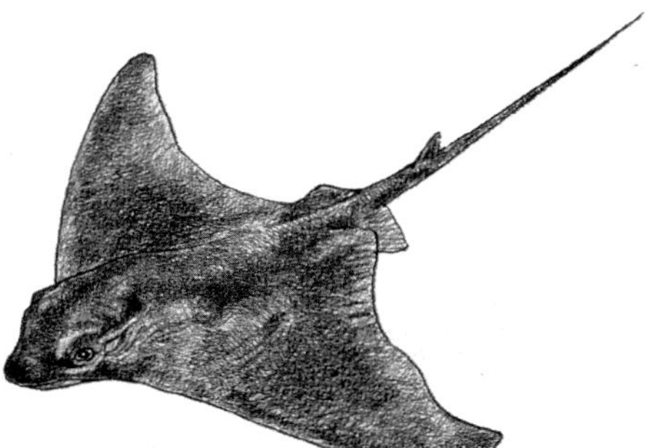

매가오리

응분, 속명이 매가오라면 이름만으로는 매가오리로 볼 수 있다. 어보에서는 크기가 수십 장이고 매우 사나워 사람과 배까지 공격한다고 하였지만, 매가오리는 크기가 2m이내이어서 어보 내용과는 다르다. 이청의 안에서도 그렇게 큰 매가오리가 없음을 지적하고 있다.

매가오리는 홍어목 매가오리과로 연안의 대륙붕 주변에 분포하며 몸은 마름모꼴이며 가슴지느러미가 크다. 가슴지느러미를 합친 체판(體板)의 길이는 몸길이의 약2배이다. 어보의 묘사대로 대형 가오리라면 만타(manta ray)라고 불리는 쥐가오리라고 볼 수도 있다. 쥐가오리는 날개 너비가 최대 6m, 몸무게가 최대 2톤에 달하는 대형 가오리이다. 그러나 쥐가오리는 새우보다 큰 동물은 먹지 않는 유순한 물고기이고, 원양에 서식해서 연안에서는 보기 힘든 종류이다.

〈원문〉 鷹鱝(俗名每加五).大者廣數十丈.狀類鱝,最大而有力.鼓[240]勇而竦其肩,有似搏禽之雁[241].舟人下矴,或礙其身,則怒[242]竦其肩.肩背之間陷而成溝,遂以其溝,負矴繂而走,船行如飛.擧矴則隨而上舷,故舟人畏而斷其繂.○晴案,『魏武食制』云,蕃蹹魚,大者如箕,尾長數尺.李時珍只云,大者圍七八尺,而今鷹鱝之大皆所未見也.鷹鱝之尾錐,怒而擊之,可以斷鯨云.

240 국립본과 상백본에는 皷로 되어 있다.

241 정씨본, 국립본, 상백본, 가람본에도 雁으로 되어 있으나, 鷹鱝이라는 이름으로 미루어 鷹의 오기로 의심된다.

242 가람본에는 恐으로 되어 있다.

2. 해만리(海鰻鱺)

해만리는 바다뱀장어 종류를 말한다. 어보에서는 해만리(海鰻鱺), 해대리(海大鱺), 견아리(犬牙鱺), 해세리(海細鱺) 4종에 대해 기술하고 있다.

〈원문〉 海鰻鱺

2-1. 해만리(海鰻鱺)

현지에서 부르는 이름은 장어(長魚)이다. 큰 것은 1장 남짓이고, 모양은 구렁이와 비슷하지만, 더 크고 짧으며, 색깔은 옅은 흑색이다. 모든 물고기들은 물에서 나오면 도망가지 못하는데, 유독 이 물고기는 뱀처럼 도망갈 수 있다. 목을 자르지 않으면 다룰 수 없다. 맛이 달고 짙어 사람에게 이롭다. 오래 설사를 한 사람이 장어로 죽을 만들어 먹으면 바로 설사가 그친다.

청안: 『일화자』에 이르기를, "바닷장어[海鰻鱺]는 일명 자만리(慈鰻鱺), 일명 구어(狗魚)이다. 동해 가운데 살며, 만리(鰻鱺) 종류이지만 더 크다."고 했으니 바로 이 장어를 말한 것이다.

▌평설

뱀장어

어보에서는 해만리, 속칭 장어를 논하면서 다른 이름이 자만리(慈鰻鱺), 구어(狗魚)라 하였다. 그러나 자만리(慈鰻鱺)와 구어(狗魚)는 갯장어의 다른 이름이다. 어보의 묘사대로라면 오히려 해만리는 민물장어인 뱀장어로 보인다. 뱀장어는 민물과 바다를 오가는 종류여서 어보에서 흑산도에서 관찰된 뱀장어를 바닷장어라고 기록한 것으로도 보인다. 『난호어목지』의 어명고에서는 해만리를 갯장어로 보고 있다.

〈원문〉 海鰻鱺(俗名長魚).大者長丈餘,狀類蟒蛇,大而短.色淺黑.凡魚出水則不能走,此魚獨能走如蛇,非斬頭,不可制.味甘醲益人.久泄者,和鰻鱺作糜粥,服之則止.○晴案,『日華子』云,海鰻鱺,一名慈鰻鱺,一名狗魚.生東海中,類鰻鱺而大.卽此也.

2-2. 해대리(海大鱺)

현지에서 부르는 이름은 붕장어(硼長魚)이다. 눈이 크고, 배 가운데가 검은색이며, 맛은 매우 좋다.

▌평설

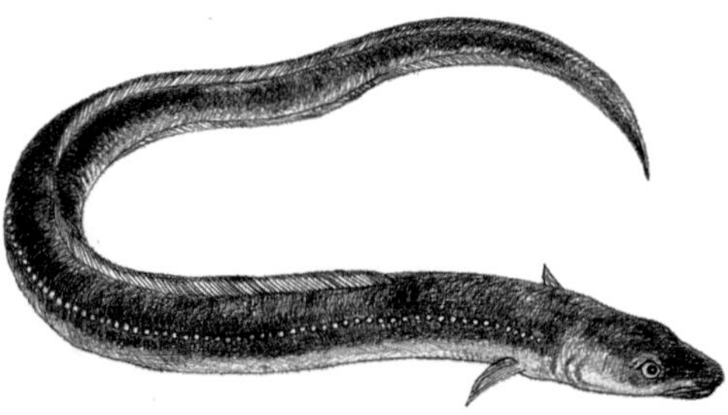

붕장어

해대리, 속명 붕장어는 오늘날도 붕장어라 불린다. 먹붕장어과에 속하며 생김새는 원추형으로서 뱀장어와 비슷하다. 몸길이는 90㎝이상에 달하며 우리나라 전 연안에 분포한다. 어보에서는 맛이 좋다고 하였지만 1908년에 간행된 『한국수산지』에는 우리나라 전 연안, 특히 남해안에서 많이 산출되었으나 당시 조선에서는 붕장어를 먹지 않았고 잡지도 않았다고 했다. 일본인들이 즐겨 먹어서 일제강점기에 어로가 시작되었으며, 현재는 국내 수요도 많아졌다. 붕장어는 요즘도 아나고라는 일본이름으로 알려져 있다.

〈원문〉 海大鱺(俗名弸長魚).目大,腹中墨色.味尤佳.

2-3. 견아리(犬牙鱺)

현지에서 부르는 이름은 개장어(介長魚)이다. 주둥이가 긴 것은 돼지를 닮았으며, 이빨이 성긴 것은 개와 같다. 뼈가 매우 단단하고 사람을 삼킬 수 있다. 장어 종류는 사철 내내 있다(단지 깊은 겨울이면 낚시에 걸리지 않는데, 석굴에 칩거하는 것 같다.). 혹자는 이르기를 알을 배어 태로 낳는다고 하고, 혹자는 뱀이 변한 것이라 한다(본 사람이 많다.). 그런데 이 물고기는 매우 번성해 있다. 대체로 석굴에 백 마리, 천 마리가 무리를 지어 있는데, 비록 뱀이 변한 것이라고 하지만 확실하지 않다. 그러고 창대가 말하기를, "태사도[243] 사람이 말하는데, 장어의 뱃속을 본 즉 알이 구슬을 꿴 것처럼 있고, 뱀 알과 비슷하였다."고 한다. 알 수 없는 일이다.

○ 청안: 조벽공의 『잡록』[244]에 이르기를, "만리어는 수컷은 있으

243 苔士島: 전라남도 신안군 흑산면의 삼태도(三苔島)를 말한다.

244 중국문헌에는 조벽공의 『잡설』로도 나와 있다.

나 암컷이 없어, 가물치의 그림자에 비치면, 그 알이 가물치의 지느러미에 붙어서 생긴다고 해서 만례(鰻鱧)라 부른다.”고 했다. 그러나 흐르는 물에서 나는 것은 그럴지라도, 바다에는 가물치가 없으니 어느 곳에 붙여 낳는다는 것인가? 역시 아직도 확실치 않다.

▌평설

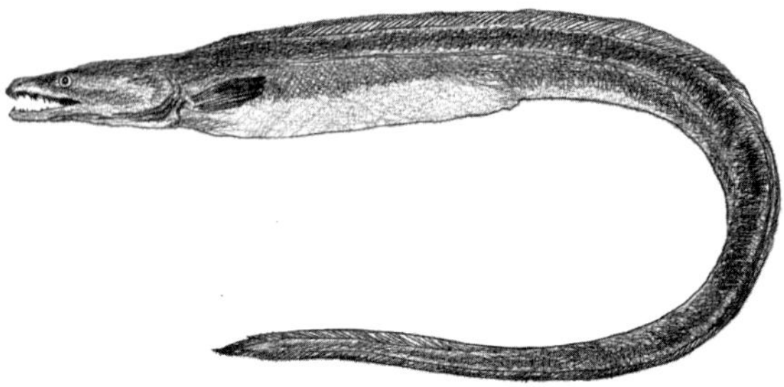

갯장어

견아리, 속명은 개장어는 갯장어를 이르는 것이다. 갯장어과에 속하며 길이는 2m 정도로 뱀장어와 비슷하게 생겼다. 턱은 길고 이빨이 있으며 송곳니가 크고 억세다. 비늘은 없고 배지느러미도 없으며, 우리나라 서남해안에 분포한다. 평상시에는 수심이 20~50m인 근해의 모래진흙 바닥이나 암초 사이에 살고 있지만 때때로 깊은 바다로 이동하기도 한다.

어보의 뼈가 아주 단단하여 사람을 삼킨다는 묘사, 그리고 뱀이 변한 것이라는 묘사는 근거가 없으며 갯장어의 사납게 생긴 모습을 강조한 말이다. 또 청안에 뱀장어가 가물치[鱧魚]의 그림자에 비쳐 알을 낳는다 한 것은 중국 사람이 민물뱀장어를 묘사한 기록을 인용한 것이다. 그러기에 바다에는 가물치가 없으니 어느 곳에 붙여 낳는다는 것인가? 하며 중국 기록에 대해 의문을 표하는 것이다.

〈원문〉 犬牙鱺(俗名介長魚).口長如豕,齒疎如犬.鯁骨益堅,能呑人.四時皆有海鱺(獨深[245]冬不上釣,意或蟄於石窟也.).或言孕卵孕胎者,或言蛇之所化(見者甚衆.).然此物至繁,凡於石窟之中百千成隊,雖有蛇化,未必盡然.昌大曰,嘗聞苔士島人言,見海鱺腹中有卵如貫珠,類蛇卵.未可知也.○晴案,趙辟公『雜錄』云,鰻鱺魚有雄無雌[246],以影漫於鱧魚,則其子皆附于[247]鱧鬣而生,故謂之鰻鱧[248].然産於流水者,猶可然也,産於海者,海無鱧魚安所漫附乎.亦未可明也.

2-4. 해세리(海細鱺)

현지에서 부르는 이름은 대광어(台光魚)이다. 길이는 1자정도이고, 몸은 손가락처럼 가늘고, 머리는 손 끄트머리와 같다. 색깔은 검고, 껍질은 미끄럽다. 개펄 개흙에 엎드려 있는데, 말려서 포를 만들면 맛이 매우 좋다.

▍평설

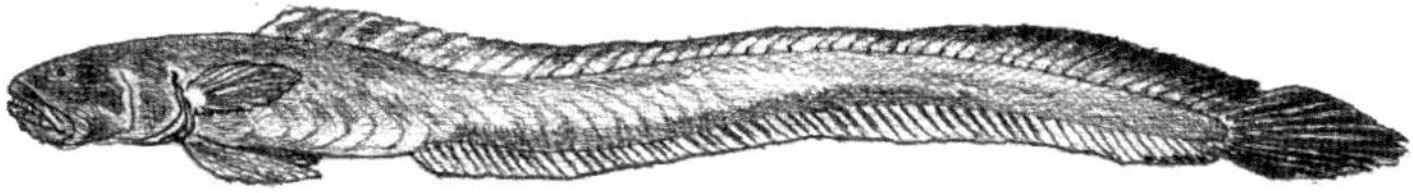

개소갱

어보에는 해세리가 뱀장어 종류에 포함되어 있지만 속명 대광어

245 정씨본, 국립본, 상백본에는 湙로 되어 있다. 湙은 湙의 오기이다.

246 가람본에는 有雌로 되어 있다. 가람본의 오기로 보인다.

247 국립본과 상백본에는 子로 되어 있다.

248 정씨본에는 鱺로 되어 있다.

는 영암, 강진지역에서 망둑어의 한 종류인 개소겡을 가리키는 말이기도 하다. 대갱이라고도 하고 북재기라고도 한다. 망둑어 종류이지만 모양이 길고 가늘어 뱀장어와 닮았기에, 어보에서 뱀장어로 구분한 것이다.

개소겡은 농어목 망둑엇과에 속하며 몸이 길고 가늘어 원통 모양이고, 크기는 30cm정도이다. 비늘은 퇴화하여 작고 피부에 묻혀 있으며 색깔은 보랏빛을 띤 흑청색이다. 서해연안의 갯벌에 많이 살며 낮에는 갯벌 속에 숨어 지내고 밤에 주로 활동한다. 해세리를 미끈망둑, 빨갱이로 보는 의견도 있다(이태원 1, 2003). 『21세기 자산어보』 조사에서는 왜도라치로 비정하고 있다. 확실한 어명을 비정하기에는 검토가 더 필요한 어종이다.

〈원문〉 海細鱺(俗名坮光魚[249]).長一尺許,體細如指,頭如指耑.色紅黑,皮滑.伏於鹵泥中,腊之則味佳.

249 정씨본, 국립본, 상백본에는 臺光魚로 되어 있다.

3. 해점어(海鮎魚)

해점어에서는 해점어(海鮎魚), 홍점(紅鮎), 포도점(葡萄鮎), 장점(長鮎) 4종을 기술하고 있다.

〈원문〉 海鮎魚

3-1. 해점어(海鮎魚)

현지에서 부르는 이름은 미역어(迷役魚)이다. 큰 것은 길이가 2자 남짓이 되고, 머리는 크고 꼬리는 짤막하고 눈은 작다. 등은 푸르고 배는 누르며 수염은 없다(민물에서 나는 것은 누르고 수염이 있다.). 살코기는 아주 연하며, 뼈 역시 연한데, 맛은 옅고 좋지 않다. 술로 생긴 병[酒病]을 고칠 수 있고, 삭지 않은 것을 삶으면 살이 모두 녹아서 없어진다. 따라서 먹으려 하는 사람은 삭기를 기다린다.

▌평설

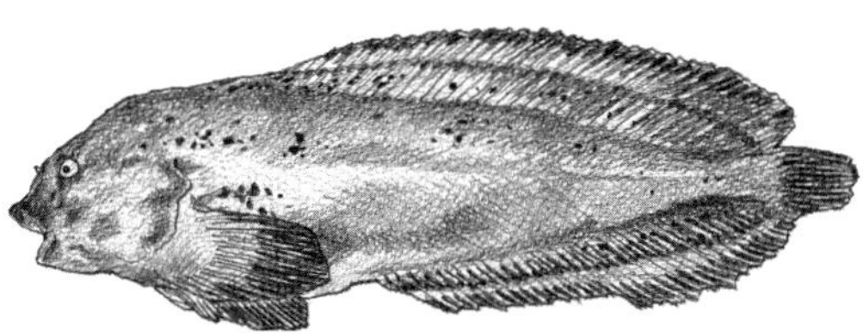

꼼치

해점어의 속명 미역어는 이름 그대로라면 물메기를 말하는 것이다. 해점어의 현재명은 꼼치라고 비정되기도 하며(이태원 4, 2003), 물메기로 비정되기도 한다(정문기, 1991). 두 물고기 모두 쏨뱅이목 꼼치과에 속하며 몸과 머리는 옆으로 납작하고, 머리가 큰데다 살이

젤리처럼 흐물흐물한 것도 닮아서 현재도 이름을 서로 바꿔 부르는 경우가 많지만 크기는 꼼치가 더 크다.

꼼치(Liparis tanakai)는 바닥이 펄로 된 수심이 50-80m인 바다에 주로 서식하며, 새우류와 작은 어류를 먹는다. 겨울철에 연안으로 이동해서 12~3월에 연안에 해조류의 줄기, 로프 등에 알을 낳아 부착시킨다.

물메기(Liparis tessellatus)는 동해에서는 꼼치, 곰치, 물곰이라고 불리고, 남해에서는 미거지, 물미거지, 서해에서는 잠뱅이, 물잠뱅이라고 불리는 등 지방이름이 다양하다. 미거지는 물메기의 별명이기도 하지만 실은 같은 꼼치과에 속하는 별도의 어종(Liparis ochotensis)이다. 이 3가지 물고기가 뒤섞여 이름에 혼선을 주고 있다.

『자산어보』에 해점어가 '술병에 좋다'고 기록하고 있지만, 당시에는 해점어가 쓸모가 없었던 모양이다. 그러기에 '뭐에 쓸지 모르는 물고기[迷役魚]'라고 기록된 것이 아닐까? 과거에는 이 물고기들이 쓸모가 없다고 해서 잡히는 대로 바닷물에 던져버려서 '물텀벙'이란 별명이 있었지만 요즘에는 탕이나 찜으로 사랑받고 있다. 탕은 숙취해소에 좋고 해장국이 일미라고 한다.

해점어를 꼼치라고 부른다는 흑산도 현장조사도 있지만(이태원 4, 2003), 현지사람들이 물메기를 꼼치라고 부르는 것일 수도 있다. 어보에는 해점어에 대해 '민물에서 나는 것은 누르고 수염이 있다'고 주석을 달고 있다. 메기를 말하는 것이다. 그리고 미역어(迷役魚]이란 말도 메기를 음차한 것이다. 흑산도에서 정약전이 해점어라고 기록한 실물이 꼼치인지, 아니면 물메기인지는 검토가 더 필요하다.

〈원문〉 海鮎魚(俗名迷役魚).大者長二尺餘,頭大尾殺,目小.背靑腹黃,無鬚(産於淡水者黃而有鬚.).肉甚脆軟,骨亦脆,味薄劣.能治酒病,未鯘而烹,則肉皆消融.故啖者待其旣鯘.

3-2. 홍점(紅鮎)

현지에서 부르는 이름은 홍달어(紅達魚)이다. 큰 것이 2자가 채 안 되며, 머리는 짧고 꼬리는 모지라지지 않았다. 몸이 높고 좁으며 색깔은 붉다. 맛이 달고 좋아 구우면 해점어보다 더 낫다.

▮ 평설

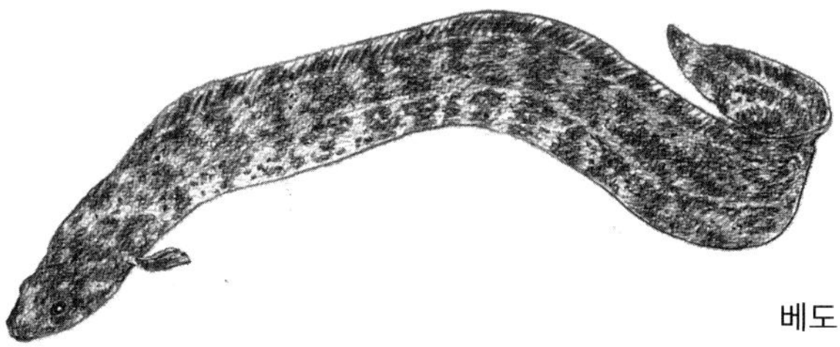

베도라치

홍점, 속명 홍달어는 꼼치로 비정되기도 하지만(정문기, 1991), 베도라치로 보는 것이 옳을 것이다(이태원 2, 2003). 베도라치는 농어목 황줄베도라치과로 색깔이 검고 몸이 긴 것이 미꾸리 종류를 닮았다. 베도라치는 지역에 따라 꼬또라지, 뽀드락지, 뻬드라치 등 다양한 이름으로 불리며, 동물성 플랑크톤, 작은 새우, 게 유생 등을 먹고 산다.

베도라치는 농어목 황줄베도라치과에 속하며 비늘이 퇴화되어 살 속에 파묻혀 있다. 딱딱한 비늘이 없는 대신 점액선이 잘 발달하여 점액으로 몸을 감싼다. 베도라치는 30㎝까지 자라며 연안의 얕은 수심에서 흔히 볼 수 있는 물고기이다. 몸은 전체적으로 갈색 바탕이지만 개체변이가 심하며, 등지느러미 기저에는 1줄의 흑색반점이 이어져 있고 꼬리지느러미의 가장자리는 희거나 투명하다.

〈원문〉 紅鮎(俗名紅達魚).大者二尺弱,頭短,尾不殺.體高而狹,色紅.味甘美,宜炙勝於海鮎.

3-3. 포도점(葡萄鮎)

현지에서 부르는 이름이 포도점(葡萄鮎)이다. 큰 것은 1자 남짓이며, 모양은 홍달어와 비슷하지만, 눈이 튀어나오고 색깔이 검다. 알은 녹두 같은데, 무리로 모여 둥글게 어우러진 것이 닭이 알을 품은 모습과 같다. 암수가 서로 안고 돌 틈에 엎드려 있으면, 새끼가 난다. 침 흘리는 아이에게 구워서 먹이면 효과가 있다.

▌평설

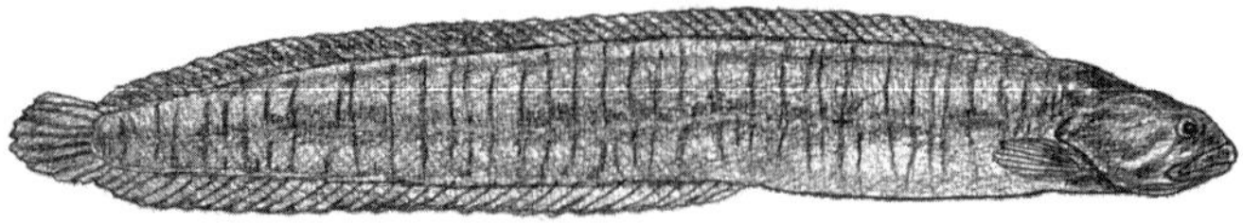

그물베도라치

어보의 포도점은 흑산도 현지의 이름을 음차해 적은 것이다. 포도메기, 포도미기라고 보기도 하고(이광정, 2003), 포도메로 보기도 한다(정석조, 1998). 이태원은 농어목 베도라치과에 속하는 그물베도라치로 비정하고 있다(이태원 2, 2003). 한자이름의 '포도'가 '베도'

를 음차한 것으로 본 것이다.

그물베도라치가 산란 후 부화될 때까지 알을 감싼 채 지키고 있다는 점, 그리고 요즘도 흑산도에서 침을 흘리는 아이에게 그물베도라치를 먹인다는 점에서도 어보의 기록과 일치되고 있다.

방언이름으로 쫄장어, 돌장어라고 불리며, 몸은 미끈미끈하며 동·남해 얕은 연안의 바위, 돌 아래에 서식한다. 갯지렁이, 새우, 어류 새끼 등 먹이로 삼으며 탐식성으로 인해 낚시에 잘 낚인다.

〈원문〉葡萄鮎(仍俗名).大者尺餘,狀類紅鮎,目突色黑.卵如菉豆,多聚而團合如鷄伏之卵.雌雄同抱而臥於石間,化成其子.小兒口涎,炙食則效.

3-4. 장점(長鮎)

현지에서 부르는 이름은 골망어(骨望魚)이다. 큰 것은 2자 남짓이며, 몸은 살이 없고 길다. 입은 조금 크며, 맛은 아주 없다.

▌평설

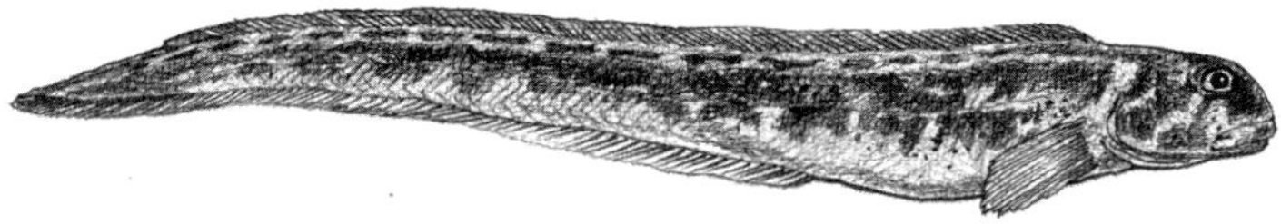

등가시치

장점은 속명이 골망어라고 기록되어 있으나 어보의 기록이 워낙 짧아 확실한 어명 비정이 어렵다. 한 어명조사에는 골맹이라고도 불린다고만 적혀 있다(이광정, 2003). 이태원은 흑산도 현지조사를 통해 현지에서 골망딩이라고 불리는 등가시치로 비정하고 있다. 등가시치는 농어목 등가시과로 길이가 길며 머리는 망둑어를 닮았다.

『21세기 자산어보』 조사에서는 등가시과의 등가시치와 무점등가시치를 같이 부르는 것으로 비정하고 있다. 『자산어보』 작성 당시에 두 물고기를 구분하지 않았을 가능성도 있다.

〈원문〉 長鮎(俗名骨望魚).大者二尺餘,而其體瘦長.口稍大,味薄劣.

4. 돈어(魨魚)

돈어 항목에서는 속명이 복전어(服全魚)라고 하는 복어 종류에 대해 기술하고 있다. 검돈(黔魨), 작돈(鵲魨), 활돈(滑魨), 삽돈(澁魨), 소돈(小魨), 위돈(蝟魨), 백돈(白魨) 7종이 기록되어 있다. 복전어는 복어의 방언이름인 복쟁이를 음차해서 적은 것으로 보인다.

〈원문〉 魨魚(俗名服全魚)

4-1. 검돈(黔魨)

현지에서 부르는 이름은 검복(黔服)이다. 큰 것은 2~3자이고, 몸은 둥글고 짧다. 입이 작고, 이빨은 겹쳐서 나있고 매우 단단하다. 성이 나면 배가 팽창하고 이를 갈아서 알알 소리를 낸다. 껍질이 단단해서 기물을 다스릴 수 있다. 맛은 달고 진하며, 복어종류 중에서 독이 적은 편이다. 익히고 삶아서 기름에 섞어서 먹는데, 불을 지필 때는 대나무를 땔감으로 하며 그을음[烟煤]이 나는 것은 꺼린다.

○ 청안: 『본초』에는 하돈(河豚), 일명 후이(鯸鮧), 일명 후태(鯸鮐), 일명 호이(鰗鮧), 일명 규어(鯢魚)이다(일명 鮭라고도 한다.). 일명 진어(嗔魚), 일명 취두어(吹肚魚), 일명 기포어(氣包魚)라고도 한다. 마지(馬志)는 이르기를, "하돈(河豚)은 강수와 회수[江淮], 강과 바다에 모두 있다."고 하였다. 진장기는 이르기를, "배가 희고 등마루에 붉은 길이 찍힌 것 같이 있으며, 눈을 떴다 감았다 할 수 있다. 사물에 접촉하면 바로 성을 내고, 배가 부풀어 기구처럼 떠오른다." 고 하였다. 이시진이 이르기를, "모양은 올챙이 같고, 등은 청백색이

다. 그 뱃살이 살져서 서시유(西施乳)라 부른다."고 했다(『본초강목』에 나온다.)." 모두가 복어[魨魚]인 것이다.

▌평설

검복

검돈(黚魨), 속명 검복(黚服)인 복어 종류는 복어목 참복과의 검복이다. 방언이름으로 복장어, 복쟁이, 복어, 금복이라 불린다. 난소, 간, 껍질에는 독성이 있으나 살과 정소에는 독이 없다.

검복은 성이나면 배를 팽창시키고 이빨을 가는 듯한 소리를 낸다. 복어종류가 몸을 부풀리는 이유는 위협을 받았을 때 적에게 겁을 주려고 하는 것이라는 설, 몸을 부풀려서 포식어가 물지 못하게 한다는 설, 몸에 물을 넣은 다음 입으로 강하게 분사하기 위한 것이라는 설이 있다.

이청은 중국 고서에 나오는 하돈 즉 황복의 기사를 중심으로 주석을 달고 있다. 또 서시유(西施乳)는 복어 전반의 이야기가 아니라, 황복의 살이 희고 살진 것을 미녀 서시의 젖가슴에 비유한 중국의 고사이다. 이태원은 검돈을 검복이나 자주복 중 한 종일 것으로 보고 있지만, 『21세기 자산어보』 조사에서는 참복과의 흰점참복, 참복, 자주복을 두루 부르는 이름으로 비정하고 있다.

〈원문〉 黔魨(俗名黔服).大者二三尺,體圓而短.口小,齒騈至堅剛.怒則服[250]膨脹,而切齒,軋軋有聲.皮堅可裹[251]器物.味甘醲,諸魨中寡毒.爛烹和油而食,爇以竹,忌烟煤.○晴案,『本草』河豚,一名鯸鮧(一作鯸鮐),一名鰗鮧,一名鯢魚(一作鮭),一名嗔魚,一名吹肚魚,一名氣包魚.馬志曰,河豚江淮河海,皆有之.陳藏器曰,腹白,背有赤道如印.目能開闔.觸物卽嗔怒,腹脹如氣毬浮起.李時珍曰,狀如蝌斗[252],背青白.其腹腴呼爲西施乳[253](并『本草綱目』.).皆魨魚也.

4-2. 작돈(鵲魨)

현지에서 부르는 이름은 가치복(加齒服)이다. 몸이 좀 작고, 등에 얼룩무늬가 있다. 독이 강해서 먹을 수 없다. ○ 청안: 이시진이 이르기를, "하돈은 색깔이 짙은 붉은빛을 띤 흑색이고 점무늬가 있는 것이고 이름이 반어(斑魚)이고, 독이 가장 심하다."고 했다. 어떤 사람은 말하기를, "3월 이후에는 반어는 먹을 수 없다(『본초강목』)."고 했다. 이는 바로 지금의 작돈(鵲魨)을 말하는 것이다.

모든 복어 종류는 독이 있다. 진장기가 이르기를, "바다에 있는 것이 가장 독성이 강한 것이고, 강에서 나는 것은 그 다음간다."고 하였다. 구종석이 이르기를, "맛은 비록 진미이지만, 다루는 법을 잘 모르고 먹으면 사람을 죽인다."고 하였다. 또, " 복어의 간과 알에는

---

250 정씨본, 국립본, 상백본, 가람본에는 腹으로 되어 있다. 고대본의 服은 腹의 오기이다.

251 가람본과 교감본에는 裹로 되어 있다.

252 蝌蚪의 감획자(減畫字)로 보인다.

253 교감본에는 浮로 되어 있다.

모두 심한 독이 있다."고 하였다. 진장기가 말한 것처럼, "입에 넣으면 혀가 문드러지고, 배로 들어가면 창자가 문드러지며 그 독성을 해소할 약이 없다."고 한 것이어서 마땅히 조심해야 할 것이다.

▌평설

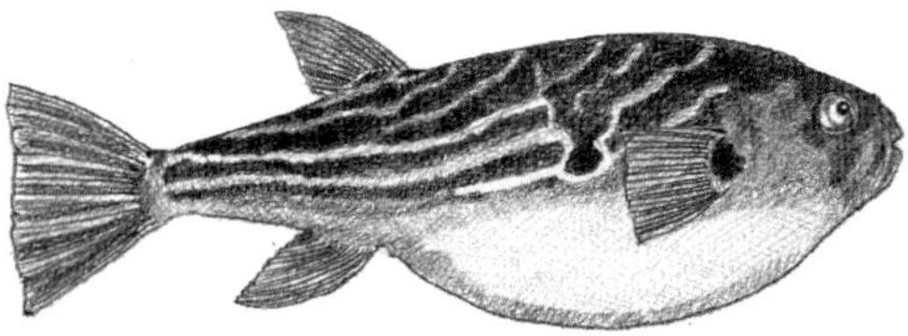

까치복

작돈, 속명 가치복의 표준명은 까치복으로 비정된다. 참복과 복어로 몸빛은 등 쪽이 암회색이고 흑갈색의 선 모양의 얼룩무늬가 있다. 가슴지느러미의 뒤쪽에 3, 4줄의 흑색 띠가 줄지어 있고, 그 뒤에 세 줄의 흑색 세로띠가 있는 것이 특징이다. 몸길이는 60㎝정도에 달하며 난소와 간장에는 테트로도톡신(tetrodotoxin)이라는 강한 독이 있지만 정소, 근육, 피부에는 독이 없다. 흔히 복아지라고 불리는 것이다.

이청의 까치복에 대한 주석 내용은 이시진의 설로 복어 전반의 독성을 변증한 것이어서 까치복과는 어울리지 않는 점이 있다.

〈원문〉 鵲魨(俗名加齒服).體稍小,背有斑文.有大毒,不可食.○晴案,李時珍云,河豚色炎黑[254],有文點者,名斑魚,毒最甚.或云,三月后則爲斑魚,不可食(出『本草綱目』).此卽今鵲魨之謂也.凡魨魚皆有毒.陳藏器曰,海中者大毒,江中者次之.寇宗奭云,味雖珍美,修治失法,食之殺人.又魨魚之肝及子,皆大毒.陳藏器所稱,入口爛舌,入腹爛腸[255].無藥可解者,宜可愼也.

4-3. 활돈(滑魨)

현지에서 부르는 이름은 밀복(蜜服)이다. 몸이 작고 회색으로 검은 무늬가 있으며, 살지고 매끄럽다.

▌평설

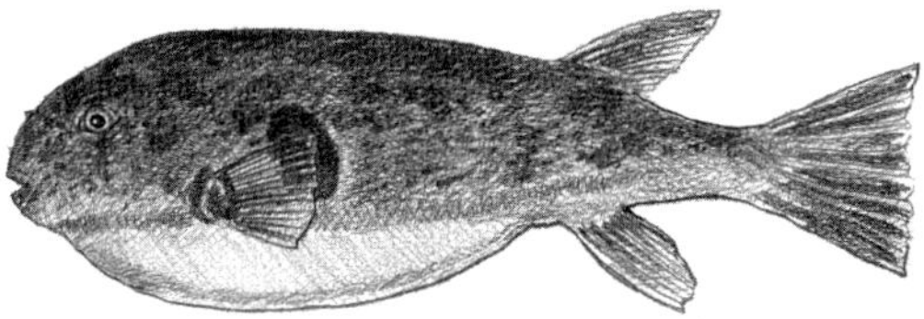

밀복

활돈, 속명이 밀복인 복어는 오늘날 표준명도 밀복이다. 참복과 복어로 몸과 머리의 등 쪽은 녹갈색, 중앙은 은백색, 배 쪽은 흰색이다. 주로 바다에 살지만 때때로 강 하구까지 올라온다. 4~5월 연안에서 산란하며 1년생은 체장이 25~30cm, 2년생은 36cm정도까지 성장한다.

밀복은 근육에 독이 있으며, 맛이 없어 요리에는 사용되지 않는다. 『21세기 자산어보』 조사에서는 활돈을 참복과에 속하는 졸복으로 비정하고 있다.

〈원문〉 滑魨(俗名蜜服).體小而灰色,黑文膩滑.

---

254 炎黑은 짙은 붉은빛을 띤 검은색의 의미로 보인다.

255 상백본과 가람본은 膓으로 되어 있다.

4-4. 삽돈(澁魨)

현지에서 부르는 이름은 가칠복(加七服)이다. 색깔은 황색이고, 배에 잔 까락이 있다.

▌평설

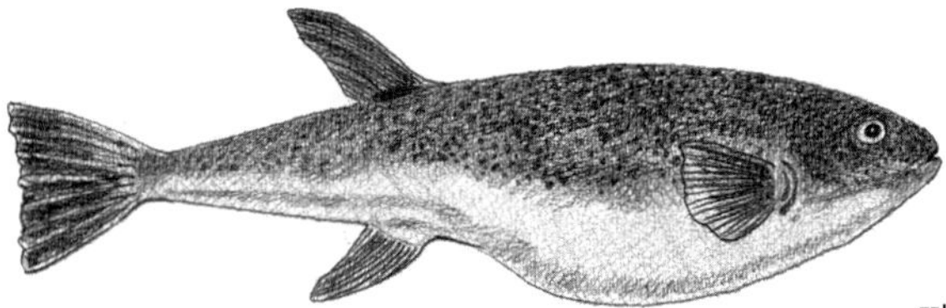

까칠복

삽돈, 속명 가칠복은 까칠복이다. 참복과에 속하며 깨복이라고 불리기도 한다. 다른 복어에 비해 가늘고 길며 몸길이는 40㎝정도에 달한다. 색깔은 등 쪽이 암청색이고 배 쪽이 희고, 옆구리에는 선명한 황색의 세로띠가 있다. 난소와 간장에는 강한 독이, 피부에 약한 독이 있으나 살과 정소에는 독이 없다. 독성이 강한 시기를 피하여 11월에서 이듬해 2월에 걸쳐 저인망으로 어획한다. 강한 독성에도 불구하고 살이 쫀득쫀득하고 맛이 좋아 탕이나 수육으로 인기가 많다.

〈원문〉 澁魨(俗名加七服).色黃,腹有細芒.

4-5. 소돈(小魨)

현지에서 부르는 이름은 졸복(拙服)이다. 밀복[滑魨]과 닮았으며 몸이 아주 작다. 큰 것이라야 7~8치에 지나지 않는다. ○ 육지와 가까운 곳에서 사는 복어는 곡우이후 강물을 따라 물을 거슬러 수 백리를 올라가서 산란을 한다. 먼 바다에 있는 것은, 매번 육지와 가까운 섬과 물가에 와서 산란을 하는데, 혹간은 부레가 팽창해서 수면으로 떠오른다.

▌평설

복섬

소돈, 속명 졸복인 복어 종류는 참복과의 복섬으로 비정되고 있으며(이태원, 2003), 『21세기 자산어보』 조사에서도 복섬으로 비정하고 있다. 연안에 살며 하천을 따라 올라오기도 하며 복어류 중 가장 작은 종이다. 쫄복, 복쟁이라는 방언이름이 있고, 난소, 간장, 껍질에 맹독을 가지고 있다.

연안 갯바위, 포구에 모여 사는 작은 복으로서 15㎝정도까지 성장하며, 등과 배에 비늘이 변형된 작은 가시들이 밀생해 있다. 몸은 계란형으로 암녹색 등에 흰색 점이 흩어져 있으며 배는 희다. 먹이에 대한 탐식성이 강해서 낚시꾼에게는 '미끼 도둑'으로 유명하며, 밤이 되면 모래 속에 들어가자는 습성이 있다.

〈원문〉 小魨(俗名拙服).似滑魨而體甚小.大者不過七八寸.○凡魨魚產於近陸者,穀雨後因川溪[256],泝[257]流數十百里,以產其卵.在外洋者,每於洲渚產卵,又或鰾漲而浮出水面.

4-6. 위돈(蝟魨)

모양은 복어와 비슷한데, 몸 전체가 모두 가시투성이여서, 마치 고슴도치와 같다. 창대가 말하기를, "단 한 번 해안에 떠밀리어 온 것을 보았는데, 크기가 1자에 불과하였고, 그 사용처는 모른다."고 하였다.

▌평설

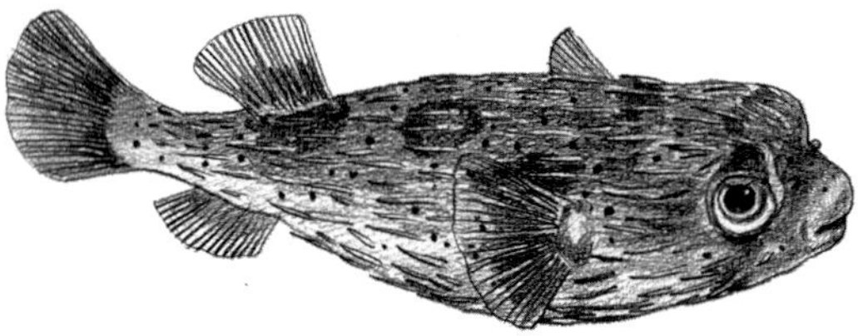

가시복

이 복어 종류는 온몸이 가시투성이여서 고슴도치와 같다고 위돈이라고 기록되어 있지만 표준명은 가시복과의 가시복이다. 몸 전체의 억센 가시는 비늘이 변형된 것이어서 세웠다 눕혔다 할 수 있다. 공기나 물을 마시고 배를 팽창시키면 밤송이 모양으로 둥글게 된다. 등 쪽이 흑갈색이고 배 쪽이 백색이고, 몸길이가 40㎝정도에 달한다. 때로는 큰 무리가 그물에 들어와서 어부를 곤란하게 하기도 한다. 독은 없고 식용한다.

〈원문〉 蝟魨.狀類魨魚.全身都是刺棘[258],恰如蝟鼠.昌大日,只一見漂泊於岸者,大不過一尺,其用處未聞.

256 가람본에는 溪가 流로 되어 있다.
257 정씨본, 국립본, 상백본에는 沂로 되어 있다.
258 가람본에는 荊棘로 되어 있다.

4-7. 백돈(白魨)

큰 것은 1자 가량이다. 몸이 가늘고 긴데 색깔은 순백색이다. 큰 것은 붉은 둥근 테가 있고, 맛이 좋다. 혹간 그물에 걸리거나, 혹은 장마로 강물이 넘치면, 물을 따라 상류로 올라오기 때문에 통발을 놓아 잡는다.

▌평설

백돈은 크기가 작은 복어 종류로 색깔이 희고, 하천으로 올라오기도 한다 하였으나, 정확한 어명은 비정되지 않고 있다. 『한국어도보』에도 미확인종으로 올라 있다.

백돈을 은복, 밀복, 흰복이라 불리는 흰밀복으로 비정하기도 하지만(정석조, 1998) 어보의 묘사와는 생긴 모양이 다르다. 흰밀복은 몸길이 35cm정도의 중형종으로 몸은 긴 방추형이다. 꼬리지느러미는 뒤쪽 끝부분이 갈라져 오목하게 들어가 있다. 등과 배 부분에는 작은 가시가 있다. 흰밀복은 참복과의 복어로 우리나라 부근에서 잡히는 것은 독이 거의 없어 복요리로 가장 많이 이용되고 있다.

〈원문〉 白魨.大者一尺許.體細而長,色純白.大者有紅暈,味甘.或入漁網,又或霖雨溪漲,隨水泝[259]上,設筌而捕.

---

259 정씨본, 국립본, 상백본에는 沂로 되어 있다.

5. 오적어(烏賊魚)

오적어라는 항목에서는 오적어(烏賊魚), 유어(鰇魚) 2종류를 기술하고 있다.

〈원문〉烏賊魚

5-1. 오적어(烏賊魚)

큰 것은 지름이 1자 가량 된다. 몸은 타원형이고 머리가 작고 둥글며, 머리 아래 가는 목덜미가 있으며, 목 위에 눈이 있다. 머리끝에 입이 있고, 입 둘레에 8개의 다리가 있는데, 낚싯줄 같이 가늘고 길이는 불과 2~3치이며, 모두 국화모양의 발굽[菊蹄]이 달려있다. 이것으로 앞으로 나가기도 하고 물건이 있으면 붙잡기도 하는 것이다. 그중 별스럽게 튀어나온 2개의 끈과 같은 긴 다리가 있는데, 그 길이는 1자5치정도이다.

다리 끝에는 말발굽 같은 빨판[團花]이 있어(둥근 것이 국화꽃 같으며, 양쪽으로 대칭이 되어 있어 그리 부른다.), 이것으로 물체에 달라붙는다. 앞으로 갈 때에는 거꾸로 되어서 가며, 또 바로 갈 수도 있다. 등에는 긴뼈가 있으며 몸처럼 타원형이다. 고기는 아주 연하며, 알이 그 안에 들어있다. 주머니가 있어 먹즙이 가득하며, 침범하는 물체가 있으면 바로 먹물을 뿜어내어 현혹시킨다. 그 먹을 취하여 글씨를 쓰면 색깔이 빛나고 윤기가 나는데, 단지 오래 되면 먹이 떨어져 흔적이 없어진다. 바닷물에 담그면 먹 자국이 다시 새롭게 나타난다고 한다.

등에는 붉고 검은 무늬가 있으며, 맛은 달고 회를 치거나 포를 뜨거나 모두 좋다. 오적어 뼈는 상처를 아물게 하고 새살을 돋게 한다. 또 말의 종기와 나귀의 등창을 치료함에 있어 이것이 아니면 고치지 못한다.

○ 청안: 『본초』에 오적어(烏賊魚), 일명 오즉(烏鰂), 일명 묵어(墨魚), 일명 남어(纜魚)라 했고, 뼈의 이름은 해표초(海鰾鮹)이다. 『정자통』에 이르기를, "즉(鰂)은 일명 흑어(黑魚)이며 모양은 산대주머니[算囊]와 같다."고 하였다. 소송이 이르기를, "모양은 가죽주머니 같고, 등 위에 뼈 하나가 있으며, 모습이 작은 배와 같으며, 뱃속에 피와 담즙이 있는데, 바로 먹과 같으며, 글자를 쓸 수 있다.그러나 오래 되면 자취가 흩어져 버린다. 먹물을 품고 있어 예(禮)를 알므로, 세상에서는 북해[海若][260]의 장례를 치르는 구실아치[白事[261]小吏]라 불렀다."고 한다. 그것이 바로 오징어이다.

또 진장기가 이르기를, "진나라 왕[秦王]이 동쪽으로 나들이를 했을 때 산대[262]를 바다에 버렸는데, 이것이 오징어로 변했기 때문에 생김새는 산대를 닮았으며 배에 항상 먹이 들어있다."고 하였다. 소식의 『어설』에서 이르기를, "오적어는 다른 것이 저를 엿보는 것을 두려워해서, 햇빛에 붉게 비치는 물[煦水][263]에 스스로를 숨기려하지만, 바다 까마귀가 보고 오징어인 줄 알아보고 잡아먹는다."고 하였다.

소송이 이르기를, "도은거(陶隱居)가 말하기를 오징어는 물새[鱟

---

260 북해의 신으로 황하의 신 하백(河伯)과의 대화에서 바다의 넓기는 측량하기 어려움을 말했다(『장자』「외편」, '추수').

261 白事: 장례식을 뜻한다(喪事,幫人家辦白事,『駱駝祥子』).

262 算袋: 붓이나 벼루를 넣는 휴대용 자루를 말한다.

263 煦: '따듯하게 하다' 또는 '붉은 빛'이라는 뜻이 있다(『옥편』). '햇빛[日光]'이라는 뜻이 있고(『광운』). '해가 뜰 때의 붉은색'을 뜻하기도 한다(『설문해자』).

鳥]가 변해서 된 것이다. 새의 부리와 배를 모두 갖추고 있으며, 모양도 아주 새와 비슷하다. 뱃속에 먹[墨]이 있어 쓸 수 있기 때문에 그 이름을 오즉(烏鰂)이라고 부르게 되었다."고 하였다.

또 『남월지』에 이르기를, "성질이 까마귀를 좋아해서, 매일 물위에 떠올라 있으면, 날고 있던 새가 보고 죽은 것으로 알고 쪼면, 이내 말아 들여 물속으로 들어가서 먹는다."고 하였다. 이로 인한 이름인 오적(烏賊)은 까마귀를 해치는 도적이란 말이다.

이시진은 이르기를, "나원의 『이아익』에 9월에 한오(寒烏)[264]가 물에 들어가 오징어가 되었는데, 문묵(文墨)을 갖추어 가히 법칙이 되므로, 그 이름을 오즉(烏鰂)이라 했다."고 했는데, 즉(鰂)이라는 것은 법[則]을 말한다.

이런 여러 설을 보면, 혹은 산대가 변한 것이라 하고, 혹은 물을 흐리게 해서 까마귀를 해친다고 하고, 혹은 죽은 체하며 까마귀를 잡아먹는다고 하고, 혹은 물새가 변한 것이라 하고, 혹은 까마귀가 변한 것이라 하는데, 그 모두를 실제로 본 것이 아니어서 자세히 알 수는 없다. 내가 보기에는 오적(烏賊)이라는 것은 시커먼 사나이[黑漢]를 말하는데, 검은 먹을 품고 있어 그런 이름이 있다. 후일에 고기 어(魚)를 붙여 오적(鰞鱡)이라 했고, 또 줄여서 즉(鰂) 혹은 적(鱡)이라 한다. 혹자는 잘못 알고 적(鰿)[265]이라고 하는데 별다른 뜻이 있는 것은 아니다.

264 까마귀 혹은 겨울철의 까마귀를 말한다.

265 『편운』에 음이 賊이라 했고, 『강희자전』에는 적(鱡)의 잘못 쓴 글자[僞字]라 했다.

▌평설

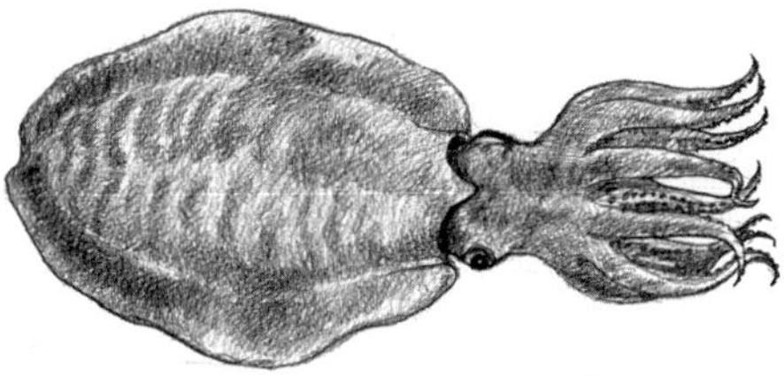

갑오징어

어보에 오적어로 기록되어 있는 오징어는 두족류 십완목(十腕目)에 속하는 연체동물인 오징어류의 총칭이다. 가장 작은 오징어는 꼬마오징어로 몸길이 2.5cm정도이고, 가장 큰 오징어는 대양대왕오징어로 대서양에 살며 촉완을 포함하여 15m이상에 이르는 것도 있다. 서식 장소도 연안에서 심해까지 걸쳐 광범위하다. 오징어류는 육식성으로 작은 물고기, 새우, 게 등을 먹으며, 바다에 사는 대형 어류와 동물의 먹이가 된다.

몸은 머리, 몸통, 다리의 3부분으로 이루어지며, 머리는 다리와 몸통 사이에 있고 좌우에 큰 눈이 있다. 8개의 다리가 있고, 안쪽에 짧은 자루가 있는 흡반이 있다. 일반적으로 식용하는 오징어로는 참오징어, 화살오징어, 살오징어 따위가 있다.

어보에서 논한 오징어가 어느 종류인지는 단정하기 어렵지만, 본문과 청안의 오징어 묘사내용은 대체로 참오징어에 대한 것이다. 참오징어는 몸 안에 길고 납작한 뼈 조직을 가지고 있어 갑오징어라고도 불린다. 오징어 종류 중 가장 맛이 좋다고 해서 참오징어라 한다. 몸이 둥글고 다리가 짧은 것이 특징이며, 서해와 남해에 많은데 유자망, 통발로 잡는다. 다리가 짧고 뼈가 있다. 어보에서 묘사한 '별스럽게 튀어나온 2개의 끈과 같은 긴 다리'는 갑오징어의 2개의 촉완(觸腕)을 말하며 갑오징어는 이 다리를 이용해서 먼 곳의 먹이를 잡아들여먹는다.

화살오징어는 한치, 화살꼴뚜기라고 불린다. 다리가 짧아 한 치(3cm)밖에 안 된다고 하여 한치라고 하고, 한겨울 추운 바다에서도 잡혀서 한치라고 한다고 전해진다. 지느러미는 세로로 긴 삼각형으로 몸통의 2/3에 달하며, 머리는 작고 팔도 짧으며 연약하다.

살오징어는 보통 오징어라고 불리며 속초, 울릉도 인근 바다가 주산지이다.

〈원문〉 烏賊魚.大者徑一尺許.體橢圓,頭小而圓,頭下細頸,頸上有目.頭端有口,口圍有八脚,細如釣綸,長不過二三寸.而皆有菊蹄[266].欲行則行,有物則攫者也.其中別出二長脚[267]如條[268]子,長尺有五寸許.脚末有[269]馬啼有團花(團花如菊,兩對成行,故云.),所以黏著[270]者也.行則倒行,亦能順行.背[271]有長骨,亦橢圓.肉[272]甚脆軟,有卵其[273]中.有囊盛墨汁,有物侵之,則噴其墨以眩之.取其墨而書之,色極光潤,但久則剝落無痕.浸以海水,則墨痕復新云.背[274]赤黑有斑文.味甘美,宜鱠腊.其骨能合瘡生肌[275]骨.亦治馬瘡,驢之背瘡,非此莫治.○晴按,『本草』烏賊魚,一名烏鰂,一名墨魚,一名纜魚,骨名海鰾鮹.『正字通』云,鰂一名黑魚,狀如算囊.蘇頌云,形若革囊,背上只有一骨,狀如小舟.腹中血及膽,正如墨,可以書字.但愈[276]年則迹滅[277].懷墨而知禮,故俗謂之海若白事小吏,此皆是也.又陳藏器云,是秦王東游,棄算袋[278]於海,化爲此魚,故形似之,墨尚在腹.蘇軾『魚說』云,烏賊懼物之窺已也.則煦水以自蔽,海鳥[279]視之,知其魚而攫之.蘇頌云,陶隱居言此是鷃鳥所化.今其口腹具存,猶頗相似.腹中有墨可用,故名烏鰂.又『南越志[280]』云,其性嗜烏,每自[281]浮水上,飛烏見之,以爲死而啄之,乃卷取入水而食之.因名烏賊,言爲烏之賊害也.李時珍云,羅願『爾雅翼』,九月寒烏[282]入水,化爲此魚.有文墨可爲法則,故名烏鰂,鰂者則也.據此諸說,或言算袋之所變,或言煦水而爲烏所害,或言佯死而攫烏以食,或言烏鷃之所化,或言寒烏之所變.俱未有實見,不可詳[283]也.余謂烏賊者,猶言黑漢,以其懷墨,故名也.後仍加魚作鰞鰂,又[284]省作鰂,亦作鯎.或譌作[285]鱡,非有他義也.

먼 바다에서 밤중에 집어등을 밝히고 채낚시로 잡는다. 동해에서 주로 잡혔으나 요즘에는 서해에도 드물게 나타난다. 이 오징어는 한때 피등어꼴뚜기라고도 불렀으나, 지금은 오징어란 이름으로 정착되었다.

이청의 안은 주로 중국문헌을 인용하고 있다. 오징어 종류는 우리나라에서도 동해에서 많이 나며, 중국 근해에서는 그다지 많이 볼 수 있는 어종은 아니다. 그러기에 중국문헌에서 오징어는 마치 신화의 이야기와 같다. 오징어란 이름은 오즉어, 오적어 등 한자이름에서 비롯되었다는데, '짚으로 엮어 만든 작은 섬'인 오쟁이 모양에서 비롯된 것으로 보는 의견도 있다(김인호, 『조선어어원편람』).

---

266 정씨본, 국립본, 상백본에는 '團花如菊,兩對成行,故云'가 붙어 있다.
267 상백본과 가람본에는 脚으로 되어 있다.
268 상백본에는 條로 되어 있다.
269 정씨본, 국립본, 상백본에는 有가 如로 되어 있다.
270 정씨본에는 着으로 되어 있다.
271 교감본에는 皆로 되어 있다.
272 가람본에는 肉자가 없다.
273 정씨본, 국립본, 상백본에는 在로 되어 있다.
274 교감본에는 皆로 되어 있다.
275 정씨본, 국립본, 상백본에는 肥로 되어 있다.
276 국랍본과 가람본에는 逾로 되어 있다.
277 정씨본에는 減으로 되어 있다.
278 정씨본, 국립본, 상백본에는 俗로 되어 있다.
279 교감본에는 鳥로 되어 있다.
280 상백본에는 越이 趣로 되어 있다.
281 상백본에는 日로 되어 있다.
282 교감본에는 鳥로 되어 있다.
283 정씨본과 국립본에는 許, 상백본에는 計로 되어 있다.
284 정씨본, 국립본, 상백본에는 人으로 되어 있다.
285 정씨본, 국립본, 상백본에는 竹, 교감본에는 竹?으로 되어 있다.

5-2. 유어(鰇魚)

현지에서 부르는 이름은 고록어(高祿魚)이다. 큰 것은 1자 가량이 된다. 모양은 오징어를 닮았고, 몸이 더 길고 좁다. 등판이 없고 뼈가 있는데, 뼈는 종이처럼 얇고 이것으로 등마루를 삼았다. 색깔은 붉은색인데 엷은 검은색을 띤다. 맛은 달고 열다. 나주 이북에 아주 많이 나며, 3~4월에 잡아 젓갈을 담는다. 흑산도에도 있다.

○ 청안: 『정자통』에, "유(鰇)는 본래 유(柔)로 쓰며, 오징어와 닮았는데 뼈가 없다. 바다에 살며 월나라 사람들이 귀중하게 여긴다."고 하였다(『본초강목』에도 그렇다고 하였다.). 이것이 오늘날의 고록어(高祿魚)이다. 단지 산랑(算囊)이 없고 가는 뼈가 있어서이지 전혀 뼈가 없는 것은 아니다.

▌평설

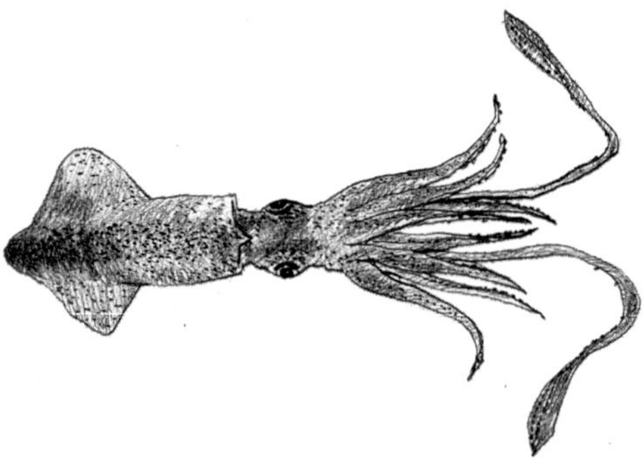

꼴뚜기

유어, 속명 고록어는 꼴뚜기이다. 꼴뚜기는 오징어와 비슷하게 생긴 십완목 화살오징어과의 연체동물이다. 오징어보다 작으며, 4~5월에 남해에서 많이 잡히는데 주로 젓갈을 만들어 먹는다. 방언으로 고록(여수, 장흥, 보성, 고흥), 꼬록(군산, 부안, 김제, 고창, 서천), 호래기(마산, 진해, 창원), 꼴띠(통영), 한치(울산)로 불린다.

꼴뚜기의 몸통은 길쭉하게 생겼는데 길이가 폭의 3배정도가 된다. 뼈는 얇고 투명하며 각질(角質)로 되어 있고, 다리의 길이는 몸통의 반 정도이다. 수명은 1년이며, 연안에 많이 서식하고 이동을 많이 하지 않아 근육이 덜 발달되어 있어 오징어보다 훨씬 연하고 부드럽다.

〈원문〉 鰇魚(俗[286]名高祿魚).大者長一尺許.狀類烏賊,體益長而狹.背無板而有骨.骨薄如紙,以爲之脊.色赤微有墨,味甘而薄.羅州以北甚繁,三四月取以爲醢.黑山亦有之.○晴案,『正字通』,鰇本作柔,似烏賊無骨.生海中,越人重之(『本草綱目』亦言之.).此卽今之高祿魚也.但無算[287]囊而有細骨,非全[288]無骨也.

---

286 정씨본, 국립본, 상백본에는 仍로 되어 있다.
287 국립본에는 箕로 되어 있다.
288 정씨본, 국립본, 상백본에는 今으로 되어 있다.

6. 장어(章魚)

장어라는 항목 아래 장어(章魚), 석거(石距), 준어(蹲魚) 3종류에 대해 기술하고 있다. 8완목의 연체동물들이다.

〈원문〉 章魚

6-1. 장어(章魚)

현지에서 부르는 이름은 문어(文魚)이다. 큰 것은 길이가 7~8자이다(동해와 북해에서 나는 것은 길이가 혹간 2장 남짓이 된다.). 머리가 둥글고, 머리 아래가 어깨 같은데 8개의 긴 다리가 나 있다. 다리 아래 한쪽에 빨판[團花]이 있는데 국화꽃 같으며, 마주 보며 줄을 이루고 있다. 바로 이것으로 물체에 달라붙는 것이다. 한번 달라붙으면 끊어질 때까지 몸에서 떼어 낼 수 없다.

항시 석굴에 숨어 있고, 나다닐 때는 그 빨판을 이용한다. 8개의 다리 주위에 구멍이 하나 있는데, 이것이 바로 입이다. 입에는 이빨이 2개 있는데, 마치 매의 부리와 같고 매우 단단하고 강하다. 물에서 나와도 죽지 않지만, 그 이빨을 빼면 바로 죽는다. 창자가 외려 머리 안에 있고, 눈은 그 목에 있다. 색깔은 홍백색이다. 가죽과 껍질을 벗기면 눈처럼 희고, 빨판은 아주 붉다. 맛이 달아 전복과 같고, 회도 포도 모두 좋다. 뱃속에는 한 물건이 있는데 세상에서 부르기를 온돌(溫堗)이라 하며, 종기의 부기를 해소하고, 물에 개어 바르면 단독289에 아주 효과가 있다.

---

289 丹毒: 피부에 나타나는 일종의 급성 열독병증(熱毒病症)으로 환부가

○ 청안: 『본초강목』에 장어(章魚)는 일명 장거어(章擧魚), 일명 길어(傷魚)[290]라 했다. 이시진이 이르기를, "남해에서 나며 모양은 오징어와 비슷한데 크며, 발이 8개 달린 몸에 고깃살이 있다."고 했다. 또 한퇴지(韓退之)가 말한, "장거와 낙지는 다투어 괴이함을 스스로 뽐내네[章擧馬甲柱[291], 鬪以怪自呈.]."라는 것이 모두 오늘날의 장어이다.

또 『영남지』에 이르기를, "장화어(章花魚)가 조주(潮州)[292]에서 나오고, 몸에 발이 여덟 개인데 살은 눈 같이 희다."고 하였다. 『자휘보』에서 이르기를, "『민서』의 장어(鱆魚)는 일명 망조어(望潮魚)이다." 라고 하였는데 역시 문어를 말한다.

우리나라에서는 팔초어(八梢魚)라 한다. 동월의 『조선부』에서 물고기를 금문(錦紋), 이항(鮐項), 중순(重脣), 팔초(八梢)라고 했다. 그 주에 이르기를, "팔초는 강소(江蘇)·절강(浙江)지방의 망조(望潮)이다. 맛은 그다지 좋지 않으며. 큰 것은 길이가 4~5장이다."라고 했다.

『동의보감』에서 말하기를 "팔초어(八梢魚)는 맛은 달고 독이 없다. 몸에 8개의 긴 다리가 있으며, 비늘과 뼈가 없는데 또 이름을 팔대어(八帶魚)이다."라고 했다. 동해와 북해에서 나며, 속명이 문어인 것이 바로 이 물고기이다.

붉어져서 단독이라 하였다. 화단(火丹)·홍자류(紅紫瘤)·적류(赤瘤)·단진(丹疹)이라고도 한다.

290 傷: 鰞의 오기로 의심된다. 심영, 『임해이물지』에 "鰞似烏賊, 肥食甘美."라 했다.

291 마갑주는 꼬막이지만 낙지를 이르기도 한다(馬甲柱,卽江瑤柱,此云石矩.卽章擧之類,當別有章擧一條,而傳寫佚之.『考異』).

292 중국 광동성 동부의 한강(韓江) 하류에 있는 도시이름이다.

▌평설

문어

문어는 어보에 장어(章魚)라고 기록되었고, 다른 한자이름은 문어(文魚)이고 대팔초어(大八梢魚), 팔대어(八大魚)이다. 문어는 문어목 문어과 팔완류의 연체동물로 수명은 3~5년이고, 위급할 때에는 검은 먹물을 뿜어 방어한다. 몸 크기는 약3m, 15kg정도로 자라며, 연안에서 심해까지 두루 서식한다. 방언으로는 물꾸럭(제주도), 피문어(여수, 고흥, 장흥, 보성), 문에(양양, 강릉)라고 부른다.

〈원문〉 章魚(俗名文魚).大者長七八尺(產於東北海者,長或二丈餘.).頭圓.頭下如肩胛,出八[293]枝長脚.脚下一半有團花如菊,兩對成行,卽所以黏著於物者.黏著則寧絕其身,不肯離解.常伏石窟,行則用其菊蹄.八脚周圍而中有一孔,卽其口也.口有[294]二齒如鷹觜[295],甚硬强.出水不死,拔其齒卽死.腹腸[296]却在頭中,目在其頸.色紅白.剝其皮膜則雪白,菊蹄正紅.味甘似鰒[297]魚,宜鱠宜腊.腹中有物,俗呼溫堗,能消瘡根.水磨塗,丹毒神效.○晴案,『本草綱目』,章魚,一名章擧魚,一名傿魚.李時珍云,生南海,形如烏賊而大,八足身上有肉.韓退之所謂,章擧馬甲柱,鬪以怪自呈[298]者,皆今之文魚也.又『嶺南志』云,章花魚出潮州,八脚身有肉如雪.『字彙補』云,『閩書』鱆魚,一名望潮魚,亦皆此也.我國稱八梢魚.董越『朝鮮賦』,魚則錦紋·鲐項·重唇·八梢.自注云,八梢卽江浙之望潮.味頗不佳,大者長四五尺.『東醫寶鑑』云,八梢魚,味甘無毒,身有八條長脚[299],無鱗無骨,又名八帶魚.生東北海,俗名文魚.卽是也.

일반적으로 문어라고 불리는 종에는 왜문어도 포함된다. 왜문어는 다리를 포함한 몸통길이가 50cm전후로 물문어, 대문어라고 불리는 문어에 비하여 훨씬 작으며, 몸 표면에 크고 작은 혹이 있고 다리 흡반에 자루가 없다. 왜문어가 문어에 비해 더 흔하며, 연안에서 문어 통발로 어획되는 주된 문어류로 지역에 따라서는 참문어, 돌문어, 피문어라고 불리고 있다.

이청의 주석에서 『민서』의 장어(鱆魚)는 일명 망조어(望潮魚)라 하였는데, 『난호어목지』에서는 망조어를 주꾸미로 보고 있다. 또 『조선부』에 나오는 물고기인 금문(錦紋)는 금린어 즉 쏘가리이고, 이항(鮐項)은 열목어, 중순(重脣)은 누치를 말하고 있다.

6-2. 석거(石距)

현지에서 부르는 이름은 낙제어(絡蹄魚)이다. 큰 것은 4~5자이고, 모양은 문어를 닮았지만 다리가 더 길다. 머리는 둥글고 길며, 개펄 흙에 곧잘 들어간다. 9~10월에는 뱃속에 밥알 같은 알이 있는데 먹을 만하다. 겨울이 되면 구멍에 숨어 새끼를 낳는데 새끼가 부모를 먹는다. 색깔은 희다. 맛은 달고 좋으며 회와 국, 포로도 좋으며, 사람의 원기를 돋워 준다(여위고 병든 소에게 낙지 4~5마리를 먹이면

---

293 상백본에는 八이 入으로 되어 있다.

294 정씨본에는 者로 되어 있다.

295 어보 전문에 매의 부리를 觜(털뿔 자)라고 표기하고 있다. 嘴(부리 취)의 대자로 보인다.

296 정씨본, 상백본, 가람본에는 腸으로 되어 있다.

297 정씨본에는 腹으로 되어 있다.

298 『영표록이』에는 '闕以怪自呈'으로 되어 있다.

299 정씨본에는 條로 되어 있다.

바로 건강해진다.).

○ 청안: 소송이 이르기를, "문어와 석거 두 가지는 오징어를 닮았고 크기가 다르지만, 맛은 더욱 좋다."고 하였다. 『영표록이기』에, "석거는 몸이 작지만 발이 길며, 소금을 뿌려서 구워먹으면 맛이 아주 좋다."고 하였다. 이것은 지금의 낙지를 말하는 것이다. 『동의보감』에서, "소팔초어(小八梢魚)이고 성질은 평하고 맛은 달다. 속명을 낙지라고 한다."고 한 것이 바로 이것이다(속설에 낙지가 뱀과 교합한다고 하였고, 잘라서 피가 나오는 것은 버리고 먹지 않는다고 하였다. 그러나 낙지는 스스로 알이 있으니 뱀이 변한 것은 아니다.).

▌평설

낙지

어보에서는 낙지를 석거(石距), 낙제(絡蹄), 소팔초어(小八稍魚)로 기록하고 있다. 낙지는 팔완목(八腕目) 문어과의 연체동물로 연안의 조간대에서 진흙 속에 굴을 파고 산다. 큰 놈은 몸길이가 70cm에 달하기도 하며, 한국, 일본, 중국의 연안에 많고 우리나라는 전라남북도 해안 갯벌이 주산지이다.

몸은 몸통, 머리, 팔로 되어 있고 머리처럼 보이는 몸통은 달걀 모양으로 심장 등 장기와 생식기가 들어 있다. 바위틈이나 진흙에 판 굴 속에 있다가 팔을 밖으로 내어 먹이를 잡아먹는다. 간의 뒤쪽에는 먹물주머니가 있어 쫓기거나 위급할 때 먹물을 뿜어내어 주위의 물을 물들임으로써 자신을 적으로부터 보호한다.

어보에서 낙지를 먹는 방법이 '회와 국, 포로도 좋다'고 하였다. 요즘은 산 낙지를 기름장에 찍어먹지만, 예전에는 살짝 익혀 숙회로 먹었다. 낙지국은 낙지에 각종 양념을 넣어 탕으로 끓여 먹으며, 전라남도 영암군의 향토음식으로 연포탕이라 한다. 낙지는 문어나 오징어와 마찬가지로 건어로 만들어 먹었으며, 말린 낙지 혹은 건낙지'라고 불리지만 흔한 음식은 아니다.

이청의 안에서 '낙지가 뱀과 교잡한다 하였고, 잘라서 피가 나오는 것은 버리고 먹지 않는다'는 속설에 대해, "낙지는 스스로 알이 있으니 뱀이 변한 것은 아니다."라고 결론지은 것은 중국문헌에만 의지한 것이 아니라 현장의 경험에서 우러난 것이다.

〈원문〉 石距(俗名絡蹄魚).大者四五尺.狀類章魚,而脚[300]尤長.頭圓而長,好入泥穴.九十月,腹中有卵如飯稻粒,可食.冬則蟄穴[301]產子,子食其母.色白.味甘美,宜鱠及羹腊,益人元氣(牛之瘦憊者,飼石距四五首則頓健.).○晴案,蘇頌云,章魚石距二物,似烏賊而差大,更珍好.『嶺表錄異記』,石距,身小而足長,入鹽燒食極美.此則今之絡蹄魚.『東醫寶鑑』,小八梢魚,性平味甘,俗名絡蹄者,是也(俗云,絡蹄魚與蛇交,故斷而有血者,棄之不食.然,絡蹄魚,自有卵未必盡蛇化也.).

300 가람본에는 脚이 味로 되어 있다.

301 정씨본에는 蟄伏으로 되어 있다.

6-3. 준어(蹲魚)

현지에서 부르는 이름은 죽금어(竹今魚)이다. 크기는 불과 4~5치이고, 생긴 것은 문어와 비슷한데, 단지 발이 짧아 몸길이의 반 정도이다.

▌평설

주꾸미

준어(蹲魚), 속명 죽금어는 주꾸미를 말한다. 주꾸미는 팔완목 문어과의 연체동물로 몸통에 8개의 팔이 달려 있고 낙지와 비슷하게 생겼지만 작다. 낙지는 몸길이가 70cm정도 되지만, 주꾸미는 약 20cm에 불과하다. 수심 10m정도인 연안의 바위틈에 서식하며, 주로 밤에 활동한다.

죽거미, 쯔그미, 쭈깨미, 쭉지미, 쭈게미 등의 방언이름이 있는데, 모양이 거미[蜘蛛]를 닮아서 생긴 이름이다. 그물로 잡거나 소라와 고둥의 빈껍데기를 이용한 전통적인 방식으로 잡기도 한다. 고둥, 전복 등의 껍데기를 몇 개씩 줄에 묶어서 바다 밑에 가라앉혀 놓으면 낮 동안 활동하던 주꾸미가 밤이 되면 그 속에 들어간다. 이러한 어구를 소라통발 혹은 소라방이라 부른다. 빈 고둥껍데기가 낚싯바늘인 셈이다.

〈원문〉 蹲魚(俗名竹今魚).大不過四五寸,狀類章魚,但脚短,僅居一身之半.

7. 해돈어(海豚魚)

해돈어 항목에서는 해돈어 1종류만 기술하고 있다.

〈원문〉 海豚魚

7-1. 해돈어(海豚魚)

현지에서 부르는 이름은 상광어(尙光魚)이다. 큰 것은 1장 남짓이 된다. 몸은 둥글고 길며, 색깔이 검어 큰 돼지를 닮았다. 유방과 생식기가 여인과 같다. 꼬리는 가로로 있으며(모든 고기의 꼬리는 배의 키 모양과 같은데, 이것만은 가로로 났다.), 창자는 개를 닮았다. 꼭 무리를 지어 따라 다니는데, 물위로 나와 색색대는 소리를 낸다. 기름진 살이 많아 한 마리만으로 한 동이를 채운다. 흑산도에 가장 많은데, 사람들이 잡는 방법을 모른다.

○ 청안: 진장기가 이르기를, "해돈은 바다에서 나며, 바람과 조수를 헤아려 출몰하며, 모양은 돼지와 같다. 코가 뇌 위에 있으며, 소리를 내며 물을 위로 내뿜는다. 수백 마리가 무리를 짓는다. 해돈은 기름[302]이 많은데, 등불을 켜서 노름[樗蒲][303]하는 곳을 비추면 바로 밝아지고, 독서하고 일하는 데를 비추면 어두워진다. 전설에 '게으른 며느리'가 변한 것이라 한다."고 하였다. 이시진이 이르기를, "그 모양과 크기가 수백 근 되는 돼지와 같으며, 색깔이 검푸른 것이 메기

302 曲脂: 젖꼭지를 말하지만, 어보에서는 젖의 기름기 혹은 그냥 기름기라는 의미로 쓰인 것 같다.

303 도박이나 놀이의 일종으로 주사위 같은 것을 나무로 만들어 던져서 그 끗수로 승부를 겨룬다.

와 같다. 두 젖과 암수의 구분이 사람과 같고, 여러 마리가 함께 나아가면서 떴다 가라앉았다 하니, 배풍(拜風)이라고 한다. 그 뼈는 단단하고 고기는 기름져서 먹기에 적합지 않다. 기름이 가장 많다."고 했다(『본초강목』에 나온다.). 해돈어(海豚魚)의 형상이 바로 오늘날의 상광어가 아니겠는가.

『본초강목』에 해돈어는 일명 해희(海豨), 일명 기어(暨魚), 일명 참어(䲨魚), 일명 부패(鯆鮬)라 했다. 강에 사는 것을 강돈(江豚)이라고 하는데, 일명 강저(江豬), 일명 수저(水豬)라고도 한다. 『옥편』에, "전(鱄)은 부어(鯆魚)이고(䲝魚라고도 한다.), 일명 강돈(江豚)이다. 날씨가 바람이 불려고 하면 뛰어오른다."고 했다. 지금 상광어가 나다니는 것을 보고, 뱃사람이 풍우를 점친다고 하니, 바로 이 물고기를 말한 것이다.

또 『설문』에 이르기를, "국(鮂)은 물고기 이름인데 낙랑 번국에서 나온다. 강동에서 나온다고도 하며 젖이 둘 있다."고 했다. 『류편』에서는 국(鮂)은 전(鱄)인데, 이것 역시 해돈어이다. 우리나라 서해와 남해에 모두 있다. 허 씨304가 말하기를, 낙랑에서 나온다는데 사실로 그렇다.

또 『이아』「석어」에 이르기를, 기어(鱀魚)는 바로 축(鱁)이라 했고, 『곽주』에서 이르기를, "기(鱀)의 몸은 심어(鱏魚)를 닮았고, 꼬리는 국어(鮂魚)와 같고, 배가 크고 부리는 작고 예리하며 길다. 아래 위의 이빨이 엇갈려 나 있으며, 코는 이마 위에 있어, 능히 소리를 낸다. 고기가 적고 기름이 많으며 태로 낳는다."고 했다. 이 역시 해돈어를 말하는 것 같다.

---

304 『설문해자』를 쓴 허신을 말한다.

▌평설

상괭이

해돈어는 돌고래 종류를 말하고 있다. 돌고래는 포유류 고래목에 속하는 작은 이빨이 있는 고래의 총칭이다. 물돼지, 수욱(水郁), 해저(海豬)라고도 불리며, 일반적으로 참돌고래과와 쥐돌고래과의 작은 이빨이 있는 고래를 가리킬 때가 많다.

돌고래는 물돼지라고 한글사전에 올라 있고, 돌고래의 한 종류인 상괭이는 현재 표준명이 쇠물돼지이다. 한자이름을 풀어서 표준명을 삼은 것이다. 우리나라에 나타나는 돌고래 8종 중 상괭이는 등지느러미가 없으며 영명도 Finless porpoise이다.

어명고에서 돌고래가 바다에서 유영하는 모습을 '사람 여러 명이 동행하는 것과 유사한데 한번은 위에 뜨고 한번은 아래에 가라앉아 배풍(拜風)이라고 한다'고 하였다. 해양에서 배를 타고 가다가 돌고래를 만나면 배를 따라 빠른 속도로 물속에 들어갔다 나왔다 하기를 반복하며 나란히 달린다. 그 모습이 마치 바람을 맞아 절을 하는 것 같아 그런 이름이 붙은 것이다.

해돈의 기름으로 등불을 키고 노름하는 것을 비추면 바로 밝아지고, 독서하고 일하는 데를 비치면 어두워진다고 한 것은 중국 설화집 『술이기』에 나오는 '게으른 며느리 물고기[懶婦魚]' 이야기이다. "회수 남쪽에는 나부어가 있다. 속설에 이르기를 옛날에 양씨 가문에 한 며느리가 있었는데 시어머니의 노여움을 사서 물에 빠져죽어 물고기가 되었다고 한다. 그 물고기의 기름은 등잔의 불을 켤 수 있는데, 그것으로 거문고를 뜯거나 도박하는 것을 비추면 밝게 빛나고, 실 잣고 길쌈하는 것을 비추면, 다시 어두워진다."

놀기만 좋아하던 게으른 며느리가 죽어서 된 물고기가 돌고래이고, 그 기름으로 등불을 켜면 살아있을 때의 버릇이 남아서 엄숙하고 재미없는 장소에서는 어두워지고, 먹고 노는 즐거운 장소에서는 밝아진다는 것이다. 어쨌든 돌고래기름으로 켠 등불은 글을 읽고 베를 짜는 것과 같은 세밀한 일을 하기에는 어둡지만, 놀이판을 벌리기에는 지장이 없을 정도의 밝기는 되었던 것이다. 또 기름의 순도가 그리 좋지 못했던지 등잔불이 밝았다 어두워지고, 깜박대거나 하기에 이런 전설이 생긴 것 같다.

〈원문〉海豚魚(俗名尙光魚).大者丈餘.體圓而長,色黑似大豬.乳房及私處似婦人.尾橫(凡魚尾皆如船柁,此獨橫生.),臟腑似狗.行必群隨,出水索索有聲.多膏,一口可得一盆.黑山最多,而人不知漁術.○晴案,陳藏器云,海豚生海中,候風潮出沒,形如豚.鼻在腦上作聲,噴水直上.百數爲群.其中有曲脂,點燈照樗蒲,卽明,照讀書工作,卽暗.俗言懶婦所化.李時珍云,其狀大如數百斤豬,形色靑黑如鮎魚.有兩乳,有雌雄類人.數枚而[305]行一浮一沒,謂之拜風.其骨硬,其肉肥不中食.其膏最多(出『本草綱目』.).海豚魚之形狀,非今之尙光魚乎.『本草綱目』,海豚魚,一名海豨,一名暨魚,一名饞魚,一名鱘鰰.生江中者名江豚,一名江豬,一名水豬.『玉篇』,鱄鱘魚[306](亦云鱛魚.),一名江豚.天欲風則湧.今尙光魚之出游,舟人占其風雨,此卽是也.又『說文』云,鯯,魚名,出樂浪潘國.一曰出江東有兩乳.『類篇』云,鯯,鱄也.此亦海豚魚也.今我國西南之海,皆有之.許所云,出於出樂浪,亶其然矣.又『爾雅』「釋魚」云,鱀魚是鱁.『郭注』云,鱀體似鱏魚,尾如鯯魚,大腹喙小銳,而長齒羅生上下相銜,鼻在額上,能作聲.少肉多膏.胎生,此亦似海豚魚謂也.

8. 인어(人魚)

어보에서는 인어라는 항목에서 인어 한 종류만을 기술하고 있다.

〈원문〉 人魚

8-1. 인어(人魚)

현지에서 부르는 이름은 옥붕어(玉朋魚)이다. 모양이 사람을 닮았다.

○ 청안: 인어에 대한 설은 모두 5가지이다. 그 하나는 제어(鯑魚)[307]이다. 『산해경』에 이르기를, "휴수(休水)가 북쪽으로 흘러드는 락(雒)에 제어(鯑魚)가 많은데, 모양이 칩유(蟄蜼)[308]와 같고 발톱이 길다."고 하였다. 『본초』에 제어, 일명 인어(人魚), 일명 해아어(孩兒魚)라 하였다. 이시진이 이르기를, "강과 호수에 살며, 모양과 색깔은 대체로 점어와 위어[鮎鮠] 같은데, 그 아가미로 알알 대는 소리가 어린아이가 우는 것 같아, 그 이름이 인어라 하였다." 한다. 이것은 강과 호수에 있는 것이다.

그 하나는 예어(鯢魚)이다. 『이아』「석어」에 예(鯢)의 큰 것을 도롱뇽[鰕][309]이라고 하였다. 곽박의 주에 이르기를, "예어는 점(鮎)과 닮았는데, 네 다리 중 앞다리는 원숭이를 닮았고, 뒷다리는 개와 닮

305 『본초강목』에는 同으로 되어 있다.

306 가람본에는 魚자가 없다.

307 네 발이 달린 중국의 신화 상의 물고기이다.

308 『한서음의』에, "유는 원숭이와 비슷하며, 코가 들려있고 꼬리가 길다[蜼似獼猴,仰鼻而長尾]."고 하였다.

309 鰕는 새우, 도롱뇽의 뜻이 있다.

았으며, 소리가 어린아이가 우는 것 같고, 큰 것은 길이가 8~9자이다."라고 하였다.

『산해경』에 이르기를, "결수(決水)에 인어가 많은데, 모양은 제(鯷)와 같고, 네 개의 다리에 소리는 어린아이와 같다."고 하였다. 도홍경의 『본초주』에 이르기를, "인어는 형주(荊州)의 임저(臨沮), 청계(青溪)에 많이 있고, 그 기름을 태우면 닳지 않는다. 진시황의 여산무덤에 사용한 사람기름[人膏]이 이것이다(『사기』「진시황본기」에, 여산을 다스려서 인어의 기름으로 등불을 켰는데 꺼지지 않고 오래 간다."고 하였다.).

『본초강목』에는 예어(鯢魚), 일명 인어(人魚), 일명 납어(魶魚), 일명 탑어(鰨魚)라 하였다. 이시진이 이르기를, "시내와 계곡 가운데 살며, 모양과 소리가 모두 제(鮷)와 같고, 또 나무 위에 올라갈 수 있어서 이에 예어(鯢魚)라고 하였다. 세상에서 점어(鮎魚)가 나무를 오르내린다고 하였는데 바로 이것이다. 바다고래와 이름이 같다[310]."고 했다. 점어는 시내와 계곡에서 나는 것이다. 대체로 제(鮷)와 예(鯢)의 모양과 소리가 서로 같고, 강과 계곡에서 나기는 하지만, 나무에 오른다는 차이가 있다. 그래서 『본초강목』에는 따로 나누어 비늘이 없는 종류[無鱗之部]에 넣었지만 같은 종류이다.

그 일설은 역어(鰅魚)[311]이다. 『정자통』에 이르기를, "역(鰅)은 모양이 점(鮎)과 같고, 네 다리에 꼬리가 길며, 우는소리가 어린아이를 닮았고, 대나무에 잘 오른다." 하였다. 또 이르기를, "역어는 바다에 있는 인어이다. 눈썹과 입, 코와 손, 손톱과 머리를 모두 갖추었다. 피부는 옥과 같이 희고, 비늘이 없이 잔털이 있으며, 5색의 머리털은

---

310 鯢는 도롱뇽 혹은 암컷고래를 의미한다.

311 중국 신화에 나오는 물고기로 다리가 네 개다. 『류편』에, '如龜而行疾'이라 하였다.

말총과 같으며, 길이는 5~6자이다. 바닷가에 사는 사람들이 잡아서 못 안에서 키우는데, 암수가 교합하는 것이 사람과 차이가 없었다." 고 한다. 곽박이 인어를 풀이한 글이 있다(인어는 사람 인 자를 더하여 魜자로 쓴다.). 대체로 역어가 나무에 오르고 어린아이처럼 울며, 비록 제·예(鮷·鯢)를 닮았다 하나, 그 모양과 색깔이 서로 다르다. 이는 별도의 인어이다.

그 하나는 교인(鮫人)이다. 좌사의 『오도부』에, "영기(靈蘷)에서 교인을 찾는다."고 하였다. 『술이기』에 이르기를, "교인은 물고기처럼 물속에 살고, 천 짜는 일을 멈추지 않고, 눈알이 있어 울 수 있으며, 눈물이 구슬이 된다."고 하였다. 또 이르기를, "교인이 짠 비단[鮫綃]은, 이름이 용사(龍紗)이고, 그 값이 백여 금이다. 그것으로 옷을 해 입으면 물속에 들어가도 젖지 않는다."고 하였다.

『박물지』에 이르기를, "교인은 물고기처럼 물속에 살며, 천을 짜는 일을 멈추지 않는다. 때로는 나와서 사람의 집에 머물며, 명주실을 사가지고 돌아갈 때가 되면, 주인집에서 그릇을 찾아서 눈물을 흘리는데 구슬이 나와서 쟁반에 가득 차면 주인에게 준다." 하였다. 이 역시 물속에 사는 괴물이다.

천을 짜고 눈물이 구슬이 된다는 이야기는 거짓일 것이다. 아마 옛날사람들이 옮겨 전하는 가운데 이렇게 말해지는 것일 게다. 『오도부』에 이르기를, "물속 집[泉室]에 잠겨 천을 짜서 교인[淵客][312]인데, 슬피 탄식하면 눈물이 구슬이 된다."고 하였다. 유효위(劉孝威)의 시에 이르기를, "큰조개의 기운이 멀리서 누각을 만들고, 인어는 가까이 잠겨서 베를 짠다."고 하였다.

『동명기』에 이르기를, "미륵국(味勒國) 사람이 코끼리를 타고 물

312 "淵客卽鮫人.古代漢族神話中的人魚(『문선』)."

속에 들어가서 교인의 궁에 묵었다가 눈물구슬을 얻었다."고 하였다. 이기(李頎)의 교인가(鮫人歌)에 이르기를, "붉은 비단무늬는 아롱다롱하고, 밤마다 맑은 물결은 달빛에 어울려진다."고 하였다. 고황이 신라에 사신이 되어 가는 사촌형을 전송하는 시에, "신녀[313]는 돌을 받든 채 하늘을 날고, 교인은 눈물로 명주실을 산다."고 하였다. 그러나 물속 집에서 비단을 짜는 사람을 본 사람이 없으니, 연객이 눈물로 구슬을 흘린다는 설도 심히 허망한 소리이다. 그 모든 것을 실제 보지 못했으니, 다만 과장되어 전해져 오는 이야기일 것이다.

또 하나는 여인물고기[婦人之魚]이다. 서현(徐鉉)이 『계신록』에서 이르기를, "사중옥(謝仲玉)이라는 사람이 여인이 물속에서 출몰하는 것을 보았는데, 허리 아래는 모두 물고기인 인어였다."고 하였다. 『조이기』에 이르기를, "사도(査道)가 고려에 사신으로 가며 바다에서 한 여인을 보았는데, 붉은 치마에 양 소매를 걷고는 머리카락을 휘날리고 있었으며, 뺨 뒤에 붉은 머리칼이 조금 있었다. 물속으로 놓아주라고 명하였더니, 손을 들어 절하며 고마워하면서 물속으로 잠겼다. 바로 인어이다."라고 하였다. 그런데 제(鯑)·예(鯢)·역(鰒)·교(鮫) 4가지는 별 차이가 없지만, 여인이라는 설은 중옥과 사도가 본 것으로 또한 다른 종류인 것이다.

지금 서해에 두 종류의 인어가 있다. 그 하나는 상광어로 모습이 사람과 닮았고, 두 개의 젖이 있어, 바로 『본초』에서 말한 해돈어이다(자세한 것은 해돈어를 보라.). 그 하나는 옥붕어로 길이가 8자이고, 몸은 보통사람과 같으며, 머리는 어린아이와 같다. 수염과 머리털이 있고 붉은 털을 치렁치렁 드리우고 있다. 하체는 암수의 구별

313 황실의 공주 혹은 여신선, 선녀란 의미가 있다. "염제(炎帝)의 딸이 동해에 빠져 죽은 뒤 새로 변해 서산의 목석(木石)을 입에다 물고서 동해에 빠뜨려 메우려고 했다(『산해경』)."

이 있어, 남녀의 그것과 매우 비슷하다. 뱃사람들이 심히 꺼려서, 때로 그것이 그물에 잡히면, 불길하다고 해서 버린다. 이것이 사도가 본 것일 것이다.

▌평설

『화한삼재도회』와 『산해경』의 인어

인어는 상반신은 사람의 몸이고, 하반신은 물고기의 모습인 전설상의 생물이다. 『자산어보』에 인어는 속명은 옥붕어(玉朋魚)이고 '모양이 사람을 닮았다'고 간략하게 기록하고 있다.

『자산어보』에서는 우선 우리 연안에서 볼 수 있는 것을 대상으로 인어로 논하고 있다. 하나는 돌고래[海豚]의 한 종류인 상광어(尙光魚)이다. 포유류인 돌고래가 바다에 누어서 젖을 먹이며 새끼를 기르는 모습이 사람과 비슷한 면이 있다. 『자산어보』에서도 상광어가 '모양은 사람과 비슷하여 젖이 두 개가 있다'며 우리 서해와 남해에 살며, 인어로 간주될 수 있음을 기록하고 있다. 다른 하나는 옥붕어로 『자산어보』에는 옥붕어의 모습을 '길이가 가히 8자정도이고 몸은 보통 사람과 같으며, 머리는 어린아이와 같다. 수염, 머리털이 있다'며 인어로 보고 있다. 옥붕어를 물개의 일종으로 보는 의견이 있고, '현지인들이 일컫는 옥봉이, 옥보이가 그 수컷의 생식기이며, 보신(補腎)의 약재로 쓰인다'고 했다(김홍석, 2008).

청안에서 중국고전을 인용하면서 제(鮷), 제(鯷), 점(鲇)이 나오지만 오늘날의 메기를 말하는 것이 아니다. 『본초도경』에, "이(鮧)는 등이 푸르고 입이 작은 것으로 이름을 점(鲇)이라 한다. 『주익공기』에, '의흥동에 발이 넷인 점(鲇)이 있다'고 하였으며, 이것은 물고기요괴이다."라고 하였다. 옛 글에 하는 일이 어렵거나, 위치가 불안한 상황을 '메기가 대나무에 올랐다[鲇魚上竹].'고 표현한다. 그러나 이 성어의 주인공은 실은 메기가 아니라 도롱뇽과 비슷한 동물인 제(鯷)·점(鲇)·이(鮧)를 가리키며, 인어라고 불리기도 한 동물이었다.[314]

동양의 인어는 중국의 『산해경』과 같은 신화적인 책에서 연원하고 있다. 동양 인어 전설의 뿌리가 되는 교인(鮫人)에 대해 살펴본다. 중국 옛 문헌에서는 인어를 교인(鮫人), 천선(泉仙) 혹은 천객(泉客)이라고 부른다. 『술이기(述異記)』에는 '남해에는 교인이 사는 집이 있는데, 물고기처럼 물속에 살며, 끝없이 길쌈을 한다. 그 눈에 눈물이 흐르면 진주가 나온다. 진나라 목현허(木玄虛)는 『해부(海賦)』에서 이르기를, "하늘과 물의 기이한 보물이 있는 곳에 교인의 거처가 있다."고 했다. 이 천객이 짜는 교포(鮫布)는 용사(龍紗)라고도 하는데, 옷을 만들면 물속에 들어가도 젖지 않는다고 한다. 교인의 신화, 전설은 수천 년 세월을 통해 전해지면서 살이 붙고, 미화된 데다 마치 사실 같은 스토리까지 밑받침 되고 있다. 이는 전설에 인간이 원하는 소망이 덧붙어 신화를 구축해 나가는 전형일 수도 있다.

동양이든 서양이든 인어로 오인될만하여 이러한 신화의 모티브를 제공한 특정 생물이 있을 것이고, 우리 연안에 있는 돌고래와 물개 종류가 바로 그런 동물일 수도 있을 것이다.

---

314 『설문』,鲇,鯷也.『이아·석어주』,鲇別名鯷.江東通呼鲇爲鮧.『본초도경』,鮧,背靑而口小者名鲇.周益公記,宜興洞有四足鲇.宋乾道六年,行都北關有鲇魚,色黑,腹下出人手於兩旁,各具五指,此魚妖也.

〈원문〉 人魚(俗名玉朋魚).形似人.○晴案,人魚之說,蓋有五端.其一[315]鰟魚[316]也.『山海經』云,休水北注於雒中多鰟魚,狀如蟄蜼而長距.『本草』鰟[317]魚,一名人魚,一名孩兒魚.李時珍云,生江湖中,形色皆如鮎鮠,其顋頰軋軋,音如兒啼,故名人魚.此產於江湖[318]者也.其一鯢魚也.『爾雅』「釋魚」鯢大者謂之鰕.『郭注』云,鯢魚似鮎,四脚,前似獼猴,後似狗.聲如小兒啼,大者長八九尺.『山海經』云,決水[319]多人魚,狀如鯷,四足,音如小兒.陶弘景『本草注』云,人魚荊州臨沮青溪多有之.其膏燃之,不消耗.秦始皇驪山冢中所用人膏,是也(『史記』「始皇本紀」云,治酈山以人魚膏爲燭[320],度不滅[321]者久之.).『本草綱目』,鯢魚,一名人魚,一名魶魚,一名鰨魚.李時珍云,生溪澗中,形聲皆同鰟,但能上樹,乃鯢魚也.俗云鮎魚上竿[322],乃此.與海中鯨同名,此產於溪澗者也.蓋鰟鯢之形聲相同,有產江產溪,上樹之別.故『本草綱目』,分以別之,皆入於無鱗之部,是同類也.其一鰕魚也.『正字通』云,鰕,狀如鮎,四足長尾,聲似小兒,善登竹.又云,鰕魚,卽海中人魚.眉·耳·口·鼻·手·爪·頭皆具,皮肉白如玉,無鱗有細毛[323].五色髮如馬尾,長五六尺.體亦長五六尺.臨海人[324]取養池沼[325]中,牝牡交合,與人無異.郭璞有人魚贊(人魚加[326]人

---

315 가람본에는 一자가 없다.

316 정씨본, 국립본, 상백본에는 鯑로 되어 있다.

317 정씨본, 국립본, 상백본에는 鯑로 되어 있다.

318 가람본에는 潮로 되어 있다.

319 정씨본, 국립본, 상백본, 가람본에는 泱水로 되어 있다. 안휘성에 있는 史河의 옛 이름이다.

320 가람본에는 炢로 되어 있다. 燭(촛불 촉)의 오자로 의심된다.

321 정씨본, 국립본, 상백본에는 成으로 되어 있다.

322 정씨본, 국립본, 상백본에는 下로 되어 있다.

323 가람본에는 尾로 되어 있다.

324 정씨본에는 人자가 없다.

325 가람본에는 沼가 治로 되어 있다.

326 정씨본, 국립본, 상백본, 가람본에는 如로 되어 있다.

作魞字.).蓋鰕魚之上樹,兒啼,雖似鯑鯢,而其形色各異.是別一魞也.其一鮫人也.左思『吳都賦』云,訪靈夔於鮫人.『述異記』云,鮫人水居如魚,不廢機織,有眼能泣,泣則成珠.又云鮫綃,一名龍紗,其價百餘金,以爲服入水[327]不濡.『博物志』云,鮫人水居如魚,不廢機績[328],時出寓人家,買綃臨去,從主人家索器,泣而出珠,滿盤以與主人.此蓋水怪也.織綃泣珠說,是弔詭,然猶古人轉相稱述.『吳都賦』云,泉室潛織而卷綃,淵客慷慨以泣珠.劉孝威詩云,蜃[329]氣遠生樓,鮫人近潛織.『洞冥記』云,味勒國人乘象[330],入海底宿于鮫人之宮,得淚珠.李頎鮫人歌云,朱綃文綵不可[331]識,夜夜澄波連月色.卽顧況送從兄使新羅詩亦云,帝女飛銜石,鮫人買淚綃.然,水府織綃人無見者,淵客泣珠說,甚誕矣.皆未有實見,只以傳襲用之者也.其一婦人之魚也.徐鉉『稽神錄』云,謝仲玉者見婦人出沒水中,腰以下皆魚,乃人魚也.『徂異記』云,查道使高麗,海中見一婦人,紅裳雙袒[332]髻鬟紛亂.腮後微有紅鬣,命扶於水中,拜手感戀而沒[333],乃人魚也.蓋鯑·鯢·鰕·鮫,四者別無似,婦人之說,則仲玉查道之見是,又別異者也.今西南海中有二種類人之魚.其一尙光魚,狀似人,而有兩乳,卽『本草』所稱海豚魚也(詳見海豚魚.).其一玉朋魚,長可八尺,身如常人,頭如小兒.有鬚髮鬖髿下垂.其下體,有雌雄之別,酷與人男女相似.舟人甚忌之,時或入於漁網,以爲不祥而棄之.此必查道之所見也.

---

327 정씨본에는 水 다음에 中자가 더 있다.

328 정씨본, 국립본, 상백본에는 織으로 되어 있다.

329 상백본에는 唇으로 되어 있다.

330 정씨본, 국립본, 상백본에는 衆이다. 『동명기』에, "味勒國在日南,其人乘象入海底,取寶."라고 하였다.

331 정씨본에는 可가 明으로 되어 있다. 교인가 원문은 "輕綃文彩不可識,夜夜澄波連月色."이다.

332 가람본에는 祖로 되어 있다.

333 상백본에는 沒이 役으로 되어 있다.

9. 사방어(四方魚)

사방어 항목에서는 1종류만을 기술하고 있다.

〈원문〉 四方魚

9-1. 사방어(四方魚)

현지에서 부르는 이름[俗名]은 없다. 크기는 4~5치이다. 몸은 사각형이고 길이, 너비, 높이가 거의 같은데, 길이가 너비보다 조금 길다. 입은 손톱으로 할퀸 자국 같고, 눈은 녹두 같다. 양 지느러미와 꼬리가 거의 파리날개와 같고, 항문은 녹두알이 들어갈 만하다. 전신이 모두 날카로운 송곳 가시가 있어 전자리상어와 같다. 그 몸이 쇠와 돌처럼 단단하다. 창대가 말하기를, "풍파가 있은 후에, 해안에 밀려와서 한 번 본 적이 있다."고 한다.

▌평설

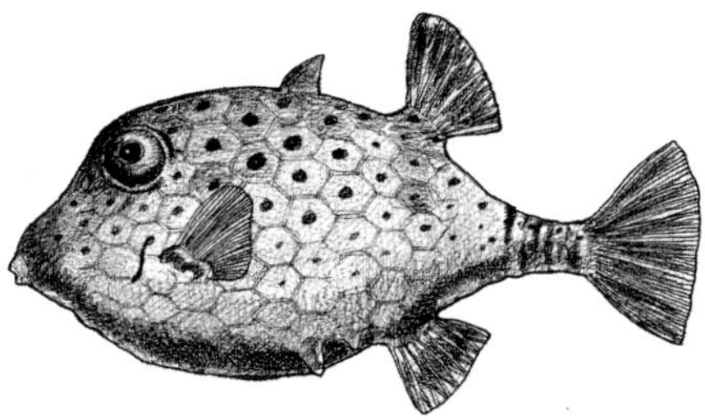

육각복

사방어는 정약전이 현지인 창대의 말을 듣고 기록한 것이지만, 어느 물고기를 묘사한 것인지 비정하기 어렵다. 철갑둥이나 가시복으로 추정하기도 하지만(정석조, 1998), 육각복으로 보는 의견도 있다(이태원 1, 2003). 정약전도 창대에게서 들은 말을 옮기고 있으며, 흑산도에서 흔한 종류가 아니라고 하고 현지에서 부르는 이름[俗名]도 기록하지 않았다.

〈원문〉 四方魚(無俗名).大四五寸,體[334]四方形.長廣高略相等,而長稍大於廣.口如爪痕,目如菉豆.兩鰭及尾僅如蠅翼,肛可容菉豆.全身皆利錐與鏠鯊[335],體堅如鐵石.○昌大曰,嘗於風波後,漂至於岸,故一見之.

334 가람본에서는 이후부터 體를 軆로 쓰고 있다.

335 정씨본, 국립본, 상백본에는 (魚+逢)鯊로 되어 있다.

10. 우어(牛魚)

우어 항목에서는 1종류만을 기술하고 있다.

〈원문〉 牛魚

10-1. 우어(牛魚)

현지에서 부르는 이름은 화절어(花折魚)이다. 길이는 2~3장이고, 아래 부리[下觜]가 3~4자이다. 허리 굵기가 소만하고 꼬리는 뾰족하니 모지라졌고 비늘이 없다. 온몸의 살이 눈처럼 희고, 맛은 아주 부드럽고 연하여 매우 좋다. 때때로 밀물을 타고 항구에 들어와서, 그 부리가 모래나 진흙에 닿았을 때, 뽑지 못하고 죽는다(원편에 빠진 것을 이제 보충한다.).

○ 안: 『명일통지』의 「여직편」에 이르기를, "우어는 혼동강에서 나는데, 큰 것이 길이가 1장5척이고, 무게는 3백 근이다. 린골(鱗骨)[336]이 없고 기름과 살이 서로 엉켜 있어서, 먹으면 맛이 좋다."고 하였다.

『이물지』에 이르기를, "남쪽에 우어가 있는데, 일명 인어(引魚)이고, 무게는 3~4백 근이고, 모습은 가물치 같다. 린골이 없고, 등에는 무늬가 있다. 배 아래는 청색이고, 고기 맛은 자못 좋다."고 하였다. 『정자통』에 이르기를, "『통아』를 살펴보면, 우어는 북방의 유어(鮪魚) 종류이다."라고 하였다. 왕이의 『연북록』에는, "우어는 부리가 긴데, 린경(鱗鯁)이 머리에 있고 무르다. 무게가 백 근이다."라고 하

336 鱗骨: 동물의 경첩관절로 방형골(quadrate bone)이 앞뒤로 움직일 수 있게 해준다.

였다. 즉 남방의 심어(鱏魚)이다.

이러한 설에 의하면 우어는 즉 지금의 화절어(花折魚)이며, 심(鱏)은 바로 유(鮪)이다. 또 심어(鱘魚)라고 부르기도 하며, 코의 길이가 몸과 같으며, 색깔은 희고 비늘이 없다. 이시진이 우어(牛魚)를 심(鱏)의 종류라 했는데 이것을 말한 것이다.

▌평설

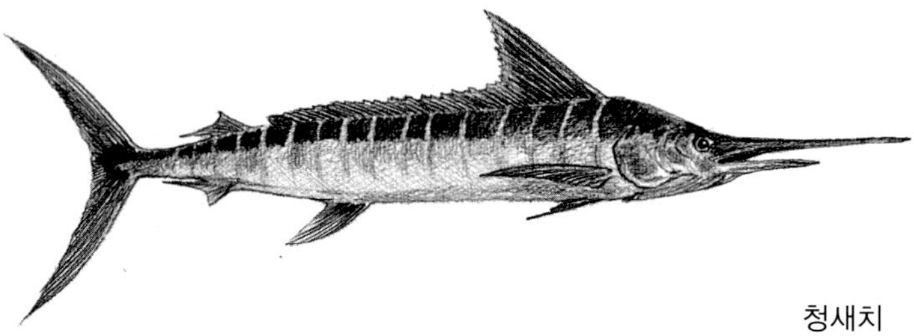

청새치

우어(牛魚), 속명이 화절어(花折魚)인 물고기는 초고에서 빠진 것을 보충한 항목이다. 화절어(花折魚)는 다른 필사본에서는 화절육으로 기록되어 있다. 어보에서는 현장에서 묘사한 큰 물고기를 중국의 문헌을 통해 주석하고 있다. 중국고전에서 유어(鮪魚), 심어(鱏魚), 심어(鱘魚)라고 부르는 것은 철갑상어 종류를 말하는 것이며, 우어 역시 중국 철갑상어의 한 종류이다.

화절어는 철갑상어로 비정되기도 하지만(정석조, 1998) 어보 설명에서 '비늘이 없고 부리가 길다'고 한 것은 철갑상어 종류의 특징이 아니다. 철갑상어는 이름 그대로 비늘이 단단하다.

우어의 속명 화절어, 화절육은 흑산도에서 새치 종류를 부르는 이름이며, 꽃제륙이라고도 부른다. 어보에서는 흑산도에서 화절어라고 부르는 물고기에 우어라는 중국 물고기이름을 차용하여 기록하였다.

부연 설명을 하는 과정에서 중국문헌을 인용하고 있지만, 실제 묘사하고 기록한 것은 흑산도연해에서 관찰되는 것은 새치 종류이며 황새치가 그 주인공일 것으로 추정되고 있다(이태원 5, 2003). 황새치는 몸길이가 360cm이상, 몸무게 약540kg까지 자라는 대형어종이다.

〈원문〉 牛魚(俗名花折魚[337]).長二三丈,下觜三四尺.腰大[338]如牛,尾尖殺,無鱗.全身皆肉而雪白.味極脆軟甘美.時或隨潮入港,觜觸於沙泥,不能拔而死(原篇缺,今補之.).○案,『明一統志』「女直[339]篇」云,牛魚混同江出[340],大者長丈五尺,重三百斤.無鱗骨,脂肉相間,食之味長.『異物志』云,南方有牛魚,一名引魚,重三四百斤,狀如體[341].無鱗骨,背有斑文,腹下青色,肉味頗長.『正字通』云,按『通雅』,牛魚北方鮪魚屬.王易『燕北錄』,牛魚觜長,鱗鯁,頭有脆骨,重百斤.卽南方鱏魚.據此則,牛魚卽今之花折魚也.鱏卽鮪也,亦稱鱘魚,鼻長與身等,色白無鱗.李時珍亦以牛魚爲鱏屬,是也.

---

337 정씨본, 국립본, 상백본에는 花折肉으로 되어 있다.

338 상백본에는 火로 되어 있다.

339 정씨본과 가람본에는 女眞으로 되어 있다. 女直은 만주 동북쪽에 살던 퉁구스계 종족을 말하며, 女眞을 달리 부르는 이름이다.

340 교감본에는 '牛魚出混同江'으로 되어 있다. 『집해』에 『명일통지』를 인용해서, "牛魚出女直混同江."이라 했다.

341 정씨본, 국립본, 상백본에는 鱧로 되어 있다. 고대본과 가람본의 體는 鱧의 오기이다.

11. 회잔어(鱠殘魚)

회잔어 항목에서는 1종류만을 기술하고 있다.

〈원문〉 鱠殘魚

11-1. 회잔어(鱠殘魚)

현지에서 부르는 이름은 백어(白魚)이다. 모양은 젓가락 같고, 칠산 바다에 많이 있다(역시 지금 보충한다.). 안: 『박물지』에 이르기를, "오왕(吳王) 합려(闔廬)가 물고기회를 먹고 즐기다가[342], 찌꺼기를 물에 버린 것이 물고기가 되어 이름을 회잔이라고 한다."고 했다. 바로 지금의 은어(銀魚)이다.

『본초강목』에 일명 왕여어(王餘魚)라 했고, 『역어류해』에는 면조어(麪條魚)라 했는데, 그 모양이 국수 가락과 비슷해서이다. 이시진이 이르기를, "혹간 월왕(越王)과 승려인 보지(寶誌)[343]와 같은 사람들이 억지로 갖다 붙인 것이어서 더 말할 것도 없다."고 하였다. 또 이르기를, "큰 것은 길이가 4~5치이고, 몸은 둥글고 젓가락 같으며, 깨끗하고 희기가 은과 같다. 비늘이 없어 마치 회를 떠 놓은 고기 같은데, 단지 두 눈에 검은 점이 있다."고 하였다. 지금 말하는 백어(白魚)가 바로 이것이다.

---

342 行食: 직업 없이 놀고먹음. 밥상을 차려 내옴. 遊食과 같은 뜻이다.

343 중국 남조시대의 승려 보지(寶志, 418~514)를 말하며, 보지(保志), 보지(保誌)로 쓰기도 한다. 승보지(僧寶誌)라고 해서 책 이름으로 오인되기도 한다.

▌평설

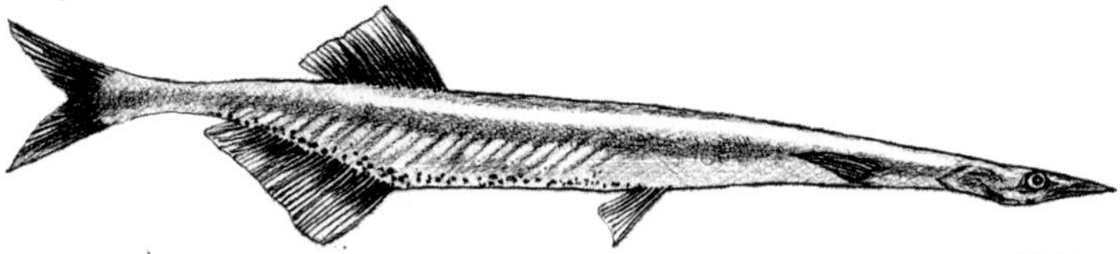

뱅어

백어는 초고에 없던 것을 보충한 것이다. 백어(白魚)라 불리고 있는 물고기는 빙어, 뱅어, 강준치 등이 있지만 어보의 형태 묘사와 인용된 고전 자료의 내용으로 보아서 뱅어로 비정할 수 있다. 백어는 뱅어를 음차해서 한자로 기록한 것이다.

어보의 안에서 『박물지』를 인용해서 회잔어를 백어로 보았지만, 중국고전에 나오는 회잔어는 주로 비목어, 즉 가자미 종류를 이르는 것이다. 또 중국에서는 회잔어, 은어라고 부르는 것은 뱅어 종류이며 포장어(炮仗魚), 면장어(面丈魚), 면조어(面條魚), 수어(帥魚)라고도 부른다. 그러나 우리나라에서 은어는 도루묵이나, 은어[銀口魚]를 가리킨다.

뱅어는 바다빙어목 뱅어과에 속하는 고유종 뱅어(Salangichthys microdon)인 동시에 뱅어과 어류의 총칭이기도 하다. 뱅어라고 통칭되는 어류에는 붕퉁뱅어·도화뱅어·젓뱅어·실뱅어·국수뱅어·벚꽃뱅어 등이 있다.

뱅어는 연안에서 생활하다가 산란기에 강으로 되돌아가는 회유성 어류이다. 전체 몸은 투명하며, 완전히 자라도 10cm정도를 넘지 못하며, 국수, 동뱅어, 뽀드락지, 실치, 면조어, 은어(銀魚) 등의 이름으로 불린다. 작은 뱅어는 날 것으로 무쳐서 먹거나 말려서 뱅어포를 만들어 먹는다. 최근 뱅어 자원이 감소하자 베도라치의 치어인 실치로 포를 만든 것이 뱅어포라고 불리며 유통되고 있다.

〈원문〉 鱠殘魚(俗名白魚).狀如筯,七山海多有之(亦今補.).案,『博物志』云,吳王闔廬行食魚鱠[344],棄殘餘於水,化爲魚.名鱠殘,卽今銀魚.『本草綱目』,一名王餘魚.『譯語類解』,謂之麪條魚,以其形似也.李時珍云,或又作越王及僧寶誌者,益出傅會,不足致辯.又云,大者長四五寸,身圓如筯,潔白如銀.無鱗,若已鱠之魚.但目有兩黑點.今所云白魚卽此也.

344 가람본에는 膾로 되어 있다.

12. 함어(鰔魚)

고대본과 가람본에는 함어(鰔魚)라고 기록되어 있으나 다른 사본에는 침어(鱵魚)로 되어 있다. 함어(鰔魚)는 자전에, "고서에 나오는 물고기의 일종으로 모양은 은어를 닮았고, 부리가 침처럼 생겼다."[345]고 해서 역시 침어(鱵魚)와 같은 물고기를 지칭하고 있다. 어보의 원본이 발견되지 않는 한 저자가 함어와 침어 중 어느 이름으로 기록했는지 알 수 없다.

함어 항목에서는 함어(鰔魚), 군대어(裙帶魚), 관자어(鸛觜魚) 3종의 어류를 기록하고 있다.

〈원문〉 鰔魚[346]

12-1. 함어(鰔魚)

현지에서 부르는 이름은 공치어(孔峙魚)이다. 큰 것의 길이가 2자 정도이다. 몸은 가늘고 길어 뱀과 같다. 아래 부리가 가늘어 의침(醫鍼)과 같고, 길이는 3~4치이다. 위 부리는 제비부리와 같다. 색깔은 흰데 푸른 기를 띠었고, 맛은 달고 맑다. 8~9월에 포구로 들어왔다 가버린다.

○ 청안: 『정자통』에 함어(鰔魚)는 속칭 침자어(針觜魚)라고 했다. 『본초강목』에 침어는 일명 강공어(姜公魚), 일명 동설어(銅哾魚)라 했다. 이시진이 이르기를, "이 고기는 부리에 침이 하나 있어, 세속

345 "古書上說的一種魚,形狀像銀魚,嘴像針(『강희자전』)."

346 정씨본, 국립본, 상백본에는 鱵으로 되어 있다.

에서 말하는 바로 강태공의 낚싯바늘[太公釣鍼]이라고 한다."고 하는데 이 역시 억지로 갖다 붙인 것이다. 또 이르기를, "모양과 생김새가 회잔어와 같지만, 단지 부리가 뾰족하고 가는 검은 뼈가 있는데 침과 같은 점이 다르다."고 하였다. 「동산경」에 이르기를, "지수(浿水)가 북쪽 흘러드는 호수에 침어(箴魚)가 많다."고 하였다.

함어는 모양이 피라미[鰷]를 닮았고, 부리가 침과 같다 하니, 곧 이것이 오늘의 공치어(孔峙魚)를 말하는 것이다(몸속에 흰 비늘 같은 것이 있는데, 이것은 진짜 비늘이 아니다.).

▌평설

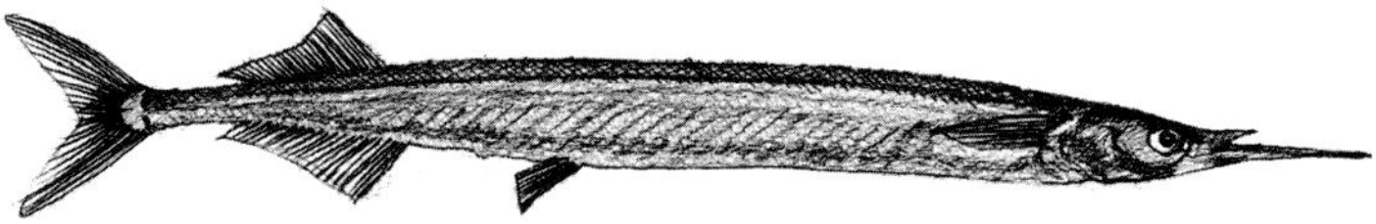

학꽁치

고대본과 가람본의 함어(鱤魚)와 다른 사본의 침어(鱵魚)는 공치어라는 속명과 어보 내용으로 미루어 현 표준명은 공치로 비정된다. 공치는 한자이름에 침(鱵, 공미리 침)자가 들었지만, 공미리와는 아무 관련이 없고, 발음이 비슷한 '꽁치'와도 관련이 없다.

공치는 동갈치목 학공치과의 물고기의 총칭으로 줄꽁치, 학꽁치, 살꽁치가 이에 속한다. 공치 종류들은 연안과 내만에 주로 살고, 기수역에도 올라온다. 또 강을 소상하여 상류로 올라간 것이 간혹 발견되기도 한다.

공치 종류인 학꽁치는 학공치어(鶴貢侈魚), 학치(鶴侈), 침어(針魚)란 별명도 있는데 모두 부리가 뾰족한 특징에서 비롯된 것이다. 공치 종류는 주둥이 끝이 뾰족하며 아래턱이 가늘고 길어 침 같이 보인다. 강태공조침어(姜太公釣針魚)라는 별명은 공치의 부리 모양에서 비롯되었는데 공치의 부리가 가늘고 긴 것이 강태공이 썼다는 곧은바늘과 같아서이다.

공치 종류에서 줄꽁치와 학꽁치가 흔한 편이고, 모두 연안에 살며 기수역으로 올라온다. 모양은 매우 비슷하지만, 색깔이 줄꽁치는 흰 편이고, 학꽁치는 푸른빛이 좀 짙다. 두 물고기를 구분할 수 있는 특징적인 차이는 줄꽁치가 주둥이 끝이 검은색이나, 학꽁치는 주둥이 끝부분이 짙은 주황색인 점이다.

〈원문〉 鰔[347]魚(俗名孔峙魚).大者長二尺許.體細而長如蛇.下觜細如醫鍼,長三四寸,上觜如燕.色白帶青氣,味甘而清.八九月入浦旋退.○晴案,『正字通』,鰔[348]魚俗呼針觜魚.『本草綱目』,鰔[349]魚,一名姜公魚,一名銅哾魚.李時珍云,此魚喙有一鍼,俗云,是太公釣鍼,亦傳會也.又云,形狀竝同鱠殘,但喙尖有一細黑骨,如鍼爲異.「東山經」云,沢水北注于湖,中多箴魚.狀如鯈,其喙如鍼,卽此皆今孔峙魚之謂也(體有白如鱗,非眞鱗也.).

12-2. 군대어(裙帶魚)

현지에서 부르는 이름은 갈치어(葛峙魚)이다. 모양은 긴 칼과 같고, 큰 것은 길이가 8~9자이다. 이빨이 단단하고 조밀하게 났으며, 맛은 아주 좋다. 물리면 독이 있다. 즉 공치의 종류이나 몸이 조금 납작하다.

---

347 정씨본, 국립본, 상백본에는 鱵으로 되어 있다.

348 정씨본, 국립본에는 鱵으로 되어 있다.

349 정씨본, 국립본, 상백본에는 鱵으로 되어 있다.

▌평설

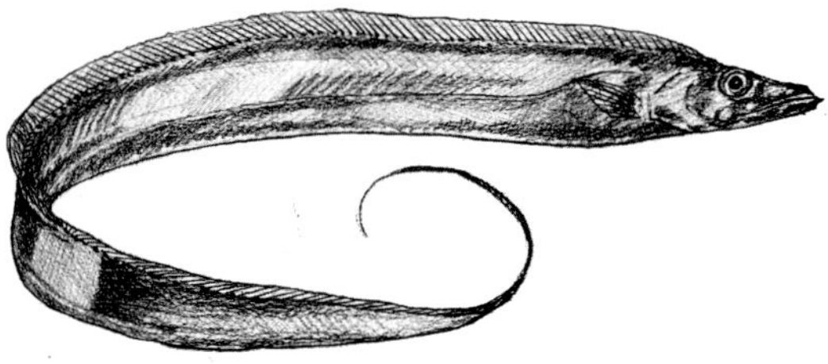

갈치

군대어, 속명 갈치어는 갈치이다. 갈치는 농어목 갈치과의 바닷물고기로 한자이름으로 갈어(葛魚), 갈치(葛致), 갈치어(葛峙), 도어(刀魚)라고 불렀다. 방언으로 빈쟁이라고도 하고, 전남지역에서는 어린 새끼를 풀치라고 한다. 칡덩굴 같아서 갈치라는 이름이 생겼고, 또 칼같이 길고 날카롭게 생긴 모양에서 도어(刀魚)란 이름이 유래된 것이다.

세계의 온대 또는 아열대 해역에서 나며, 우리나라는 서해와 남해에서 난다. 색깔은 광택이 나는 은백색이며 등지느러미는 연한 황록색을 띤다. 바다물속에서 서있는 것처럼 머리를 위로 곧바로 세우고 갈지자 모양으로 꼬리를 움직여 헤엄을 치며 이동한다. 선채로 등지느러미로 움직이는 것은 꼬리에 지느러미가 없기 때문이다. 우리나라 근해에서는 2~3월경 제주도 서쪽 바다에서 겨울을 보내다가, 4월경에 북쪽으로 무리를 지어 이동하여 여름에 남해와 서해, 중국 근처 연안에서 알을 낳는다.

〈원문〉 裙帶魚(俗名葛峙魚).狀如長刀,大者長八九尺.齒堅而密,味甘.被咬則有毒.卽鱡[350]魚之類而身稍扁耳.

---

350 정씨본, 국립본, 상백본에는 鱴으로 되어 있다.

12-3. 관자어(鸛觜魚)

현지에서 부르는 이름은 한새치(閑璽峙)이다. 큰 것은 1장 가량이 된다. 머리가 학 부리와 같고, 이빨은 침과 같고 빗살 같다. 색깔은 청백색이고, 살코기 역시 푸르다. 몸은 뱀과 닮았는데 역시 공치의 종류이다.

▌평설

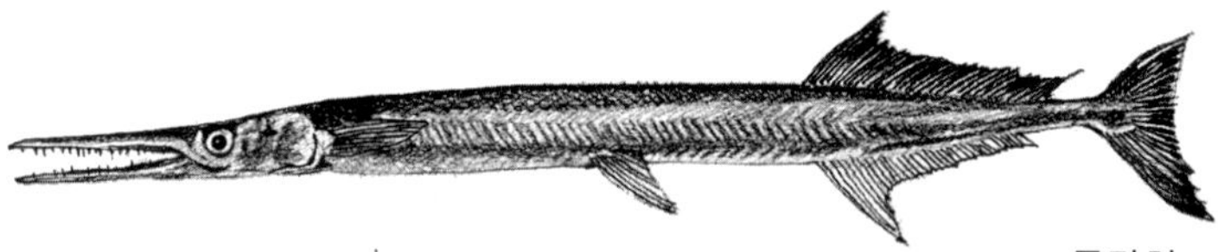

동갈치

관자어, 속명 한새치를 『한국어도보』에서는 청새치로 보고 있다(정문기, 1991). 그러나 몸이 뱀 같이 생겼다는 어보의 묘사는 청새치 모습과는 다르다. 동갈치로 비정하는 견해가 있고(이태원 3, 2003), 『21세기 자산어보』 조사에서도 같은 견해이다. 또 어보에서 갈치와 같이 논한 것을 보아도 동갈치로 보는 것이 옳다. 동가리갈치, 황달치(통영), 청갈치, 항알치, 공치아재비(전남) 등의 지방이름이 있다.

동갈치는 동갈치과의 물고기로 크기는 100cm정도이며 연안의 수면 가까이에 서식한다. 우리나라 전 연안에 분포하며, 수면에서 떼를 지어 다니며 작은 고기를 잡아먹는 육식성 어류이다. 몸이 가늘고 긴 띠 모양으로 납작하며, 등은 녹색을 띤 청색, 옆구리와 배는 은백색이다. 양턱의 길이가 거의 같고 완전히 닫쳐지지 않으며, 긴 턱에는 날카로운 이빨이 나 있는 특징이 있다.

〈원문〉 鸛觜魚(俗名閑璽峙).大者丈許.頭如鸛觜,齒如針而櫛比.色青白,肌肉亦青.體如蛇亦鱵[351]魚之類.

13. 천족섬(千足蟾)

천족섬 1종만을 기술하고 있다.

〈원문〉 千足蟾

13-1. 천족섬(千足蟾)

현지에서 부르는 이름은 삼천족(三千足)이고 또 다른 이름은 사면발(四面發)이다. 몸이 아주 둥글고, 큰 것은 지름이 1자반 가량 된다. 온몸 주위에 무수한 다리가 있다. 모양이 닭다리 같은데, 다리에서 다시 다리가 나고, 또 다시 다리에서 가지가 나오고, 가지에는 잎이 나와서 천만 가지가 되어서, 굼틀거리며 굼실대는 것이 사람을 전율하게 한다. 입은 그 배에 있으며 또한 문어[章魚]의 한 종류이다. 말려서 약에 넣으면 양기를 돋우는데 효과가 있다고 한다.

○ 청안: 곽박의 『강부』에서 이르기를, '토육과 석화'라고 했다. 이선이 『임해수토물지』를 인용해서 주석하기를, "토육은 새까만 것이 어린아이의 팔뚝 같고, 큰 것이 5치이다. 가운데에 배가 있고 입은 없는데, 배에 다리가 삼십 개이다. 구워 먹는다."고 했다. 이것이 지금의 천족섬을 가리키는 것이다.

---

351 정씨본, 국립본, 상백본에는 鱵으로 되어 있다.

▌평설

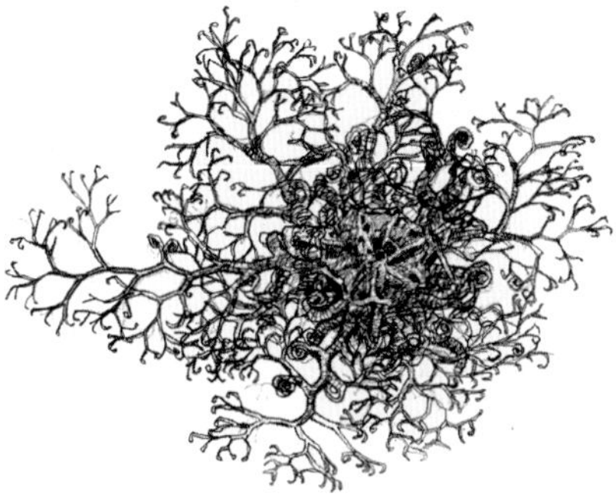

삼천발이

천족섬, 속명이 삼천족 또는 사면발이란 것의 현재명은 삼천발이이다. 『자산어보』에서는 문어와 비슷한 것으로 보았지만, 삼천발이는 극피동물 거미불가사리류에 속한다. 삼천발이의 몸은 소수의 판(板) 또는 다수의 작은 비늘조각에 덮인 편평한 판과, 여기서부터 방사상으로 뻗어나가 자유롭게 움직이는 5개 또는 6개의 팔로 이루어져 있다. 다리가 갈라지고, 그것이 다시 잘게 갈라져서 발이 굉장히 많은 것같이 보여서 만발이라는 지방이름도 있다.

『상해 자산어보』에서는 천족섬을 빨강부치로 보았지만(정석조, 1998), 빨강부치는 아귀목 부치과의 바닷물고기이서 잘못 비정한 것이다. 이청의 안에서는 천족섬을 해삼[土肉]과 같은 것으로 보았는데, 천족섬의 수많은 다리를 해삼의 관족[352]으로 잘못 본 것이다. 고대본과 가람본에는 천족섬의 다리가 30개라고 했는데, 이외의 사본에서는 다리가 3천개로 되어 있다. 어느 사본이 맞는지 불명하나 다리가 많다는 표현임에는 틀림없고, 또 천족섬의 속명이 삼천족이라

352 管足: 극피동물의 몸 표면에 돌출해 있는 가느다란 관으로 신축성이 있고, 맨 끝에 흡반이 있어 다른 것에 흡착할 수 있고 먹이섭취와 호흡기능을 한다.

는 점에서 다리가 3천개라는 표현이 더 맞을 듯싶다.

〈원문〉 千足蟾(俗名三千足,又名四面發).體眞圓,大者徑一尺有五寸許.全體周圍有無數之股.狀如鷄[353]脛,股又生脚.脚又生枝,枝又生條,條又生葉,千端萬梢蠢蜎蝡蝡,令人體粟[354].口在其腹,亦章魚之類也.腊之入藥,有助陽之功云.○晴案,郭璞『江賦』云,土肉石華.李善『注』引『臨海水土物志』日,土肉,正黑如小兒臂,大長五寸.中有腹無口,腹有三十[355]足.炙食.此似今所稱千足蟾也.

---

353 가람본에는 雞로 되어 있다.

354 정씨본, 국립본, 상백본에는 栗로 되어 있다. 栗자에는 '떨 률'이라는 자해가 있어 '전율한다'는 의미이다.

355 정씨본, 국립본, 상백본에는 千으로 되어 있다.

14. 해차(海鮀)

해파리 종류 전반에 대해 고찰하고 있다.

〈원문〉 海[356]鮀[357]

14-1. 해차(海鮀)

현지에서 부르는 이름은 해팔어(海八魚)이다. 큰 것은 길이가 5~6자이고, 너비 또한 비슷하다. 머리와 꼬리가 없고 얼굴도 없다. 몸은 연하게 엉겨 젓과 같고, 모양은 중이 쓰는 삿갓과 같다. 허리에 치마를 두른 것 같고, 다리를 드리우고 물속에서 헤엄친다. 삿갓의 안에는 무수한 짧은 머리털이 있다(머리털은 매우 가늘어 녹말가루[358] 수제비 국수[359] 같으나, 실은 진짜 머리털이 아니다.).

그 아래는 목덜미 같고 울퉁불퉁한 것이 어깨 같은데, 그 어깨 아래는 4개의 다리로 나뉘어져 있다. 다닐 때에는 다리를 붙이는데 다리가 몸의 거의 절반이다. 다리의 아래위 안팎으로 무수한 긴 머리털이 빽빽하게 나 있는데, 긴 것은 두어 장 가량이다. 색깔은 검고, 짧은 것은 7~8치로, 그 길고 짧음이 균일하지 않다. 큰 것은 끈과 같고, 짧은 것은 머리털 같은데, 나아가면 흐물흐물하고 연약한 것이

---

356 정씨본, 국립본, 상백본에는 漁로 되어 있다.

357 정씨본, 국립본, 가람본, 상백본, 교감본은 鮀로 되어 있다.

358 감자, 고구마, 물에 불린 녹두 따위를 갈아서 가라앉은 앙금을 말린 가루이다.

359 餺飥: 박탁은 수제비이며, 어보에서는 반죽을 누르면서 늘여서 만드는 국수를 말한다.

나다닐 때 펼친 우산 같아 보인다. 그 성질과 색깔이 우뭇가사리[海凍]와 흡사하다(우모초를 쪄서 이루어진 기름이 희게 응고된 것을 해동이라고 한다.).

도미가 해팔어를 만나면 두부처럼 빨아먹어 버린다. 밀물을 따라 포구로 들어왔다가, 썰물이 되면 모래바닥에 붙어 박혀 움직이지 못하고 죽는다. 육지 사람들은 해팔어를 삶아서 먹거나 혹은 회로 먹는다(삶으면 부드러운 것이 굳고 질겨지고, 크기가 줄어든다.). 창대가 말하기를, "그 배를 갈라보았더니 썩어버린 호박 속과 같았다."고 하였다.

○ 청안: 차(鮀)는 차(蛇)라고도 쓴다. 『이아익』에 이르기를, "해팔어[蛇]는 동해에서 나며, 희고 몽롱한 것이 거품 같으며, 또 굳은 피와 같다. 가로세로가 여러 자이고, 지능은 있지만 머리와 눈이 따로 있지 않아서 사람을 피할 줄 모른다. 새우 떼가 해팔어에 붙어 동서로 따른다."고 하였다. 『옥편』에 이르기를, "모습은 엎어 놓은 삿갓 같고, 물에 둥둥 떠다닌다."고 하였다. 곽박의 『강부』에 '해팔어의 눈인 새우[水母目鰕]'에 대해 주석하여 이르기를 수모(水母)를 속칭 해설(海舌)이라 하였다.

『박물지』에, "동해에 모양이 피가 굳어진 것과 같은 것이 있는데, 이름을 자어(鮓魚)라 한다."고 하였다. 『본초강목』에 해차는 일명 수모(水母), 일명 저포어(樗蒲魚)라 했다. 이시진이 이르기를, "남쪽사람이 잘못 알고 해절(海折)[360] 혹은 사자(蜡鮓)이라 했는데 둘 다 틀린 것이다."라고 하였다. 복건성 사람[閩人]들은 해차, 광동성 사람들[廣人]은 수모(水母)라 부른다. 『이원』에는 석경(石鏡)이라 이름이 있고, 『강희자전』에는 "차(蛇)는 수모(水母), 일명 분(蕡)[361]으로 모양

---

360 海蜇의 오기로 보인다.

이 양의 밥통과 같다."고 하였다. 모두 지금의 해팔어(海八魚)를 말하는 것이다.

이시진이 이르기를, "수모는 모양이 아무렇게나 응결되어 있고, 그 색깔은 홍자색인데, 배 아래에 실을 걸쳐 놓은 것 같은 것이 있고, 새우 떼가 붙어 있어 그 점액을 빨아먹는다. 사람이 잡아서 그 혈즙을 없애면 먹을 만하다(『본초강목』에 나온다.)."고 하였다. 대체로 해팔어 속에 있는 것은 혈즙이다. 바다사람이 말하기를, "해차의 뱃속에 피를 담은 주머니가 있어, 때로 큰 고기를 만나면, 피를 내뿜어 어지럽게 하는 것이 오징어가 먹을 뿜는 것과 같다."고 하였다.

▌평설

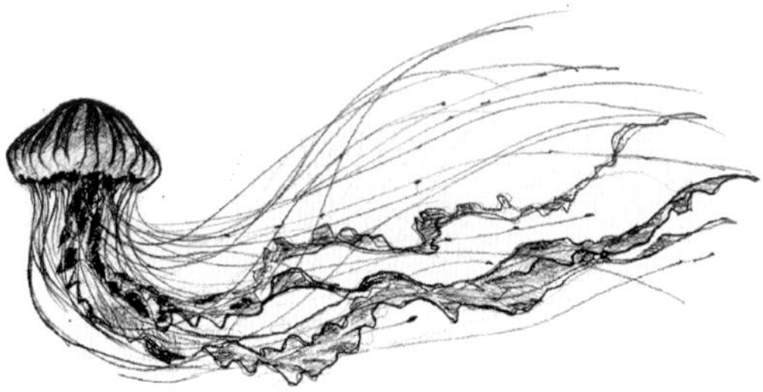

해파리

해차, 속명 해팔어는 해파리 종류를 말하는 것이다. 해차(海鮀)는 『자산어보』의 여러 필사본에서 해타(海鮀)로 읽히기도 한다. 그러나 『강희자전』에 "차(鮀)는 차와 같다[與蛇同]."고 하였으며, 차(鮀)는, "해파리, 예전에는 수모라 했다[海蜇, 古称水母.]."고 풀이되고 있다. 그리고 타(鮀)는, "담수어 가운데 물속에서 모래를 부는 작은 물고기이다."라고 풀이하고 있다. 즉 모래무지를 말하는 것이다. 어보의 이청의 안에도, "차(鮀)는 차(蛇)라고도 쓴다."고 밝히고 있고, 차(蛇,

---

361 羵羊: 중국 고대 전설에 있는 신이한 괴물을 말한다.

鮀), 즉 해파리는 해타(海鮀)와는 전혀 별개의 생물이다.

여러 필사본에서 차(鮓)자를 타(鮀)로, 차(蛇, 해파리 차)자를 사(蛇, 뱀 사)로 잘못 쓰이고, 잘못 읽히기도 한다. 비슷하게 생긴 한자를 가지고 필사하는 과정에서 생길 수 있는 오기이고, 그 필사본을 읽는 과정에서 나올 수 있는 오독이다.

『본초강목』에서 해파리 몸에 '새우 떼가 붙어 있어 그 점액을 빨아먹는다.'고 한 것은 특정한 종류의 새우가 해파리의 몸 안에 살고 있음을 관찰한 것이고, 해파리와 새우의 공생관계를 설명하는 것으로 보아야 한다. 『난호어목지』의 어명고에서는 '새우가 해파리의 눈'이라고 기술하고 있다.

해파리는 자포동물인 해파리강과 히드라충강의 부유세대를 통틀어 이르는 이름이다. 몸이 한천질이어서 헤엄치는 능력이 약하기 때문에 수면을 떠돌며 생활하고 해류를 따라 이동하므로 플랑크톤 무리에 넣고 있다. 삿갓 모양으로 생겼으며 갓 밑에는 많은 촉수가 늘어져 있고 그 가운데에 입이 있다. 촉수 표면에는 많은 자세포[362]가 있는데, 그 속에 있는 독침으로 먹이를 쏜다.

지구온난화와 해양생태계의 변화로 인하여 우리나라 연근해 바다에 어획량이 제일 많은 기간인 5월 하순부터 10월까지 해파리가 대량으로 출현하여 막대한 피해가 발생하고 있다. 특히 서해안 및 남해안에서 해파리가 대량 유입되어 어구가 손상되거나, 어획물과 해파리를 분리하는데 따른 조업지연이 생산량의 감소로 이어져 어부들의 피해가 커지고 있다.

해파리가 증가한 이유는 생태계 구조가 변화하면서 먹이사슬 관

---

362 刺細胞: 자포동물 표피의 독특한 세포로 독액과 나사모양의 가시를 쏘아 몸을 지키고 먹이를 잡는다.

계가 허물어진 때문이라는 설이 지배적이다. 지구온난화로 해수온도가 상승되면서 생태계의 균형이 깨진데다, 해파리의 천적인 참치, 도미 등이 남획으로 크게 감소한 것도 해파리가 번식하기에 좋은 환경이 되었다는 주장도 있다.

〈원문〉 海鮀[363](俗名海八魚).大者長五六尺,廣亦如之.無頭尾,無面目.體凝軟如酥,狀似[364]僧人戴其篣笠,腰著[365]女裙,垂其脚而游于水.笠簷之內,有無數短髮(髮如極細蕠末餺飥,然實非眞髮.).其下如頸而陡豐如肩髆,髆下分爲四脚.行則貼[366]合,脚居身之半.脚之上下內外,叢生無量數長髮,長者數丈許,色黑.短者七八寸,次長次短其等不齊.大者如條[367],細者如髮.行則淋漓婀娜如傘,斿[368]外張其質[369],其色恰似海凍(以牛毛草煮而成膏,螢凝曰海凍.).强項魚遇[370]之喫如豆腐.隨潮入港,潮退則膠艘,不能動而死.陸人皆煮食,或鱠[371]食(煮則酥軟者堅韌麤,大者縮小.).昌大曰,嘗剔見其腹,如南瓜敗爛之瓤.○晴案,鮀[372]亦作蛇[373],『爾雅翼』曰,蛇[374]生東海,正白濛濛如沫,又如凝血.縱廣數尺有智識,無頭目處所,故不知避人.衆[375]蝦附之,隨其東西.『玉篇』云,形如覆笠,汎汎常浮隨水.郭璞『江賦』,水母目鰕,注云,水母俗呼海舌.『博物志』,東海有物狀如凝血,名曰鮓魚.『本草綱目』,海蛇[376],一名水母,一名又擣蒲魚[377].李時珍云,南人譌爲海折[378],或作蜡鮓者,竝非.閩人曰蛇[379],廣人曰水母.『異苑』名石鏡,『康熙字典』云,蛇[380],水母也.一名蟦,形如羊胃.皆今海八[381]魚之謂也.李時珍云,水母形渾然凝結,其色紅紫,腹下有物如懸絮,群蝦附之,咂[382]其涎沫.人取之,去其血汁,可食(出『本草綱目』).葢此物中有血汁也.海人云,鮀[383]之腹中有囊藏血,時逢大魚,噀血以亂之,如烏鰂之噴墨.

---

363 정씨본, 국립본, 가람본, 상백본, 교감본은 鮀로 되어 있다.

364 정씨본, 국립본, 상백본에는 如로 되어 있다.

365 정씨본, 국립본, 상백본에는 着으로 되어 있다. 着은 著(입을 착)의 속자이다.

15. 경어(鯨魚)

고래 전반에 대해 고찰하고 있다.

〈원문〉 鯨魚

15-1. 경어(鯨魚)

현지에서 부르는 이름은 고래어(高來魚)이다. 색깔은 철흑색이고 비늘이 없으며, 길이는 10장 가량이고, 혹간은 20~20장이 된다. 흑산

366 교감본에는 貼자가 없다.
367 정씨본, 국립본, 상백본, 가람본에는 條로 되어 있다.
368 정씨본, 국립본, 상백본에는 游로 되어 있다.
369 가람본에는 質자가 없이 비어 있다.
370 가람본에는 遇가 過로 되어 있다.
371 국립본, 상백본, 가람본에는 膾로 되어 있다.
372 정씨본, 국립본, 상백본, 교감본은 鮀로 되어 있다.
373 국립본에는 蛇로 되어 있다.
374 국립본에는 蛇로 되어 있다.
375 가람본에는 象자로 되어 있다. 가람본의 오기로 보인다.
376 정씨본, 국립본, 상백본에는 鮀, 가람본은 鮀로 되어 있다.
377 櫻蒲魚의 오기로 보인다. 海蜇을 『이원』에는 石鏡, 『광운』에는 櫻蒲魚라 하였다.
378 蜇의 오기로 보인다.
379 국립본, 교감본에는 蛇로 되어 있다.
380 국립본, 교감본에는 蛇로 되어 있다.
381 정씨본, 국립본에는 入으로 되어 있다.
382 정씨본, 국립본, 상백본에는 啼로 되어 있다.
383 국립본은 鮀, 가람본은 蛇로 되어 있다.

바다에도 역시 있다(원편에 빠져 지금 보충한다.).

○ 안: 『옥편』에 이르기를, "고래는 물고기의 왕이다."라고 했다. 『고금주』에 이르기를, "고래 큰 것은 길이가 1천리이고, 작은 것도 수십 장이다. 그 암컷은 예(鯢)라 부르는데, 큰 것은 길이가 1천리이고, 눈은 밝은 구슬과 같다."고 하였다. 지금 우리 서해와 남해에도 역시 있는데, 길이가 1천리가 되는 것은 보지 못했다. 최씨[384]의 설이 과장된 것이다.

오늘날 일본 사람들이 고래회를 가장 높이 평가하는데, 약을 바른 화살을 쏘아서 잡는다. 지금도 고래가 죽어 표류해 오면 아직도 화살이 꽂힌 채 남아 있는 것이 간혹 있는데, 이는 화살을 맞고 도망친 것이다. 또 고래 두 마리가 서로 싸우다가, 하나가 죽어 해안에 혹간 표착하면, 삶아서 기름을 내서 10여 동이의 기름을 얻을 수 있다. 눈은 술잔을 만들고, 수염으로는 자[尺]를 만들고, 그 척추를 자르면 절구를 만들 수 있다. 고금의 본초 관련서에서 모두 이러한 것을 기록하지 않는 것이 이상하다.

▌평설

혹등고래

고래는 고래목(目)에 속하는 포유동물로 물고기와 비슷한 모양을

384 『고금주』를 지은 최표를 가리킨다.

하고 있다. 앞발은 퇴화하여 지느러미 모양을 하고 있으며, 꼬리 부분은 꼬리지느러미로 변형되어 있다. 그러나 폐호흡을 하고 자궁 내에서 태아가 자라며 배꼽이 있는 등 포유동물의 특징을 지니고 있다. 암컷은 하복부에 한 쌍의 젖꼭지가 있다. 고래는 전 세계에 100여종이 분포되어 있는데, 우리나라 근해에는 긴수염고래, 흰긴수염고래, 쇠고래를 비롯하여 40여종이 산다.

어보에서 고래를 잡으면 이익이 막대하다고 밝히고 있음에도 불구하고 조선시대에는 포경업이 발달하지 못했다. 그 이유를 서유구의 『임원경제지』「전어지」의 '고래를 작살로 잡는 법[刺鯨法]'에서 설명하고 있다.

"우리나라 어부들 중에는 고래를 잡을 수 있는 자가 없다. 다만 고래가 스스로 죽어 해변에 떠오른 경우를 만나면 관아에서는 반드시 많은 장정들을 내어 칼, 도끼, 자귀를 가지고 고래의 지느러미와 껍질, 고기를 거두어 말에 싣고 사람이 날라 며칠이 되도록 다 없어지지 않는다. 큰 고래 한 마리를 잡으면 그 가치가 무려 천금이다. 그러나 이익이 모두 관아로 들어가고 어부들은 참여할 수가 없다. 그러므로 고래를 창으로 찔러 잡는 방법을 배우려 드는 사람이 없는 것이다."

고래가 잡히거나 표착경이 발생하면 이익은 엄청나지만, "관에서 이익을 독차지하고 주민에게는 오히려 민폐만 끼치므로 자기마을에 고래가 떠밀려오면 여럿이 힘을 모아 바다에 도로 밀어 넣어 버린다(『오주연문장전산고』)."는 것이 당시 조선 포경업의 현실이었다.

고래는 우리 동해에 자주 출몰하지만, 어보에서는 주로 중국의 문헌을 빌려 묘사하면서 본초학 관련서에 고래에 관한 기록이 적다고 지적하고 있다. 고래는 우리 원양에서 많이 살지만 중국근해에서는 보기 드문 존재였다. 중국의 중원 내륙 중심의 의학 관련 본초학 서적에 고래에 대한 실질적인 기록이 많지 않았고, 설화속의 존재인

까닭에 허풍스러운 기록이 많았던 것이다.

〈원문〉 鯨魚(俗名高來魚).色鐵黑無鱗,長或十餘丈,或二三十丈.黑山海中亦有之(原篇缺,今補之.).○案,『玉篇』云,鯨,魚之王.『古今注』云,鯨大者長千里,小者數十丈,其雌曰鯢.大者亦長千里,眼如明月珠.今我西南海中亦有之,而未聞長千里者.崔說夸矣.今日本之人最重鯨鱠[385],傅藥於矢射而獲之.今或鯨死漂至,而猶帶箭者,是其受射而走者也.又或有兩鯨相鬪[386],一死漂岸者,煮肉出膏,可得十餘瓮.目可爲杯[387],鬚可爲尺,其脊骨斷一節可作舂臼而.古今本草皆不載錄可異也.

---

385 가람본에는 鱠가 膾로 되어 있다.

386 정씨본과 상백본에는 鬥, 국립본에는 門으로 되어 있다. 門은 鬪와 鬥(싸울 투)의 별자이다.

387 가람본에는 杯가 盃로 되어 있다.

16. 해하(海鰕)

십각목 새우아목에 속하는 새우 전반에 대해 기술하고 있다.

〈원문〉 海鰕

16-1. 해하(海鰕)

길이는 1자 남짓이며, 색깔은 희면서 붉다. 등은 굽었으며 몸에는 껍데기가 있고 꼬리는 넓다. 머리는 가재[石蟹]를 닮았다. 눈은 돌출해 있고 두 개의 수염이 있는데, 길이가 몸의 3배나 되며 붉은색이다. 머리 위에 뿔이 2개 있는데, 가늘면서 단단하며 뾰족하다. 6개의 다리가 가슴 앞에 나 있는데, 또 2개의 다리가 더 나 있어 매미 모양의 모자[蟬緌][388]와 같다. 배 아래에 두 개의 판이 서로 붙어 있어, 가슴에 달린 다리와 복판 사이에 알을 품고 있는데, 헤엄치기도 하고 걸을 수도 있다. 맛이 가장 달고 좋다. 중간 것은 길이가 3~5치이고, 흰 것은 길이가 2치가량이고, 보라색인 것은 크기가 5~6치이며, 작은 것은 개미와 같다.

○ 청안: 『이아』「석어」에 호(鰝)를 큰 새우라 했다. 진장기는 이르기를, "바다 속의 붉은 새우[紅鰕]는 길이가 1자이며, 수염으로 비녀를 삼을 수 있다."고 했으니 바로 이 것이다.

---

388 蟬緌: 중국 고대의 갓이 매미 머리 모양이어서 생긴 이름으로 조관(朝冠)을 가리킨다(『한서』권67).

▌평설

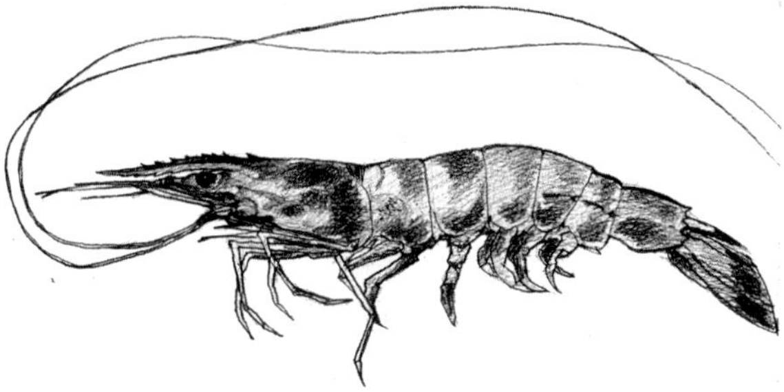

대하

어보에서는 해하라는 큰 항목에서 새우 전반에 대해 개관하고 있다. 새우는 십각목(十脚目) 새우아목에 속하는 새우류의 총칭이다. 옛 문헌에 새우는 한자로 하(鰕)라고 쓰였고 하(蝦)라고도 하였다. 방언이름에 새, 사이, 사요, 새오, 새비, 새우지, 쇄비 등이 있다.

우리나라에는 담수산으로는 가재, 새뱅이, 징거미새우가 있고, 해수산으로는 도화새우, 보리새우, 대하, 중하, 꽃새우, 젓새우 등 약 90종이 알려져 있다. 우리나라 연해에는 대하, 중하, 꽃새우, 중국점새우, 돗대기새우 따위의 온대성새우가 많다. 동해에는 도화새우, 북쪽분홍새우, 진흙새우 등과 같은 한해성새우가, 제주도 해역을 포함한 남해에는 보리새우, 닭새우, 부채새우 따위의 난해성새우가 비교적 많다.

해하는 필사본에 따라 대하(大蝦)로 적혀 있기도 한다. 대하는 보리새우과의 갑각류이다. 먹이와 산란을 위해 연안과 깊은 바다를 오가며 생활하는 대형 새우로 수명은 약 1년이다. 소금구이로 널리 알려져 있는 고급새우이다. 대하를 닭새우로 비정하기도 하지만(정석조, 1998), 등이 굽었다는 점, 중간 크기의 것이 3~4치(6~8cm)라는 어보의 기록으로 보아 큰 새우 종류가 옳을 것이다. 또 닭새우는 가재란 이름으로 어보에 별도로 기록되어 있다.

〈원문〉 海鰕[389].長尺餘,色白而紅.背曲,身有甲,尾廣.頭似石蟹,目突.有兩鬚,長三倍於其身而赤.頭上有二角,細而硬尖.脚有六胷前,又有二脚如蟬緌.腹下有雙板仰貼,懷卵於胷脚腹板之間[390],能游能步.味最甘美.○[391]中者長三四寸,白者大二寸許,紫者大五六寸,細者如蟻.○晴案,『爾雅』「釋魚」鰝,大鰕.陳藏器云,海中紅鰕長一尺,鬚可爲簪.卽此也.

389 정씨본, 국립본, 상백본에는 大鰕로 되어 있다.

390 국립본에는 閒으로 되어 있다.

391 정씨본, 국립본, 상백본에는 ○표가 없이 빈 칸으로 되어 있다.

17. 해삼(海參)

해삼 1종류만을 기술하고 있다.

〈원문〉 海參[392]

17-1. 해삼(海參)

큰 것은 2자 가량 된다. 몸 크기는 오이와 같고, 온 몸에 잔 돌기[細乳]가 나 있는 것도 오이와 같다. 양쪽 머리가 약간 모지라졌으며, 한쪽 머리에 입이 있고, 다른 머리는 항문과 통한다. 뱃속에는 밤송이 같은 것이 들어있고, 창자는 닭과 같으며 껍질은 연약해서 끌어당기면 끊어진다. 배 아래에 다리가 백여 개 있는데, 걸을 수는 있지만 헤엄치지는 못하며, 그 움직임이 매우 둔하다. 색깔은 짙은 검은색이며 고기는 청흑색이다.

○ 청안: 우리 바다에 모두 해삼이 나서, 잡아서 말려 사방으로 판다. 전복, 담채와 더불어 삼화(三貨)라 한다. 고금의 본초서를 살펴보면 모두 해삼을 기록하지 않고 있다. 근세에 이르러야 섭계(葉桂)[393]의 『임증지남』 약방문에 해삼을 많이 쓰고 있다. 대체로 해삼 사용은 우리나라에서 비롯된 것이다.

392 가람본에는 蔘으로 되어 있다.

393 葉은 사람의 성인 경우 엽이 아니라 섭으로 읽는다.

▎평설

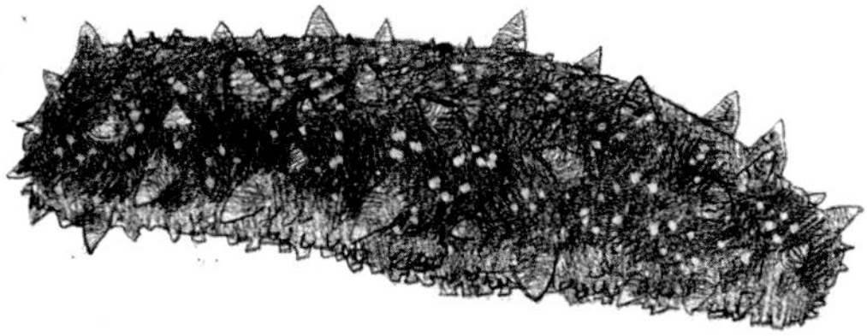

해삼

해삼은 해삼강에 속하는 극피동물의 총칭이며, 한자이름은 토육(土肉), 해남자(海男子), 흑충(黑蟲)이다. 해삼의 표준한자명은 해삼(海蔘)이지만 가람본을 제외한 다른 사본에서는 해삼(海參)이라고 기록하고 있다. 삼(參)자에는 인삼이란 뜻도 있고, 인삼의 경우에도 인삼(人蔘)과 인삼(人參)이 혼용되고 있다.

해삼강의 동물들은 몸이 오이모양을 하고 있으며 팔과 가시가 없다. 관족은 덜 발달되어 있고 종에 따라서는 퇴화하여 없는 것도 있다. 체벽의 근육은 두꺼우며 속에 석회질의 작은 골편들이 흩어져 있다. 암수의 구별이 있으나, 겉모습으로는 구분하기 힘들다. 먹이를 먹을 때에는 촉수로 바다 밑에 깔린 모래 진흙을 입에 넣어 모래 진흙 속에 들어 있는 작은 생물을 잡아먹고 모래와 배설물은 밖으로 내보낸다. 외부에서 자극을 받으면 내장을 끊어서 항문 밖으로 내보내는데, 재생력이 강해서 다시 생긴다.

해삼은 알칼리성식품으로 체내의 신진대사를 촉진하고 혈액을 정화하는 효능이 있다. 한의학에서는 예부터 해삼을 바다의 인삼으로 여겨서 남성의 생식기능 강장효과와 성신경흥분약으로 많이 사용했으며 폐결핵 그리고 출혈성 질환과 빈뇨증에도 썼다. 해삼의 성질이 따뜻하여 비장을 보하는 이러한 성능 때문에 '효능이 인삼에 맞먹는다.'고 본 것이다.

〈원문〉 海參[394].大者二尺許.體大如黃瓜,全身有細乳亦如黃瓜.兩頭微殺,一頭有口,一頭通肛.腹中有物如粟[395]毬,腸[396]如雞而皮甚軟,引擧則絕.腹下有百足,能步不能游,而其行甚鈍.色深[397]黑,肉青黑.○晴案,我邦之海,皆産海參[398],採而乾之,貨於四方.與鰒魚[399]·淡菜列爲三貨.然考古今本草皆不載錄.至近世葉桂『臨證指南』藥方中,多用海參[400].蓋因我國之用而始之也.

---

394 가람본에는 海蔘으로 되어 있다.

395 정씨본, 국립본, 상백본, 가람본에는 栗로 되어 있다. 고대본의 오기로 보인다.

396 정씨본, 국립본, 상백본에는 賜로 되어 있다.

397 정씨본, 국립본, 상백본에는 渁로 되어 있다.

398 가람본에는 海蔘으로 되어 있다.

399 가람본에는 鰒魚가 腹魚로 되어 있다.

400 가람본에는 海蔘으로 되어 있다.

18. 굴명충(屈明蟲)

굴명충 1종만 기술하고 있다.

〈원문〉 屈明蟲

18-1. 굴명충(屈明蟲)

현지에서 부르는 이름이 굴명충이다. 큰 것은 1자5치 가량이고, 지름도 그 정도이다. 모양은 마치 닭이 병아리를 품고 있는 것 같은데 꼬리가 없다. 머리와 목덜미가 약간 솟아 있고, 귀는 고양이 같다, 배 아래에 해삼과 같은 다리가 있는데, 역시 헤엄치지는 못한다. 색깔은 짙은 검은색이며 붉은 무늬가 있으며, 온 몸이 모두 피다. 맛은 없으며, 영남 사람들이 먹는데, 그 피를 모두 씻어내지 않으면 먹지 않는다.

▌평설

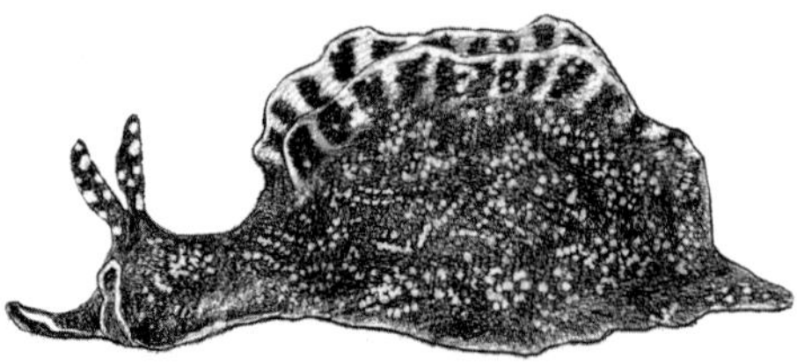

군소

굴명충은 군소를 말한다. 군소는 복족강 군소목 군소과의 연체동물로 우리나라 전 연안에 분포하며 얕은 연안 바다에서 봄여름에 걸쳐서 매우 흔히 발견된다. 해조류를 갉아먹는 초식자이며 파래를 잘 먹는다. 껍질이 없는 민달팽이와 비슷하게 생겼다고 해서 바다 달팽이라고도 불리며, 거문도에서는 굼벵이라고 부른다. 머리에 한 쌍의 더듬이가 있는데 작은 것은 촉각을, 큰 것은 냄새를 감지한다.

향이 독특하여 남해안 바닷가 사람들이 즐겨 먹는 음식이다. 배를 갈라 내장과 색소를 빼내고 물에 삶아 주로 초장을 곁들여 먹는다. 어보에서 군소의 피를 제거해서 먹는다고 했는데, 이는 군소의 붉은 체액을 말하고 있다.

〈**원문**〉 屈明蟲(仍俗名).大者長一尺五寸許,圓徑亦如之.狀如抱子之鷄[401]而無尾.頭頸微昂,有耳如貓[402].腹下似海參之足,亦不能游.色深[403]黑有赤文,全身都是血.味薄,嶺南人食之,非百洗去血不食.

---

401 정씨본, 상백본, 가람본에는 雞로 되어 있다.

402 가람본에는 貓가 貍로 되어 있다.

403 정씨본, 국립본, 상백본에는 渓로 되어 있다.

19. 음충(淫蟲)

음충 1종류만을 기술하고 있다.

〈원문〉 淫蟲

19-1. 음충(淫蟲)

현지이름은 오만동(五萬童)이다. 모양이 남자의 성기를 닮았고, 입이 없고 구멍이 없다. 물에서 나와도 죽지 않는다. 말리면 줄어들어 빈주머니 같아지며, 손으로 주무르면 잠시 후 다시 팽창해서 털구멍에서 땀이 나는 것처럼 즙이 나오는데, 가늘기가 머리카락 같고, 좌우로 흩날린다. 머리는 크고 꼬리는 짤막하며, 그 꼬리로 돌 위에 붙어 있다. 색깔은 회색이며 누른 기가 있다. 전복을 딸 때 간혹 잡는다. 양기를 돋우는데 효과가 있어, 음탕한 자들이 말려서 약에 넣는다.

○ 또 다른 호두 모양의 종류가 있는데, 혹자는 이것이 암컷이라고 한다. ○ 청안: 『본초강목』에 낭군자(郎君子)라는 것이 있으며, 그 모양을 여기에서 말하는 음충과 비슷하게 묘사하고 있지만, 확실하지는 않다.

▌평설

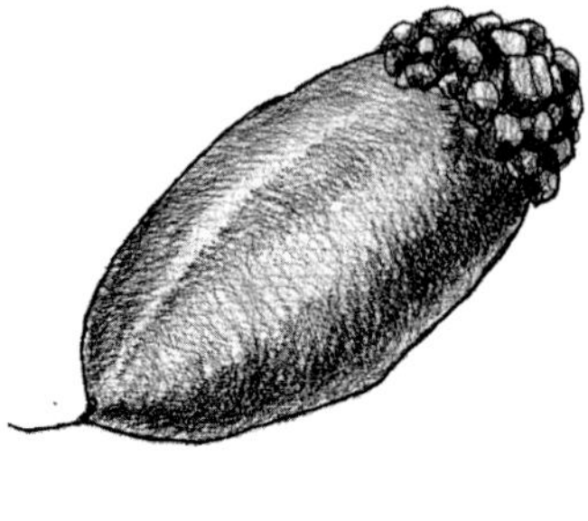

미더덕

음충, 속명이 오만동은 개불 혹은 미더덕으로 우선 비정될 수 있다. 그러나 개불은 바다의 흙에 굴을 파고 살기 때문에 물속에서 잡힌다는 음충은 미더덕이 더 어울리는 점이 있다. 커졌다 작아졌다 하는 점에서 개불로 볼 수도 있지만, 꼬리가 있다는 점에서 미더덕, 특히 주름미더덕을 묘사한 것이다(이태원 5, 2003).

개불이라는 이름은 모양이 개의 생식기처럼 생겼다 하여 붙여졌으며, 중국에서는 하이장[海腸]이라고 부른다. 몸을 늘였다 줄였다 하기 때문에 크기를 분간하기 어려우나, 보통 몸길이는 10~15㎝, 굵기는 2～4cm정도이다. 주둥이는 짧은 원뿔형으로 납작하며 오므렸다 늘였다 할 수 있다. 붉은빛이 도는 유백색으로, 돌기가 많이 나있다. 신선한 것은 회로 먹으며, 남자의 성기를 닮은 생김새 때문에 예로부터 정력제로 이용되었다.

미더덕의 몸은 가늘고 길며, 자루가 있어 그 끝으로 암석에 부착한다. 전체 몸길이는 5～10㎝이며 외피의 표면은 황갈색이며 매우 딱딱하다. 입수공과 출수공은 몸의 앞쪽에 열려 있으며, 암수 한 몸이다. 우리나라의 연안에 분포하며 패류 양식장에 많이 부착하여 피해를 준다. 미더덕은 날로 먹기도 하고 된장찌개에 넣어 먹기도 한다. 특히, 마산지역의 미더덕 찜은 향토음식으로 유명하다.

어보 작성 당시에 흑산도에서 많지 않았던 개불과 미더덕 두 가지를 두루 음충이라고 불렀을 가능성도 있다는 의견도 있다(이태원 5, 2003). 그러나 『한국민족문화대백과』, 『식품과학기술대사전』 등 백과사전에서는 음충을 미더덕으로 보고 있다. 그리고 어보에서도 전복을 딸 때 물속에서 잡는다고 했으니 미더덕일 더 가능성이 크다.

미더덕의 주산지인 경상도 마산지역에서는 돌미더덕을 오만둥이라고 부르고, 참미더덕을 미더덕이라고 부른다. 미더덕은 1970년대까지 주산지인 경상도 어촌에서도 잘 먹지 않았고 해산물 양식을 방해하는 애물단지로 여겨왔지만, 최근에는 경제성을 인정받아 마산만 진동일대에서 집중적으로 양식되고 있다.

청안에서 인용한 낭군자(郎君子)는 남해바다에서 나는 작은 고둥의 일종으로 모양이 살구 씨 같이 단단하고[404], 여성이 난산일 때 손쉽게 출산케 해준다고 하였으나[405], 이러한 중국문헌의 묘사와 약효로 보아서는 미더덕이나 개불과는 거리가 있다.

〈원문〉 淫蟲(俗名五萬童).狀似陽莖,無口無孔.出水不死.乾曝則萎縮如空囊.以手摩挲少傾[406]膨脹,出汁如毛[407]孔出汗,細如絲髮,左右飛射[408].頭大尾殺,以尾黏著[409]石上.灰色而黃.採鰒者時或得之.大有補陽之功,淫者腊之入藥.○又有一種似胡桃,或曰卽其雌也.○晴案,『本草綱目』有郎君子,其形略,似此所言淫蟲,然未可明也.

---

404 『이지』云,'郎君子,生南海,有雄雌,青碧色,狀似杏仁.'

405 『본초강목』,"顧『海槎錄』云,相思子狀如螺,中實如石,大如豆.藏篋笥積歲不壞.若置醋中,卽盤旋不已.按此卽郎君子也...主治婦人難産,手把之便生,極驗."

406 정씨본, 국립본, 가람본에는 頃, 상백본에는 項으로 되어 있다. 고대본의 傾은 頃의 오기이다.

407 교감본에는 尾로 되어 있다.

408 가람본에는 射자 자리가 비어 있다.

409 가람본에는 著가 着으로 되어 있다.

IV. 껍데기가 있는 생물들

거북, 게, 전복, 조개, 고둥 등과 같이 단단하고 두꺼운 껍데기가 있는 수산물을 기술하고 있다.

〈원문〉介類

1. 해귀(海龜)

거북 전반에 대해 기술하고 있다.

〈원문〉海龜

1-1. 해귀(海龜)

모양은 민물에 사는 거북과 비슷하고, 배와 등에 대모와 같은 무늬가 있다. 때로는 수면에 떠오르는데, 성질이 아주 게으르고 둔해서, 사람이 가까이와도 놀라지 않는다. 등에는 굴 껍데기가 붙어있어, 조각조각 벗겨진다(굴은 단단한 물체를 만나면, 그 껍질에 붙는다.). 이것은 혹간 대모일 수도 있는데 현지 풍속에서는 재난을 일으킨다고 해서 기피하며, 보아도 잡지 않으니 아까운 일이다.

▌평설

바다거북

파충류 거북목에 속하는 거북류는 특수한 피부와 등딱지 및 배딱지를 가지는 점에서 뱀과 악어 같은 다른 파충류와는 구별된다. 일부 바다거북류를 제외하고 현존하는 거북의 대다수는 강이나 못·늪에 살면서 육지생활도 하는 수륙 양서(兩棲)의 습성을 갖고 있다.

우리나라에는 바다거북, 장수거북, 남생이, 자라 등 4종류가 알려져 있으나 이 4종은 모두 과(科)가 다르다. 『자산어보』에서 관찰한 거북이 어떤 종을 말하는지는 확실하지는 않지만 바다거북으로 보인다.

대모는 바다거북과 대모속 거북의 한 종류로 껍데기가 아름다워 장식물로 사용되었다. 조선 선비들의 갓끈에도 대모껍데기를 갈아 만든 구슬을 만들어 끼워 만든 것이 있고, 또 플라스틱 제품이 나오기 전에는 안경테를 만들었다. 이른바 '대모테' 안경이다.

〈원문〉 海龜.狀類水龜,腹背有瑇瑁之紋.時[410]或浮出水面,性甚遲緩,近人而不驚.背有牡蠣之甲,片片剝落(牡蠣遇堅硬之物,必貼其甲.).此或是瑇瑁,而土風畏,其成災[411]見而不收.惜哉.

---

410 가람본에는 詩로 되어 있다. 가람본의 오기이다.

411 가람본에는 灾로 되어 있다.

2. 게[蟹]

청안: 『주례』「고공기주」에 이르기를, "게는 옆으로 간다."고 하였다. 『해속소』에 이르기를, "오늘날 사람들이 방해(旁蟹)라고 부르는데 게가 옆으로 다니기 때문이다."라고 했다. 부현의 『해보』에 게를 횡행개사(橫行介士)라 하였는데, 그 겉껍데기 때문이다. 양자 『방언』에 곽삭(郭索)이라 하였는데, 그 걷는 소리 때문이다. 『포박자』에서는 무장공자(無腸公子)라 하였는데, 게의 속이 비어서이다.

『광아』에 이르기를, "수컷은 한의(蜋螘)라 하고, 암컷은 박대(博帶)라 한다. 대체로 그 구별은 배딱지 모양이 뾰족한 것이 수컷이고, 둥근 것이 암컷이다. 또 집게발이 큰 것을 수컷이라 부르고, 작은 것을 암컷이라 부르는데, 집게발 크기로 암수를 구분한다."고 하였다. 『이아익』에 이르기를, "게는 8개의 다리에 두 집게발이라 하였는데, 8개의 다리는 꺾이어 구부러졌으므로 예부터 궤(跪)[412]라고 부르고, 두 집게발을 거만하게 들고 있어서 예부터 오(螯)[413]라고 부른다."고 하였다. 오늘날 세상에서는 게를 궤라고 부르는데, 모두 이것에 근거한 것이다(『순자』「근학편」에 게는 다리가 6개이고, 집게발이 2개라 하였는데 틀린 것이다. 게의 다리는 8개이다.).

▌평설

어보에서는 흑산도에서 나는 게 종류에 대한 고찰이 나오기에 앞서 게 전반에 대해 문헌고찰을 하고 있다. 이청이 게에 관한 총괄적인 주석[晴案]을 단 것이다.

---

412 跪: 꿇어앉을 궤, 게의 앞발을 말한다.

413 螯: 게의 집게발과 엄지발, 그리고 조개의 한가지인 거오(車螯)란 의미가 있다.

어보에서는 게를 해(蟹) 혹은 궤(跪)라 쓰고 있다. 궤는 오늘날에도 십각목의 갑각류인 게를 통틀어 이르는 말로 경기, 황해지역의 방언이다. 또 옛글에 나오는 게의 별명인 횡행개사(橫行介士), 곽삭(郭索), 무장공자(無腸公子)에 대해 설명하고 있다.

횡행개사는 게가 '거리낌 없이 멋대로 다니는 것'을 말한다. 횡행은 '모로 다님'을 의미하지만 '거리낌 없이 멋대로 행동함'을 뜻하기도 한다. 개사(介士)는 '갑옷을 입은 병사'와 '지조가 굳은 사람이'란 뜻이 있다. 횡행거사는 게의 단단한 모습과 임금 앞에서도 거리낌 없이 바른말을 하는 강직한 선비를 상징하는 별명이다. 곽삭(郭索)은 게가 '다리를 요란스럽게 놀리며 부석거리는 소리'를 내며 걷는 모습을 표현한 것이다. 게는 딱지 안에 창자가 없이 누런 속만 차 있어서 무장공자(無腸公子)라고 불린다. 무장공자는 '줏대가 없는 사람'을 은유하는 별명이다.

게 항목에서는 흑산도에서 관찰된 17종의 게가 설명되어 있다. 고대본과 가람본 원문에는 故자 다음에 '謂之螯.今俗之稱蟹' 8자가 수록되어 있는데, 국립본과 정씨본, 상백본에는 그 부분이 비어 있다.

〈원문〉 蟹.晴案,『周禮』「考工記注」云,仄行.『蟹屬疏』云,今人謂之旁蠏[414],以而其側[415]行也.傅昡『蟹譜』,作螃蠏[416],亦云橫行介士,以其外骨也.揚子『方言』謂之郭索,以其行聲也.『抱朴者』謂之無腸公子,以其內空也.『廣雅』云,雄日蜋[417]螘,雌日博帶.蓋其別,以尖臍者爲雄,團臍者爲雌.又[418]螯[419]大日雄,螯小日雌,是其別也.『爾雅翼』云,蟹八[420]跪而二螯,八足折而容[421]俯,故謂之跪,兩螯倨而容仰,故謂之敖[422].今俗之稱蟹[423]爲跪.蓋本於此也(『荀子』「勤學篇」云,蟹六跪二螯,非也.蟹足八跪.).

---

414 蠏는 蟹의 동자이다.

415 정씨본, 국립본, 상백본에는 例로 되어 있다.

2-1. 무해(舞蟹)

현지에서 부르는 이름은 벌덕궤(伐德跪)이다. 큰 것은 타원형이며, 긴 쪽의 지름이 7~8치이다. 색깔은 적흑색이다. 등껍질의 집게발 가까이에 뿔이 쌍으로 나있고, 왼쪽 집게는 힘이 아주 강하며 크기가 엄지손가락만하다(대체로 집게발은 왼쪽 것이 크고 오른쪽이 작다.). 즐겨 집게발을 들고 서 있는 것이 춤추는 것 같으며, 맛은 달고 좋다. 항상 돌 틈에 있고 살며 썰물이 지면 잡는다.

○ 청안: 소송이 이르기를, "게의 껍데기가 넓고 누른 장이 많은 것을 직(蠘)이라 하고, 남해에 사는데, 그 집게발이 가장 날카로워 물건을 자르는 것이 풀 베듯 한다."고 하는데 이것이 무해이다.

▌평설

민꽃게

---

416 상백본과 가람본에는 蟹로 되어 있다.

417 정씨본, 국립본, 상백본에는 蜋으로 되어 있다.

418 정씨본, 국립본, 상백본에는 人으로 되어 있다.

419 가람본에는 螯가 螌으로 되어 있다.

420 국립본에는 入으로 되어 있다.

421 가람본에는 客으로 되어 있다.

422 가람본에는 螯로 되어 있다. 고대본의 오기로 보인다.

423 정씨본, 국립본, 상백본에는 故와 爲 사이의 '謂之敖.今俗之稱蟹' 8자가 없다.

무해, 속명 벌덕궤는 꽃게 종류 중 민꽃게를 이르는 이름이다. 민꽃게는 꽃게보다 몸집은 작지만 집게발이 힘차게 생겼다. 위험을 느끼면 양 집게발을 펴고 벌떡 일어서서 방어 자세를 취한다. 벌덕게는 집게발을 들고 서있다고 해서 이름이 붙은 것으로 해남지역에서는 민꽃게를 독기, 벌떡게, 껄덕이라 한다. 독기는 민꽃게가 사나운 성질을 가져서 붙여진 이름이다(홍기옥, 2012). 민꽃게는 수심 15m 이내의 얕은 바다의 펄과 모래, 또는 간조 때 물웅덩이나 돌 사이에서 흔히 잡히며, 서해안에 주로 분포한다.

어보에서는 게의 집게발을 오(螯)라고 기록하고 있지만, 청안에서는 중국고문헌을 인용하면서 오(鰲)라고 기록하고 있다. 오(螯)는 게의 '큰 다리[蟹大脚也]'를 뜻한다(『강희자전』). 어보의 오(螯)와 오(鰲)는 모두 게의 엄지 집게발이란 의미이다.

〈원문〉 舞蟹(俗名伐德跪).大者橢圓,長徑七八寸.色赤黑.背甲近螯出雙角,左[424]螯絕有力,大如拇指(凡螯皆左大右小.).好張螯而立如舞.味甘美.常在石間,潮退則捕.◯晴案,蘇頌云,蟹殼闊而多黃者名蠘,生南海中,其鰲最銳,斷物如芟刈.此卽舞蟹也.

2-2. 시해(矢蟹)

현지에서 부르는 이름은 살궤(殺跪)이다. 큰 것은 지름이 2자 가량이 된다. 뒷다리 끝이 부채같이 풍성하고 넓적하다. 양 눈의 위에 약 1치가량의 가시가 있어, 이런 이름을 얻었다. 색깔은 적흑색이다. 대체로 게는 모두 달릴 수는 있어도 헤엄치지 못하는데, 오로지 이 게만은 헤엄칠 수 있다(부채 같은 발로 헤엄친다.). 이 게가 물에 떠서

424 가람본에는 在로 되어 있다.

헤엄쳐 다니면 큰 바람이 불 징조이다. 맛은 달고 좋다. 흑산도에는 귀하며, 항시 물속에 살며 가끔 낚시에 걸린다. 칠산 바다에서는 그물로 잡는다.

○ 청안: 이것은 바로 추모(蝤蛑)의 종류이다. 소송이 이르기를, "납작하고 가장 크고, 뒷다리가 넓은 것의 이름이 추모(蝤蛑)인데, 남인들은 발도자(撥棹子)라 하니, 그 뒷다리가 마치 노와 같기 때문이다. 일명 심(蟳)425이며, 조수에 따라 껍데기를 벗으며, 한 번 벗을 때 한 번 자란다. 그 큰 것은 됫박만하며, 작은 것은 술잔을 바치는 접시만하다. 양 집게발을 손과 같이 쓰는 것이 여러 게 중에서 다르다. 힘이 지극히 강해서, 8월이면 능히 호랑이와 다툴만하고, 호랑이도 당하지 못한다."고 하였다. 『박물지』에 이르기를, "추모(蝤蛑)는 힘이 몹시 강해서 호랑이와 싸울 수 있고, 집게발은 능히 사람을 잘라 죽인다."고 하였다. 그래서 그 이름이 시해(矢蟹)이며, 그 모양이 가장 큰 것이 바로 추모이다.

▌평설

꽃게

425 고대본과 가람본에는 鱘(심어 심)으로 되어 있지만 蟳(꽃게 심)의 오기로 보인다.

시해, 속명 살궤는 꽃게로 비정된다. 특히 부채 같은 발로 헤엄친다는 점, 뿔이 나 있다는 점으로 미루어 꽃게로 볼 수 있다. 갯벌에 사는 다른 게와는 달리 깊은 바다에서 살아서 그물로 잡는다.

꽃게는 꽃게과에 속하며 길이가 10㎝정도, 너비는 22㎝정도인 큰 게이다. 몸통 껍데기는 옆으로 퍼진 마름모꼴이며, 껍데기 좌우 양 모서리에 날카로운 가시가 있고 집게발이 크고 억세다. 네 쌍의 걷는 다리 가운데에서 맨 뒤의 것은 납작하여 헤엄치기에 알맞도록 되어 있다. 해남지역에서는 꽃게를 살케, 살키라고도 부르는데, '살이 많은 게'라 해서 붙여진 이름이다(홍기옥, 2012). 어보에서 살궤(殺跪)라고 부른 것에 대한 해석의 하나가 된다.

이청의 안에 인용된 중국문헌의 '호랑이와 싸울 수 있다'는 묘사는 꽃게가 크고 사납다는 점을 강조한 과장이다. 어보에서는 '조수가 한 번 지면은 한 번 그 껍데기를 벗고 자란다'고 하였는데, 게는 성장과정에서 일정기간마다 껍데기를 벗으면서[脫殼] 자란다. 게는 매미처럼 묵은 껍데기를 벗는데, 이때는 게가 말랑말랑하며 곧 새 껍데기가 딱딱하게 굳는다. 게는 성장하고 나서도 소형종은 1년에 2~3회, 대형종은 1년에 1회 정도 탈피한다. 또 사고로 잃은 다리도 탈피 과정에서 재생된다.

중국에서는 꽃게과를 추모과(蝤蛑科)라고 하며 추모는 꽃게, 민꽃게, 톱날꽃게 등을 포함하는 총칭으로 현지에서 청게[青蟹]라고 부르는 민꽃게(Charybdis japonica)가 대표종이다. 우리나라에서는 꽃게는 꽃게과 게의 총칭이자 고유종 꽃게(Portunus trituberculatus)의 이름이기도 하다.

〈원문〉 矢蟹(俗名殺跪).大者徑二尺許.後脚之末豊廣如扇.兩目上有錐一寸餘,以是得名.色赤黑.凡蟹皆能走而不能游,獨此蟹能游水(以扇脚.).游水則大風之候也.味甘美.黑山則稀貴,常在海中[426],時或上釣.七山[427]之海網捕.○晴案,此卽蝤蛑之類也.蘇頌云,其扁而最大,後足闊者,名蝤蛑,南人謂之撥棹子,以其後脚如棹也.一名𧍯[428],隨潮退殼,一退一長.其大者如升,小者如盞碟.兩螯如手,所以異於衆蟹也.其力至强,八月能與虎鬪[429],虎不如也.『博物志』云,蝤蛑,大有力能與虎鬪[430],螯能剪殺人.今所名矢蟹,其形最大,是卽蝤蛑也.

2-3. 농해(籠蟹)

현지에서 부르는 이름이 농해(籠蟹)이다. 큰 것의 지름은 3치정도이다. 색깔은 검푸르고 윤기가 나는데, 다리는 붉다. 몸은 둥글어 삼테기[籠]와 닮았다. 모래수렁을 굴로 삼고, 모래가 없으면 돌 틈에 엎드려 있다.

○ 청안: 이시진이 이르기를, "팽기(蟛蜞)를 닮았고 바다에 살며, 밀물이 들면 굴에서 나와 바라보는 것을 망조(望潮)라 한다."고 하였다. 지금 바다의 작은 게는 모두 밀물이 들면 굴에서 나온다. 그러므로 밀물을 바라보는 별다른 종류가 있는 것이 아니다.

---

426 가람본에는 中이 上으로 되어 있다.

427 상백본에는 七上으로 되어 있다.

428 정씨본, 국립본, 상백본에는 蟳으로 되어 있다. 고대본과 가람본의 오기로 보인다.

429 정씨본과 상백본에는 鬥, 국립본에는 門으로 되어 있다.

430 정씨본과 상백본에는 鬥, 국립본에는 門으로 되어 있다.

▌평설

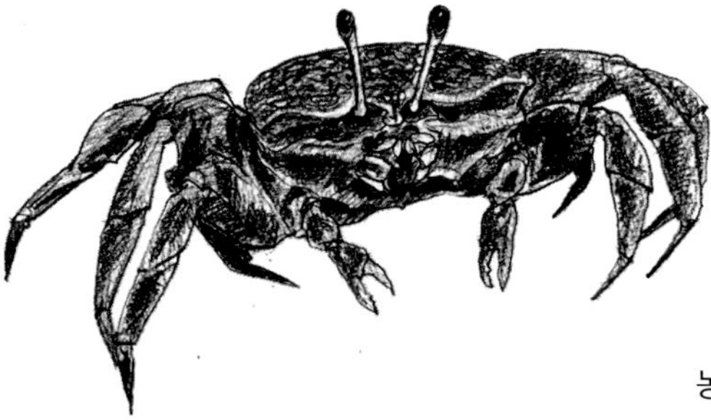

농게 암놈

농해는 현재 표준명이 농게이다. 농게는 달랑게과에 속하는 게로 갑각의 등은 매끈하고 검은 윤기가 나고 푸른색을 나타내며 자갈색의 그물무늬가 있다. 암컷의 집게발은 작고 좌우가 대칭을 이루지만, 수컷의 집게발의 한쪽은 매우 커서 길이가 5cm에 이르며 붉은색을 나타낸다. 어보에는 오늘날의 농게로 비정될 수 있는 화해(花蟹)가 별도로 더 기록되어 있다. 농해는 농게의 암컷을 말하는 것으로 보기도 한다(『21세기 자산어보』).

갯벌 조간대에 수직으로 구멍을 파고 살며 간조 시에 나와 먹이를 먹으며 수컷은 곧잘 큰 다리를 오르내린다. 이청의 안에서 농게가 조수를 맞이해서 망조(望潮)라고 한다고 하였지만, 게가 조수를 맞이하는 것은 특정한 종의 특성은 아니다.

〈원문〉 籠蟹(仍俗名).大者徑三寸許.色蒼黑而鮮潤,脚[431]赤.體[432]圓似籠.穿沙泥爲穴,無沙則伏石間.○晴案,李時珍云,似蟛蜞而生海中,潮至出穴而望者望潮也.今海中小蟹皆潮至出穴,非別有一種也.

431 가람본에는 脚으로 되어 있다.

432 정씨본, 가람본에는 軆로 되어 있다.

2-4. 팽활(蟛蜎)

현지에서 부르는 이름은 돌장궤(突長跪)이다. 농게보다 작고, 색깔은 검푸르고 양 집게발은 약간 붉다. 다리에 있는 무늬가 대모(瑇蝐)와 닮았다.

○ 청안: 『이아』「석충」에 활택(蜎蠌), 작은 것은 로(蟧)라고 하였고, 『소』에 이르기를 바로 팽활이라 하였다. 소송이 이르기를, "가장 작고 털이 없는 것의 이름이 팽활이다. 오나라 사람들이 잘못 알고 팽월(彭越)이라 부른다."고 하였다. 오늘날의 속칭 돌장게[突長蟹], 노랑게[老郞蟹]라고 부르는 게 종류는 대부분이 팽활이다.

▌평설

무늬발게

팽활, 돌장궤는 어보의 설명이 짧지만 집게발이 붉고 다리에 반점이 있다는 점에서 무늬발게로 비정된다(이태원 1, 2003). 무늬발게는 바위게과의 게로 우리나라 전 해역에 분포하고, 물이 맑은 조간대의 바위 또는 자갈지대에 산다. 바위틈이나 큰 돌 밑에 숨어 산다. 갑각은 녹갈색 또는 황갈색 바탕에 적갈색의 반점이 흩어져 있고 다리에는 같은 색의 가로무늬가 있다. 지금도 지방에 따라서는 무늬발게를 돌장게라고도 부르고 있으며 『21세기 자산어보』 조사에서도 돌장게라고 비정하고 있다.

『우해이어보』에서는, “팽(蟛)은 음이 방(方)이다.”라며 팽활을 방게로 비정하고 있다.[433] 팽활 게가 돌장게가 아니더라도 소팽 혹은 황소팽 등과 같은 방게종류라고 볼 수도 있다.

〈원문〉 蟛螖(俗名突長跪).小於籠蟹[434],色蒼黑而兩螯微赤.脚有斑文,似瑇蝐.○晴案,『爾雅』「釋蟲」螖蠌,小者蟧,『疏』云,卽蟛螖也.蘇頌云,最小無毛者[435]蟛螖.吳人訛爲彭越.今俗所稱突長蟹,老郎蟹之類,皆蟛螖也.

2–5. 소팽(小蟛)

현지에서 부르는 이름이 삼궤(參跪)이다. 색깔이 검고 작은 몸에 조금 납작하며, 집게발 끝은 미백색인데, 항상 돌 틈에 살며, 젓갈을 담는다.

▌평설

납작게

소팽, 속명이 삼게는 납작게로 비정되고 있으며(이태원 3, 2003), 『21세기 자산어보』 조사에서도 납작게로 비정하고 있다. 납작게는

433 蟛은 음이 ‘펭’이나, 객가어로는 음이 ‘방’이다(『음운집휘』).

434 가람본에는 竉蟹로 되어 있다.

435 정씨본, 국립본, 상백본에는 者 다음에 名자가 더 있다.

바위게과의 게로 우리나라 해안에서 흔하며, 바위 해안의 조간대에 서식한다. 모래가 섞인 자갈지대에 많으며, 자갈이나 돌 밑에 숨어서 생활한다. 체색의 변이가 많으며, 전체적으로 옅은 갈색, 흑갈색, 자갈색, 녹갈색, 갑각만이 흰 것 등 매우 다양하다. 최대 갑각너비가 약25mm일 정도로 작은 게이다.

〈원문〉 小蟚(俗名參跪).色黑而小,體稍扁.脊末微白,常在石間,可醢.

2-6. 황소팽(黃小蟚)

현지에서 부르는 이름은 노랑궤(老郞跪)이다. 바로 소팽(小蟚)의 한 종류인데, 단지 등이 노란 것이 다르다.

▌평설

풀게

황소팽, 속명 노랑게에 대한 어보의 짧은 기사만으로는 현재 명을 비정하기 어렵다. 『상해 자산어보』에서는 이름을 그대로 풀어 노랑게라고 비정했지만, 노랑게라는 게 종류는 없다. 껍데기의 색깔 변이가 심한 납작게의 한 가지를 기록한 것으로 볼 수도 있고, 『21세기 자산어보』 조사에서는 바위게과의 풀게로 비정하고 있다. 풀게는 우리나라 전 연안에서 흔히 볼 수 있으며 행동양상은 납작게와 비슷하다.

〈원문〉 黃小蟛(俗名老郎跪).卽小蟛之類,但背黃爲異.

2-7. 백해(白蟹)

현지에서 부르는 이름은 천상궤(天上跪)이다. 돌장게보다 작고 색깔은 희다. 등에 청흑색의 둥근 테가 있고, 집게발이 무척 강해서 사람이 물리면 통증이 매우 심하다. 민첩하게 잘 달리며, 항상 모래에 굴을 파고 산다.

○ 청안: 이시진이 이르기를, "팽기와 닮았고 모래의 굴에서 살며, 사람을 보면 금방 달아나는 놈인데 사구(沙狗)라 한다."고 했다. 오늘날 말하는 백해는 바로 사구(沙狗)이다.

▮ 평설

달랑게

백해, 속명 천상궤로 어보에 기록된 게는 달랑게로 비정되고 있다. 달랑게과의 게로 비교적 큰 것이라도 껍데기의 길이가 19㎜정도, 너비는 22㎜정도에 불과한 작은 종류이다. 껍질은 모가 뚜렷한 사각형이다. 달랑게는 조간대 상조선 근처의 깨끗한 모래밭에 구멍을 파고 살며, 위험할 때에는 구멍으로 숨는다.

작은 집게발로 모래를 떠서 입에 가져다 먹이를 골라낸 다음 모래는 경단 모양의 뭉치로 만들어 뱉어 버린다. 재빠르게 잘 달리므로 『물명고』에도, "사구는 팽기와 비슷하고 모래 구멍 속에 살며 사람을 보면 잘 달아난다."고 하였다.

〈원문〉 白蟹(俗名天上跪).小於蟛蜞而色白,背有青黑暈.螯甚强,箝人則痛甚.趫捷善走,常在沙中作穴.○晴案,李時珍云,似蟛蜞而生於沙穴中,見人便走者沙狗也.今所言白蟹,卽沙狗也.

2-8. 화랑해(花郎蟹)

현지에서 부르는 이름이 화랑해(花郎蟹)이다. 크기가 농게 만하고, 몸은 넓으면서 짧으며, 눈은 작고 길다. 왼쪽 집게발이 별스레 크지만 쓰는 것이 둔해, 사람을 물지는 못한다. 집게발을 벌리고 다니는 모습이 춤추는 사람 같다고 해서 그런 이름이 있다(춤추는 사람을 속칭 화랑이라 한다.).

▌평설

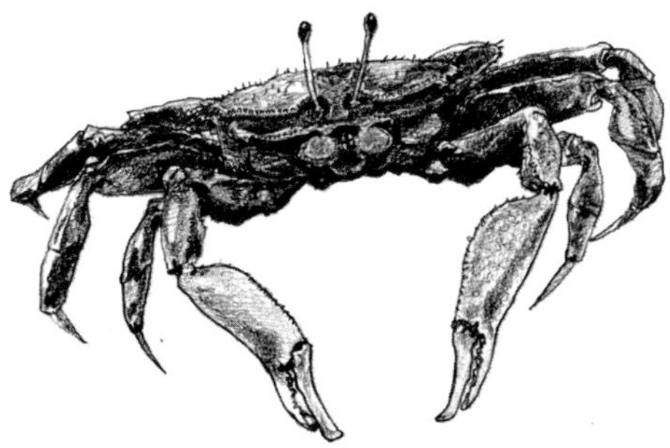

칠게

어보의 화랑게는 달랑게과의 칠게로 비정된다. 칠게의 껍데기 등은 사다리꼴을 이루고 있고, 양 집게발은 대칭을 이루고 있으며 먹이활동 중에는 집게발을 반복해서 올렸다 내렸다 한다. 집게발은 길고 안쪽으로 휘었으며 끝은 비스듬히 잘린 모양이다. 수컷의 집게발이 암컷의 집게발보다 길고 앞으로 갈수록 넓어져서 모양도 다르다.

칠게는 남부 전 연안에 분포하며 조간대의 개흙질 바닥에 타원형 구멍을 파고 많은 개체가 집단을 이루어 산다. 서해안 일부지역에서는 게장이나 날것으로 식용하고, 낙지잡이의 미끼로 쓰인다. 서해 남부지역의 방언이름이 화랑게이다.

〈원문〉 花郎蟹(仍俗名).大如籠蟹,體廣而短,目細而長.左螯別大,庯鈍亦不能箝人.行則張螯,狀如舞者,故名(俗謂舞夫曰,花郎.).

2-9. 주복해(蛛腹蟹)

현지에서 부르는 이름은 모음살궤(毛音殺跪)이다. 크기는 돌장게와 비슷하고, 껍질은 종이처럼 연하다. 양 눈 사이에 뿔로 된 가시가 있고, 사람을 상하게 할 수 있다. 온 몸이 부은 것 같고, 배가 불룩해서 거미와 닮았다. 멀리 달리지를 못해 바위사이에만 있다.

▌평설

두드러기어리게

속명 그대로 몸살게로 비정되기도 하지만(정문기, 2004) 그런 게 종류는 없다. 몸이 부은 것 같다[浮腫]는 점에서 주복해는 두드러기어리게로 비정되고 있다(이태원 3, 2003). 두드러기어리게는 왕게과에 속하는 껍데기 길이가 25mm, 너비는 24mm정도인 작은 게이다. 연안 조간대의 물이 맑은 암초지대에서 산다. 전체로 서양배 모양에 가까우며, 털은 거의 없이 매끈하지만, 갑각 등과 다리에 낮은 두드러기모양의 돌기가 있다. 어보에서는 '껍데기가 종이처럼 연하다'고 했는데 두드러기어리게는 배가 말랑말랑하다. 그러나 집게발은 단단하고 억세다.

〈원문〉 蛛腹蟹(俗名毛音殺跪).大如蟛蜞,甲軟如紙.兩目間有角錐,亦能傷人.全體如浮腫,腹脹[436]如蜘蛛.不能遠走,在巖石間.

2-10. 천해(川蟹)

현지에서 부르는 이름은 진궤(眞跪)이다. 큰 것은 사방이 3~4치이다. 색깔은 청흑색이다. 수컷은 다리에 털이 있고, 맛이 가장 좋다. 흑산도 안의 시내에 간혹 있다. 우리 집인 한강[洌水][437]의 물가에서도 이것을 볼 수 있다. 봄이 되면 물살을 거슬러 올라와서, 논둑에 알을 낳는다. 가을이 되면 하류로 내려간다. 어부들이 얕은 여울에 돌을 모아 담장을 만든 다음 줄에 곡물의 이삭[禾穗]을 달아 놓고, 매일 밤 횃불을 켜고 손으로 잡는다.

---

436 교감본에는 腸으로 되어 있다.

437 한강의 옛 이름의 하나이다.

▌평설

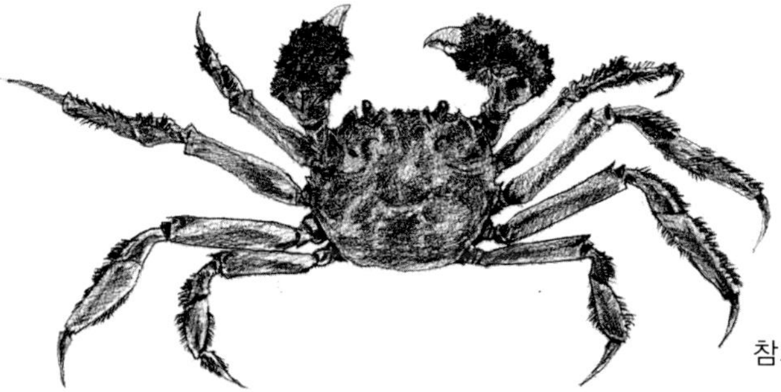

참게

천해, 속명 진궤는 민물에 사는 참게를 말한다. 참게는 예부터 게장을 담가왔던 식용 민물게이며, 파주 참게가 특산으로 유명하다. 참게는 바위게과에 속하며 껍데기의 길이가 63㎜, 너비는 70㎜정도로 비교적 큰 게이다. 바다에 가까운 민물, 주로 황해로 흐르는 하천 유역에서 산다.

어보에는 참게가 '봄에 물살을 거슬러 올라와서 논 사이에 알을 낳는다'고 하였지만 실제와 차이가 있다. 참게는 하천 둑이나 논둑에 구멍을 파고 살다가 가을철에 바다로 내려가서 산란하며, 알에서 부화한 참게의 유생(幼生)이 민물로 올라와 성장한다. 어보에는 참게는 수컷에만 다리에 털이 있는 것으로 묘사되어 있지만, 실은 암수 모두 집게발에 털 다발이 나있다.

어보에서 '얕은 여울에 돌을 모아 담장을 만들었다'는 것은 늦가을에 바다로 내려가는 참게를 잡기 위해 일종의 어살을 만들었다는 의미이다. 참게를 잡는 어살은 '게살'이라고 하며 여울에 비스듬히 돌담을 가로 쌓고 대발을 쳐서 만들었다. 어보에서는 곡물이삭을 미끼로 사용한다고 하였는데, 얼마 전까지 농촌에서 민물참게를 잡을 때 수수이삭을 미끼로 쓰기도 했다.

〈원문〉 川蟹(俗名眞跪).大者方三四寸.色青黑.雄者脚有毛,味最佳.島中溪澗或有之.余家洌水之濱見此物.春而溯流,産子於田間,秋而下流.漁者就淺灘,聚石作墻,布索而繫禾穗,每夜爇炬手捕.

2-11. 사해(蛇蟹)

현지에서 부르는 이름이 사해(蛇蟹)이다. 크기는 농게 만하고 색깔은 푸른데, 양 집게발이 짙은 붉은색이다. 땅위를 다니기 좋아하고, 항상 바다의 인가 주변을 다닌다. 기와와 자갈 틈에 굴을 잘 파서 그런 이름이 있다. 사람이 먹지는 않고 혹간 낚시 미끼로 쓴다.

○ 청안: 바닷가에서 나는 것에서 오직 뱀게만 먹을 수 없고, 다른 것들은 모두 먹는다. 논과 시내에서 나는 것들은 오직 참게만이 먹을 수 있고, 나머지는 먹지 못한다. 채모(蔡謨)가 팽기라는 게를 먹고 죽을 뻔하고 나서 탄식하기를, "『이아』를 읽었지만 익숙하지 않았다."고 한 것이, 바로 논에서 나는 이 작은 게이다.

▌평설

도둑게

사해는 뱀게를 말하며 부안지역에서는 비암게, 비양게라고 부른다. 표준명은 바위게과의 도둑게이다. 우리나라 전 해역에 분포하며, 해안에 가까운 습지, 방축 돌 밑 또는 논밭에 구멍을 파고 산다. 갑각의 앞부분은 붉은색 또는 옅은 갈색이고 집게발은 선홍색이다. 겨울에는 야산 나무뿌리 주변에 구멍을 파고 겨울잠을 자고, 봄이 되면 바닷가로 내려와 갯벌에서 산란한다.

갯벌 인근에 위치한 민가들에 출몰해서 음식찌꺼기나 과일껍질을 훔쳐 먹는다고 해서 도둑게라는 이름이 붙었다. 또 이 게가 사는 구멍이 들쥐 구멍이나 뱀 구멍과 비슷하게 생겨서 뱀게라고 불리기도 한다.

이청의 안에서, "『이아』를 읽어 익숙하지 않았다."는 구절은 진(晉)나라 사람인 채모(蔡謨, 호 道明, 281~356)가 뱀게[蛇蟹]를 논에 사는 방게인 줄 알고 먹고 죽을 뻔하고는, "『이아』를 읽었으되 숙독하지 못한 까닭이었다."고 한탄했다는 고사에서 나온 말이다(『세설』). 『이아』에는 게의 종류와 특성에 대해 상세한 해설이 있다.

〈원문〉 蛇蟹(仍俗名).大如籠蟹,色蒼,兩螯渋[438]赤.好行地上,常游傍海人家.能作穴於瓦礫間,故得是名.人不食或作魚餌.○晴案,產於海濱者,惟蛇蟹不可食,餘皆可食.產於田泥川溪者,惟眞蟹可食,餘不可食.蔡謨食蟛蜞幾死,嘆曰,讀『爾雅』不熟.卽田泥之小蟹也.

2-12. 두해(豆蟹)

현지이름이 두해이다. 크기는 콩만 하고, 색깔은 팥과 같다. 맛이 좋으며, 섬사람들이 혹간 날로 먹는다.

---

438 정씨본, 국립본, 상백본, 고대본의 渋은 湥의 오기이다. 가람본은 정자인 深으로 되어 있다.

▌평설

엽낭게

두해의 흑산도 방언이름은 콩게이지만 표준명은 엽낭게이다. 등딱지가 콩나물 콩처럼 작아서 엽낭게라 불린다. 껍데기는 둥근 사다리꼴이고 몸은 콩 모양이다.

엽낭게는 달랑게과로 우리나라 조간대의 하구나 내만의 모래진흙 바닥에 집단으로 서식한다. 직경 5mm, 깊이 10~20cm정도의 수직 구멍을 파고 살며, 간조 시에 굴에서 나와 양 집게발로 모래를 입으로 가져가서 먹이를 골라먹고는 찌꺼기로 모래경단을 만들어 구멍 주변에 늘어놓아서 구멍 주위에 작은 모래덩이가 쌓인다.

〈원문〉 豆蟹(仍俗名).大如大豆,色如赤豆,味佳.島人或生食.

2-13. 화해(花蟹)

현지에서 부르는 이름이 화해(花蟹)이다. 크기는 농게 만하고, 등 높이도 농게와 같다. 왼쪽 집게발이 별스레 크고 붉으며, 오른쪽 집게는 작고 검다. 온 몸이 무늬가 현란해 대모(瑇瑁)와 같다. 맛은 없으며 개펄 속에 있다.

○ 청안: 소송이 이르기를, "한 집게발이 크고, 한 집게발이 작은

것은 이름이 옹검(擁劒), 일명 걸보(桀步)이다. 큰 집게발로는 싸우고, 작은 집게발로는 먹는다. 또 이름이 이름을 집화(執火)라고 하는데 그 집게가 붉기 때문이다."라고 했다. 이것이 오늘날의 화해이다.

▌평설

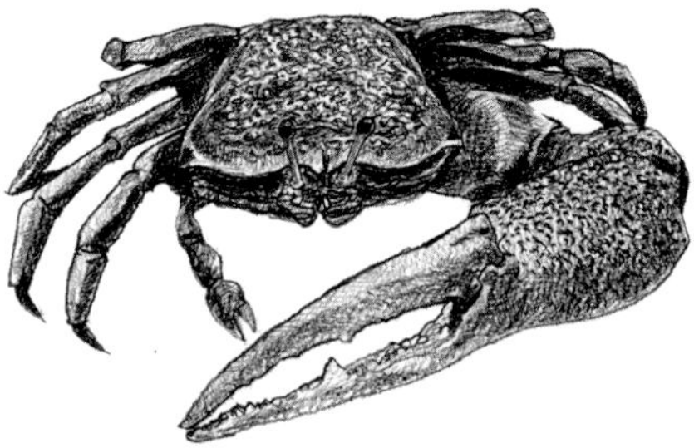

농게 수놈

화해(花蟹)는 이름 그대로는 꽃게가 되는 것이다. 그러나 어보에서 꽃게는 이미 기술한 바 있으며 꽃게는 양 집게발의 크기가 같다. 맛이 없다는 점도 꽃게와 거리가 있다. 어보의 화해 묘사는 꽃게보다는 농게를 더 닮았으며, 또 이청의 안도 중국고문에 있는 농게를 주로 고찰한 것이다.

화해는 농게의 수컷을 별도로 고찰한 것으로 비정되고 있다(『21세기 자산어보』). 특히 '왼쪽 집게발이 별스레 크고 붉으며, 오른쪽 집게는 작고 검다'는 점은 농게 수컷의 특징이다. 농게 수컷은 큰 집게발을 반복하며 올렸다 내렸다하며 영역싸움을 하거나, 번식시기에 암컷에게 시위하기도 한다.

〈원문〉 花蟹(仍俗名).大如籠蟹[439],背高如籠.左螯別大而赤,右螯最小而黑.全體斑爛恰如瑇瑁.味薄.在鹵泥中.○晴案,蘇頌云,一螯大,一螯小者,名擁劒,一名桀步.常以大螯鬪[440],小螯食物.又名執火[441],以其螯赤也.此今之花蟹也.

2-14. 율해(栗蟹)

현지에서 부르는 이름이 율해이다. 크기가 복숭아씨만하다. 모양도 복숭아씨를 갈라놓은 것 같고, 뾰족한 곳이 뒷몸이고, 넓은 곳이 머리이다. 색깔은 검다. 등은 두꺼비 같고, 다리는 모두 가늘고 길며 1자 가량이 된다. 양 집게발은 길이가 2자 가량이다. 입은 거미처럼 생겼고, 뒤로나 옆으로 다니지 않고 앞으로 다닌다. 항상 물이 깊은 곳에 살며, 맛이 밤처럼 달아서, 그런 이름을 얻었다.

▌평설

뿔물맞이게

율해는 밤게를 한자로 차자한 이름이다. 밤게는 남해와 서해에 분포하며, 내만의 사니질 조간대 근처에 주로 서식한다. 게류는 일반적으로 옆으로 걷는데 밤게는 느리기는 하지만 집게발을 비스듬히 들고 앞다리를 교대로 움직이면서 앞으로 나다닌다. 최대 갑각너비가

439 가람본에는 蟹로 되어 있다.
440 상백본에는 鬥로 되어 있다.
441 정씨본에는 大로 되어 있다.

22mm정도의 작은 게이어서 어보에서 '양 집게발 길이가 2자'라는 표현은 밤게에 어울리지 않는다.

뿔물맞이게로 보는 의견이 있고(이태원 5, 2003), 『21세기 자산어보』 조사에서도 뿔물맞이게로 비정하고 있다. 뿔물맞이게는 우리나라 전 연안에 분포하며 물이 맑은 곳의 해조가 많은 암초 조하대[442]에서 서식한다. 몸체에 비해 다리가 유난히 길며, 등의 곱슬곱슬한 털에 해조 또는 해면을 붙여서 위장하고 바위 표면에 가만히 있는 습성이 있다. 앞으로 걸을 수 있다는 점은 밤게의 특성이지만, 전체 모양과 성상으로 보아서는 뿔물맞이게로 비정된다.

〈원문〉 栗蟹(仍俗名).大如桃核.狀如桃核之中斷,而尖處爲後,廣處爲頭.色黑.背如蟾,脚皆細而長一尺許.兩螯長二尺許.口如蜘蛛,不倒不橫而前行.常在湊[443]水.味甘如栗,故得是名.

2-15. 고해(鼓蟹)

현지에서 부르는 이름은 동동궤(鼕鼕跪)이다. 크기는 화해와 같고 몸이 짧다. 색깔은 옅은 흰색이다(원편에 빠져 이제 보충한다.).

---

442 潮下帶: 조간대(潮間帶)의 하부지대로, 간조 시에도 물이 빠지지 않고 항상 물속에 잠겨 있는 부분을 말한다.

443 湊의 오기이다. 가람본에는 深으로 되어 있다.

▌평설

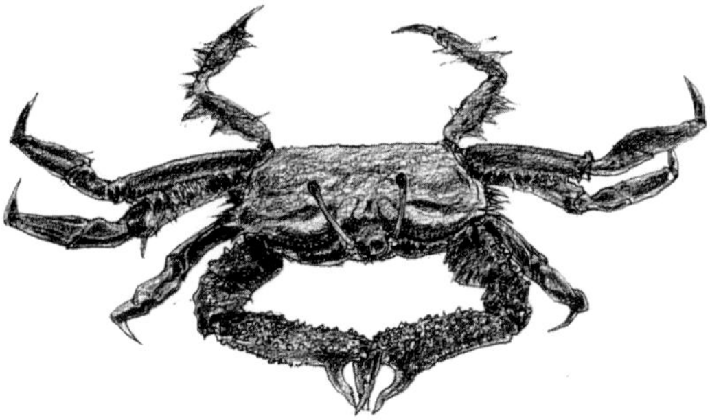

길게

고해, 속명 동동궤는 어보의 설명이 짧아서 현 표준명을 비정하기 어렵다. 『21세기 자산어보』 조사에서는 달랑게과의 길게로 비정하고 있다. 길게는 등딱지의 가로가 길어서 너비의 2배가 된다. 집게발은 대칭을 이루며 수컷의 집게발이 암컷보다 크다. 길게는 우리나라 남해와 서해에 두루 분포하며 내만의 모래가 많은 갯벌에 많이 산다.

〈원문〉 鼓蟹[444](俗名鼕鼕跪).大如花蟹而體短,色微白(原篇缺,今補之.).

2-16. 석해(石蟹)

현지에서 부르는 이름은 가재(可才)이다. 큰 것은 길이가 2~3자이다. 집게발이 2개, 발이 8개인 것이 게와 같고, 발끝이 모두 갈라져 집게 모양이다. 뿔의 길이가 몸의 배나 되며, 낫과 닮은 가시꺼럭이 있다. 허리 위로는 단단한 껍질[被甲][445]이 씌워져 있고, 허리 아래는

444 정씨본에는 鼘蟹로 되어 있다.

445 被甲: 동물의 표면을 덮고 있는 경질구조를 통틀어 부르는 이름이다.

린갑(鱗甲)[446]이어서 새우를 닮았고, 꼬리 역시 새우와 닮았다. 색깔은 검고 윤택이 나며 뿔은 붉다. 뒤로 갈 때에는 그 꼬리를 아래로 말고, 앞으로도 다닐 수 있다. 알 꾸러미는 배 아래에 있고, 대체로 육지에서 나는 가재와 큰 차이가 없다. 구워서 먹으면 맛이 아주 좋다.

▌평설

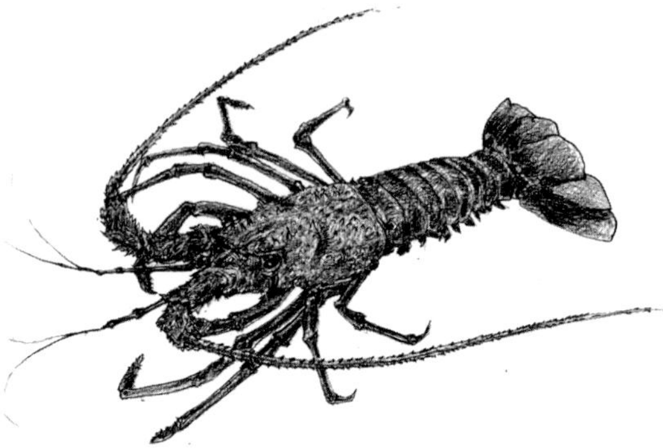

닭새우

석해, 속명 가재의 모양에 대한 묘사는 민물가재와 흡사하지만 바다에 산다는 점, 그리고 크기로 보아서는 흑산도 연해에 사는 닭새우(Spiny lobster)를 관찰한 것으로 보인다. 닭새우는 연근해 바다 밑에서 생활하는 가재의 일종으로 몸길이가 25cm정도에 달한다. 외골격은 매우 단단하며 몸길이의 2배가 넘는 굵은 더듬이가 있는 것이 특징이다. 가재의 일종으로 보기도 하지만 집게다리가 가늘어 새우를 닮았다.

흔히 바다가재(lobster)라도 부르는 것은 십각목의 가시발새우과와 닭새우과에 속하는 대형 새우류를 통틀어 말한다. 한국·일본·인도양·태평양에 널리 분포한다. 난구(卵句)는 난포(卵包) 혹은 난포(卵

---

446 鱗甲: 비늘과 껍데기, 비늘모양을 한 단단한 껍데기를 말한다.

胞)를 말하는 것으로 보이며, '알집 안에서 알세포를 둘러싼 주머니'를 말한다. 가재 종류는 꼬리 인갑 안에 알을 품고 있다.

〈원문〉 石蟹(俗名可才).大者長二三尺.二螯八脚皆如蟹,而脚端皆歧而成箝.角長倍其身,而有芒刺似鐽.腰以上被甲,腰以下鱗甲似蝦.尾亦似蝦.色黑而澤.角赤.倒行則屈其尾[447]而下卷.亦能前行.卵句[448]在腹底,葢與陸地所產,無甚異也.爓[449]而食之,味絕佳.

2-17. 백석해(白石蟹)

바다가재와 닮았고, 크기는 불과 5~6치이다. 허리 아래는 조금 길며 색깔은 희다.

▌평설

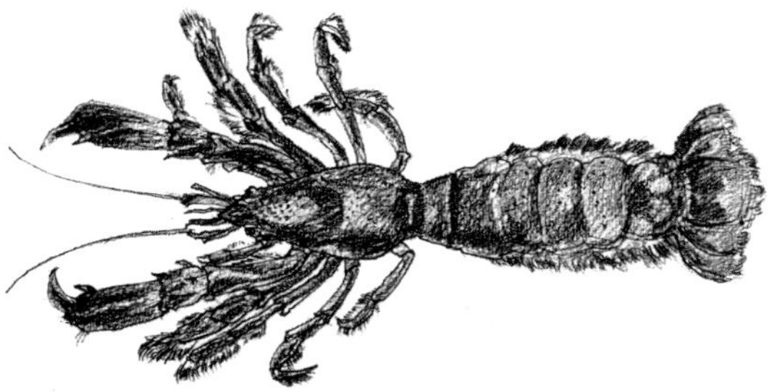

쏙

447 가람본에는 尾가 毛로 되어 있다.

448 卵包 혹은 卵胞의 뜻으로 사용된 것으로 보인다.

449 정씨본과 교감본에는 爛으로 되어 있다.

백석해는 모양이 가재와 닮았으나 작으며, 특히 허리 아래가 길다는 점에서 쏙으로 비정된다. 십각목에 속하는 쏙은 겉모양이 구각목에 속하는 갯가재와 비슷하지만 전혀 다른 동물이며, 쏙은 오히려 새우류에 가깝다.

쏙은 우리나라 서해와 남해에 연안에 분포하며, 새우류, 조개류, 어류 등을 먹는 연안생태계의 포식자 중 하나이다. 내만의 진흙 또는 모래진흙 바닥에 구멍을 파고 서식한다. 몸은 짙거나 옅은 갈색 또는 녹갈색의 바탕에 옅은 반점이 흩어져 있다. 식용하며 낚시미끼로도 이용된다.

〈원문〉 白石蟹.似石蟹而大,不過五六寸.腰下稍長而色白.

3. 복(鰒)

전복, 흑립복, 백립복, 오립복, 편립복, 대립복의 6종류의 일매패(一枚貝) 종류에 대해 기술하고 있다. 일매패는 패각이 1개뿐인 복족류의 조개이다.

〈원문〉 鰒

3-1. 복어(鰒魚)

큰 것은 길이가 7~8치이다. 등에 껍데기가 있으며, 등껍데기는 두꺼비 같다. 껍데기 안쪽은 미끄럽고 윤이 나지만 평평하지는 않고 오색이 찬란하다. 왼쪽에 구멍이 5~6개 혹은 8~9개가 머리 쪽으로 줄을 이루고 있다. 구멍이 없는 곳 역시 구멍과 나란히 밖으로 돌출하고 안으로 꺼져 있는 것이 꼬리의 봉우리까지 이르고 있다(구멍이 끝난 곳이 돌출하였는데, 이는 골[旋溝]의 시작이다.).

꼬리의 봉우리를 따라 돌아있는 골 한 줄이 있다(방에서 돌아 나온 것이다.). 껍데기 안에 살이 있고, 외면은 타원이고 평평해서 이것으로 돌에 붙어서 움직이는데 사용한다. 안쪽 면의 한가운데는 우뚝하니 솟아있고, 살의 앞쪽 왼쪽에 입이 있다(입에는 잔가시가 꺼끌꺼끌하게 나 있다.). 내장에 이어져 구멍을 따라 내려간 아래쪽은 주머니처럼 되어 있다. 왼쪽은 껍질에 붙어 있고, 오른쪽은 살에 붙어 있는데 꼬리 봉우리 바깥쪽까지 이어져 있다.

살코기는 맛이 달고 진해서, 날로 먹어도 좋고 삶아먹어도 좋지만, 가장 좋은 것은 포로 만드는 것이다. 창자는 익혀먹어도 좋고 젓을 담아도 좋으며, 부종치료에 효과가 있다. 봄여름에 독성이 심해서 복을 먹으면 종기가 생기고 피부가 갈라진다. 가을 겨울에는 독성이 없어진다. 전복이 낳고 자라는 방법은 잘 모른다.

◯ 들쥐가 전복을 노리고 엎드려 있으면 전복이 쥐의 꼬리 쪽에서 그 등으로 올라가는 일이 있다. 그러면 쥐는 전복을 등에 지고 도망간다(쥐가 움직이지만 전복은 붙어있기 때문에, 달려가도 떨어지지 않는다.). 전복이 쥐의 움직임을 미리 알고 그 꽁무니에 단단히 붙어 있으면(쥐가 놀라 움직이면 전복은 더욱 단단히 붙는다.), 밀물이 들어 쥐는 죽게 된다. 이는 사람을 해치려는 자에게 경계가 될 수 있을 것이다. ◯ 진주를 품은 것은 등껍데기가 더욱 울퉁불퉁하고 오래되어 긁히고 깎이어 떨어져나간 것 같다. 진주가 뱃속에 있다.

◯청안: 『본초강목』에는 석결명(石決明)을 일명 구공라(九孔螺), 일명 천리광(千里光)이라 했다. 소공(蘇恭)이 이르기를, “이것은 전복의 껍데기이다. 돌에 붙어살며, 모양은 조개 같은데, 껍데기가 단지 한쪽만 있고 짝이 없다.”라고 했다. 소송은 이르기를, “구멍이 일곱 개나 아홉 개인 것이 좋고, 구멍이 열 개인 것은 좋지 않다.”고 했다. 이 모두가 그럴 듯하다.

중국의 전복 생산은 매우 희귀하다. 그래서 왕망(王莽)이 친히 명령해서 전복을 거둬먹었고, 복륭(伏隆)이 대궐에 이르러 전복을 바쳤다(『후한서』)[450]. 전복을 잡는 것은 일본인의 색다른 풍습이다(『위지왜인전』)[451]. 전복회[鱠鰡鰒]는 동해의 뛰어난 맛이다(육운, ‘答車茂安書’[452]). 조조가 전복을 좋아했는데, 한 주(州)에서 바치는 것이

---

450 “張步遣其掾,孫昱隨隆詣闕上書,獻鰒魚.隆湛之子也(『자치통감』권제40).”

451 “好捕魚鰒,水無深淺,皆沈沒取之(『위지왜인전』).”

452 육운의 『육청하집』에 실린 편지에서 전복회[鱠鰡鰒]를 비롯한 복어, 석수어 등의 요리가 동해의 뛰어난 맛이라고 칭찬하고 있다(鱠鰡鰒,炙鱉鯀,烝石首,眞東海之俊味,肴膳之至妙也.).

겨우 1백매였다(조식, '祭先王表'). 언회는 전복 30매를 선물 받아서 10만전을 얻었다 한다(『남사』「저언회전」). 이러한 것을 살펴볼 때 중국은 전복 생산이 우리나라보다 못했던 것이다.

▌평설

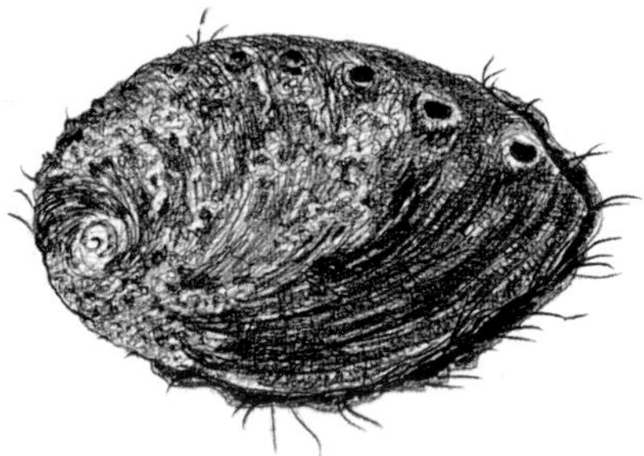

전복

전복은 원시복족목(原始腹族目) 전복과에 딸린 연체동물의 총칭이다. 수심이 5~50m 되는 바다의 암초에 서식한다. 전복은 옛날부터 식용해 온 주요 수산물로 우리나라에서 나는 전복류에는 까막전복, 말전복, 오분자기 등이 있다.

전복은 예로부터 구이, 죽, 회로 먹는 영양식의 하나였고, 우리나라 것이 질이 좋았다. 조선시대에도 일본인들이 우리 바다에 와서 몰래 채취해 갔을 정도로 전복은 미식의 하나였고, 근대 여명기인 1892년에는 전남 완도에서 통조림이 처음 제작되어 수산물 가공의 효시가 된 식재료이기도 하다.

어보에서 '왕망(王莽, BC45~AD23)이 전복을 먹었다'고 하였다. 왕망은 한(漢)나라의 왕권을 뺏고 신(新) 왕조(8~24)를 건국한 사람이다. 고대 중국의 황실에서는 『예기』에 나오는 것이 아닌 것은 먹지 않았다. 중원으로부터 먼 곳에서 나오는 전복은 『예기』의 기록에는 없는 희귀한 식품이어서 왕망이 전복을 먹었다고 기록된 것이다.

육운과 조조의 전복에 대한 고사 역시 고대 중국에서 복어가 산출이 적었고, 귀한 물건으로 취급되었던 것을 나타낸다. 저언회(褚彦回, 435~482)는 남송말기의 사람으로 높은 자리에 있었지만 가난했다. 당시 강남지방에는 전복이 나지 않았고 전복 하나의 가격이 수천 금이었다. 어떤 사람이 언회에게 전복 30매를 바쳤는데 한 문하생이 전복을 팔면 10만전(錢)이 될 것이라고 알려주었다. 언회가 말하기를, "나는 이것이 음식물이라 말했지, 재화라 말한 적이 없다. 또 네 말대로 팔아도 돈이 된다는 것도 알 수 없구나."라고 말한 고사가 있다.

〈원문〉 鰒魚.大者長七八寸.背有甲,甲背如蟾.其裏滑澤而不平,五彩炫煌.左有孔,或五六或八九,從頭成行.不孔處亦依孔排比,外突內陷,至尾峯而至(孔盡處突起,爲旋溝之始者.),從尾峯有旋溝一回(房中旋回者.).甲內有肉,外面橢圓而平,以爲貼[453]石行動之用.裏面之中央,陡起一峰,肉之前左有口(口有細刺澀澀.).連屬于[454]腸,循孔而下,成一袋子.左附于甲,右附于肉,至于尾峰之外.其肉味甘厚,宜生宜熟,最良者腊.其腸[455],宜熟宜醢,能消瘡根.春夏有大毒中之者[456],浮腫皮坼.秋冬無毒.其生育之法,未聞.○野鼠伺鰒而伏,鰒由尾而上其背,則鼠負而走(鼠動,則鰒貼,故走而不落.).若鰒先覺而貼其尾(鼠驚動,故壓貼愈固.),潮至則鼠斃.此可爲賊害人之者戒.○胎珠者,甲背愈險似剝落.珠在腹中.○晴案,『本草綱目』,石決明,一名九孔螺,一名千里光[457].蘇恭云,此鰒魚甲也.附石生,狀如蛤,惟一片無對.蘇頌云七孔九孔者良,十孔者不佳.此皆是也.然中國之産,甚爲稀貴,故王莽憑几[458]而[459]啗鰒,伏[460]隆詣闕而獻鰒(『後漢書』).捕魚鰒,爲倭人之異俗(『魏志倭人傳』).鱠鰡鰒,爲東海之俊味(陸雲,答車茂安書).曹操喜鰒,而一州所供僅至百枚(曹植,祭先王表).彦回受鰒而三十之餉,可得十萬(『南史』「褚彦回傳」).以此觀之,盍不如我國之産也.

---

453 정씨본, 국립본, 상백본에는 貼에서 十자까지 220자의 필사본 1장 분량

『신증동국여지승람』에는 전복이 조선의 해안 46개 지역의 특산물로 기록되어 있다. 『여지승람』의 기록은 그 지역에서 전복이 많이 난다는 것만을 기록한 것이 아니라, 그 지역의 공물(貢物) 즉 진상품으로 지정되어 있음을 의미한다. 그러나 신선한 전복을 바다에서 수송하기는 어려웠다. 한양으로 진상된 공물이 상해 보낸 관리들이 벌을 받았다는 기록이 왕조실록에 자주 등장하게 된다. 전복 진상으로 인해 제주도를 비롯한 연안바닷가에 사는 어민들은 심한 괴로움을 받았다.

전복 껍데기[石決明]는 겉에 구멍이 여러 개 있고, 껍데기 안이 반짝반짝 빛나기 때문에 달리 구공라(九孔螺) 또는 천리광(千里光)이라고도 한다. 전복 껍데기는 약제로 쓰이며 『일화자본초』에 눈을 밝게 하는 효능이 있다고 해서 천리광이란 이름이 있다.

3-2. 흑립복(黑笠鰒)

현지에서 부르는 이름은 비말(比末)이다. 모양은 비올 때 쓰는 삿갓과 비슷하고, 큰 것은 지름이 2치이며 삿갓이 껍데기이다. 색깔은

이 결락되어 있다.

454 교감본은 干으로 되어 있다.

455 가람본에는 膓으로 되어 있다.

456 가람본에는 之中者로 되어 있다.

457 가람본에는 千里孔으로 되어 있다.

458 憑几: 빙궤지명(憑几之命)의 준말로 임금이 남긴 유명(遺命)을 이르는 말이다.

459 가람본에는 而자가 없다.

460 국립본 외의 필사본에는 伕로 되어 있으나 伏의 대자이다. 伏隆(?-27)은 전한말의 인물이다.

검고 미끄러우며, 안쪽은 윤이 나며 평평하다. 살코기는 전복과 비슷하며, 둥글고 역시 한쪽으로 돌에 붙어 있다.

▌평설

진주배말

흑립복, 속명 비말은 구멍삿갓조개과의 연체동물인 삿갓조개의 한 종류이다. 삿갓조개는 해안 바위에 붙어사는데 어보의 흑립복은 진주배말 혹은 큰배말로 보인다(이태원 1, 2003). 전복의 한 종류로 보고, 말전복으로 비정하기도 하지만(정석조, 1998), 어보에서 묘사된 '껍데기 모양이 삿갓 같다'는 내용과는 차이가 있다.

진주배말은 우리나라 동해와 남해 연안에 분포하며 외해에 직접 노출되어 있고, 강한 파도가 미치는 조간대 암반 중·하부에서 흔히 발견되는 직경 3cm전후의 중형 초식성 삿갓조개류이다. 껍데기는 두껍고 단단하며 색깔은 전체적으로 짙은 흑갈색 바탕에 흰색의 지저분한 무늬가 흩어져 있다.

〈원문〉 黑笠鰒(俗名比末).狀類雨笠,大者徑二寸,以笠爲甲.色黑而滑,裏澤而平.其肉似鰒,而圓亦偏著石.

3-3. 백립복(白笠鰒)

껍질의 색깔이 흰 것이 흑립복과 다른 점이다.

▌평설

흰삿갓조개

백립복은 흰삿갓조개로 비정된다. 흰삿갓조개는 흰삿갓조개과의 연체동물로 우리나라 연안에 분포하며 수심 5~15m의 암반 또는 자갈 조하대에서 비교적 흔히 발견되는 직경 5cm전후의 초식성 중형 삿갓조개류이다. 전체적으로 엷은 황갈색이지만 부착생물들로 인해서 자연 상태에서는 껍데기의 원래 색깔을 알아볼 수 없는 경우가 많다.

〈원문〉 白笠鰒.惟有甲色之白,爲異.

3-4. 오립복(烏笠鰒)

큰 것은 지름이 1치이다. 삿갓이 뾰족하며 껍데기가 더 높고 가파르다. 색깔은 검다.

▌평설

두드럭배말

오립복은 두드럭배말이다. 흰삿갓조개과의 연체동물로 동해와 남해 연안에 분포하며 암반 조간대 하부에서부터 수심이 3m이내의 조하대에서 간혹 발견되는 직경3cm전후의 초식성 중형 삿갓조개류이다. 껍데기 표면에 혹 모양의 우둘투둘한 작은 알갱이들이 많이 있어 이름에 두드럭이 들어 있다.

파도가 매우 강한 곳에서 많이 있으며 기질에의 부착력이 강해서 쉽게 탈락되지 않으며 껍데기가 두껍고 단단하다. 전체적으로 황갈색을 띠지만 표면에 소형 녹조류들이 부착해 있어 녹갈색으로 보일 때도 있다.

〈원문〉 烏笠鰒.大者徑一寸.笠尖益高急.甲色黑.

3-5. 편립복(匾笠鰒)

삿갓 끝이 낮고 완만하고 뾰족하지 않다. 껍질은 미백색이고, 살코기는 매우 부드럽다.

▌평설

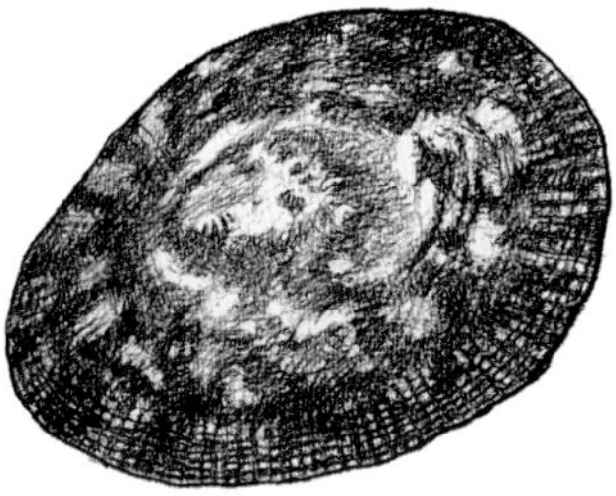

애기삿갓조개

편립복은 납작한 배말 종류인 애기삿갓조개나 배무래기 종류로 비정된다(이태원 1, 2003). 애기삿갓조개는 삿갓조개과의 조개로 우리나라 연안에 널리 분포하며 암반 조간대 중·하부에서부터 수심 5m까지의 바위 표면에서 산다. 몸은 긴 타원형의 접시 모양이며, 껍데기 표면에는 부챗살마루와 누런 갈색의 얼룩점이 있다. 직경 4cm 전후의 중형 초식성 삿갓조개류로 얇고 쉽게 부서지며, 색깔과 무늬에 변이가 많다. 물에 잠긴 상태에서 움직이면서 해조류를 먹는다.

〈원문〉 扁[461]笠鰒.笠尖低緩無尖,甲色微白,肉益軟[462].

3-6. 대립복(大笠鰒)

큰 것은 지름이 2치가량 된다. 껍데기는 편립복과 닮았지만, 고깃살이 껍데기 아래로 2~3치 나와 있다. 맛은 좋지 않아 먹을 만하지 못하고, 매우 희귀하다.

---

461 가람본에는 遍으로 되어 있다.

462 정씨본과 국립본에는 輭으로 되어 있다.

▌평설

장수삿갓조개

대립복은 장수삿갓조개로 비정된다. 장수삿갓조개는 구멍삿갓조개과의 조개로 껍데기 높이는 약10mm, 긴지름이 약40mm, 짧은지름이 약27mm정도로 삿갓조개 종류 중에서 대형종이다. 수심 약10m에 있는 바위에 붙어 고착생활을 한다.

장수삿갓조개는 2012년 5월 31일, 멸종위기야생동식물 II급으로 지정되어 보호받고 있다. 2백 년 전에 작성된 『자산어보』에도 장수삿갓조개가 '매우 희귀하다'고 기록되어 있다.

〈원문〉大笠鰒.大者徑二寸餘.甲似匾笠,而肉出甲下二三寸.味苦[463]不堪食.稀貴[464].

〈추기〉

대체로 껍데기를 한쪽에만 쓰고 있는 것은 전복이다. 전복이나 조개 종류는 모두 진주를 만들어 낸다. ○ 청안: 진주를 생산하는 것은 전복과 조개가 가장 많다. 이순이 이르기를, "진주는 남해의 전복껍데기[石決明]에서 나온다. 촉 땅의 서로(西路)에서도 역시 진주가

463 가람본에는 苦가 若으로 되어 있다.

464 정씨본, 국립본, 상백본에는 甚稀貴로 되어 있다.

나오며 바로 조개에서 나온 것이다.[465]"라고 하였다. 육전이 이르기를, "용의 구슬은 턱에 있고, 뱀의 구슬은 입에 있고, 물고기의 구슬은 눈에 있고, 상어의 구슬은 껍질에 있고, 자라의 구슬은 발에 있고, 거미의 구슬은 뱃속에 있다."고 하였다. 이러한 구슬은 모두 조개에서 얻은 구슬만 못하지만, 구슬을 만드는 것들은 매우 많다.

▌평설

어보는 대립복에 이어 진주를 생산하는 조개를 별도로 설명하고 있다. 이청의 안이 대부분이며, 용, 뱀, 물고기, 상어, 자라와 같은 구슬을 생산한다는 중국의 신화적인 이야기를 기술하고 있다. 어보 본문에는 없지만 <추기>란 이름으로 구분지었다.

〈원문〉 凡甲偏覆者鰒也.鰒蚌蠔之屬,皆能産珠.○晴案,産珠之物,鰒蚌爲盛.李珣云,眞珠出南海,石決明産也.蜀中西路出者,是蚌蛤産.陸佃云,龍珠在頷,蛇珠在口,魚珠在眼,鮫珠在皮,鼈珠在足,蛛珠在腹.皆不及[466]蚌珠,則産珠之物,亦多也.

465 이순의 『해약본초』에, "蜀中西路女瓜亦出眞珠,是蚌蛤産."으로 되어 있다.
466 정씨본, 국립본, 상백본에는 反으로 되어 있다.

4. 합(蛤)

청안: 조개의 종류는 매우 많다. 모양이 긴 것을 통틀어 방(蚌)이라 부르고 또 함장(含漿)이라고도 부른다. 모양이 둥근 것을 통틀어 합(蛤)이라고 부르고, 모양이 좁고 길며, 양쪽 머리가 뾰족하고 작은 것을 비(蠯)라 부르고, 또 마도(馬刀)라고 부른다. 색깔이 검고 가장 작은 것은 현(蜆)이라고 부르고, 또 편라(扁螺)라 부른다. 이것들은 모두 강과 호수, 시내와 계곡에서 나는 것이다.

바다에서 나는 것을 여러 본초 관련서에서 살펴보니 이르기를, "문합(文蛤)은 한쪽 머리가 작고 한쪽 머리가 크고, 껍데기에 꽃무늬가 있는 것이다."라고 하였다.

▌평설

일본 풍속화의 조개가 신기루를 토하는 모습

또 "합리(蛤蜊)라 부르는 것이 있는데, 껍데기가 희고 자색 입술을 가지고 있으며, 크기가 2~3치가 되는 것이다."라고 하였다. 또 이르기를, "함진(蝛蜼)이라는 것이 있는데, 모양이 납작하고 털이 있는 것이다. 거오(車螯)라는 것이 있는데, 그 모습이 가장 크고, 기를 토해서 신기루를 만든다."고 하였는데 바로 바다에 있는 큰 조개이다. 또 "담라(擔羅)는 신라국에서 난다."고 했다. 지금 흑산도 바다에서 볼 수 있는 조개[蛤]를 속명에 따라서 실어 본다.

이청은 조개에 대한 총론 격으로 조개류 전반에 관한 중국문헌을 살피고 있다. 청안에는 바다와 담수조개의 종류를 열거하고 있으나 흑산도에서 나는 조개와는 큰 관련은 없다. 거오(車螯)는 기를 토해 신기루를 만든다는 중국 전설의 큰 조개이다.

총론에 이어 정약전이 조사한 흑산도에서 나는 개별 조개종류로 누문합(縷文蛤), 과피합(瓜皮蛤), 포문합(布紋蛤), 공작합(孔雀蛤), 세합(細蛤), 비합(枇蛤), 흑비합(黑枇蛤), 작합(雀蛤), 해복합(蟹腹蛤), 포자합(匏子蛤) 10종의 조개류에 대해 기술하고 있다.

〈원문〉 蛤.晴案,蛤之類甚繁.其形長者,通謂之蚌,亦日含漿.其形圓者,通謂之蛤.其形狹而長,兩頭尖小者日𧍮,亦謂之馬刀[467].其色黑而最小者日蜆,亦謂之扁螺.此,皆産於江湖溪澗者也.其産於海者,考諸本草有日,文蛤.一頭小,一頭大,殼有花斑者也.有日,蛤蜊,白殼紫脣,大二三寸者也.有日,蝛蜼,形扁而有毛者也.有日,車螯,其形最大,能吐氣爲樓臺[468],卽海中大蜃[469]也.有日,擔羅生於新羅國者也.然今只據,黑山海所見之蛤,因俗號而載錄之也.

467 정씨본, 국립본, 상백본에는 馬力으로 되어 있다.
468 가람본에는 樓坮로 되어 있다.
469 정씨본에는 唇으로 되어 있다.

4-1. 누문합(縷文蛤)

현지에서 부르는 이름은 대롱조개(帶籠雕開)이다. 큰 것은 지름이 3~4치이다. 껍데기는 두껍고 가로무늬가 있는데 비단실처럼 가늘며 몸 전체에 빽빽이 퍼져있다. 맛이 매우 좋지만 약간 비리다.

▌평설

가무락조개

누문합, 속명 대롱조개는 가무락조개로 비정된다. 가막조개, 가무라기, 가무락, 강각, 모시조개로도 불린다. 가무락조개는 백합목 백합과의 조개로 우리나라 남해와 서해연안에 분포한다.

물의 흐름이 완만한 내만이나 연안의 진흙모래 또는 진흙갯벌 조간대에서부터 수심 10m전후의 조하대에서 발견되는 최대 길이가 6cm정도인 중형 조개류이다. 모양은 둥글고 두꺼우며, 살고 있는 바닥[底質][470]의 색깔에 따라 검은색에서부터 옅은 황갈색에 이르기까지 색깔이 다양하다. 저질에 비교적 얕게 잠입해서 살고 있는 중요한 수산자원이다.

---

470 底質: 해양이나 호수, 하천 등의 밑바닥을 구성하고 있는 물질을 말하며, 퇴적물, 암반, 용암, 이류(泥流) 등으로 되어 있다.

〈원문〉 縷文蛤(俗名帶籠雕開).大者徑三四寸.甲厚有横紋,細如帛縷,全體密布.味甘而微腥.

4-2. 과피합(瓜皮蛤)

현지에서 부르는 이름은 누비조개(縷飛雕開)이다. 큰 것은 지름이 4자 남짓이 된다. 껍데기가 두껍고 세로로 난 골이 있으며, 골 가에 오이와 같이 잔 돌기가 나 있다. 대롱조개에 비해 약간 작으며, 이 조개는 파랑새로 변한다고 한다.

▮ 평설

피조개

과피합, 속명 누비조개는 껍질에 부챗살 모양의 골[放射肋]이 있는 꼬막 종류를 말한다. 피조개로 비정된다. 크기가 4자라고 하였지만, 대롱조개보다 작다고 하였으므로 4치를 잘못 적은 것으로 보인다. 현재도 피조개를 흑산도에서는 뉘비고막이라고 부른다. 패류 중에서 드물게 혈색소가 헤모글로빈이어서 피가 붉기 때문에 피조개라는 이름이 붙여졌다. 크고, 육질이 연해서 값비싼 고급종이다.

피조개는 꼬막조개과에 속하며 꼬막종류 중에서 껍데기가 가장 얇다. 겉면에는 백색 방사륵(放射勒)이 42~43줄 있으며, 이 위에 흑갈색의 각피[471]가 나 있다. 껍데기 안쪽은 백색이며, 길이가 12cm, 높이는 9cm, 너비는 7.5cm정도가 되는 대형조개이다. 큰 것은 껍데기 길이가 20cm에 이른다. 껍데기는 흑갈색의 거친 털이 나 있는 단단하고 얇은 각피로 싸여 있는데, 건조해도 쉽게 떨어지지 않는다.

〈원문〉 瓜皮[472]蛤(俗名縷飛雕開).大者徑四尺餘.甲厚有縱溝,溝岸有細乳如黃果.比縷文蛤,稍細.化則爲青羽雀云.

4-3. 포문합(布紋蛤)

현지에서 부르는 이름은 반질악(盤質岳)이다. 큰 것은 지름이 2치 가량이다. 껍데기가 아주 얇으며 가로세로로 잔무늬가 있어, 곱게 짠 베와 같다. 양 볼이 다른 것에 비해 높게 볼록해서, 살도 풍부하고 크다. 흰 것도 있고, 검은 것도 있는데 맛이 매우 좋다.

▍평설

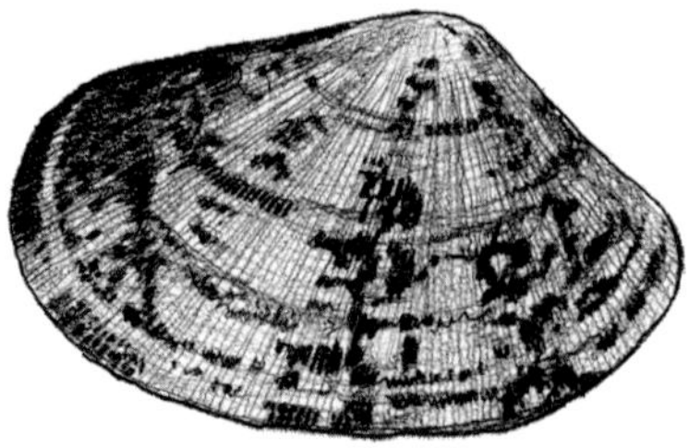

바지락

포문합, 속명 반질악의 현재 표준명은 바지락이다. 백합과의 조개

---

471 殼皮: 조개 외표면에 큐틴(cutin)이 분비된 막상구조의 층으로 수분증산을 막는 등 조직의 물리적인 보호기능을 한다.

472 정씨본, 국립본, 상백본에는 瓜史로 되어 있다.

로 껍데기의 길이는 4cm, 높이는 3cm정도이며, 껍데기에 부챗살마루가 있고 회색을 띤 백색에 회색을 띤 청색의 무늬가 있으나 개체에 따른 색채 변이가 심하다.

민물이 섞이는 바다의 모래펄에 사는데 반지락, 바지라기, 바지락조개, 바지랑이, 참조개라고도 불린다. 우리나라에서 가장 많이 식용하는 조개로 번식과 성장이 빠르고 이동을 거의 하지 않아 양식에 적합하다. 우리나라에서는 1912년부터 양식하고 있다.

〈원문〉 布紋蛤(俗名盤質岳).大者徑二寸許.甲甚薄,有縱橫細紋似細布.兩頰,比他高凸,故肉亦肥大.或白,或青黑.味佳.

4-4. 공작합(孔雀蛤)

현지에서 부르는 이름이 공작합이다. 큰 것은 지름이 4~5치이다. 껍데기가 두껍고 앞쪽에 가로무늬가 있고, 뒤쪽에는 세로무늬가 있다. 매우 거칠고 몸은 경사지지 않았다. 색깔은 황백색이고, 안쪽은 미끄럽고 윤기가 나며, 홍적색의 광채가 난다.

▌평설

개조개

공작합은 공작조개로 읽을 수 있으나 확실한 표준명 비정이 어렵다. 개조개로 비정되기도 한다(이태원 5, 2003). 개조개는 백합과 조개의 하나로 껍데기가 타원형으로 두껍고 무겁다. 표면은 잿빛을 띤 흰색이 강한 성장선이 있으며, 내면은 흰색이나 성장함에 따라 자주색을 띤다. 조간대에서 수심 40미터까지의 진흙 속에서 살며 한국, 일본, 대만 등지에 분포한다. 개조개는 백합과 함께 흔히 대합이라고도 불리기도 한다.

〈원문〉 孔雀蛤(仍俗名).大者徑四五寸.甲厚,前有橫文,後有縱文.頗麤,體無攲斜.色黃白,裏滑澤,光彩紅赤.

4-5. 세합(細蛤)

현지에서 부르는 이름은 나박합(羅朴蛤)이며, 북쪽사람들은 모시합(毛枲蛤)이라고 부른다. 큰 것은 지름이 3~4치이다. 껍질은 얇고 잔 가로무늬가 짙게 깔려 있다. 색깔은 청흑색이며, 희게 변하기도 한다.

▌평설

모시조개

나박(羅朴)은 무[蘿葍]을 말하며 남해안에서 나박조개라고 부르는 것은 떡조개이다(이태원 5, 2003). 떡조개는 7cm전후의 백합과의 조개로 서식하는 저질의 종류나 상태에 따라 완전한 백색에서부터 황갈색에 이르기까지 변이가 많다. 표면에는 뚜렷한 성장선이 나타나고 두껍고 단단해서 잘 부서지지 않는다. 어보의 세합이 껍데기가 얇다고 기술한 점과는 차이가 있다.

어보에서 세합의 속명을 모시조개[毛枲蛤]라고 한 점에 미루어 모시조개일 가능성도 있다. 『21세기 자산어보』 조사에서도 세합을 가무락조개일 가능성이 있다고 보고 있다. 일부해역에서는 가무래기 또는 모시조개로 불리며, 껍데기의 색깔이 검으면 흑모시조개로, 백색이거나 유백색이면 백모시조개로 부른다고 했다.

〈원문〉 細蛤(俗名羅朴蛤,北人謂之毛枲[473]蛤).大者徑三四寸.甲薄,有細横紋密布.色青黑,而渝則白.

4-6. 비합(枇蛤)

현지에서 부르는 이름은 대합(大蛤)이다. 큰 것은 2자 남짓이다. 앞은 넓고 뒤는 모지라졌다. 껍데기는 나무숟갈과 닮았고, 색깔은 황백색에 가로무늬가 거칠게 있다. 혹간은 이것을 숟갈로 쓰기도 한다.

473 정씨본, 국립본, 상백본에는 枲으로 되어 있다.

▌평설

백합

비합, 속명 대합으로 기록된 조개는 오늘날 표준명이 백합이다. 백합과에 속하는 조개로 대합(大蛤), 대합조개, 마당조개, 무명조개, 문합(文蛤)이라고도 불린다. 껍데기의 길이가 약8.5cm, 높이가 6.5cm, 폭이 4cm정도이다. 겉면은 평활하고 광택이 있으며, 색깔은 변이가 심해서 백색에서 암갈색에 이르기까지 다양하다. 우리나라 남해안과 서해안에서 나며 껍데기는 바둑돌이나 물감 따위의 재료로 쓴다.

어보에서 이 조개가 2자라고 기록하고 있으나, 2치의 오기일 가능성이 있다. 『21세기 자산어보』 조사에서는 말백합으로 비정하고 있다. 백합과 모양이 비슷하지만 말백합이 더 크며, 채색과 모양의 변이가 심하다. 어보에서는 대합(大蛤)이라고 기술하고 있지만 당시의 분류학 수준에서는 말백합과 백합을 구분하지 않았을 수도 있다.

〈원문〉 枇蛤(俗名大蛤).大者二尺餘.前廣後殺,甲似木枇.色黃白,有横紋麤[474].疎用以爲枇.

---

474 가람본에는 麤로 되어 있다.

4-7. 흑비합(黑枇蛤)

모양은 비합(枇蛤)과 비슷하며, 색깔이 적흑색인 것이 다르다.

▌평설

어보에서 흑비합이라고 기록한 조개는 검은색이 짙은 백합을 별도로 구분해 기록한 것으로 보인다. 백합은 조개껍데기 표면의 색깔 변이가 심해서 모양이 똑 같은 것이 하나도 없이 모두 다르다고 해서 백합(百蛤)이라고 불리기도 한다. 『21세기 자산어보』 조사에서는 흑비합을 백합으로 비정하고 있다.

〈원문〉 黑枇蛤.狀同枇蛤,而色赤黑爲異.

4-8. 작합(雀蛤)

현지에서 부르는 이름은 새조개(璽雕開)이다. 큰 것은 지름이 4~5치이다. 껍질은 두껍고 미끄럽다. 참새색깔을 하고 무늬가 참새깃털과 비슷해서 참새가 변한 것이 아닌가, 의심된다. 북쪽지방에는 아주 흔하지만, 남쪽지방에는 드물다.

○ 대체로 두 껍데기가 합쳐져 있는 것을 합(蛤)이라 부르고, 모두 진흙 속에 살며 알을 낳는다. ○ 청안: 『월령』에, "늦가을에 참새가 바다에 들어가 조개[蛤]가 되며, 초겨울에 꿩이 바다에 들어가 신(蜃)이 된다."고 하였다. 육전은 이르기를, "조개[蚌蛤]들은 음양과 암수가 없고, 모름지기 참새가 조개가 되기 때문에 능히 구슬을 낳을 수 있다."고 하였다. 그러나 모든 생물이 다른 것이 변해서 된 것은 아닐 것이다.

▍평설

새조개

작합은 새조개로 비정된다. 새조개과의 조개로 껍데기 옆으로 나온 조갯살이 새의 부리를 닮아서 붙여진 이름이다. 갈망, 동죽이라고 부르기도 하며 조합(鳥蛤)이라고도 불린다. 껍데기가 볼록하고 원형이며 얇고, 크기는 껍데기의 길이가 약95㎜, 높이가 95㎜, 너비는 65㎜ 정도이다. 껍데기 표면에는 40~50줄의 가늘고 얇은 홈들이 방사상으로 달리는데 이들 홈에는 부드러운 털이 새처럼 촘촘히 나 있다.

옛사람들은 조개를 새가 변해 된 것이라고 생각했다. 어보 작합(雀蛤)의 묘사에서도 참새가 변한 것이라 했다. 이청의 안에서는 중국문헌을 인용하면서도 새가 조개가 되었다는 의견[化生論]에 대해 모든 생물이 그렇지는 않을 것이라며 부정적으로 보고 있다.

〈원문〉 雀蛤(俗名璽雕開).大者徑四五寸.甲厚而滑.有雀色紋似雀毛,疑雀之所化.北[475]地至賤,而南方稀貴.
凡甲兩[476]合者曰蛤,皆伏在泥中而卵生.○晴案,『月令』,季秋爵入大水爲蛤,孟冬雉入大水爲蜃.陸佃云,蚌蛤無陰陽牝牡,須雀蛤化成,故能生珠,然,未必皆物化也.

---

475 가람본에는 北자가 없다.

4-9. 해복합(蟹腹蛤)

모양은 대합[朼蛤]과 닮았고, 색깔은 검거나 누르다. 작은 게가 조개껍질 안에 들어 있으며, 바닷가에 많다(원편에 빠진 것을 지금 보충한다.). ○ 안: 이시진이 이르기를, "조개의 뱃속에 사는 게를 여노(蠣奴)라 한다. 다른 이름으로 기거해(寄居蟹)라 한다."고 하였다. 해복합이 바로 이것이다.

▌평설

해복합이란 특정 조개류가 아니라 조개껍데기 속에 속살이게가 기생하는 여러 조개를 말하는 것이다. 한국에는 조개속살이게아과, 해삼속살이게아과, 엽길게아과의 3아과에 4속 7종의 속살이게가 서해에 분포한다. 암컷은 일생을 굴이나 대합, 가리비 등의 이매패류의 외투강[477]에서 살지만, 수컷은 내만의 모래진흙 바닥에서 산다. 크기는 수컷이 약7mm, 암컷이 16mm정도이다.

〈원문〉 蟹腹蛤.狀[478]似朼蛤,色或黑或黃.有小蟹在其殼中,濱海多有之(原篇缺,今補之.).○案,李時珍云,蟹居蚌腹者,蠣[479]奴也.又名寄居蟹.卽此也.

---

476 정씨본, 국립본, 상백본에는 而로 되어 있다.

477 外套腔: 조개와 같은 연체동물의 외투막과 몸 사이에 있는 빈 곳으로 안에 아가미가 있다.

478 정씨본, 국립본, 상백본에는 紋으로 되어 있다.

479 교감본에는 礪로 되어 있다.

4-10. 포자합(匏子蛤)

현지에서 부르는 이름은 함박조개(咸朴雕開)이다. 모양과 크기가 박처럼 생겼고, 깊은 진흙에 묻혀서 산다(역시 지금 보충한 것이다.).

▌평설

함박조개

바가지를 뜻하는 포자(匏子)라는 이름과 함박조개라는 속명으로 미루어 함박조개로 비정된다. 함박은 함지박과 같은 말이며 나무의 속을 파서 큰 바가지같이 만든 그릇을 말한다. 함박조개는 개량조개과의 조개로 껍데기의 길이가 약9.5cm, 폭은 약5.3cm정도로 함지박 모양이다. 강어귀의 모래땅에 서식하며 흰색 바탕에 칙칙한 누런 갈색이며 표면은 백색에 지저분한 황갈색의 덮개가 있는 이매패류의 하나로 동해안 및 남해안, 일본 등지에 분포한다.

〈원문〉 匏子蛤(俗名咸朴雕開).狀大如匏子,深[480]伏[481]於泥中(亦今補.).

480 정씨본과 상백본에는 渼로 되어 있다.
481 국립본 외의 필사본에는 伏로 되어 있다. 伏의 대자로 쓰였다.

5. 감(蚶)

감(蚶), 작감(雀蚶) 2종류의 꼬막조개에 대해 기술하고 있다. 감은 원편에 없던 것을 보충한 부분이다.

〈원문〉 蚶(原篇缺,今補之)

5-1. 감(蚶)

현지에서 부르는 이름은 고막합(庫莫蛤)이다. 크기는 밤알만 하고, 껍데기는 조개를 닮았고 둥글다. 색깔은 희고 세로무늬가 있으며, 줄과 줄 사이에 고랑이 져서 마치 기와집 모양과 같다. 양쪽 껍데기의 이빨이 들쑥날쑥한 것이 서로 꼭 들어맞는다. 고기는 누른빛이고 맛이 좋다.

○ 안: 『이아』「석어」의 괴륙(魁陸)의 주에서 말하기를 지금의 감(蚶)이라 하였다. 『옥편』에 이르기를, "감은 조개와 닮았는데 기왓골 같은 무늬가 있다."고 하였다. 『본초강목』에서는 괴합(魁蛤)을 일명 괴륙(魁陸), 일명 감(蚶)이라 하였고(魽이라고도 쓴다.), 일명 와옥자(瓦屋子), 일명 와롱자(瓦壟子), 일명 복노(伏老)라 하였다. 이시진이 이르기를, "남쪽 사람들의 이름은 공자자(空慈子)이고, 상서(尙書) 노균(盧鈞)이 그 모습이 마치 기와집의 골과 같다고 해서 이름을 와롱(瓦壟)이라 고쳐 불렀다. 광동사람들이 그 고기를 중히 여겨서 천련(天臠) 혹은 밀정(蜜丁)이라 불렀다."고 하였다. 『설문』에 이르기를, "늙은 박쥐[老伏翼]가 변해서 괴합이 된다 해서(복익은 박쥐이다.) 그 이름이 복로(伏老)이다." 또 이르기를, "등의 무늬가 마치 기왓골과 같다. 지금 절강 동쪽의 바다에서는, 물을 대고 씨를 뿌리는

데 이름을 감전(蚶田)이라 부른다."고 했다. 이것이 바로 고막(庫莫)이라고 부르는 것이다.

▌평설

꼬막

감, 속명 고막합은 꼬막 종류에 대한 총괄적 기술이다. 어보 원편에 없던 것을 추가한 내용이다. 꼬막 종류에 대한 중국문헌을 고찰하고 있으며, 이 종류 조개가 골이 깊다는 점을 강조하고는 박쥐가 변해 된 조개라고 기술하고 있다. 누비조개가 파랑새로 변한 것이라 보는 것과 같은 맥락이다.

이 조개 종류의 가장 대표적인 것이 꼬막이며, 괴합(魁蛤), 괴륙(魁陸), 와옥자(瓦屋子), 와롱자(瓦壟子)는 꼬막의 한자이름이다. 꼬막은 돌조개과에 속하는 조개로 서해안과 남해안에 분포하며, 연한 진흙질의 바닥에 생활한다. 9~10월에 산란하며 껍데기에는 부챗살 마루가 있다. 꼬막 종류 중에서 품질이 가장 좋아 참꼬막이라고도 부리며, 살이 꽉 들어차 있어서 살조개라고도 불린다(서영상, 2015). 꼬막을 살짝 익혀서 초고추장과 함께 먹는 꼬막회는 전라도지역의 향토음식으로 유명하다.

어보에서 '전종(田種)'이라 함은 중국어로 '씨를 뿌리다 혹은 농사를 짓다[耕種]'의 의미가 있다. 오늘날에도 중국의 감전(蚶田)은 꼬막 양식장을 말한다. 우리나라에서도 꼬막은 연안의 조간대에서 양식되고 있다.

〈**원문**〉 蚶(俗名庫莫蛤).大如栗,殼似蛤而圓.色白有縱文,排行成溝如瓦屋.兩𤕤,相合齟齬交當.肉黃味甘.○案,『爾雅』「釋魚」,魁陸,『注』云,卽今之蚶.『玉篇』云,蚶似蛤,有文如瓦屋.『本草綱目』,魁蛤,一名魁陸,一名蚶(一作魽),一名瓦屋子,一名瓦壟子,一名伏[482]老.李時珍云,南人名空慈子.尙書盧鈞[483],以其形似瓦屋之壟,改爲瓦壟.廣人重其肉,呼爲天臠,又謂之蜜丁.『說文』云,老伏[484]翼化爲魁蛤(伏翼蝙蝠也.),故名伏老.又云背上溝文似瓦屋.今浙東以近海,田種之,謂之蚶田.此云庫莫蛤.卽是也.

5-2. 작감(雀蚶)

현지에서 부르는 이름은 속명은 새고막(璽庫莫)이다. 꼬막과 닮았지만, 단지 기왓골의 무늬가 좀 더 가늘고 미끄럽다. 흔히들 참새가 변한 것이라 한다.

---

482 고대본과 가람본은 伏의 대자로 伏자를 쓰고 있다.

483 정씨본, 국립본, 상백본에는 盧約이지만, 『영표록이』에 "盧鈞尙書作鎭,遂改爲瓦屋子.以其殼上有棱如瓦壟,故名焉."라고 했다.

484 伏의 대자이다.

▌평설

새꼬막

작감, 속명 새고막은 새꼬막으로 비정된다. 사새목 꼬막조개과의 연체동물로 혈액에 헤모글로빈을 함유하고 있어 살이 붉은색을 띤다. 껍데기는 길이 약7.5cm, 높이 약5.5cm, 너비 약5.0cm로 참꼬막과 피조개의 중간 크기이다. 조간대 아래쪽 수심 10m까지의 모래나 진흙 속에 산다. 표면에 30~34개의 방사상의 좁은 주름이 있으며, 조가비의 모양이 피조개와 비슷하지만 더 두껍고 단단하다. 새꼬막은 꼬막에 비해 맛이 다소 떨어져서 개꼬막, 똥꼬막이라 불린다(홍기옥, 2012).

고대본과 가람본에는 새고막(璽庫莫)으로 기록되어 있지만 정씨본을 비롯한 여러 필사본에는 작감의 속명이 새고기(璽庫其)로 되어 있다. 필사 과정의 오기로 보인다.

〈원문〉 雀蚶(俗名璽庫莫[485]).似蚶,但瓦溝之紋,益細膩.俗云,是雀入[486]所化也.

---

485 정씨본, 국립본, 상백본에는 璽庫其로 되어 있고, 교감본에는 속명이 없다.

486 가람본에는 入자가 之로 수정되어 있다.

6. 정(蟶)

맛조개 1종류만을 기술하고 있다.

〈원문〉 蟶

6-1. 정(蟶)

현지에서 부르는 이름은 마(麻)이다. 크기는 엄지손가락만 하고, 길이는 6~7치이다. 껍데기는 매우 연약하고 희며, 맛은 좋다. 진흙 속에 묻혀 산다. ○ 청안: 『정자통』에 이르기를, "민월인(閩粤人)은 이 조개 씨를 뿌리고 정전(蟶田)이라 부른다."고 했다. 진장기는 이르기를, "정은 바다의 진흙 속에 살며, 길이는 2~3치이며, 크기는 엄지손가락만 하다. 양쪽 머리가 열린다."고 하였는데 바로 이것을 말한다.

▌평설

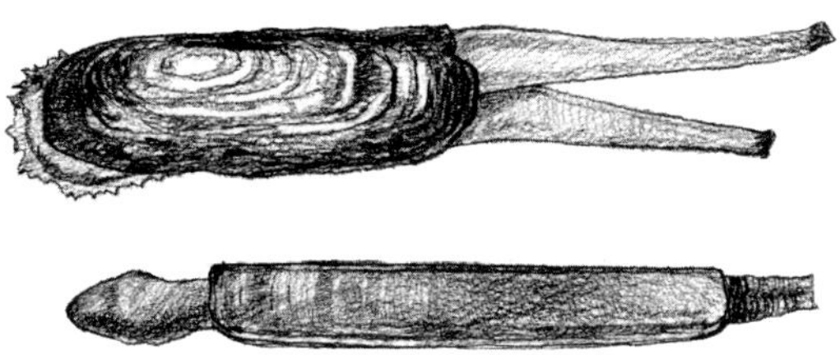

가리맛

맛

정, 속명 마의 오늘날의 표준명은 맛조개이다. 백합목 죽합과에 속하는 조개로 대나무처럼 가늘고 길며 내만의 모래진흙이나 갯벌에 주로 서식한다. 방언으로 죽합, 개맛, 참맛, 끼맛, 개솟맛으로 불린다. 우리나라에서 나는 죽합과 조개의 종류는 모두 7종이지만, 흔히 식용되는 것은 맛조개이며 보통 맛, 맛살로 불리고 있다. 길이는 10~15cm, 너비는 1.5cm정도로 대나무처럼 가늘고 긴 원통형이다. 겉은 갈색이지만 살은 옅은 붉은색이다.

맛은 갯벌이나 얕은 바다의 모래펄에 타원형의 구멍을 파고 살며, 다른 조개류에 비해 입수공과 출수공이 유난히 길다. 갯벌에 물이 차면 구멍의 위쪽으로 올라와 물속의 유기물을 걸러 먹는다. 썰물 때 작은 숨구멍을 찾아 모래를 걷어내고 이 구멍에 소금 등을 뿌리면 그 자극에 의하여 긴 속살이 구멍 입구로 튀어나온다. 이러한 습성을 이용하여 잡기도 하고, 철사로 만든 써개나 맛새로 불리는 갈고리 도구를 이용해 구멍 속을 더듬어 찍어내기도 한다.

청안에 있는 중국의 정전(蟶田)은 오늘날의 맛 양식장을 말한다. 감전(蚶田)이 꼬막 양식장인 것과 같은 맥락이다.

〈원문〉 蟶(俗名麻).大如拇指,長六七寸.甲脆軟而白,味佳.伏於泥中.○晴案,『正字通』云,閩·粤人以田種之,謂之蟶田.陳藏器云,蟶生海泥中,長二三寸,大如拇[487].兩頭開.卽此也.

487 가람본에는 拇指로 되어 있다.

7. 담채(淡菜)

담채 항목에서는 담채(淡菜)와 소담채(小淡菜), 적담채(赤淡菜), 기폐(箕蜌) 4종류를 기술하고 있다.

〈원문〉 淡菜

7-1. 담채(淡菜)

현지에서 부르는 이름은 홍합(紅蛤)이다. 몸이 앞은 둥글고 뒤는 뾰족하다. 큰 것의 길이는 1자 가량이고, 너비는 그 반쯤 된다. 뾰족한 곳의 아래에는 털이 어지럽게 나 있어 이것으로 돌 위에 붙어 있고, 수많은 것들이 모여 덩어리를 이룬다. 밀물이면 입을 벌리고, 썰물이면 입을 닫는다. 껍데기 색깔은 진한 흑색이고, 안쪽은 미끄럽고 밝은 청색이다. 고깃살은 붉은 것과 흰 것이 있으며 맛은 매우 좋다. 국을 끓여도 좋고 소금에 절여도 좋으나, 말린 것이 사람의 몸에 가장 이로운 것이다.

○ 코털을 뽑아서 피가 나는 사람은 어떤 약으로도 피가 멈추지 않는다. 오로지 홍합의 수염과 태운 석회를 붙이면 신통한 효과가 있다. 또 지나친 성생활로 상한병[挾淫傷寒][488]이 있을 때, 홍합의 수염을 불로 따듯하게 하여 뒷머리에 바르면 효과가 있다.

○ 청안: 『본초강목』에, "홍합은 일명 각채(殼菜), 일명 해폐(海蜌), 일명 동해부인(東海夫人)이다."라고 하였다. 진장기가 이르기를,

488 傷寒: 외감열성병(外感熱性病)을 말하며, 옛 의서에서는 열병을 상한의 종류로 보았다.

"머리가 작고 그 안에 털이 약간 나 있다."고 하였다. 『일화자』에 이르기를, "비록 그 모양이 아름답지는 않지만 사람에 매우 이롭다."고 하였다. 이것들은 모두 담채를 말하는 것이다.

평설

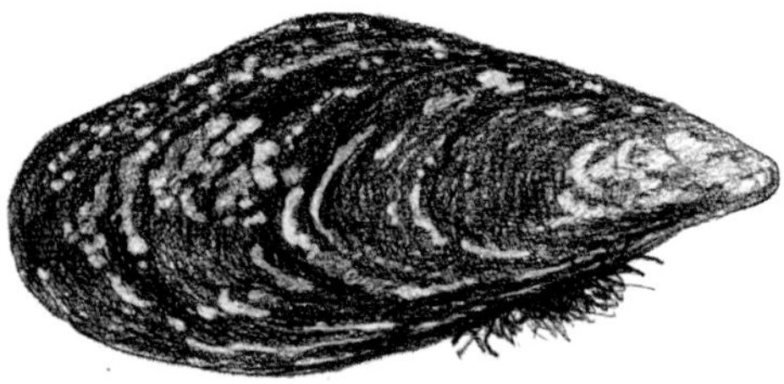
홍합

홍합은 사새목 홍합과의 연체동물로서, 바닷가의 바위에 붙어 서식한다. 담치, 합자, 열합, 섭이라고도 불린다. 맛이 달면서 성질이 따뜻해 피부를 매끄럽고 윤기 있게 가꿔준다고 해서 중국에서는 동해부인(東海夫人)이라고도 부른다.

한방에서는 자양(慈養), 양혈(養血), 보간(補肝)의 효능이 있어 허약체질, 빈혈, 식은땀, 현기증, 발기부전 등에 처방한다. 늦봄에서 여름사이의 산란기에는 맛이 떨어지므로 늦겨울에서 초봄이 제철이고, 5~9월에는 삭시톡신(Saxitoxin)이라는 독소가 들어 있어 겨울철에 먹는 것이 안전하다.

우리나라의 전 해안에 분포하며 남해안지역에서는 양식되고 있다. 홍합은 껍데기는 검은데다 속살은 붉고 검은 털이 많이 나 있다. 그 털은 족사(足絲)라는 단백질성 섬유다발로 접착성이 강해 그것을 이용해 바위에 붙어산다.

최근 토종 홍합 외에 외래종인 지중해담치가 우리 해안에 퍼지고 있고, 껍질 안쪽이 진주 빛이 난다고 하여 진주담치라는 이름이 붙었다. 홍합과 비슷하게 생겼으나 대형종으로 껍데기가 얇고 너비가 넓다. 지중해담치도 족사를 내어 방파제나 어망, 부두의 다리 등에 달라붙어 사는데, 교착강도가 강해 떼어내기 힘들어서 문제를 일으키고 있다.

〈원문〉淡菜(俗名紅蛤).體前圓後銳.大者長一尺許,廣半之.銳峯之下,有亂毛黏著[489]石面,百千爲堆.潮進則開口,退則合口.甲色深[490]黑,裏滑而靑瑩.肉色有紅有白,味甘美.宜羹宜醢,其腊者益人最大.○拔鼻毛而血出者,無藥可止.惟淡菜鬚燒灰,傅之神效.又挾[491]淫傷寒,淡菜鬚火溫,傅腦後,良.○晴案,『本草綱目』淡菜,一名殼菜,一名海蜌,一名東海夫人.陳藏器云,一頭小,中銜小[492]毛.『日華子』云,雖形狀不典,而甚益人.此云紅蛤,是也.

7-2. 소담채(小淡菜)

현지에서 부르는 이름은 봉안합(鳳安蛤)이다. 길이는 3치에 지나지 않고, 홍합을 닮았지만 길다. 몸 가운데가 넓어서 살이 많으며 맛은 뛰어나다.

---

489 가람본에는 着으로 되어 있다.

490 정씨본, 국립본, 상백본에는 渫로 되어 있다.

491 교감본에는 狹으로 되어 있다.

492 정씨본, 국립본, 상백본에는 少로 되어 있다.

▌평설

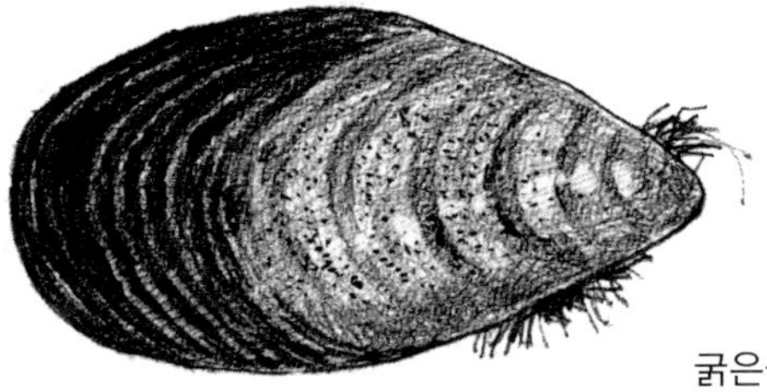

굵은줄격판담치

소담채, 속명 봉안합은 굵은줄격판담치로 비정된다(이태원 5, 2003). 굵은줄격판담치는 홍합과의 조개로 우리나라 전 연안에 산다. 강한 밀집분포현상을 보이는 암반조간대의 대표적 조개류다. 강한 파도에도 탈락되지 않도록 족사로 바위에 단단히 부착해 있으며, 담치 군락의 아래에는 많은 유기물과 함께 중·소형의 다양한 저서생물들이 서식하고 있다.

전체적인 색깔은 검은색에 가깝지만 외피가 벗겨져서 회갈색 또는 적자색의 껍데기 안쪽이 드러나 있는 경우도 많다. 굴이나 따개비와 함께 암반 조간대에 서식하는 육식성 고둥류의 주된 먹이가 된다.

〈원문〉 小淡菜(俗名鳳安蛤).長不過三寸,似淡菜而長.中頗寬,故肉大,味勝.

7-3. 적담채(赤淡菜)

현지에서 부르는 이름은 담초합(淡椒蛤)이다. 크기는 홍합만하고, 껍질의 안팎이 모두 붉다.

▌평설

적담채, 속명 담초합은 홍합 중 붉은색이 강한 것을 말하고 있으며,

특정한 종류가 아니라 홍합의 변이종을 기록한 것으로 보인다. 『21세기 자산어보』 조사에서도 담채와 적담채를 모두 홍합으로 보고 있다.

〈원문〉 赤淡菜(俗名淡椒蛤).大如淡菜,甲之表裏俱赤.

7-4. 기폐(箕蜌)

현지에서 부르는 이름은 기홍합(箕紅蛤)이다. 큰 것의 지름은 5~6치이다. 모양은 키[箕]와 같아서 납작하고 넓으며 두껍지 않다. 실가닥 같은 무늬가 세로로 져있으며, 색깔은 붉다. 털이 있어 바위에 붙으며, 돌을 떠나 헤엄쳐 다닐 수 있다. 맛이 좋으며 맑다.

▌평설

키조개

기폐, 속명 기홍합은 키조개로 비정되고 있다(정석조, 1998). 『두산백과사전』과 『문화원형백과사전』도 기폐를 키조개로 보고 있다. 방언 이름으로 재이조게, 게이지, 개두, 챙이조개, 게지, 치조개로 불린다.

키조개는 껍데기의 길이가 15cm, 높이는 20cm, 너비는 10cm정도이지만, 아주 큰 것은 길이가 36cm가 되는 것도 있다. 우리나라의 남해안과 서해안에 분포하며, 내해나 내만의 수심 5~50m사이의 조간대에 서식한다. 7~8월에 산란하며 발생 후 14~21일 부유생활을 하다가 곧 족사를 내어 부착생활에 들어가지만 부착력은 강하지 않다. 환경에 따라 차이가 있지만 1~2개월의 부착생활이 지나면 각정부(殼頂部)[493]를 아래로 하여 진흙에서 산다.

기홍합을 키조개로 볼 수 없는 점도 있다. 어보에 이 조개가 '헤엄을 친다'고 기록하고 있다. 키조개 종류는 헤엄쳐 다니지는 않는다. 헤엄을 치는 조개에는 가리비 종류가 있으나, 어보의 묘사처럼 껍데기가 얇지 않고, 실 가닥 같은 가는 무늬가 아니라 굵은 줄무늬가 있다.

〈원문〉 箕蛙(俗名箕紅蛤).大者徑五六寸.狀如箕,匾[494]廣不厚.有縱紋似縷.色紅,有毛著石,又能離石游行.味甘而淸.

---

493 조개류 패각 상부의 볼록한 부위를 말한다.

494 가람본에는 遍으로 되어 있다.

8. 호(蠔)

호(蠔)란 항목에는 모려(牡蠣), 소려(小蠣), 홍려(紅蠣), 석화(石華), 통호(桶蠔), 오봉호(五峯蠔), 석항호(石肛蠔), 석사(石蛇)의 8종류를 기술하고 있다.

〈원문〉 蠔

8-1. 모려(牡蠣)

현지에서 부르는 이름은 굴(掘)이다. 큰 것은 지름이 1자 남짓이 된다. 두 껍데기가 합쳐지는 것은 조개와 같지만, 몸은 모양이 일정하지 않아 구름 같다. 한쪽 껍질은 아주 두꺼워, 마치 종이가 겹겹이 겹쳐 발라진 것 같다. 껍질 밖은 거칠지만, 안쪽은 미끄러우며 색깔이 눈처럼 희다. 껍질 한쪽으로는 돌에 붙어 있고, 한쪽은 위를 덮고 있다. 개펄에 사는 것은 돌에 붙지 않고 진흙 속에서 떠다니기도 한다. 맛은 아주 좋다. 껍데기는 갈아서 바둑알을 만든다.

○ 청안: 『본초강목』에 모려(牡蠣)는 일명 여합(蠣蛤)이라 했다. 『별록』에는 모합(牡蛤)이라고 이름하였고, 『이물지』에서는 고분(古賁)이라고 하였다. 이 모두가 호(蠔)를 말한다.

▌평설

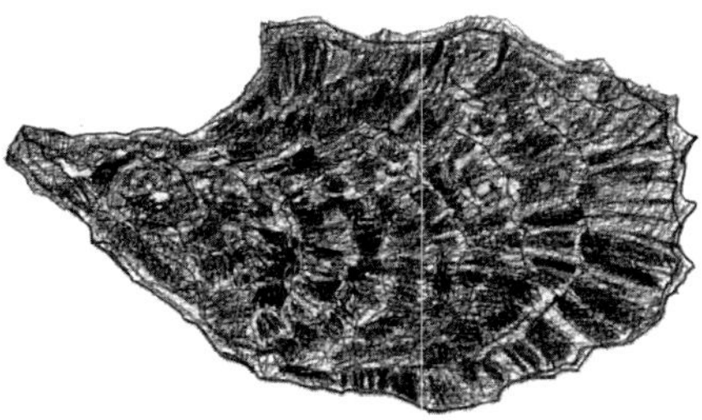

굴

모려는 굴을 말한다. 굴은 사새목 굴과에 속하는 연체동물의 총칭으로 식용종은 참굴을 말하며 굴조개라고도 한다. 종류에 따라서 서식장소도 다른데, 참굴은 염분 농도가 낮은 조간대의 바위 등에 부착하지만, 가시굴은 염분 농도가 비교적 높은 내해의 바위에 부착한다.

굴은 왼쪽 껍데기로 바위 등에 붙으며, 오른쪽 껍데기는 좀 작고 볼록한 정도도 작다. 두 껍데기의 연결부는 검은 인대(靭帶)로 연결되어 있다. 성장은 느리지만, 오랜 세월을 바위에 붙어 살다보니 굴이 굴을 뒤덮어 덩어리를 짓기도 한다. 선사시대 조개 무덤에서도 굴 껍데기가 많이 출토되어 식용한 역사가 무척 오래되었음을 알게 한다.

〈원문〉牡蠣(俗名掘).大者徑尺餘.兩合如蛤,其體無法或如雲.片甲甚厚,若紙之合,塗重重相貼.外麤裏滑,其色雪[495]白,一甲著石,一甲上覆.在鹵泥者,不貼而漂轉泥中.味甘美.磨其甲,以爲棊子.○晴案,『本草』,牡蠣,一名蠣蛤.『別錄』名牡蛤,『異物志』稱古賁.卽皆蠔也.

8-2. 소려(小蠣)

지름은 6~7치이다. 모양은 굴과 비슷하지만 껍데기가 매우 얇다. 위쪽 껍질의 등에는 거친 까락이 줄지어 있다. 굴은 큰 바다의 물이 급히 흐르는 곳에서 나지만, 소려(小蠣)는 포구의 물살에 닳은 돌 위에서 난다. 이 점이 서로 다른 것이다.

495 정씨본, 국립본, 상백본에는 雲으로 되어 있다.

▌평설

가시굴

소려는 가시굴로 비정된다. 가시굴은 굴과의 한 종류로 모양이 둥그스름하며 오른쪽 껍데기에 편평하고 검은 대롱 모양의 가시가 나 있다. 왼쪽 껍데기로 바위에 붙어사는데 우리나라 서남해안의 조간대에 분포한다. 껍데기 표면에 형성되는 가시의 수나 위치에는 변이가 많아서 껍데기의 가장자리에만 있는 개체와 전체를 덮는 개체가 있다. 어린 시기에는 가시가 껍데기 전체를 덮고 있다가 성장하면서 가장자리에서만 나타난다.

〈원문〉小蠣.徑六七寸.狀類牡蠣而甲薄.上甲之背,有麤[496]芒成行.牡蠣,産於大海水急之處,小蠣,産於浦口磨滑之甲[497].是其別也.

8-3. 홍려(紅蠣)

큰 것은 3~4치이다. 껍데기가 얇고 색깔이 붉다.

---

496 가람본에는 麤로 되어 있다.

497 정씨본, 국립본, 상백본에는 石으로 되어 있다. 고대본과 가람본의 甲은 石의 오기로 보인다.

▌평설

『자산어보』에는 굴 종류를 4종이나 싣고 있다. 그 중 하나인 홍려를 별도의 굴 종류로 보기는 어렵다. 굴은 개체 변이가 심하고 껍데기모양이 부정형이다. 정약전이 붉은빛을 띠는 굴을 별도의 종으로 기록한 것 같다. 홍굴로 비정한 자료도 있지만, 홍굴이란 표준명을 가진 굴 종류는 없다.

〈원문〉 紅蠣.大者三四寸.甲薄,色紅.

8-4. 석화(石華)

현지에서 부르는 이름이 석화(石華)이다. 크기는 1치 가량에 불과하다. 껍데기가 울퉁불퉁하며 얇다. 색깔은 검고 안쪽은 미끄러우며 희다. 암석에 붙어 있어서 쇠꼬챙이로 채취한다.

○ 청안: 곽박의 『강부』에, '토육(土肉)과 석화(石華)'라고 했고, 이선의 주석에서는 『임해수토기』를 인용해서 이르기를, "석화는 돌에 붙어산다."고 했으니 바로 이것을 말한 것이다. 또 한보승이 이르기를, "운려(蝹蠣)는 모양이 짤막하고 약에 넣지는 않는다." 하였으니, 이 역시 석화와 닮았음을 가리키는 것이다.

▌평설

석화 역시 굴을 부르는 이름이다. 어보에서는 변이가 심한 굴을 별도로 보고 기술한 것 같으며, 주로 작은 종류의 굴을 말하는 것 같다. 오늘날에도 굴과의 연체동물을 통틀어 이르는 이름이 석화이다. 이청의 안도 분류학이 미진한 당시 상황에서 굴 종류에 전반에 대한 고찰로 보아야 할 것이다. 운려(蝹蠣)는 중국 굴의 한 종류로 운려(雲蠣)라고도 불린다. 바다의 돌에 붙어살며, 살코기는 굴과 같아 식용한다.

〈원문〉 石華(仍俗名).大不過一寸許.甲突而薄,色黑,裏滑而白.貼於巖石,用鐵錐採取.○晴案,郭璞『江賦』,土[498]肉石華,李善『注』引『臨海水土物志』曰,石華附石生肉,卽此也.又韓保昇云,蝹蠣形短,不入藥.亦似指石華也.

8-5. 통호(桶蠔)

현지에서 부르는 이름은 굴통호(屈桶蠔)이다. 큰 것은 껍데기지름이 1치 남짓이다. 입은 둥글고 통을 닮았으며, 뼈처럼 단단하다. 높이는 두어 치정도이고, 두께는 서너 푼 가량이다. 아래는 바닥이 없고, 위는 약간 모지라졌고 정수리에는 구멍이 보인다. 그 뿌리의 빽빽한 구멍을 살펴보면 벌집처럼 겨우 바늘이 들어갈 정도이다. 뿌리로 석벽에 붙어산다. 살코기는 마치 덜 굳은 두부 같고, 그 위에 중의 삿갓 같은 뾰족한 건을 쓰고 있다(방언으로 꼬갈[曲葛]이라 한다.). 2개의 판이 붙어 있는데, 밀물이 들면 판을 열어 물을 받아들인다. 채취하는 사람들은 쇠꼬챙이로 급히 내리치면 껍데기가 떨어지고, 고기만 남아서 칼로 고기를 잘라낸다. 만약 내리치기 전에 통호가 알아차리면, 껍데기가 부셔져도 떨어지지 않는다.

---

498 정씨본, 국립본, 상백본에는 上으로 되어 있다.

▌평설

검은큰따개비

통호, 속명 굴통호는 따개비로 비정된다(이태원 2, 2003). 따개비의 옛 이름 굴등을 어보에서는 굴통(屈桶)으로 음차해서 적고 있다. 따개비는 따개비과 절지동물의 총칭이며, 검은큰따개비가 흔히 식용된다. 검은큰따개비는 연안에 분포하며 암반 조간대 중·하부에서부터 수심 2m이내의 조하대 바위에서 흔하며 껍데기의 직경과 높이가 3cm전후의 대형 따개비이다. 부착력이 매우 강해서 바위에서 떼어내기 어렵다.

따개비 종류는 한사리의 간조 때를 제외하고는 대부분 물에 잠겨 있는 경우가 많으며, 체와 같은 가슴다리를 이용하여 물속의 플랑크톤을 걸러 먹는다. 따개비는 조개처럼 보이지만 절지동물로 조개보다는 게나 새우와 가까운 생물이다.

〈원문〉 桶蠔(俗名屈桶蠔).大者甲徑一寸餘.口圓似桶,堅如骨.高數寸,厚三四分.下無底,上稍殺而頂有孔,視其根之密孔,僅容針如蜂房,根著於石壁.中藏肉如未成之豆腐,上載僧徒之尖巾[499](方言云曲葛.).有二辦,潮至則開而受之.採者,以鐵錐急擊,則桶落而肉餘,刀割[500]其肉.若未擊而蠔先覺,寧紛碎而不落.

---

499 가람본에는 巾이 中으로 되어 있다.

8-6. 오봉호(五峯蠔)

현지에서 부르는 이름은 보찰굴(寶刹掘)이다. 큰 것은 너비가 3치 정도이다. 다섯 봉우리가 나란하고, 밖의 두 봉우리는 낮고 작은데 다음 두 봉우리를 안고 있다. 두 봉우리는 가장 큰 가운데봉우리를 안고 있으며, 가운데 봉우리와 가장 적은 봉우리가 모두 합해져서 껍데기를 이룬다.

색깔은 황흑색이며, 봉우리 뿌리 둘레를 껍데기가 감싸고 있으며, 껍데기는 유자껍질과 같이 축축하고 물기가 있다. 돌 사이의 좁고 더러운 곳에 뿌리를 박고 있어, 바람과 물결을 견뎌낸다. 속에는 살이 있는데, 살에도 붉은 뿌리와 검은 수염이 있어(털은 물고기의 아가미와 같은 것이다.), 밀물이 들면 열고, 큰 봉우리를 열어 수염으로 받아들인다. 맛은 좋다.

○ 청안: 소송이 이르기를, "굴은 모두 돌에 붙어사는데, 울퉁불퉁한 것들이 서로 방처럼 이어져 여방(蠣房)이라 부른다. 진안(晉安) 사람들은 호보(蠔莆)라 부른다. 처음 생겼을 때는 주먹만 한 것이 돌이 사방으로 점차 자라나 길이가 1~2장에 이른다. 높은 바위같이 되어 산을 이루며, 속칭 여산(蠣山)이다. 그 방마다 하나의 고깃살이 있고, 한 덩어리의 큰 방이 마치 말굽 모양이 되며, 작은 것은 마치 사람의 손가락만하다. 매번 밀물이 들면 여러 방이 모두 열리며, 작은 벌레가 들어오면 즉시 껍데기를 닫아 배를 채운다."고 하였다. 이것 역시 오봉호(五峯蠔) 즉, 덩어리굴[蠣山]을 이르는 것이다.

---

500 가람본에는 剳이 害로 되어 있다.

▌평설

거북손

오봉호, 속명 보찰굴은 거북손을 말한다. 바위틈에 석회질 느낌의 작은 산 모양으로 자라며 머리가 거북의 손처럼 생겨서 이름이 거북손이다. 보찰(寶刹)은 '절이나 탑을 높여 이르는 말'인데, 오봉호의 생김새 때문에 보찰굴이란 이름이 생긴 것으로 보인다.

이청의 안에서는 오봉호를 굴 종류로 보고 여방(蠣房), 여산(蠣山)이라고 주석을 달고 있지만, 거북손은 굴 종류가 아니다. 거북손은 부처손과의 절지동물로 연안에 분포하며 암반 조간대 하부에서 흔히 발견되는 몸통길이 5cm전후의 따개비류이다. 몸통의 전체적인 색깔은 보통 황갈색이 많지만 경우에 따라 짙은 갈색이나 흰색에 가까운 황색 등 색상 변이가 있다. 만조 시에는 체와 같은 가슴다리를 이용하여 물속의 플랑크톤을 걸러 먹는다.

오봉호의 속명을 보리굴(寶利掘)이라고 보기도 한다(정명현, 2002). 동식물의 이름에 보리가 들어간 것은 질이 떨어지는 것을 의미한다. 거북손이 일반 굴보다 맛이 떨어진다는 점에서 보리굴이라 불렀을 가능성도 있다. 『자산어보』 번역서에서는 오봉호를 보살굴이라고 부르고 있는데(정문기, 2004), 이 경우는 찰(刹)자를 살(殺)자로 읽은 것이다.

〈원문〉 五峯蠔(俗名寶刹[501]掘).大者廣三寸許.五峯平列,外兩峯低小,而抱次兩峯.次兩峯最大而抱中峯,中峯及最小峯,皆兩合以爲之甲.色黃[502]黑,峯根周裵[503]以皮,皮如柚而濕潤.揷根於石罅狹污之地,以禦風濤.中有肉,肉亦有赤根黑髮(髮如魚之閣鰓[504].).潮至則開其大峯,而以髮受之,味甘.○晴案,蘇頌云,牡蠣,皆附石而生,磈礧相連如房,呼爲蠣房.晋安人呼爲蠔莆.初生止如拳,石四面漸長,至一二丈者.嶄巖如山,俗呼蠣山.每一房內有肉一塊,大房如馬蹄[505],小者如人指面.每潮來,諸房皆開,有小蟲入則合之以充腹.此云五峯[506]蠔,卽蠣山也.

8-7. 석항호(石肛蠔)

현지에서 부르는 이름은 홍미주알(紅末周軋)이다. 모양은 오랜 동안 설사를 해서 빠져버린 사람의 미주알과 같다. 색깔은 청흑색이며 밀물이 미치는 곳의 돌 틈에서 뿌리를 박고 산다. 몸은 타원형이나 붙어사는 돌에 따라 모양이 다르며, 다른 물체가 침입하면 오그라들어 작아진다. 배창자는 호박 속과 같은데, 육지 사람들은 이것으로 국을 끓인다고 한다.

---

501 교감본에서는 利로 보았다.

502 교감본에는 異로 되어 있다.

503 정씨본, 국립본, 상백본에는 裏로 되어 있다.

504 정씨본, 국립본, 상백본에는 鰓로, 가람본에는 螺로 되어 있다. 고대본의 오기로 보인다.

505 정씨본, 국립본, 상백본에는 蹏로 되어 있다.

506 가람본에는 峯이 味로 되어 있다.

▌평설

말미잘

석항호, 속명 홍미주알은 말미잘 종류를 지칭한 것이다. 속명의 미주알은 '항문을 이루는 창자의 끝 부분'인 밑살을 말한다. 말미잘의 모양을 인체의 얄궂은 부분에 비유한 이름이다. 말미잘의 어원을 '말의 미주알'로 보기도 한다(김대식, 2000).

말미잘은 암석에 착생하고 사는 것이 대부분이나, 게와 같은 동물이나 모래진흙 속의 돌이나 조가비에 붙는 것들도 있다. 몸은 원통형이며 위쪽에 입이 열려 있고 항문은 없다. 몸은 골격이 없이 말랑말랑하고, 입 주위에 나 있는 여러 개의 촉수로 플랑크톤을 비롯한 작은 물고기, 새우, 게 등을 잡아먹는다.

말미잘은 위장에 좋고 항암치료에 효과가 있다고 해서 제주도와 경남지방에서는 탕, 튀김, 구이, 죽으로 만들어 먹는다. 최근에 유행하는 이색적인 음식으로 볼 수도 있으나, 어보에서는 이미 2백 년 전 당시에도 말미잘로 국을 끓인다고 밝히고 있다.

〈원문〉 石肛蠔(俗名紅末[507]周軋).狀如久痢人之脫肛.色青黑,植於石間潮及之地.圓橢,隨石異形,有物侵之,則蹙而小之.腹腸[508]如南瓜之瓤,陸人羹之云.

8-8. 석사(石蛇)

크기는 작은 뱀과 같고, 서리고 엉클어져 있는 점도 뱀과 같다. 몸은 굴을 닮았고, 껍데기 안은 대나무처럼 비었는데, 안에 콧물 혹은 가래침과 같은 것이 있다. 색깔은 열은 홍색이다. 깊은 물속 석벽에 붙어 있으며 용도는 아직 모르겠다.

▌평설

큰뱀고둥

석사(石蛇)는 큰뱀고둥을 기술한 것이다. 『본초강목』에, "석사는 남해의 물에 접한 돌에서 산다. 그 모양이 똬리를 튼 뱀과 같으며 머리와 꼬리가 없고, 속은 비어 있으며 홍자색이다. 좌측으로 똬리를 튼 것이 좋다. 거라(車螺)을 닮았으며, 어떤 물건이 변화된 것인지 모른다."고 설명하고 있어 어보의 설명과 일치된다. 중국에서 석사의 현재명은 사라(蛇螺)이며, 의서에서는 맛은 짜며 성질은 순한데 해독과 부스럼 치료에 좋아 외용으로 쓴다고 한다.

큰뱀고둥은 중복족목 뱀고둥과에 속하며, 암반 조간대의 얕은 바다에서 흔히 발견되는 고둥류이다. 굵기는 1cm전후로 석회질의 단

---

507 정씨본, 국립본, 상백본에는 末로 되어 있다.

508 정씨본, 국립본에는 膓으로 되어 있다.

단한 껍데기가 바위 표면에 견고하게 부착되어 있어서 쉽게 떼어지지 않으며 흔히 여러 개체가 무리가 집단을 이룬다. 석회질의 껍데기는 둥근 똬리 형태를 갖는 것이 보통이다.

〈원문〉石蛇.大如小蛇,盤屈亦如蛇.體似牡蠣,甲中空如竹,有物如鼻液或如吐痰.色微紅.貼於石壁,水深[509]之地.用處未聞.

돌에 붙어 움직이지 않는 것을 모두 굴이라 하는데, 알로 태어난다. ○ 청안: 도홍경의 『본초주』에서 이르기를, "굴은 바로 백 살이 된 학[鷗]이 변한 것이다."라고 했다. 또 이르기를, "도가(道家)의 방문에서는 왼쪽으로 돌아보는 것이 수컷이어서, 그 이름을 모려(牡蠣)라 한다. 오른쪽으로 돌아보는 것은 암컷[牝蠣]이다. 혹은 뾰족한 머리로 왼쪽을 돌아본다 하였지만 자세한 것은 잘 살펴야한다."고 하였다. 구종석이 이르기를, "모려의 모(牡)는 수컷을 말하는 것이 아니다. 또, 목단(牡丹)이란 것도 이와 같은데 다시 빈단(牝丹)이라 부를 수 있겠는가. 이것들은 눈이 없는데 어찌 돌아볼 수 있을 것인가?"라고 하였다. 이시진이 이르기를, "방합(蚌蛤)의 종류들은 태생과 난생이 모두 있는데, 오로지 이것만이 수컷만 있고, 암컷이 없어서, 그 모(牡)라는 이름을 얻은 것이다."라고 하였다. 그러나 지금 굴 종류는 알에서 나고, 속칭 알을 낳으면 살이 줄어든다고 한다. 반드시 모두가 변해서 생긴 것은 아닐 것이다.

---

509 정씨본, 국립본, 상백본에는 湙로 되어 있다.

▌평설

이 부분에서는 껍데기가 2장인 일반 조개[二枚貝]와 별도로 굴 종류에 대해 개괄하고 있다. 중국 고서에서 굴에는 암놈이 없다고 한 것에 대해 모든 것이 변해서 된 것은 아닐 것이라고 부정하고 있다. 생물의 시원이 화생(化生)이라고 본 것을 반박한 것이다. 원고가 재편집 되는 과정에서 이청의 안이 정리된 것이다.

〈원문〉凡著石而不動者,謂之蠔,卵生.○晴案,陶弘景『本草注』云,牡蠣,是百歲鵰所化.又云道家方,以左顧是雄,故名牡蠣,右顧則牝蠣也.或以尖頭爲左顧,未詳孰是.寇宗奭云,牡非謂雄也.且如牡丹,豈有牝丹呼.此物無目,更何顧眄[510].李時珍云,蚌蛤之屬,皆有胎生·卵生,獨此化生,純雄無雌,故得牡名.然,今蠔屬有卵生之法,俗稱卵生則肉瘠,未必皆化生也.

510 교감본에는 盻으로 되어 있다.

9. 라(螺)

대체로 소라의 종류는 모두 껍데기가 돌 같이 단단하며, 밖은 거칠고 안은 미끄럽다. 꼬리쪽 봉우리(봉우리는 비록 위에 있지만 소라로 보면 꼬리이다.)에서 왼쪽으로 돌아 골[溝]을 만들며 서너 바퀴 돌아 모지라지는데, 그 큰 꼬리가 뾰족한 봉우리를 이루지만 머리쪽은 풍성하고 크다(산기슭 모양의 것이 아래에 있는데도 머리라 부르는 것은 소라에 있어 머리 부분이기 때문이다.).

골이 끝나는 곳에 둥근 문[戶]이 있으며, 문으로부터 봉우리에 이르는 사이에, 돌아 들어가서 생긴 굴[洞]이 있는데, 이것이 소라의 방이다. 소라 종류들은 그 몸이 대체로 방이 생긴 그대로 머리는 풍만하고 꼬리는 짤막하니, 둘러져 굽은 것이 새끼줄 같이 꼬여서 방안에 가득하다. 나가다닐 때에는 문밖으로 나오지만 몸은 남아 있어, 등에 껍데기를 지고 있다. 멈추게 되면 몸을 움츠리며, 머리에 둥근 덮개를 써서 문을 닫는다(둥근 덮개는 자흑색이며 두께가 개가죽처럼 얇다.). 물결에 따라 떠돌지만, 헤엄을 치지는 못한다. 꼬리 쪽에 창자와 위가 있으며, 색깔은 검기도 하고 혹간 황백색이다.

▌평설

어보에서는 고둥 종류 전반에 대한 일반성향을 개관하고 있다. 고둥과 소라는 같은 말로 쓰이고 있지만 고둥은 복족류에 속하는 연체동물의 총칭이며 좁은 뜻에서는 나선모양으로 된 껍데기를 가지는 복족류를 말한다. 소라는 특정 고둥인 소라의 이름이자, 피뿔고둥, 매물고둥, 나팔고둥 등 아래 위가 뾰족한 것들을 통틀어 부르는 통칭이어서 고둥보다 더 좁은 의미로 쓰인다.

어보에서는 흑산도에서 나는 13종의 고둥 종류의 껍데기, 꼬리, 골 방향, 껍데기 덮개 등 외형과 창자와 색깔 등에 대해 기록하고 있다. 어보의 저자가 바다에서 직접 관찰한 것을 묘사한 생생한 기록이다.

〈원문〉 螺.凡螺螄之屬,皆殼堅如石,外麤裏滑.從尾峯(峯雖在上,而在螺則尾也.),左旋作溝三四周.由殺而大尾峯尖突,而頭麓豊大(麓在下而謂之頭者,在螺則頭也.).溝盡處有圓戶.自戶而達于峯,回[511]轉爲洞,卽螺之室也.螺之體如其室.頭豊尾殺,繞曲如繩之絞[512],緊成類充滿室中.行則挺出戶,而留其身,背以負其殼.止則縮其身,而有圓蓋戴頭,以塞其戶(圓蓋色紫黑,厚如薄狗皮.).隨波漂轉,不能游行.尾爲腸胃,或靑黑,或黃白.

9-1. 해라(海螺)

큰 것은 그 껍데기의 높이와 너비가 각 4~5치가 된다. 표면에는 미세한 젖꼭지 같은 잔 돌기[細乳]가 있어 마치 오이껍질과 같은데, 골 가를 따라 꼬리에서 머리까지 늘어서 나란히 줄을 이루고 있다. 색깔은 황흑색이며, 안쪽은 미끄럽고 광택이 나는 붉은색이다. 맛이 전복[鰒]처럼 좋으며, 익히거나 구워 먹을 만하다.

○ 청안: 『본초도경』에, "해라는 바로 유라(流螺)이며, 껍데기는 갑향(甲香)이라 부른다."고 하였다. 『교주기』에 이름이 가저라(假豬螺)라고 한 것이 바로 이것이다.

511 교감본에는 面으로 되어 있다.
512 정씨본에는 紋으로 되어 있다.

▌평설

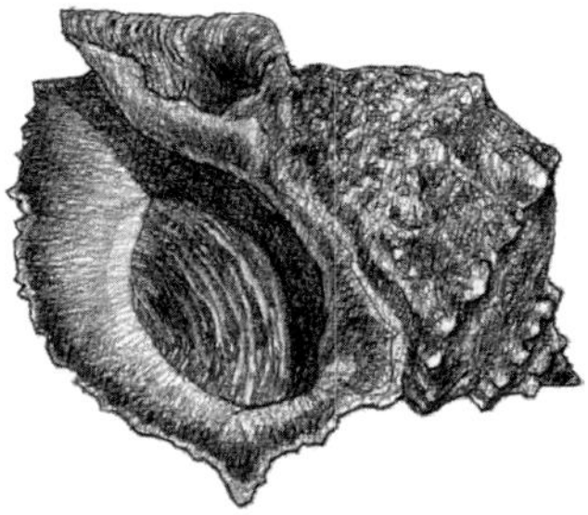

피뿔고둥

해라는 이름만으로는 소라로 볼 수도 있다. 소라는 소라과에 속하며 높이는 10cm, 지름은 8cm정도로 크며 껍데기가 두껍고 견고하다. 겉은 검은 갈색 또는 어두운 청색이고 안쪽은 희고 광택이 나서 어보에서 해라의 안쪽이 붉은색이라고 묘사한 것과는 다르다.

어보에서 기록한 소라 종류는 묘사된 모양과 색깔로 미루어 피뿔고둥으로 비정된다. 피뿔고둥은 뿔소라과에 속하며 껍데기의 높이는 15~20cm, 지름은 12cm정도의 대형 고둥이다. 표면은 엷은 갈색에 어두운 갈색의 나선형 띠무늬가 있고 속은 붉으며, 껍데기 구멍에는 큰 뚜껑이 있다. 껍데기는 세공재료로 쓰며 살은 식용한다. 민물이 섞이는 바닷가의 얕은 모래땅에 산다.

〈원문〉 海螺.大者其甲高廣,各四五寸.其表有細乳如黃瓜皮,當溝岸從尾至頭,排比成行.色黃黑,裏滑澤而赤黃.味甘如鰒,可爛可炙.○晴案,『本草圖經』,海螺卽流螺,厴曰甲香.『交州記』,名假豬螺,卽是也.

9-2. 검성라(劒城蠃)

현지에서 부르는 이름은 구죽(仇竹)이다. 큰 것은 그 껍데기의 높이와 너비가 각 5~6치이다. 문밖의 나선형 골[溝岸]이 끝나는 곳 변두리가 성과 같이 둘러싸여 있는데 칼처럼 날카롭다. 문을 따라 똑바로 하나의 골이 나있으며(골은 안팎이 있다.), 점차 모지라져서 날카로운 뿔을 이루고 있다. 그 뿔의 끝이 예리하고 날카로우며, 밖의 골 역시 높게 솟아 있다. 이것을 갈고 닦아서 술잔을 만들거나 혹은 등잔을 만든다.

▌평설

소라

검성라, 속명 구죽은 뿔이 날카롭다는 점과 뿔 위치의 묘사로 보아 소라로 비정된다. 진도지방에서 꾸죽이라고 부르고 있다. 소라는 껍데기의 높이가 10cm, 지름이 8cm정도이며 두껍고 견고하다. 겉은 검은 갈색 또는 어두운 청색이고 안쪽은 희고 광택이 난다.

조간대와 수심 10미터사이의 바다에서 사는데 야행성으로 낮 동안에는 바위틈이나 큰 자갈 아래에 숨어 있다가 주로 야간에 섭식활동을 하며 주로 해초를 먹는다. 살은 식용하고 껍데기는 자개, 단추, 바둑돌 따위를 만드는 데 쓴다. 나패(螺貝), 소라고둥이라고도 불린다.

〈원문〉 劒城蠃(俗名仇竹).大者其甲高廣,各五六寸.戶外旋溝盡處邉界[513],繞之爲城如刀刃銛利.從戶直出一溝,而內溝岸(溝岸有內外.),漸殺而尖爲角.角端亦銛鋭,外溝岸亦皆高突.磨而治之,作酒器,或燈器.

9-3. 소검라(小劒螺)[513]

현지에서 부르는 이름은 다사리(多士里)이다. 바로 검성라의 작은 것이다. 몸은 약간 길고, 뿔은 조금 짧으며, 잔 돌기가 약간 돌출되어 있다. 큰 것은 높이가 3치가량이다. 색깔은 희거나 검으며, 안쪽은 황적색이다. 맛은 좋고 매운 기가 있다.

▌평설

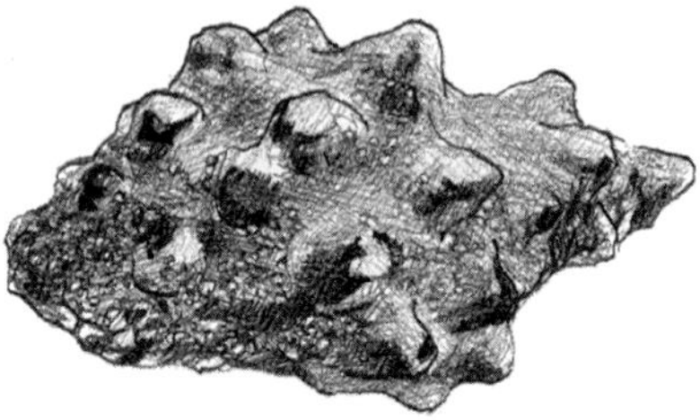

두드럭고둥

소검라, 속명 다사리는 두드럭고둥이나(이태원 1, 2003) 대수리를 설명한 것이다(유종생, 1995). 두 고둥 모두 맛에 매운 기가 있으나, 대수리는 크기가 작은 고둥이지만, 두드럭고둥은 중형 고둥이어서 소검라의 크기 설명과 일치된다.

두드럭고둥은 뿔소라과에 속하며 연안 수심 5m전후의 암반 조하대 바위 표면에서 간혹 발견되는 껍데기 길이 4cm전후의 중형 육식성 고둥이다. 조개류나 움직임이 느린 다른 고둥류 또는 따개비의 껍데기에 구멍을 뚫고 육질을 먹으며 굴양식에 피해를 주고 있다.

〈원문〉小劒螺(俗名多士里).即劒城螺之小者.體稍長,角稍短,瓜乳稍突.大者高三寸許.色白或黑,裏黃赤.味甘而有辛氣.

---

513 가람본에는 界가 累로 되어 있다.

9-4. 양첨라(兩尖螺)

바로 소검라의 한 종류이다. 꼬리 뿔은 더욱 뾰족하고, 바깥문(외문이라는 것은 안쪽 문과 바깥 성의 둘레 가운데의 첫 번째 큰 구멍이다.)은 약간 좁으며 구안은 모두 날카로운 모서리를 이루고 있다.

▌평설

어깨뿔고둥

양첨라는 소라와 비슷한 모양을 하고 아래위가 뾰족하다고 기록하고 있다. 대체로 뿔소라과의 특징이며, 어깨뿔고둥이 어보의 설명에 잘 합치된다(이태원 1, 2003).

어깨뿔고둥은 껍데기 높이는 약5cm, 지름은 약3cm정도이며 껍데기는 단단하고 표면에는 굵은 성장맥이 7개 내외 있다. 바위나 돌 밑에 서식하며 육식성으로 굴이나 담치 등 조개류의 껍데기에 구멍을 뚫고 주둥이[齒舌][514]을 넣어 잡아먹으므로 굴양식에 피해를 준다.

〈원문〉 兩尖螺.卽小劒螺之類.尾角益尖,外門稍狹(外門者,內戸外城周中,初入之大孔.).溝岸皆成銛稜.

514 연체동물의 구강에 있는 톱 비슷한 키틴질의 작은 이빨이 많이 붙은 혀를 말한다. 먹이를 긁어내는 일을 하며 분류학상 중요한 특징이 된다.

9-5. 평봉라(平峯螺)

큰 것은 지름이 2~3치이고, 높이도 같다. 꼬리 봉우리는 평평하며, 골 둘레는 3바퀴에 불과하며, 두껍고 형세가 급하다. 머리 둘레가 상당히 크므로 골은 미끄럽고 넓으며, 잔 돌기가 없다. 바깥쪽은 황청색이고, 안쪽은 청백색이다. 얕은 물에 살며 모래를 파고 몸을 숨기고 있다.

▌평설

큰구슬우렁이

평봉라는 구슬우렁이과의 큰구슬우렁이로 비정된다(이태원 4, 2003). 속초·강릉·서산·보령지방에서는 우렁이 또는 참골뱅이라고 한다. 고창에서는 까네미라 부르며 태안·군산 부근에서는 배꼽고둥, 당진·서천에서는 골뱅이, 하동·남해·장흥지방에서는 맹지고동이라 부른다. 완도에서는 맴물고동이라고 한다.

큰구슬우렁이는 남해와 서해 연안에 분포하며 수심 10~30m의 진흙모래 바닥에서 흔히 발견되는 직경 7cm전후의 육식성 중형 고둥류이다. 표면은 둥글고 매끄러우며 나사의 각 층이 낮아 꼭대기가 평평해 보인다. 껍데기는 황갈색을 띠지만 아래로 내려가면서 색이 옅어져 거의 흰색에 가까워진다. 조개류나 다른 고둥류를 발로 감싼 상태에서 구멍을 뚫고 육질을 먹는다.

〈원문〉 平峯螺.大者徑二三寸,高亦如之.尾峯平衍,旋溝不過三周,而豐勢甚急.故頭麓頗大,溝岸滑而闊,無瓜乳.外黃靑,內靑[515]白.在淺水穿沙藏身.

9–6. 우각라(牛角螺)

현지에서 부르는 이름은 타래라(他來螺)이다. 큰 것은 높이가 2~3치이다. 모양이 쇠뿔과 닮았고, 선구(旋溝)는 6~7바퀴이다. 잔 돌기가 없고, 가죽이나 종이와 같은 무늬가 있고 문지르고 비비면 무늬가 생기는 것으로 안쪽이 희다.

○ 창대가 말하기를, “산속에도 이와 같은 것이 있는데, 큰 것은 높이가 2~3자이다. 때때로 소리를 내면 수십 리에서도 들을 수 있는데, 소리를 찾아 가 보면, 다른 곳에서 소리를 내어 장소를 알 수 없다.”고 하였다. 나도 찾아보았으나 찾을 수 없었다. 지금 군대에서 부는 취라(吹螺)가 바로 이것이다.

○ 청안: 『도경본초』에 이르기를, “사미라(梭尾螺)의 모양은 북[梭]과 같은데, 지금 불가에서 부는 물건이 바로 이것이다.”라고 한다. 우각라(牛角螺)가 바로 이것이다. 취라(吹螺)는 본래 남만의 풍속인데 우리나라에서는 군중에서 쓰고 있다.

515 정씨본, 국립본, 상백본에는 角으로 되어 있다.

▌평설

나팔고둥

우각라는 나팔고둥으로 비정된다. 우리나라에 사는 복족류 중 가장 크며, 원뿔형으로 나탑(螺塔: 체층 위에 있는 층 전체)은 7층으로 높은 편이고 뚜껑은 두꺼운 각질이다. 불가사리의 유일한 천적이며, 멸종 위기종으로 지정되어 있다.

나팔고둥은 다 자라면 길이가 30여cm에 달하고 구멍을 뚫어 나팔로 사용할 수 있어서 나팔고둥이라고 한다. 취라는 '소라 따위로 만든 나팔'을 말하는데, 옛 군악대가 쓰는 악기의 하나이다. 어보에서, '높이가 2~3치'라고 기록한 것은 2~3자를 잘못 적은 것으로 보인다. 창대도, '큰 것은 높이가 2~3자'라고 설명하고 있다. 창대가 말한 우각라가 산속에 산다는 전설 같은 이야기는 믿기 어렵고, 무슨 연유가 있는지 알 수 없다.

〈원문〉 牛角螺(俗名他來螺).大者高二三寸.狀類牛角,旋溝六七周.無瓜乳,而有紋如皮及紙之.挼莎成紋者,裏白.○昌大曰,山中亦有此物,大者高二三尺.時時作聲,可聞數里,尋聲而往,聲又在別處,莫可的定.余嘗搜索而不得.今軍門吹螺.卽此物也.○晴案,『圖經本草』云,梭尾螺形如梭,今釋子所吹.此云牛角螺,卽是也.吹螺本南蠻之俗,我國用於軍中也.

9-7. 추포라(麤布螺)

현지에서 부르는 이름은 참라(參螺)이다. 높이는 1치 남짓이고, 지름은 2치가 못된다. 꼬리 봉우리가 심하게 모지라지지 않았으며, 머리 쪽은 넓고 크다. 구안은 거칠게 짠 베[麤布][516]와 같은 무늬로 되어있고, 색깔은 회색 바탕에 자줏빛을 띠었으며 안쪽은 청백색이다.

▍평설

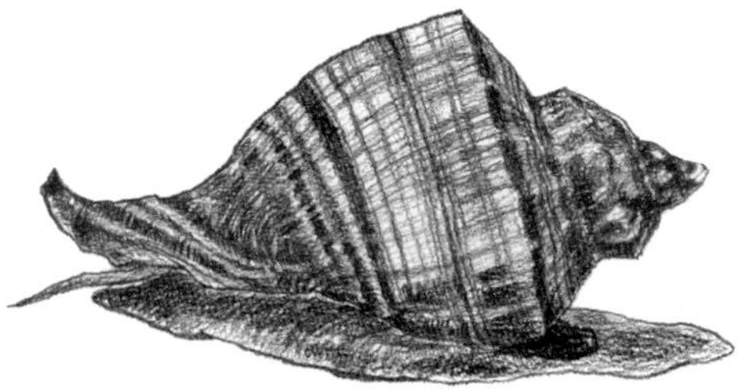

참고둥

추포라, 속명 참라는 참고둥을 기록한 것이다. 이 고둥의 표면이 삼베처럼 거칠고 울퉁불퉁해서 추포라고 한 것이다. 주먹 모양의 나사조개로 껍데기의 높이는 15~20cm, 지름은 12cm정도이며, 겉은 엷은 갈색에 나사 모양으로 어두운 갈색의 띠무늬가 있고 안쪽은 붉다. 민물이 섞인 연안의 모래땅 밑에 살며 굴 껍데기에 구멍을 뚫고 살을 파먹는다.

〈원문〉 麤[517]布螺(俗名參螺).高一寸餘,徑二寸弱.尾峯不甚尖殺,頭麓豊大.溝岸成麤布紋,灰色帶紫,裏青白.

516 麤布: 발이 굵고 거칠게 짠 품질이 낮은 베이다.
517 가람본에는 麤로 되어 있다.

9-8. 명주라(明紬螺)

현지에서 부르는 이름이 명주라(明紬螺)이다. 추포라의 한 종류로서 구안이 명주실 같은 무늬가 있고, 색깔은 청흑색이다. 추포라는 육질이 연하지만 명주라는 질긴 것이 차이점이다.

▌평설

명주고둥

명주라는 밤고둥과의 명주고둥을 말한다. 명주고둥은 껍데기의 높이와 지름이 35mm전후의 중형 초식성 고둥이다. 밤고둥과의 무리 중 가장 깊은 수심 15m이내의 조간대 바위에 서식한다.

껍데기는 두껍고 단단하며 밑바닥은 편평한 편이다. 색깔은 전체적으로 밝은 황갈색이나 녹갈색을 띤다. 껍데기가 비교적 두껍고 단단하며 표면에 종륵(縱肋)[518]이 없어 매끈하여 선명한 세로 골이 있는 밤고둥이나 구멍밤고둥과 같은 유연종과 쉽게 구별된다.

〈원문〉 明紬螺(仍俗名).卽麤[519]布螺之類,而溝岸成明紬紋.靑黑色.其肉,布螺軟而紬螺韌.此其別也.

---

518 縱肋: 간격이 벌어져서 생기는 굵고 낮은 세로 성장맥이다.

519 가람본에는 麤로 되어 있다.

9-9. 거라(炬螺)

현지에서 부르는 이름이 거라이다. 역시 참고둥의 종류로서, 미봉(尾峯)은 약간 뾰족하고, 끝 봉우리는 약간 작지만, 높이는 약간 높다. 바깥 색깔은 자색이다. 그 꼬리 살에 모래흙이 있는 것이 차이점이다. 대체로 소라를 잡는 방법은 밤에 횃불을 켜고 잡는 것이 낮보다 더 좋은데, 이 소라는 가장 번성할 때 횃불을 켜고 잡으면 많이 잡히므로, 거라(炬螺)란 이름을 얻었다.

▌평설

밤고둥

어보의 거라는 속명 그대로라고 했으므로 횃불고둥 혹은 홰고둥을 한자로 적은 것이다. 이 고둥의 현재명은 밤고둥이다. 낮에는 햇빛을 피해 숨고 밤에 활동하기 때문에 불을 밝히고 잡아서 밤고둥이란 이름이 붙었다.

우리나라 전 연안에 분포하며 수심 5m전후의 암반 또는 자갈 조하대에서 비교적 흔히 발견되는 길이 3cm정도인 중형 초식성 고둥류이다. 껍데기는 전체적으로 짙은 흑갈색이며 두껍고 단단하다. 껍데기 표면에는 세로로 강한 골들이 형성되어 있다.

〈원문〉 炬螺(仍俗名).亦布螺之類.而尾峯稍尖,頭麓稍小,故高稍崇.外色紫.其肉尾有沙土,此其別也.凡採螺之法,夜而爇炬則勝於晝.此物最繁,爇炬則,其得尤多,故得名.

9-10. 백장라(白章螺)

현지에서 부르는 이름은 감상라(甘嘗螺)이다. 거라(炬螺)의 한 종류로서, 꼬리 봉우리가 더 뾰족하고, 머리 부분이 아주 작으며, 크기는 1치에 불과하다. 회색 바탕에 흰 무늬가 있으며, 골의 위에 또 가는 골이 실처럼 있는 점이 특징이다. 명주라와 같이 가장 번성한 것이며, 모두 물이 얕은 곳에 있다.

평설

개울타리고둥

백장라, 속명 감상라는 어보의 설명만으로 어느 고둥인지 비정하기 어렵다. 명주고둥과 출현시기가 같으며 얕은 물에서 산다는 점에서 개울타리고둥으로 보기도 한다(이태원 1, 2003).

개울타리고둥은 밤고둥과로 우리나라 전 연안에 분포하며 암반 및 자갈 조간대 에서 비교적 흔히 발견되는 길이 1.5cm전후의 초식성 소형 고둥류이다. 작은 고둥이지만 단단한 껍데기 표면에 연결된 가로줄의 강한 골이 파져 있다. 바위틈이나 큰 자갈의 아래의 물기가 있는 곳에 모여 산다.

〈원문〉 白章螺(俗名甘嘗螺).卽炬螺之類,而尾峯益尖,頭麓益小,而大不過一寸.灰色而白章,溝岸之上又有細溝如縷[520],此其別也.亦最繁與明紬螺,皆在水淺處.

9-11. 철호라(鐵戶螺)

현지에서 부르는 이름은 다억지라(多億之螺)이다. 명주고둥의 한 종류로 그 껍데기의 무늬가 조금 거칠고, 색깔은 황홍색이다. 대체로 소라들은 둥근 덮개는 모두 종이처럼 얇아, 마른 잎처럼 약한데, 오로지 이 종류의 고둥만이 덮개가 가운데는 솟아 있고 가장자리는 두터워서, 마치 반쪽으로 쪼갠 콩과 같고, 쇠처럼 굳은 것이 다른 고둥들과 구별되는 점이다.

▌평설

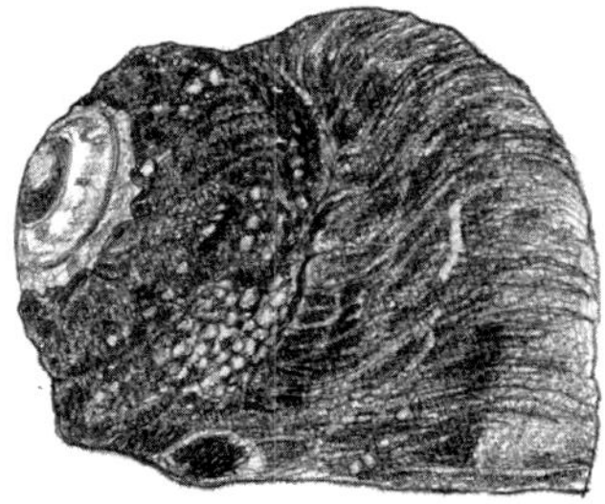

눈알고둥

---

520 정씨본, 국립본, 상백본에는 樓로 되어 있다.

철호라, 속명 다억지라는 눈알고둥으로 비정된다(이태원 5, 2003). 속명인 다억지라는 딱지고둥을 음차해서 적은 것으로 해석되며, 뚜껑의 모양을 묘사한 것이다.

눈알고둥은 우리나라 연안에서 발견되는 소라과의 길이가 1.5cm 전후의 소형 초식성 고둥류이다. 두껍고 단단한 석회질로 된 껍데기 뚜껑이 고양이 눈알을 닮았다고 해서 눈알고둥이라 불린다. 표면의 돌기나 나선형 주름 등이 명확하지 않은 개체도 흔하며, 녹조류가 피복되어 개체가 전체적으로 녹색으로 보이는 경우도 많다.

〈원문〉鐵戸螺(俗名多億之螺).卽紬[521]螺之類,而皮文稍麤,色黃紅.凡螺之圓葢,皆薄如白紙,脆如枯葉,獨此物之葢,中突邉厚如半破之菽,其堅如鐵,此其別也.

9–12. 행핵라(杏核螺)

크기가 살구 씨 만하며, 모양도 살구 씨 같다. 꼬리 봉우리는 조금 나왔으며, 색깔은 희면서 붉다.

▍평설

비단고둥

521 교감본에는 細로 되어 있다.

행핵라는 이름에 살구 씨 모양이라는 특징이 강조된 점으로 미루어 밤고둥과의 비단고둥으로 비정된다(이태원 1, 2003). 껍데기에 광택이 있어 비단고둥이라고 하며, 돌매고둥 또는 맷돌고둥이라고도 불린다.

비단고둥은 우리나라 동해 남부와 남해 동부 연안 해역에 분포하며 수심 5~20m정도의 고운 모래 또는 모래진흙 바닥인 지역에서 흔히 발견되는 길이 1.5cm전후의 고둥류이다. 껍데기는 두껍고 단단하며 전체적으로 흑갈색 바탕에 크기가 다양하고, 수많은 개체들이 집단을 이루어 밀집되어 분포한다.

〈원문〉 杏核螺.大不過杏核,狀亦似之.尾峯稍出,色白而紅.

9-13. 예봉라(銳峯螺)

크기가 불과 7~8푼이다. 꼬리 봉우리가 뾰족하고 날카롭다. 머리쪽 기슭은 좁고 작으며 그 색깔은 자색이거나 회색이다.

▌평설

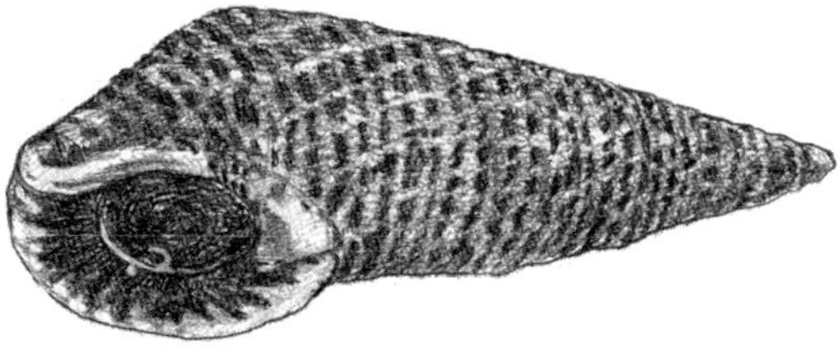

댕가리

예봉라는 봉우리가 뾰족하다는 표현이어서 댕가리나 갯비틀이고둥과 같은 갯고둥과의 고둥을 설명하고 있다. 댕가리는 우리나라 전 연안에 분포하며 길이 3cm전후의 퇴적물 섭식성 고둥류이다. 껍데기가 비교적 얇지만 단단한 편이고 표면은 갈색이나 흑갈색의 벽돌을 쌓아올린 형상을 나타낸다. 썰물 시 공기 중에 노출되면 저질표면 아래로 얕은 곳으로 파고들어가서 건조를 막는다.

〈원문〉 銳峯螺.大不過七八分.尾峯兀[522]然尖銳.頭麓狹小,其色或紫,或灰.

〈추기〉

소라와 고둥들 가운데 혹간 그 방에 게가 살고 있는 것이 있다. 오른쪽다리나 집게발이 다른 게와 똑 같지만, 왼쪽에 다리가 없이 소라 꼬리로 연결되어 있다. 역시 껍데기를 지고 나다니며, 멈추면 집 안으로 들어간다. 단지 둥근 문이 없으며, 맛 역시 게와 같고, 꼬리 쪽은 소라 맛이 난다. 혹자는 소라나 고둥 중의 한 종류라고 말한다. 그러나 여러 소라의 종류에 모두 게가 기생하고 있을 수가 있으므로, 꼭 따로 이 종류가 있는 것은 아니다.

창대가 말하기를, "게가 소라를 먹으면, 소라로 변해서 방 안으로 들어가며, 소라의 기운[氣]이 다하면, 혹간은 썩어버린 껍데기를 등에 지고 다니는 것이 있다."고 한다. 만약 원래부터 이 껍데기 속의 물체였다면, 그 몸이 아직 죽지 않았는데, 그 껍데기가 먼저 썩은 것이라 한다. 이 말에 이치가 있는 것 같지만 또한 믿을만하지 못한 점도 있어, 우선 미심쩍은 대로 이렇게 기록해 놓는다.

○ 청안: 게라는 것에 본래 다른 족속을 거처로 삼는 것이 있으며.

---

522 정씨본, 국립본, 교감본에는 突로 되어 있다.

그래서 조개의 뱃속에 사는 것도 있다. 이것이 이시진이 말하는 여노(蠣奴)이며, 일명 기거해(寄居蟹)가 바로 이것이다(조개 조를 보라.). 소길(璅蛣)의 뱃속에 사는 것이 있는데, 곽박의 『강부』에서 말하기를, "소길(璅蛣) 뱃속의 게"라고 하였다. 『송릉집주』에 이르기를, "쇄길(瑣蛣)[523]은 조개(蚌)와 닮았고, 배에 작은 게가 살고 있다. 뱃속의 작은 게가 쇄길을 위해 먹을 것을 구하러 나가갔다가, 게가 돌아오지 않으면 쇄길은 굶어죽는다. 해노(蟹奴)라 부른다."고 하였다.

『한서지리지』의 회계군(會稽郡) 길기정주(鮚埼亭注)에, 사고(師古)가 이르기를, "길(鮚)은 길이가 1치고 너비가 2푼으로, 작은 게가 그 뱃속에 있는데, 바로 이것을 쇄길(瑣蛣) 혹은 해경(海鏡)이라 부른다."고 하였다. 『영표록이』에 이르기를, "해경(海鏡)은 두 조각이 합쳐져 둥근 껍데기를 이루는데, 가운데는 밝고 미끄럽고, 그 안에 조개와 같은 작은 고깃살이 있다. 뱃속에 홍해자(紅蟹子)라는 것이 있는데, 마치 누런 콩[黃豆][524]처럼 작지만 집게발을 갖추고 있다. 해경(海鏡)이 배가 고프면 게가 음식을 구하러 나가고, 게가 배가 불러서 뱃속으로 돌아오면, 해경(海鏡) 역시 배가 부르게 된다."고 했다. 『본초강목』에, "해경(海鏡)은 일명 경어(鏡魚), 일명 쇄길(瑣蛣), 일명 고약반(膏藥盤)이라 부른다. 껍데기는 거울처럼 둥글고, 해가 비치면 운모처럼 빛이 난다."고 했다. 기거해(寄居蟹)가 바로 이것이다.

또 『박물지』에 이르기를, "남해에 물에 사는 벌레[水蟲]가 있는데, 이름이 괴(蒯)로 조개 종류이다. 그 안에 작은 게가 사는데, 크기가 느릅나무 꼬투리와 같으며, 괴(蒯)가 껍데기를 열고 먹으면, 게 역시 나가서 먹는다. 괴가 껍데기를 합치면 게 역시 안으로 돌아오는데,

---

523 쇄길(瑣蛣)은 소길(璅蛣)이라고도 쓴다(『문선』).

524 大豆, 콩과 같은 말이다.

괴를 위해 먹을거리를 가지고 돌아오는 것이다.”라고 하였다. 이것 역시 해경(海鏡)이 아닌가싶다.

소라라는 것에 혹간 껍데기를 벗어났다가 돌아오는 것이 있다. 그래서 『습유기』에, “함명(含明)이라는 나라에 큰 소라가 있는데 그 이름은 라보(躶步)이고, 그 껍데기를 지고 이슬을 맞고 다니다가, 차가워지면 다시 그 껍질로 들어간다.”고 하는데 바로 이것이다. 그 소라 껍데기 속에 역시 살고 있는 것이 있다. 『이원』에서 이르기를, “앵무라(鸚鵡螺)는 모양이 새와 닮았고, 항상 껍데기를 벗고 헤엄치는데, 아침에 나가고 나면 거미와 같은 벌레가 그 껍데기 속으로 들어간다. 앵무라가 저녁에 돌아오면 그 벌레는 나간다.”고 하였다. 경천(庚闡)이 말한 앵무(鸚鵡)이고, 조개 안에 기생하며 껍데기를 지고 있는 것이다. 『본초습유』에서 이르기를, “기거충(寄居蟲)은 소라의 껍데기 안에 있으나, 소라는 아니다. 소라가 껍데기를 열 때를 살폈다가, 바로 나가 먹이를 먹고, 소라가 그 껍데기를 닫으려고 하면 바로 껍데기 속으로 돌아온다.”고 했다.

바다에 사는 족속에는 기생하는 것이 많다. 남해에 사는 한 종류는 거미와 닮았고, 소라껍질 속에 들어가서 껍데기를 지고 다니다가, 물체와 닿으면 소라처럼 움츠러든다. 불에 구우면 바로 나오며, 일명 정(䗴)이다. 바로 소라의 빈 방은 해족들이 많이 사는 곳이다. 대체로 게는 기생하기를 좋아하는데, 소라 역시 그 방에 게가 사는 것을 받아들여서, 한 곳에 기생하는 것은 의심할 필요가 없다. 단, 게 몸에 소라 꼬리를 한 놈은 특별한 경우이다.

▌평설

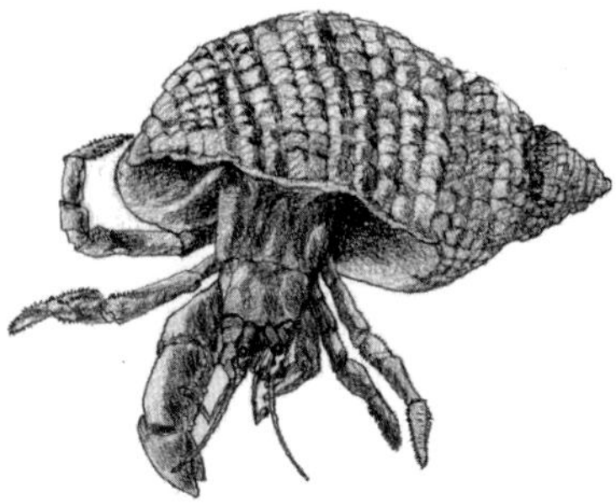

집게

위 부분은 개별 고둥류와는 별도로 집게 종류에 대해 정리한 것이다. 본문에는 언급없이 고둥에 이어 설명하고 있으나 <추기>란 이름으로 구분지었다.

게 가운데 죽은 고둥의 껍데기를 집삼아 사는 종류가 있다. 집게이다. 『자산어보』에서 집게를 조개나 고둥의 한 종류로 비정하고 있다. 그러나 조개와는 너무 성상이 다르기에 중국문헌을 상세하게 고찰하면서 집게를 설명하려 하고 있다. 어보에서는 고찰을 종합해서 '대체로 게는 기생하기를 좋아하는데, 소라 역시 그 방에 게가 사는 것을 받아들여서, 한 곳에 기생하는 것은 의심할 필요가 없다'고 보고 있다. 그래도 집게가 '게 몸에 소라 꼬리를 하고 있는' 점에서는 '특별한 경우'라며 결론은 유보하고 있다.

이청이 주석한 중국의 집게는 세 가지가 된다. 소라인데도 껍데기를 벗어나 돌아다니는 『습유기』의 라보(躶步)와 『이원』에서 말하는 앵무라(鸚鵡螺)가 있다. 두 번째는 소라와 게가 한 껍데기 안에 공생하는 『본초습유』의 기거충(寄居蟲), 『송릉집주』의 쇄길(瑣蛣)과 같은 것이다. 쇄길(瑣蛣)과 소길(璅蛣)은 같은 것으로 해경 혹은 기거해라 불리는 것이다(『문선』·『강부』). 세 번째는 게가 소라의 빈껍데기를 집으로 이용하는 것이다. 어보에서는 중국의 고서보다 현지에서 확인된 '소라와 고둥들은 혹간 그 방에 게가 살고 있는데, 오른쪽다리나 집게발이 다른 게와 똑 같다. 단 왼쪽에 다리가 없이 소라 꼬리로 연결되어 있는' 집게를 기록하고 있다.

집게는 딱딱한 고둥 빈껍데기에 들어가 살며 포식자의 공격을 막아내고 자신의 몸을 지킨다. 집게가 위협을 느끼면 오른쪽 큰 집게발로 고둥 입구를 틀어막는다. 집게는 다른 갑각류처럼 외골격 전체가 딱딱하게 석회질화 되어 있지는 않다. 머리와 다리는 딱딱한 껍질과 가시 같은 털에 싸여 있지만 배 부분은 살이 연하여 포식자의 공격에 무방비 상태이다. 이 연약한 부분을 보호하기 위해 딱딱한 고둥 껍데기를 이용하는 것이다.

집게는 자기 몸채가 들어가는 고둥껍데기를 짊어지고 다니다가 몸집이 커지면 살던 집을 버리고 좀 더 큰 고둥껍데기로 옮겨 가야 한다. 다른 집으로 옮겨가는 순간이 집게에게 가장 위험한 순간이다. 짧은 순간이지만 연약한 배 부분이 그대로 노출되기 때문이다.

정약전은 창대가, "게가 소라를 먹으면, 소라로 변한다."고 말한 것을 듣고도, "이 말에 이치가 있는 것 같지만, 또한 믿을만하지 못한 점도 있어, 우선 미심쩍은 대로 이렇게 적어 놓는다."고 집게에 대한 자기 나름의 의견을 제시하고 있다.

〈원문〉凡螺螄或有蟹[525]處其室.右脚及螯[526]如他蟹,但左邉無脚而續以螺尾.亦行則負殼,止則入室.但無團戶,味亦蟹也,尾則螺味.或曰,螺螄之中,有此一種.然蠃[527]之諸種,皆能有時寄蟹,則未必別有此種也.昌大曰,蟹食

525 국립본과 상백본에는 蟹로 되어 있다.

526 가람본에는 螯가 螯으로 되어 있다.

527 정씨본, 국립본, 상백본에는 螺로 되어 있다.

螺螄而化爲螺,入處其中,螺氣已歇,故或有負枯爛之甲[528]而行者.若原是殼中之物,則未有其身不死,其殼先敗者也.其言亦似有理,亦未可必信,姑識所疑.○晴案,蟹之爲物,本有寄居於他族者,故有居於蚌腹者.此李時珍所謂蠣奴也,一名寄居蟹者,是也(見上蛤條.).有居於璅[529]蛣之腹者,郭璞『江賦』云,璅[530]蛣腹蟹.『松陵集注』云,瑣蛣似蚌.腹有小蟹,爲瑣[531]蛣出求食.蟹或不至則餒死,呼爲蟹奴.『漢書地理志』會稽郡鮚埼亭注,師古曰,鮚,長一寸,廣二分.有一小蟹在其腹中者,是也.而瑣[532]蛣,亦云海鏡.『嶺表錄異』云,海鏡,兩片合以成形,殼圓中心瑩滑,內有少肉如蚌胎,腹中有紅蟹子,其小如黃豆而螯具.海鏡飢則蟹出拾食,蟹飽歸腹海鏡亦飽.『本草綱目』,海鏡,一名鏡魚,一名瑣蛣,一名膏藥盤.殼圓如鏡,暎[533]日光如雲母.有寄居蟹者,是也.又『博物志』云,南海有水蟲,名[534]蒯,蛤之類也.其中有小蟹,大如榆莢.蒯開甲食,則蟹亦出食,蒯合甲亦還入,爲蒯取食以歸.此,疑亦海鏡也.蠃[535]之爲物,或有脫殼還入者,故『拾遺記』,含明之國,有大螺名躶步[536],負其殼露行冷則復入其殼.卽是也.其螺殼之內,亦有寄居之物.『異苑』云,鸚鵡螺,形似鳥,常脫殼而游,朝出則有蟲如䵷蛛,入其殼中.螺夕還,則此蟲出.庚闡所謂,鸚鵡內游寄居負殼者也.『本草拾遺』云,寄居蟲在螺殼間,非螺也.候螺蛤開,卽自出食.螺蛤欲合,已還殼中.海族多被其寄.又南[537]海一種似䵷蛛,入螺殼中,負殼而走,觸之卽縮如螺.火[538]炙乃出,一名㲋.則螺之洞房,海族多所寄居也.葢蟹本善寄,螺能容受,則此室,彼寄理無可疑.但蟹體螺尾,又一特例也.

---

528 정씨본, 국립본, 상백본에는 里로 되어 있다.
529 교감본에는 瑣로 되어 있다.
530 교감본에는 瑣로 되어 있다.
531 정씨본, 국립본, 상백본에는 鎖로 되어 있다.
532 정씨본과 상백본에는 琑로 되어 있다.
533 정씨본, 국립본, 상백본, 가람본에는 映으로 되어 있다. 映이 暎의 정자이다.
534 교감본에는 明으로 되어 있다.
535 국립본, 상백본에는 螺로 되어 있다.
536 가람본, 교감본에는 螺步로 되어 있다. 『습유기』에, "有大螺,名躶步."

10. 율구합(栗毬蛤)

율구합이란 항목에서 율구합(栗毬蛤), 승율구(僧栗毬) 2종류를 기술하고 있다.

〈원문〉 栗毬蛤

10-1. 율구합(栗毬蛤)

현지에서 부르는 이름이 율구합이다. 큰 것은 지름이 3~4치이다. 털이 고슴도치와 같은데 그 속에 껍데기가 있고, 밤송이 같은 방에 5개의 판(瓣)이 둥근 모양을 이루고 있다. 앞으로 나아갈 때에는 온몸의 털이 움직이며 꿈틀거린다. 정수리에 입이 있는데 손가락이 들어갈 만하고, 방에는 쇠기름과 같은 알이 있는데, 엉키어 있지 않고 황색이다. 또한 5개의 판 사이사이마다 곧은 털[矢毛]이 나있으며 모두 검다. 껍데기는 연해서 부서지기 쉬우며, 맛은 달고 날로 먹거나 국을 끓인다.

라고 하였다.

537 정씨본, 국립본, 상백본에는 入南으로 되어 있다.

538 정씨본에는 大로 되어 있다.

▌평설

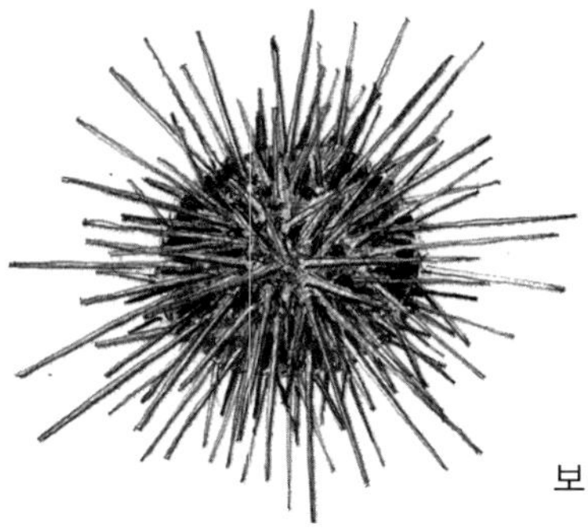

보라성게

털이 고슴도치 같은데 껍데기가 있고, 밤송이 같이 생겼다는 점에서 율구합은 성게를 기록한 것이다. 성게는 극피동물문 성게강에 속하는 동물의 총칭이며 가장 흔한 종류가 보라성게이다. 섬게라고도 하며, 옛 문헌에는 해구(海毬), 해위(海蝟)라 하였고, 생김새 때문에 밤송이조개라고도 불린다. 전국연안에서 잡히며 생식선인 난소와 정소를 날로 먹거나 젓갈로 담가서 먹는다.

우리나라 해역에는 약30종의 성게가 살고 있으며, 몸 모양은 구형·반구형·심장형이 있다. 성게류는 종류에 따라 다르지만, 많은 종류가 암석을 덮는 해조나 고착성 동물을 먹고 산다. 잘 발달된 관족과 복부의 가시들을 이용해서 움직이며 낮에는 바위틈에 집단으로 숨어 있다. 연안 해중림 고갈의 주범으로 추정되고 있다.

〈원문〉 栗毬蛤(仍俗名).大者徑三四寸.毛如蝟,中有甲似栗房,五瓣成圓.行則全身之毛,皆動搖蝡蝡.頂有口容[539]指,房中有卵,如牛脂未凝而黃.亦五辨而間間懷矢毛甲,俱黑.甲脆軟易碎.味甘,或生食或羹.

539 정씨본, 국립본, 상백본에는 客으로 되어 있다.

10-2. 승율구(僧栗毬)

털이 짧고 가늘며, 색깔이 누런 것이 율구합과 다른 점이다. ○ 창대가 이르기를, "한번 구합(毬蛤)을 보았는데 입 속에서 새 머리 같은 것이 나오고 이미 부리가 이루어져 있었고, 머리에 이끼와 같은 털이 나려고 했다. 그것이 죽었나 의심해서, 건드려 보았더니 이내 평일과 같이 움직였다. 비록 확인해보지는 않았지만 그 껍데기 속의 모양은 바로 변화해서 파랑새가 되려는 것이다."라고 했다. 사람들은 승률구가 변화해서 새가 된다 하며, 세속에서 율구조(栗毬鳥)라 부르는 것이다. 이제 징험해 보니 과연 그럴듯하다.

▌평설

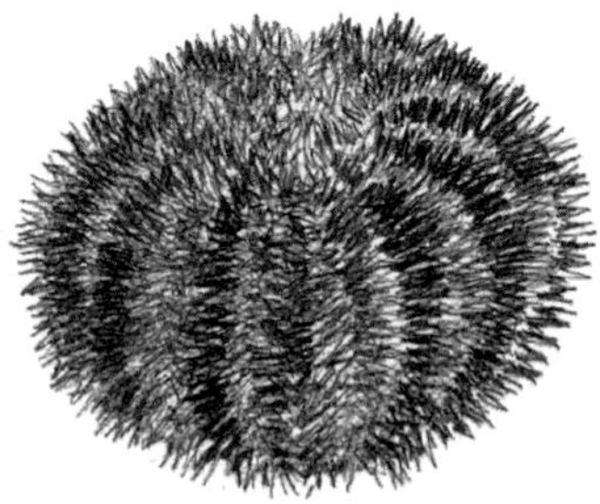

말똥성게

승율구는 말똥성게로 비정된다. 보라성게에 비해 가시가 짧고 맛이 더 좋다. 말똥성게는 둥근성게과에 속하는 극피동물로 연안에 분포하며 수심 7m전후의 암반 조하대나 수중암초 또는 큰 자갈바닥 등에서 흔히 발견되는 초식성 성게이다. 가시를 포함한 몸통은 전체적으로 짙은 녹갈색 또는 황갈색을 띠며 가시길이는 1cm전후이고 끝이 다소 뭉툭하며 몸통 표면 전체에 조밀하게 형성되어 있어서 손으로 잡아도 큰 통증이 없다.

어보에서 '입 속에서 새 머리 같은 것이 나오고 이미 부리가 이루어져 있었다'는 것은 말똥성게의 다섯 개의 이빨이 억세고 새의 부리 같이 생겼기 때문에 그렇게 묘사한 것이다. 예전 사람들은 조개의 다리나 성게의 이빨을 보고 이들 동물이 새가 된다고 연상하였다.

〈원문〉 僧栗毬.毛短而細,色黃爲別.○昌大曰,嘗見一毬蛤,口中出鳥,頭觜已成,頭欲生毛如苔.疑其已死而觸之,乃能動搖如平日.雖不見,其殼中之狀,要是化爲靑雀者也.人言此物化爲鳥,俗所謂栗毬鳥者,是也.今驗之果然.

11. 구배충(龜背蟲)

구배충 1종류에 대해서 기술하고 있다.

〈원문〉 龜背蟲

11-1. 구배충(龜背蟲)

현지에서 부르는 이름은 구음법(九音法)이다. 모양은 거북등딱지와 비슷하고, 색깔 역시 닮았다. 단지 등껍데기가 비늘로 이루어져 있다. 크기는 거머리만하고, 다리가 없이 배로 다니는 것이 전복과 같다. 돌 틈에서 사는 것은 쇠똥구리[蛣蜣]처럼 작은데, 삶아서 비늘을 제거하고 먹는다.

▌평설

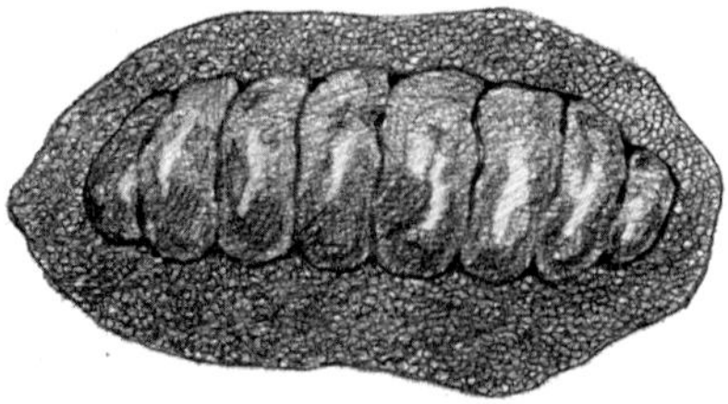

군부

구배충, 속명 구음법은 군부 종류를 말하고 있다. 군부는 신군부목 군부과의 연체동물로 조간대 암초지대의 바위나 돌에 붙어산다. 연군부, 털군부와 같은 유연종이 있다. 등이 기왓장 같은 굳은 여러 장의 각질이 포개져 있어 거북등과 비슷한 모양이어서 구배충이라 한 것이다.

몸통길이는 5cm전후이다. 몸통에 비해 각판이 차지하는 정도가 매우 크며 부착력이 매우 강해서 물리적 자극을 받은 상태에서 도구 없이는 떼어내기가 매우 어렵다. 느리게 기어 다니고 있어 굼보, 굼법이란 이름이 생긴 것이다. 군부는 생김새가 조개 종류를 닮았지만, 고둥과 가까운 친척이다.

〈원문〉 龜背蟲(俗名九音法).狀類龜背,色亦似之.但背甲成鱗.大如蛭,無足以腹行如鰒.産石間者,小如蛣蜣,烹而去鱗食之.

12. 풍엽어(楓葉魚)

풍엽어 1종류에 대해 기술하고 있다.

〈원문〉 楓葉魚

12-1. 풍엽어(楓葉魚)

현지에서 부르는 이름은 개부전(開夫殿)이다. 큰 것은 지름이 1자이며, 껍질은 유자껍질과 같다. 모퉁이 뿔이 일정하지 않아 3개도 있고 4개도 있으며 혹간은 6~7개에 이르기도 하며, 마치 뒤집힌 단풍잎과 같다. 두께는 사람의 손만 하다. 색깔은 짙푸르고 선명한데, 가운데 붉은색이 겹쳐진 실 무늬가 아주 매우 선명하다. 배는 누렇고 그 한 가운데 입이 있다. 뿔의 끝에는 잔 좁쌀 같은 것이 있는데, 마치 문어의 빨판 같으며 이것으로 돌에 붙는 것이다. 뱃속은 내장이 없어 호박 속과 비슷하다.

암석에 잘 붙으며, 날씨가 비가 내릴 것 같으면서도 실제로는 오지 않을 때에는, 뿔 하나만을 붙이고 몸을 뒤집어 아래로 드리운다. 바다사람들이 이것을 보고 비가 올 것을 점친다. 용도는 알지 못한다.

○ 뿔이 셋인 것은 물 바닥을 떠나지 않으며, 지름이 혹간 3~4자이고, 뿔이 몸에서 길게 나와 있으나, 몸은 아주 작다. 등은 두꺼비를 닮아, 문드러진 콩알 같은 것이 넓게 깔려 있다. 샛노랗고 새까만 문드러진 무늬가 뒤섞여 있다.

○ 청안: 이것이 바로 해연(海燕)이다. 『본초강목』에는 해연을 조개류에 싣고 있다. 이시진이 이르기를, "모양은 납작하고 표면은 둥글고, 등 위는 청흑색이고, 배 아래는 흰색이 흐릿하며 버섯과 같은

무늬가 있다. 입은 배 아래에 있으며, 입 주변에 다섯 개의 똑바른 갈고리가 있는데, 이것이 바로 다리이다."라고 하였다. 『임해수토기』에서, "양수족(陽遂足)은 바다에서 난다. 색깔은 청흑색이며 다리가 5개 있는데, 머리와 꼬리를 구분할 수 없다."고 하였는데, 바로 이것을 말한 것이다.

▌평설

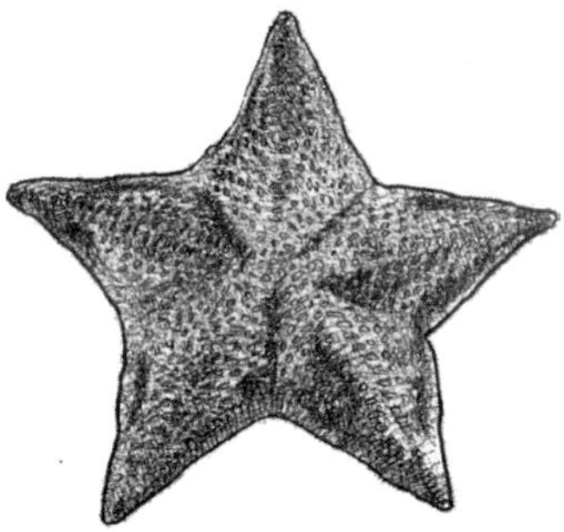

별불가사리

풍엽어, 속명 개부전은 불가사리 종류를 설명하고 있다. 불가사리는 불가사리강에 속하는 극피동물의 총칭이다. 몸이 조각이 나도 죽지 않고 별도의 개체로 재생한다고 해서 불가살이(不可殺伊)란 이름이 있다.

몸은 별모양이고 중심에 있는 반(盤)으로부터 방사상으로 나와 있는 팔을 가지며 이동한다. 입은 아래쪽에 있고 항문은 위쪽에 있거나 없다. 모래나 진흙 바닥 속에서 살며 조간대에서부터 깊은 바다에까지 널리 분포한다. 불가사리 무리는 동물을 먹어 조개양식에 해를 끼치기도 하며, 아무르불가사리와 별불가사리가 가장 흔한 종류이다.

불가사리는 보통 팔이 다섯 개인 것이 보통이나 팔손이불가사리 8

개, 넓적불가사리 11~15개, 문어다리불가사리 22~39개 등으로 종류에 다리 수가 다양하다. 어보에서는 불가사리의 갈래진 다리 모양을 단풍잎에 비유하여 이름을 짓고 있다.

〈원문〉 楓葉魚(俗名開夫殿).大者徑一尺,皮如柚皮.隅角無定,三出四出,或至六七出如欟葉,厚如人手.色青碧甚鮮明,中有丹縷[540],成文亦極鮮.腹黃,口在其中心.角末皆有細粟如章魚之菊蹄,所以貼石者.腹中無腸,如南瓜之瓤.好貼巖石,天欲雨而實不雨,則只貼一角而翻身下垂.海人以是占雨,用處未聞.○三角者不離水底,徑或三四尺,而其角長出,體甚小.背似蟾,亂布如豆之粒.眞黃眞黑相錯斑爛.○晴案,此卽海燕也.『本草綱目』,海燕載於介部.李時珍云,狀扁面圓,背上青黑,腹下白脆,有紋如蕈茵[541].口在腹下,口傍有五路正句[542],卽其足也.『臨海水土記』云,陽遂足,生海中.色青黑,有五足,不知頭尾[543].卽是也.

540 정씨본, 국립본, 상백본에는 樓로 되어 있다.

541 정씨본, 국립본, 상백본에는 菌으로 되어 있다.

542 『본초강목』에는 勾로 되어 있다.

543 『임해수토기』에서 '生時體耎, 死卽幹脆.'의 8자가 생략되어 있다.

V. 기타 여러 가지 생물들

자산어보 제3권에서는 여러 가지 수산생물을 해충, 물새, 바다짐승, 해초류의 4항목으로 나누어 기술하고 있다.

〈원문〉 玆山魚譜卷三,雜類

1. 해충(海蟲)

해조(海蚤), 선두충(蟬頭蟲), 해인(海蚓), 해추제(海蝤蠐) 4종의 바다에서 나는 충류에 대해 기술하고 있다.

〈원문〉 海蟲

1-1. 해조(海蚤)

크기는 밥알만하고 잘 뛰어오른다. 새우를 닮았지만 수염이 없다. 항상 바다바닥에 있으며, 죽은 물고기를 만나면 그 뱃속으로 들어가 먹는다.

▌평설

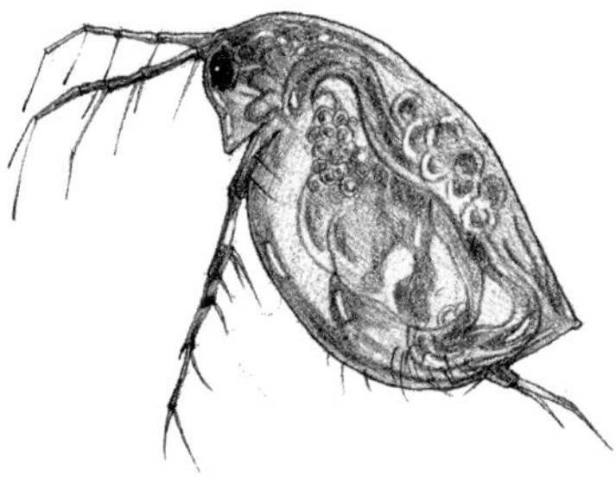

물벼룩

고대본에는 해충(海蟲)으로 기록되어 있지만 해조(海蚤)로 바로잡는다. 해조를 문자 그대로 풀면 바다벼룩이어서 물벼룩으로 볼 수도 있다. 물벼룩은 절지동물 양갑목(兩甲目) 물벼룩과의 갑각류로 대부분 담수에서 나지만 기수 및 천해에서 사는 종류도 있다. 그러나 어보에서는 해조가 바다바닥에 사는 동물로 묘사되어 있어서 부유성인 물벼룩이 아닐 수도 있다.

갯가톡톡이벌레나 어리모래무지벌레로 비정되기도 한다(이태원 4, 2003). 그러나 '잘 뛴다는 점'은 갯가톡톡이벌레의 특징이지만, 이 벌레의 주식은 어류의 사체가 아니라 해조류이다. 어리모래무지벌레는 쥐며느리와 같은 체형에 크기가 1cm정도이고, 뛰어오르는 습성이 없어 어보의 해조로 보기에는 문제가 있다.

바다좀으로 보고 바다개똥벌레[海螢]로 비정하기도 한다(정석조, 1998). 바다개똥벌레는 갯반디, 방산충으로 불리며 절지동물 근병목 갯반디과의 갑각류이다. 몸길이는 약 3mm이며, 발육기인 가을에 몸에서 빛이 난다. 낮에는 모래 속에 틀어박혀 있다가 밤에 활동하며 어패류의 썩은 고기에 모인다. 그러나 어보의 해조가 바다좀이라는 근거는 없다.

어보의 해조는 특정한 수산동물로 비정하기 어렵다. 어보의 저자가 흑산도에서 관찰한 동물의 사체를 먹는 소형동물들을 두루 부르는 이름일수도 있다.

〈원문〉 海蟲[544].大如飯粒,能跳躍.似蝦無鬚.常在水底,遇死魚則入其腹而聚食.

1-2. 선두충(蟬頭蟲)

현지에서 부르는 이름은 개강귀(開江鬼)이다. 길이는 2치가량이 된다. 머리와 눈이 매미를 닮았고, 두 개의 긴 수염이 있다. 등껍질은 새우와 닮았고, 꼬리가 갈라져 있다. 갈라진 꼬리는 또 다시 갈라지며, 다리가 8개이다. 배에서 다시 두 개의 가지가 나와 있어 매미 모양의 모자[蟬緌]와 비슷하며, 이것으로 알을 품는 것이다. 달리기도 잘하고 헤엄도 잘 쳐서, 물과 뭍에 다니지 못하는 곳이 없다. 색깔은 옅은 흑색이고 광택이 나며, 항상 소금기 있는 곳의 돌 틈에 산다. 날씨가 큰 바람이 불 것 같으면 사방으로 흩어져 떠돌아다닌다. 지역사람들이 이것을 보고 바람이 불 것을 점친다.

▌평설

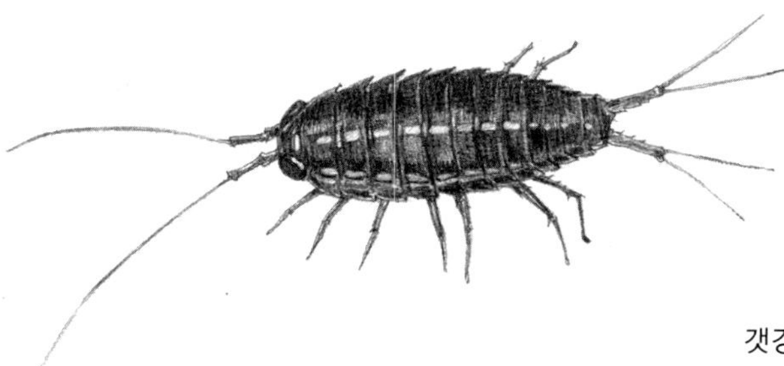

갯강구

544 정씨본, 국립본, 상백본에는 蚤로 되어 있다. 고대본과 가람본의 오기로 보인다.

선두충, 속명 개강귀는 갯강구를 말한다. 갯강구는 갯강구과의 등각류로 몸길이 30~45mm이고, 최대 몸길이는 60mm정도이다. 몸 색깔은 누런 갈색 또는 검은 갈색이다. 몸은 타원형이고 등 쪽이 약간 볼록하다. 머리에는 기다란 촉각이 있고 눈이 크다. 해안 바위틈에서 군생하며 낮에 먹이를 찾는데 바위 표면의 규조류와 살았거나 죽은 동식물체를 먹는다.

어보에서 다리를 8개로 본 것은 8쌍이란 표현으로 해석된다. 배의 좌우 다리 사이에는 수정란을 육방(育房)에서 품고 있다가 부화시킨다. 머리 생김새가 매미를 닮아 이름이 선두충(蟬頭蟲)이다. 강구는 경상도 사투리로 바퀴를 말하며, 갯강구는 '바다에 사는 바퀴벌레'란 의미이다. 실제 갯강구를 바다바퀴벌레로 부르는 지역도 있다. 그러나 갯강구는 절지동물 갑각류에 속하며 바퀴벌레와는 아무런 연관이 없다.

〈원문〉 蟬頭蟲(俗名開江鬼).長二寸許.頭目似蟬,有二長鬚.背甲似蝦,尾岐,岐末又岐,有八足.腹中又出二枝如蟬緌,以懷其卵.能走能游,故水陸無不捷.色淡黑,有光澤,常在鹵之石間.天將大風,則四散而浮游.土人以此占風.

1-3. 해인(海蚓)

길이는 2자 가량이다. 몸은 둥글지 않고 납작해서 지네와 비슷하다. 가늘고 자잘한 발이 있으며, 이빨이 있어 물기도 한다. 소금기 있는 땅의 모래 돌 사이에 있으며, 잡아서 낚시 미끼로 쓰면 매우 좋다.

▌평설

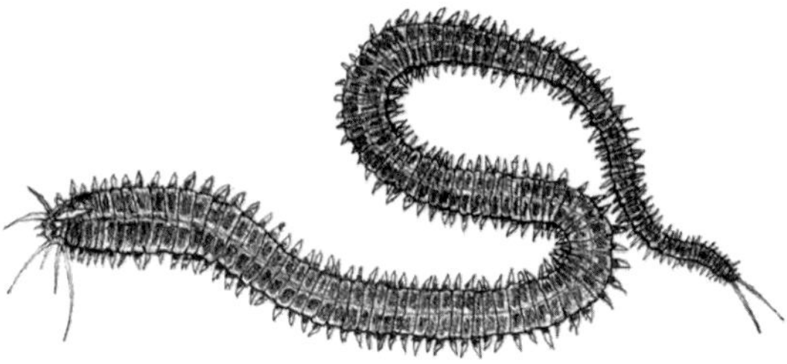

참갯지렁이

갯지렁이를 말한다. 갯지렁이는 다모강(多毛綱)에 속하는 환형동물로 세계적으로 5,300여종, 우리나라에는 200여종이 알려져 있다. 몸은 가늘고 길며, 많은 체절로 되어 있다. 머리에는 여러 개의 돌기물이 있고 각 체절에 발이 좌우 한 쌍씩 나 있는 점이 지렁이와 다른 점이다. 갯지렁이류는 대부분 조간대에서부터 심해에까지 살고 있고, 암초지대·모래질·모래진흙질·진흙질 등 어디에서나 잘 산다.

갯지렁이류는 오늘날에도 낚시미끼로 쓰이며 조간대의 개펄 속에서 산다. 갯지렁이에는 여러 종류가 있지만 주로 미끼로 낚시 쓰이는 것은 홍거시와 청거시로 불리는 참갯지렁이 종류이다. 홍거시는 정식 명칭이 바위털갯지렁이이고, 청거시는 두토막눈섭참갯지렁이이다.

〈원문〉 海蚓.長二尺許.體不圓而匾,似蜈蚣.有足細瑣,有齒能咬.産於鹵地沙石間,取作魚餌極佳.

1-4. 해추제(海蝤蠐)

현지에서 부르는 이름은 소(素)이다. 머리는 콩과 같고, 머리 아래는 겨우 형태를 갖추어, 모양이 마치 콧물과 흡사하다. 머리가 매우 단단하고, 입부리는 칼과 같아서, 능히 벌리고 닫았다 할 수 있다. 굼벵이같이 배의 판자를 갉아먹으며, 민물을 만나면 바로 죽는다. 밀물이 빠르고 급한 곳에는 가지 못하고, 물이 고여 웅덩이를 이룬 곳에 많은데 동해의 뱃사람들이 몹시 꺼린다. 먼 바다에도 혹간 있는데, 벌과 개미처럼 떼를 지어 모여 있다. 배가 혹간 이것을 만나면, 바삐 배를 돌려 피해야 한다. 배의 판자를 여러 번 연기에 그을리면 침범하지 못한다.

▌평설

배좀벌레조개

해추제, 속명 소는 배좀벌레조개로 비정된다(이태원 2, 2003). 배좀벌레조갯과의 조개로 껍데기는 실 모양으로 가늘고 길며 흰색이다. 이 조개는 나무좀[蝤蠐]처럼 목조 선박, 부목 따위에 붙어 목재를 갉아먹어 선박에 피해를 준다.

연안의 조간대에서부터 수심 50m전후까지의 목재 구조물 속에서 흔히 발견되며 껍데기 길이는 5mm전후이지만 육질부가 매우 잘 발달해 전체적인 길이는 3~5cm이다. 과거 목선의 선체에 구멍을 뚫는 생물로 위험한 존재였지만 근래에 와서는 도료의 개발과 선박재질의 변화로 피해가 적어졌다. 지금도 흑산도에서는 소라고 부르고 있다.

〈원문〉 海蝤螬(俗名素).頭如大豆,頭以下僅具形,狀恰似鼻液.頭極堅硬,口吻如刀,能張能合.食船板如蝤螬,遇淡水則死.潮水迅急之處,不敢進.多在停瀦之水,故東海船人甚畏之.大海中或有,其隊如蜂蟻之屯.船或遇之,急急回帆以避之.又船板数以烟薰之,則不能侵.

2. 해금(海禽)

바다에서 사는 물새인 노자(鸕鷀), 수조(水鵰), 해구(海鷗), 작연(鵲燕), 합작(蛤雀)의 5종류를 기술하고 있다.

〈원문〉海禽

2-1. 노자(鸕鷀)

현지에서 부르는 이름은 오지(烏知)이다. 크기는 기러기만하고, 색깔은 까마귀 같다. 털이 빽빽하게 나 있고 짧으며, 머리와 꼬리 그리고 발이 모두 까마귀와 같다. 뺨에 닭처럼 부푼 흰 털[毛圈]이 있고, 윗부리는 긴데다 굽어서 송곳 같으며, 그 끝은 아주 날카롭다. 고기를 잡을 때는 윗부리로 물고기의 살을 찔러 잡아낸다. 이빨은 칼 같고 발은 오리와 같다. 물속에 들어가 고기를 잡는데, 한동안 숨을 쉬지 않고 나오지 않는다. 아주 힘이 강하니, 참으로 물고기를 잡는 매라 하겠다. 밤이 되면 절벽에서 자며, 사람의 발길이 닿지 않는 곳에서 알을 품는다. 맛은 좋지만 약간 누리며, 온 몸에 기름이 많다. ○ 작은 것은 머리가 조금 작고, 부리는 더 뾰족하다. 뺨에 흰 털이 없으며, 물고기를 잡는 기세의 날쌔기는 큰 것에 조금 미치지 못한다.

○ 청안: 『이아』「석조」에 자일(鷀鷧)이라 했고, 곽박의 주에는 노자(鸕鷀)라 하였다. 『정자통』에 이르기를 속칭 자로(慈老)라 하였다. 『본초강목』에 일명 수로아(水老鴉)라 하였고, 이시진이 이르기를, "역(鶂)[545]을 닮았으나 작고, 색깔은 갈까마귀[鴉]와 같아 검고, 긴

545 鶂: 고서에서는 높이 날 수 있는 백로와 비슷한 큰 물새를 가리키지만,

부리가 약간 휘어 있어, 물속에 잠겨서 물고기를 잘 잡는다."고 하였다. 두보(杜甫)의 시에, "집집마다 오귀(烏鬼)를 기르네."라고 한 것은 이것을 말하는 것이다(똥은 촉수화라 한다.). 또 혹자는 노자가 태생이어서 바로 병아리를 낳는다 했지만, 구종석은 알로 낳는다고 밝혔다(『본초강목』에 있다.). 이 말은 오지(烏知)란 새가 분명히 노자임을 말하는 것이다.

▌평설

가마우지

노자, 속명 오지는 가마우지를 말한다. 가마우지는 가마우짓과의 물새인 가마우지, 민물가마우지, 쇠가마우지 따위를 통틀어 이르는 이름이다. 가마우지의 몸길이는 암컷이 31㎝, 수컷이 35㎝정도이며, 몸통은 검은데 등과 죽지의 깃털에 푸른 자주색 광택이 난다. 부리가 길고 발가락 사이에 물갈퀴가 있으며 물고기를 잡아먹는다. 항만이나 해안의 절벽에 사는 텃새로 바다가마우지, 우지, 수로아(水老鴉)등의 이름이 있다.

가마우지는 집단으로 번식하고 집단으로 이동하는 사회성이 높은 새로 울릉도와 제주도에 많이 분포한다. 번식시기에는 주로 바위위

현대에서는 거위를 뜻한다. 익(鷁)과 같다.

에 마른풀이나 해초를 주재료로 집을 짓고 알을 낳는다. 먹이를 통째로 삼키기 때문에 혀가 작게 퇴화되었다. 콧구멍이 없고 위턱 깊숙이 내비공(內鼻孔)만 있어 잠수하면서 고기를 잡기에 편리하게 되어 있다.

중국과 일본에서 가마우지를 부려서 물고기를 잡는 가마우지낚시가 유명하다. 청안에 나오는 두보의 시는 가마우지낚시를 읊은 것으로, "집집마다 가마우지를 키워서, 끼니마다 황어를 먹네[家家養烏鬼, 頓頓食黃魚.]"[546]라고 묘사하고 있어 가마우지낚시의 역사가 매우 오램을 알게 한다.

〈원문〉 鸕鷀(俗名烏知).大如鴈[547],色如烏.其毛至密而短,頭尾及脚皆如烏.頰有白毛圈如鷄[548].上喙長而曲如錐,其末極利,獲魚則以上喙穿,其肉而箝之.齒如刀,足如鳧.沒水取魚,能數十息不出.又絕有力,眞魚之鷹也.夜則宿於絕壁,伏卵於人跡不到之地.味甘而微羶,全身多膏.○小者,頭稍小,觜益尖.頰無白毛圈,攫魚之勢[549]勇,小[550]遜於大者.○晴案,『爾雅』「釋鳥」,鷀鶿,『郭注』云,鸕,鷀也.『正字通』云,俗呼慈老.『本草綱目』,一名水老鴉.李時珍云,似鶂而小,色黑.亦如鴉而長喙微曲,善沒水取魚.杜甫詩,家家養烏鬼,或謂卽此(其屎曰蜀水花.).又或言鸕鷀,胎生吐雛,寇宗奭明其卵生(竝『本草綱目』).此言烏知鳥,明是鸕鷀也.

546 두보의 시 '戲作俳諧體遣悶'의 구절이다.
547 정씨본, 국립본, 상백본, 가람본에는 雁으로 되어 있다.
548 정씨본, 국립본, 상백본, 가람본에는 雞로 되어 있다.
549 정씨본, 국립본, 상백본에는 鷙, 교감본에는 鷙로 되어 있다.
550 정씨본, 국립본, 상백본에는 少로 되어 있다.

2-2. 수조(水鵰)

육지에서 나는 것과 차이가 없으나, 한 발은 매를 닮았고 다른 한 발은 오리를 닮았다.

▌평설

물수리

수조는 매목 수리과의 물수리로 보인다. 몸의 길이는 51~58cm이며, 등은 어두운 갈색, 머리와 배는 흰색이고 가슴에 갈색 얼룩점이 있다. 부리가 길고 갈고리 모양이며 발가락이 크고 날카롭다. 해안, 큰 강, 호수에서 살며 먹이를 잡을 때는 양쪽 다리를 밑으로 늘어뜨린 채 날개를 반쯤 펴고 물속으로 뛰어들어 양쪽 다리로 먹이를 잡는다. 어보에서 양 발의 모양이 차이가 있다고 한 것은 물에 뛰어들어 한 발로 물고기를 움켜잡고 나르는 물수리를 잘못 관찰한 것이거나 지역사람의 구전을 기록한 것으로 보인다. 수악(水鶚), 어응(魚鷹), 왕저(王鴡), 저구(雎鳩), 조계(鵰鷄) 등으로 불린다.

〈원문〉 水鵰.與陸産無異,而一足似鷹,一足似鳧.

2-3. 해구(海鷗)

흰 것은 모양과 색깔이 강과 바다에 사는 것이 모두 같다. ○ 황색의 것이 조금 크고, 색깔은 희면서 누른 윤기가 있다. ○ 검은 것(속명 乞句)은 등위가 옅은 흑색이고, 밤이면 물가의 돌 위에서 잔다. 닭이 울면 따라 우는데, 그 소리가 노래 부르는 것 같아, 새벽이 될 때까지 그치지 않는다. 날이 밝으면 바다로 가버린다.

▌평설

갈매기

해구는 갈매기이다. 갈매기는 갈매깃과의 새를 통틀어 부르는 이름으로 괭이갈매기, 붉은부리갈매기, 재갈매기, 제비갈매기 등의 여러 종류가 있다. 주로 먹이로 삼는 것은 물고기이고, 해산 연체동물도 먹는다.

백구(白鷗), 수효(水鴞), 신부(信鳧), 예(鷖)라고도 하였고, 우리말로는 갈며기, 갈머기, 갈막이, 해고양이라고도 하였다. 어보에서 검은 것을 걸구(乞句)라 하였는데, 이는 재갈매기나 괭이갈매기의 어린 것을 지칭한 것일 수도 있다.

〈원문〉 海鷗.白者,形色江海皆仝.○[551]黃者稍大,色白而黃潤.○黑者(俗名乞句)背上淡黑,夜宿於濱水石上.鷄[552]鳴則亦鳴,其聲似歌,達曙不休.天明走于水上.

2-4. 작연(鵲燕)

현지에서 부르는 이름은 존지락(存之樂)이다. 크기는 메추라기와 같고, 모양은 제비를 닮았는데 꼬리와 깃이 모두 짧다. 등이 검고 배가 흰 것이 까치를 닮았다. 알은 크기가 달걀만해서, 때로는 난산 때문에 죽기도 한다. 먼 바다의 깊은 물속에 잠수해서(대체로 물새들은 물이 얕은 곳에 산다.) 새우를 잡아먹는다. 항상 사람이 없는 섬의 돌 사이에 서식하다가, 새벽이 미처 안 되어 바다로 나온다. 만약 좀 늦어지면 수리와 같은 강한 새들을 두려워하여, 종일 숨어 지낸다. 알은 먹을 수 있으며, 그 고기는 기름이 많고 맛이 매우 좋다.

▌평설

바다쇠오리

551 가람본에는 ○표가 없다.

552 정씨본, 국립본, 상백본에는 雞로 되어 있다.

작연, 속명 존지락이라는 물새는 헤엄을 치고 잠수하여 물고기를 잡는 새인데, 작고 약한 새로 묘사되어 있다. 이 새는 바다쇠오리로 비정되며 흑산도에서는 쫀지라기, 쫀졸이라 불리고 있다(이태원 5, 2003).

바다쇠오리는 바다오리과의 물새로 바다 위, 풀밭, 섬, 암초에 서식한다. 여름에는 이마, 머리꼭대기, 뒷머리, 뒷목은 광택이 있는 검은색이며, 몸 윗면은 잿빛. 몸 아랫면은 흰색, 옆구리는 검은색이다. 부리는 잿빛 흰색이나 뒷부분과 윗부리는 검은색이다. 겨울에는 눈 뒤에서 윗목에 이르는 흰 깃털과 어깨의 가는 줄무늬가 사라지고 날개의 흰 띠도 없다.

〈원문〉 鵲燕(俗名存之樂).大如鶉,狀似燕,而尾羽皆短.背黑,腹白,似鵲.卵大如雞[553],有時難產而死.能於大海水深[554]處游[555]潛(凡水鳥皆淺水中.),捕蝦而食.常棲[556]無人島石間,未曙而出于海.若稍晚,則畏鷙[557]鳥,終日隱伏.其卵可食,其肉多膏.味甘美.

2-5. 합작(蛤雀)

현지에서 부르는 이름이 합작이다. 크기는 제비와 같고, 등은 푸르고 배는 백색이며 부리는 붉다. 깊은 바닷물 속에 들어가 물고기를 잡는다. 어부들이 이 새들이 많고 적음을 살펴, 물고기가 잡히는 풍흉의 증표로 삼는다.

---

553 가람본에는 鷄로 되어 있다.
554 상백본에는 渓로 되어 있다.
555 가람본에는 浮로 되어 있다.
556 가람본에는 捷으로 되어 있다.
557 정씨본, 국립본, 상백본에는 勢, 교감본에는 鷙로 되어 있다.

▌평설

흰수염바다오리

합작은 먼 바다에 날아가서 물고기를 잡는 새로 묘사되어 있으며 문자 그대로 이름을 풀면 조개참새이다. 작은 갈매기나 쇠오리 종류로 보이나 확실하지는 않다. 이태원은 흰수염바다오리일 가능성을 제시하고 있다(이태원 5, 2003).

어보에서는 '어부들이 이 새들이 많고 적음을 살펴, 물고기가 잡히는 풍흉의 증표로 삼는다'고 하였다. 이는 물고기 떼가 바다표층에 떠오르면 물새들이 물고기를 잡아먹으려고 모여드는 상황을 말한다. 어부들이 물새를 보고 수면 아래에 물고기 떼가 있음을 알고, 그물을 쳐서 풍어를 기하는 것이다.

〈원문〉 蛤雀(仍俗名).大如燕,背青,腹白,觜赤.能於大海沒水取魚.海人,以是鳥之多少,驗其漁之豊歉.

3. 해수(海獸)

바다짐승을 말하며 올눌수(膃肭獸) 1종만을 기술하고 있다.

〈원문〉 海獸

3-1. 올눌수(膃肭獸)

현지에서 부르는 이름은 옥복수(玉服獸)이다. 개를 닮았지만 몸이 크다. 털이 짧고 빳빳하며 검푸르고 누른 흰점들이 점점이 무늬를 이루고 있다. 눈은 고양이 같고, 꼬리는 나귀를 닮았으며, 다리는 개를 닮았고, 발가락이 붙은 것은 오리를 닮았고, 발톱이 날카로운 것은 매와 같다. 물 밖으로 나오면 발가락을 펼 수 없으므로 걷지를 못한다. 다닐 때는 누운 채로 굴러야 하므로 항상 물속에 있다. 잠은 반드시 물가로 와서 자므로, 어부들은 그때를 틈타서 잡는다. 이것의 생식기는 양기를 크게 돋우며, 그 가죽으로는 가죽신과 말안장, 그리고 가죽 주머니 등속을 만든다.

○ 청안: 『본초』에 올눌(膃肭)은 일명 골놜(骨貀), 일명 해구(海狗)라 하였다. 그 생식기는 일명 해구신(海狗腎)이라 하였다. 구종석이 이르기를, "그 모양이 개도 아니고 짐승도 아니며 또한 물고기도 아니다. 단지 앞발이 짐승을 닮았으나 꼬리는 바로 물고기이다. 배와 옆구리 아래는 모두 흰색이며, 몸에 짧고 엷은 청백색 털이 빽빽하게 나 있다. 털 위에는 짙은 검푸른 점이 나 있다. 가죽은 두텁고 소가죽처럼 질겨서, 변방의 장수들이 많이 잡아서 말안장을 장식한다."고 하는 것이 바로 이것이다.

우리나라에서는 해표(海豹)라 하는데, 그 가죽에 있는 무늬가 표범과 같아서이다. 견권(甄權)이 말하기를, "올눌제(膃肭臍)는 바로 신라의 바다에 있는 물개의 생식기이다. 생식기를 고환(睾丸)이 붙은 채로 딴다."고 하였다. 『당서』「신라전」에 이르기를, "개원(開元) 연간에 과하마(果下馬), 어아주(魚牙紬), 해표피(海豹皮)를 바쳤다." 고 하였다. 『삼국사』「신라본기」에도 이 사실이 수록되어 있다. 바로 고황이 신라에 사신으로 가는 종형을 전송하며 읊은 시에 이르기를, "물개가 가로 누워 물결을 일으킨다."고 한 것이 바로 증거이다. 그러나 우리나라 사람들이 혹간 이것을 가리켜 물소[水牛]라 하는데 매우 잘못된 것이다.

평설

강치, 잔점박이물범

올눌수, 옥복수라는 것은 물개를 이르는 이름이다. 그러나 어보의 설명은 흰 점이 있다는 점에서 물개라기보다 물범을 묘사하고 있다. 또 이청의 안에서도 해구신 설명은 물개에 해당되지만, 인용된 중국 문헌의 내용은 물범에 관한 것이다.

우리나라에서 물개는 동해안에 서식하고 있고, 물범은 서해 백령도 인근에 서식하고 있으며 드물게는 남해에서 발견되기도 한다. 따라서 정약전이 흑산도에서 관찰한 것은 물개보다는 물범일 가능성이 높다. 또 어보에서 올눌수가, '검푸르고 누르고 흰점들이 무늬를 이루고 있다'고 묘사한 점에서 물범일 가능성이 더 많다. 그러나 정약전이 물개와 물범을 구분하지 않고 모두 올눌수(膃肭獸)라고 불렀을 가능성도 있다.

물개는 수놈 한 마리가 수십 마리의 암놈을 거느려서 예로부터 정력의 화신으로 알려져 왔으며, 한방에서는 물개의 음경과 고환을 정력제로 사용한다. 어보에서 견권의 『약성본초』를 인용하면서 '連而取之'라고 하였는데, 이는 '連卵取之'의 오기이다. 즉 '물개의 음경을 알[卵], 즉 불알[睾丸]이 붙은 채로 따서' 말린 다음 약제로 쓰는데 이를 올눌제(膃肭臍), 해구신(海狗腎)이라고 부른다는 것이다. 이 내용은 『동의보감』에도 인용되어 있다.

〈원문〉 膃肭獸(俗名玉服獸).類狗而身大.毛短而硬,蒼黑黃白,點點成文.目似貓,尾似驢,足亦似狗,指駢如鳧,爪利如鷹.出水則拳而不能伸,故不能步.其行則臥而輾轉,常有於水.眠則必在岸上,獵者,乘其時而捕之.其外腎[558]大補陽力,其皮可作鞋鞍皮囊之屬.○[559]晴案,『本草』膃肭,一名骨豽,一名海狗.其臍,一名海狗腎.寇宗奭云,其狀非狗非獸,亦非魚也.但前脚似獸,而尾卽魚也.腹脇下全白色.身有短密淡青白[560]毛.毛上有深[561]青黑點.皮厚韌如牛皮,邉將多取以飾[562]鞍韉,卽是也.我國稱海豹,以其皮有斑如豹也.甄權云,膃肭臍,是新羅國海內狗外腎也,連而[563]取之.『唐書』「新羅傳」云,開元中獻果下馬,魚牙紬,海豹皮.『三國史』「新羅本紀」,亦載是事.卽顧況[564]從兄使新羅詩亦云,水豹橫吹浪,皆可據也.然我國之人或指爲水牛,此誤甚矣.

---

558 가람본에는 腎으로 되어 있다.
559 고대본에는 ○표가 없이 비어 있다.
560 가람본에는 白 다음에 色자가 더 있다.
561 국립본과 상백본에는 渫로 되어 있다.
562 정씨본과 가람본에는 餙로 되어 있다.
563 連而는 連卵의 오기이다. 견권의 『약성본초』에는 "膃肭臍,是新羅國海

4. 해초(海草)

해초란 이름으로 바다에서 나는 해조류와 해초류 35종에 대해 기술하고 있다.

〈원문〉 海草

4-1. 해조(海藻)

현지에서 부르는 이름은 말(秣)이다. 길이는 2~3장이다. 줄기 굵기는 젓가락 같은데, 줄기에서 가지가 나오고, 가지에서 곁가지가 나오고, 다시 곁가지에서 여러 잔가지가 나오며, 잔가지 끝에는 잎이 나와서, 그 천 가지 만 가닥이 아리따우며 섬세하고 약하다. 그 뿌리를 캐어 거꾸로 걸어 놓으면, 마치 천 가닥 늘어진 버드나무와 흡사하다. 밀물이 들면 물결 따라 흘러 움직여, 마치 취한 듯이 춤춘다.

썰물이 지면 잎들이 떨어지고 쓰러져서 어지럽게 흐트러진다. 색깔은 검으며 3가지 종류가 있다. 가지의 끝에 밀알 같은 것이 있으며, 속이 빈 것을 기름조(其廩藻)라 부른다. 모양이 녹두 같으며 속이 빈 것을 고동조(高動藻)라 부른다. 이 두 가지 조류는 먹을 수 있으며 국을 끓이기도 한다. 그 줄기가 약간 단단하고 잎도 조금 크며, 색깔도 약간 자색이며, 가지 끝에 콩알 같은 것이 달렸고, 속이 빈 것을 대양조(大陽藻)라 하는데, 먹지는 못한다. 10월에 묵은 뿌리에서 자라나고, 6~7월에 쇠락한다. 캐어 말려서 보리밭에 거름으로 주

內狗外腎也,連卵取之."로 되어 있다.

564 정씨본, 국립본, 상백본에는 顧況 다음에 之자가 더 있다.

기도 한다. 그 성질이 모두 심히 차기 때문에 오래 깔고 앉았으면 한기가 가시지 않는다.

○ 대체로 모든 조류들은 그 뿌리를 바위에 기탁하고 있는데, 그 뿌리를 둔 곳이 모두 층차(層次)가 있어 서로 뒤섞이지 않는다. 썰물이 진후 그 대(帶)를 보면, 대가 열을 지어 있으며 이 조류들은 가장 아래층[最下帶]에 있다.

○ 청안: 『본초』에, "해조(海藻)는 일명 심(蕁), 일명 낙수(落首), 일명 해라(海蘿)이다."라고 하였다. 도홍경이 이르기를, "흐트러진 머리칼처럼 검다."고 하였다. 손사막이 이르기를, "천하에 모든 냉한 것 중 조채(藻菜)가 가장 심하다."고 하였는데, 바로 해조를 두고 말한 것이다. 그러나 진장기는 말하기를, "대엽조(大葉藻)는 신라국의 깊은 바다에서 나며, 잎이 수조(水藻)와 같고 커서, 어부들이 허리에 줄을 매고 물속에 들어가 캔다. 5월 이후에는 큰 물고기가 있어 사람을 해치므로 캐지 못한다."고 하였다. 대엽조가 우리나라에서 나는 것이라 하였으나, 지금까지 들어 본 바가 없다.

▌평설

해조류는 남조류(藍藻類), 녹조류(綠藻類), 갈조류(褐藻類), 홍조류(紅藻類)로 구분된다. 『자산어보』에서는 해조라는 항목에서 녹조류를 제외한 3가지를 설명하고 있다. 그리고 속명이 말(秣)인 해조는 모자반으로 비정된다. 모자반은 모자반과의 바닷말로 대형 갈조류의 통칭이기도 하다. 모자반은 짙은 황갈색으로 뿌리, 줄기, 잎의 구분이 뚜렷하고, 뿌리는 가반상(假盤狀)이며 1개의 중심 가지를 내어 1~3m이상 크게 자란다. 줄기는 세모진 기둥 모양 또는 삼각형이고 비틀리며, 줄기로부터 기포(氣胞)가 생긴다.

모자반은 난해성(暖海性) 여러해살이식물로서 연안에서 해중림(海中林)을 이루는 대표적인 해조이다. 괭생이모자반, 알쏭이모자반, 꽈배기모자반, 큰잎모자반, 짝잎모자반, 쌍발이모자반 등 약20종이 있다. 모자반이 번성하는 곳은 각종 연안동물들이 먹이를 얻거나 산란하기에 적합해서 환경보존과 어업자원 확보를 위해서도 매우 중요한 구실을 한다. 한국에서도 모자반의 여러 종류가 식용되기도 하며, 알긴산[565]을 추출하는 공업원료로 이용되거나 비료로도 쓰인다.

해조류의 수직분포는 육상식물과 달리 수십cm안에서도 뚜렷한 층위(層位) 구조를 볼 수 있다. 이는 광합성에 필요한 광선의 수심별 투과 정도, 그리고 조간대에 사는 식물들이 조석 간만에 의하여 공기 중에 노출되는 시간의 길이에 따른 환경변화 등에 견디며 적응할 수 있는 정도가 해조류의 종류에 따라서 다르기 때문이다. 햇빛이 바닷물 속으로 들어갈 때 광선은 흡수·산란되어 수심이 깊을수록 약해진다. 장파장의 광선은 차례로 흡수되어 적색광은 얕은 곳에서 소멸되고, 청록색은 깊은 곳까지 들어갈 수 있다. 이에 따라서 녹조류는 비교적 얕고 밝은 장소에, 갈조류 및 홍조류는 차례로 점차 깊고 어두운 곳에서 자라는 수직분포의 특징을 나타내게 된다.

---

565 algin酸: 갈조류 다당류염의 총칭으로 해조를 염화칼슘 용액 및 염산에서 씻은 다음 탄산나트륨 용액에서 추출해서 알긴산 레이온이 얻어지며 섬유 원료로 주목되고 있다.

〈원문〉 海藻(俗名秼).長二三丈.莖大如筯,莖生枝,枝生條,條又生無數細條,條末生葉,千絲萬縷,嫋娜纖弱.拔其根而倒挂,則恰是千條之楊柳也.潮至則隨[566]波流動,似舞似醉.潮退則離披偃仆,狼籍紛亂,而色黑.有三種.條之末有物如小麥,而中空者曰,其廮藻.其如菉豆而中空者曰,高動藻.此二藻可茹可羹.其莖稍剛,葉稍大,色稍紫,條末之物如大豆,而中空者曰,大陽藻,不可食.十月生於宿根,六七月衰落.採而乾之,糞於麥田.性皆甚冷,籍以爲坐,久而愈寒.○凡海藻皆託[567]根於石,而其所託[568]皆有層次,不可相亂.潮退而視帶,帶成列.此物在最下帶.○晴案,『本草』海藻,一名蕁,一名落首,一名海蘿[569].陶弘景云,黑色如亂髮.孫思邈云,凡天下極冷,無過藻菜.卽是也.但陳藏器云,大葉藻生深[570]海中新羅國,葉如水藻而大,海人以繩繫腰,沒水取之.正[571]月以後有大魚[572]傷人,不可取.則大葉藻是我國之産,然今所未聞也.

4-2. 해대(海帶)

현지에서 부르는 이름은 감곽(甘藿)이다. 길이는 1장 가량이다. 뿌리 하나에서 잎이 나오고, 그 뿌리 가운데에서 줄기가 서고, 줄기에서 두 날개가 나오는데, 그 날개의 안은 긴밀하고 밖은 성기다. 주름져 쌓인 것이 도장에 새겨진 전자[印篆] 글씨 모양과 같고, 잎은 수수를 닮았다. 1~2월에 뿌리가 나오고, 6~7월에 캐어서 말린다. 뿌리

566 상백본에는 隨자가 없다.
567 정씨본, 국립본, 상백본, 가람본에는 托으로 되어 있다.
568 정씨본, 국립본, 상백본, 가람본에는 托으로 되어 있다.
569 정씨본, 국립본, 상백본에는 羅로 되어 있다.
570 정씨본, 국립본, 상백본에는 溪로 되어 있다.
571 교감본에는 五로 되어 있다.
572 가람본에는 魚가 鳥로 되어 있다.

는 맛이 좋지만 잎은 좀 맛이 옅다. 출산한 부인의 여러 가지 병에 이보다 더 좋은 것이 없다. 해조와 같은 층에서 난다.

○ 청안: 『본초강목』에, "해대는 해조(海藻)를 닮았으나 거칠고, 부드럽고 질기면서 길다. 주로 출산을 촉진하고 부인병을 고친다."고 하였는데, 바로 이것이다. 해대를 가리켜서 감곽이라고 하는 사람은 감곽이 임산부에게 가장 좋은데다, 해대의 주된 효능이, "출산을 촉진시키고 부인병을 치료하는데 있다."는 문장에 근거하고 있다.

『본초』를 살펴보니, "해대는 해조를 닮았지만 거칠고 부드러우면서 질기고 길어서, 마르면 물건을 묶을 수 있다."고 하였다. 이것을 근거하면 해대가 감곽이 아님을 알 수 있다. 감곽은 얇고 물러서 끊어지기가 쉬우니 어찌 묶는 것을 견딜 수 있겠는가. 세상에서 소위 다사마라 부르는 것은 질기면서도 길어서 혹간 물건을 묶을 수 있고, 기다란 것이 실띠[絛帶][573]와 같다. 해대의 대(帶)자는 그 모양이 끈과 닮은 것을 말하는 것이다. 해대를 다사마와 구분하는 데는 아무런 문제가 없으나, 세상에서 감곽이라고 부르는 것이 『본초』에서 무엇이라고 부르는지는 모르겠다. 곤포(昆布)의 한 종류가 맛, 모양, 형상이 감곽과 비슷해서 오늘날의 감곽을 가리키는 것 같으나, 확실한 증거는 없다. 그리고 『동의보감』에서 자채를 감곽이라고 한 것은 잘못된 것이다.

▌평설

어보에서 해대, 속명 감곽이라고 기록한 해조류는 미역을 설명하고 있다. 그러나 감곽은 미역이 맞지만, 해대는 갈조식물인 다시마과의 다시마를 이르는 말인데, 어보에서는 해대라는 이름으로 미역을

---

573 絛帶: 수의(壽衣)에서 허리에 매는 가는 실띠이다.

설명하고 있다.

이청의 안에서는 어보의 본문에 감곽, 즉 미역을 해대라고 기록한 것을 재검토하고 있다. 그리고 『본초강목』에 나오는 미역과 다시마의 효능이 비슷하다는 점을 들어 혼동이 생긴 이유를 밝히고 있다. 미역이 도장의 인자와 같다는 표현은 주름져 쌓인 미역의 잎 모양이 전자체로 새겨진 도장을 찍어 놓은 것 같아서이다.

미역은 우리나라 전 연안에 분포하는 갈조식물 미역과의 한해살이 바닷말로 외형적으로는 뿌리, 줄기, 잎의 구분이 뚜렷한 엽상체(葉狀體) 식물이다. 미역은 식이섬유와 칼륨, 칼슘, 요오드 등이 풍부하여 신진대사를 활발하게 하고 변비와 비만 예방, 철분과 칼슘 보충에 탁월하며, 산모의 산후조리와 모유 촉진제로 널리 활용되어 왔다. 겨울에서 봄에 걸쳐서 주로 채취되며 이 시기에 가장 맛이 좋고, 전복과 고둥류의 주요 먹이가 되기도 한다.

〈원문〉 海帶(俗名甘藿).長一丈許.一根生葉,其根中立一幹,而幹出兩翼,其翼內緊外緩.襞積如印篆,其葉似稻.正二月根生,六七月採乾.根味甘,葉味淡.治産婦諸病,無踰於此.其生與海藻同帶.○晴案,『本草綱目』,海帶似海藻而粗,柔韌而長.主催生,治婦人病.卽是也.指[574]海帶爲甘藿者,以甘藿冣[575]宜於産婦,而海帶主治有催生,治婦人病之文故耳.考之『本草』云,海帶,似海藻而麄,柔韌而長,乾之以束器物.據此,可辨其非甘藿也.甘藿薄脆易斷,豈堪縛束耶.俗所謂多士麻,柔韌而長,或用以扎縛器物,而長如絛[576]帶.海帶之帶字,取其形似也.分海帶之爲多士麻,判然無疑,而俗所謂甘藿,在『本草』,不知爲何名.昆布一種,性味形狀頗似,指今之甘藿.然亦無明證.而『東醫寶鑑』,以紫菜爲甘藿者,誤也.

574 정씨본, 국립본, 상백본에는 指자 이후의 165자가 누락되어 있다.
575 가람본에는 最로 되어 있다.

4-3. 가해대(假海帶)

현지에서 부르는 이름은 감곽아자비(甘藿阿子比)이다. 몹시 무르고 얇으며, 국을 끓이면 아주 미끄럽다.

▌평설

해조 이름을 가해대, 속명 감곽아자비라 하였다. '가'는 거짓이며, '아재비'는 아저씨의 낮춤말이다. 미역과 비슷한 해초인데 품질은 그만 못하다는 것이다. 쇠미역으로 보이지만 확실치는 않다(이태원 4, 2003). 쇠미역은 갈조식물 다시마목 미역과의 해조로 점심대[577]의 깊은 바다 속에 살며 길이는 1～3.5m, 너비 10～15mm로 흑산도에서는 보기 힘든 한해성 조류이다. 어보의 표현과 성상이 비슷하며 흑산도에 흔히 있는 미역종류는 넓곽과 넓미역이 있다. 『상해 자산어보』에서는 감곽아자비를 미역아재비라고 이름 그대로 풀이하여 비정하고 있다(정석조, 1998).

〈원문〉 假海帶(俗名甘藿阿子比).甚脆薄,作羹甚滑.

4-4. 흑대초(黑帶草)

한 종류는 검은 것이 미역과 같으며, 한 종류는 붉은 색이다. 두 가지 모두 뿌리로 심겨 있는데 뿌리가 아주 작다. 뿌리와 잎이 있지만 줄기는 없다. 모양은 검은 비단띠[黑繒帶] 같고, 길이는 두어 자

---

576 교감본에는 絛로 되어 있다.

577 漸深帶: 가장 낮은 수위의 조류가 형성하는 해안선에서 수심이 40～50m 되는 곳을 말한다.

가 된다. ○ 또 다른 종류는 길이가 2~3장이고 실띠와 닮았는데, 색깔은 검다. 그것이 나는 수층은 모두 해조(海藻)와 같은 대이다. 사용처는 잘 모른다.

▌평설

두 가지의 미역 비슷한 해조를 논하고 있다. 길고 끈[絛]을 닮았다는 점에서 끈말로 보인다(이태원 4, 2003). 끈말은 갈조식물 다시마목 끈말과의 해조로 점심대의 바위에서 난다. 검은 갈색으로 털이 많은데 원기둥처럼 생긴 끈 모양이며 속이 비어 있다. 바다물속에서 곧게 서서 살지만 바닷물이 빠져나갈 때는 가스가 찬 윗부분이 물위에 뜨기도 한다. 식용하거나 차로 음용하기도 한다.

〈원문〉 黑帶草.其一黑如海帶,其一赤色,皆植根甚微.根葉[578]俱無幹.狀如黑繒帶,長數尺.○其一長二三丈如絛[579]帶,色黑.其生皆與海藻同帶.用處未聞.

4–5. 적발초(赤髮草)

돌에 뿌리를 박고 산다. 뿌리에서 줄기가 나오고, 줄기에서 가지가 나오고, 가지에서 다시 곁가지가 나온다. 색깔은 붉으며 천 실, 만 가닥을 이루어, 오늘날 말의 머리를 장식[馬飾]하는 상모[580]와 닮았다. 해조와 같은 수층에서 난다(사용처는 알지 못한다.).

---

578 정씨본, 국립본, 상백본에는 葉자가 없이 비어 있다.

579 정씨본, 국립본, 상백본과 가람본에는 條로 되어 있다.

580 象毛: 벙거지의 꼭지에다 참대와 구슬로 장식하고 그 끝에 백로의 털이나 긴 백지 오리를 붙인 것으로 삭모(削毛)라고도 한다.

▌평설

어보의 적발초는 성상의 묘사로 보아 개지누아리로 비정된다(이태원 4, 2003). 개지누아리는 홍조식물 지누아리목 지누아리과의 해조로 조간대의 바위에서 높이 20~40cm까지 자란다. 몸은 납작한 줄칼 모양이며, 짧은 줄기가 겹질 모양의 뿌리에서 뭉쳐서 난다. 이름에 '나도', '사촌', '아재비' 등이 붙은 동식물은 비슷하게 생긴 것을 말하며 '개'는 그만 못하다는 의미이다. 개지누아리는 적발초가 품질이 지누아리만은 못하다는 데서 비롯된 이름이다.

〈원문〉 赤髮草.託[581]石而生.根生幹,幹生枝,枝又生條.色赤,千絲萬縷,如今俗馬飾之象毛.其生與海藻同帶(用處未聞.)[582].

4-6. 지종(地騣)

현지에서 부르는 이름이 지종이다. 길이는 8~9자이다. 한 뿌리에 한 줄기가 나며, 줄기는 실처럼 가늘고 거친 털이 있다. 줄기마다 짧은 털이 8~9개 붙어있고, 아래위가 긴밀하게 붙어 있어 틈이 없다. 썰물이 질 때 보면 한 층[一帶]이 헝클어져 흩어진 것이 마치 말갈기와 같다. 색깔은 황흑색이고, 모자반의 위층에서 자란다. 보리밭에 비료로 쓴다.

▌평설

지종은 지충이를 말한다. 지충이는 갈조식물 모자반과의 바닷말로 연안의 조간대 하부에 군락을 이루어 서식하며, 우리나라 연안에서

581 교감본에는 托으로 되어 있다.

582 정씨본, 국립본, 가람본에는 주석이 아니라, 본문으로 되어 있다.

흔히 볼 수 있다. 방석 모양의 뿌리에서 짧은 줄기가 나오고 곧게 뻗는 중심가지와 불규칙하게 생기는 곁가지로 되어 있고, 줄기 표면에 돌기 모양의 잎이 밀생한다. 식용하거나 사료로 흔히 쓰이고, 한방에서 약과 구충제로 쓰이기도 하였다.

〈원문〉 地騣(仍俗名).長八九尺.一根一莖,莖細如線而有麤毛.每莖傅短毛八九,上下密附無餘地.每潮退而望之,一帶叢攢,鬅鬙委靡,恰如馬鬣.色黃黑,生在海藻之上層.用糞麥田.

4-7. 토의채(土衣菜)

현지에서 부르는 이름이 토의채이다. 길이는 8~9자이며, 뿌리 하나에서 줄기 하나가 나며, 줄기 굵기는 새끼줄만하다. 잎은 인동초583의 꽃망울을 닮았고, 밑은 가늘고 꼭대기는 두툼하고, 그 끝은 뾰족하며 속은 비어 있다. 지종(地騣)과 같은 층에 산다. 맛은 담백하고 맑다. 먹을 수 있다.

▌평설

토의채는 톳이다. 톳은 갈조식물 모자반과의 바닷말로 조간대 하부에 서식하는 다년생 해조류이다. 톳나물, 따시래기, 흙배기, 톨이라도 불린다. 조간대 하부의 경사가 완만한 암초지대나, 파도가 심하지 않은 갯벌지역에 군락을 이루어 난다. 맛이 좋아 식용되며 특히 칼슘과 철분이 풍부하다.

톳나물, 따시래기, 흙배기라는 지방이름도 있으며, 제주지역에서는

583 金銀花: 한방에서 인동초를 이르며 열을 내리고 독을 푸는 작용을 한다.

곡물과 톳을 넣어 밥을 짓고는 톳밥이라고 부르며 구황식품으로 이용하였다. 삐쭉하게 튀어나온 생김새가 꼭 사슴의 꼬리 같다고 해서 녹미채(鹿尾菜)라 일컬어지고, 일본에서는 '장수의 채소'로 불리고 있다.

〈원문〉 土衣菜(仍俗名).長八九尺,一根一莖,莖大如繩.葉似金銀花之蓓蕾,本細末[584]豊,其端又尖而中空.生與地騣同帶.味淡而淸.可茹.

4-8. 해태(海苔)

뿌리로 돌에 붙어 있으며 가지는 없는데, 돌 위에 넓게 깔려 있다. 색깔은 푸르다. ○ 청안: 『본초』에 건태(乾苔)란 기록이 있고, 이시진은 장발(張勃)의 『오록』을 인용하여 이르기를, "홍리(紅籬)는 바다의 물속에서 나는데 색깔은 아주 푸르고, 산발한 머리털을 닮았다."고 했는데, 모두 해태를 말한다.

▍평설

어보의 해태는 파래를 말한다. 일본에서는 김을 해태라고 부르며, 우리말에서도 김을 해태라고 잘못 부르기도 한다. 어보에서는 김을 가리킬 때는 해의(海衣)라고 했다. 파래는 녹조식물 갈파래과에 속하는 파래류의 통칭이며 바닷가 조간대나 조수 웅덩이에 서식한다. 창자파래, 납작파래, 잎파래, 가시파래, 격자파래 등이 있다.

파래는 향기가 많고 맛이 독특하여 한국과 일본 등지에서 즐겨 먹는 해산식물이다. 양식용 김발에 잘 착생하며, 시중에서 팔리는 파래김의 주종을 이룬다. 『21세기 자산어보』 조사에서는 해태를 참김

---

584 가람본에는 末이 文으로 되어 있다.

(Porphyra tenera)으로 보았다. 그러나 어보에서 색깔이 푸르다는 것은 홍조류인 김의 특성이 아니라 파래의 특성이다. 홍조류는 색깔이 적색 또는 적자색을 띠고 있다.

〈원문〉 海苔.有根著石,而無枝條,彌布石上.色青.○晴案,『本草』有乾苔.李時珍引張勃『吳錄』云,紅蘺[585]生海水中,正青似亂髮.皆海苔也.

4-9. 해추태(海秋苔)

잎은 크기가 상추와 비슷하고 가장자리가 오글오글 주름져 있다. 맛은 엷으며 씹으면 불어나서 입에 가득 찬다. 5~6월에 나오기 시작하여, 8~9월이면 쇠하기 시작한다. 그래서 이름이 추태(秋苔)이며, 지종(地騣)의 위층에 난다.

▌평설

해추태는 갈파래 종류를 가리키는 것으로 보인다(이태원 4, 2003). 갈파래는 파래과의 해조로 참갈파래, 모란갈파래, 댕기갈파래, 구멍갈파래 등의 유연종이 있다. 갈파래는 조간대 하부의 암석에 붙어 서식하며, 상추 잎과 비슷한 모양을 하고 있다. 길이는 15～30cm, 너비는 5～10cm정도이다. 식용보다는 가축의 사료로 사용해 왔으나 비타민을 다량 함유하고 있어 화장품의 원료로 활용되고 있다.

〈원문〉 海秋苔.葉大如萵苣[586],而邊界皺[587]蹙.味薄,嚼則豊息滿口.五六月始生,八九月始衰,故名秋苔.生在地騣上層.

585 가람본에는 籬로 되어 있다.

586 정씨본, 국립본, 상백본에는 萱로 되어 있다.

4-10. 맥태(麥苔)

잎이 매우 길며 가장자리는 넓게 주름지고 오그라져서 추태(秋苔)와 닮았다. 3~4월에 나오기 시작해서, 5~6월에 가장 무성해져서 맥태란 이름이 있다. 추태와 같은 수층에 산다.

▌평설

맥태(麥苔) 즉 보리파래는 여름에 나는 갈파래의 일종을 지칭한 것으로 보인다(이태원 4, 2003). 어보의 짧은 기술만으로 맥태의 현재명은 비정하기 어렵다.

〈원문〉 麥苔.葉甚長而邉寬縐[588]蹙,似秋苔.三四月始生,五六月長盛,故名.與秋苔同帶.

4-11. 상사태(常思苔)

잎은 길이가 한 자가 넘고 좁아서 부추 잎과 닮았고, 대나 갈대의 잎처럼 얇으며 미끄럽고 윤기가 난다. 색깔은 짙은 푸른색이다. 맛은 달고 좋아서 태(苔) 종류 중에 제일이다. 2월에 나기 시작해서 4월이면 쇠한다. 이것이 자라고 있는 곳은 맥태(麥苔)의 위층이다.

▌평설

상사태는 갈파래과인 잎파래의 일종인 가시파래나 납작파래를 기록한 것 같다는 의견이 있지만(이태원 5, 2003) 확단할 수는 없다.

---

587 정씨본은 維로, 가람본에는 𣤊로 되어 있다.

588 가람본에는 𣤊로 되어 있다.

잎파래는 잎이 넓어서 잎이 좁다는 어보의 상사태 묘사와 차이가 있다. 또 어보에 가시파래는 감태로, 그리고 납작파래는 신경태로 별도로 기록되어 있다. 어보에 수록되지 않는 파래 종류는 창자파래, 격자파래 등이 있지만, '맛은 달고 좋아서 바닷말 중에 제일'이라는 묘사만 가지고 특정한 파래종류의 현재 명을 비정하기는 어렵다.

〈원문〉 常思苔.葉長過尺,而狹如韭葉,薄如竹莩,明瑩滑澤.色深[589]青.味甘美,爲苔中第一.二月始生四月衰.其生在麥苔之上層.

4-12. 갱태(羹苔)

잎은 둥근 것이 꽃과 같고, 가장자리는 주름지고 오그라져 있으나 부드럽고 미끄럽다. 국을 끓이면 좋아 그런 이름이 있다. 상사태(常思苔)와 같은 시기에 나며, 나는 층도 역시 같다.

▌평설

갱태는 참홑파래로 비정된다(이태원 5, 2003). 참홑파래는 갈파래목 홑파래과로 녹황색의 얇은 막질이며 부채모양으로 펼쳐진다. 조간대에서 자라며 잎가장자리가 주름이 잡혀 있고 펼쳐진 것이 어보의 묘사와 같이 꽃 모양으로 볼 수 있다. 민물이 흘러드는 바다에서 잘 자라며 향기와 맛이 있어 식용한다.

〈원문〉 羹苔.葉團圓似花,而邊界皺[590]蹙.軟而滑,宜於羹,故名.與常思苔同時生,其帶亦同.

---

589 정씨본, 국립본, 교감본에는 渼로 되어 있다.
590 가람본에는 皺로 되어 있다.

4-13. 매산태(莓山苔)

누에실처럼 가늘고, 쇠털 같이 조밀하다. 길이는 두어 자이고, 색깔은 청흑색이다. 국을 끓이면 부드럽고 미끄러운데, 서로 엉켜 풀어지지 않는다. 맛은 매우 좋으며 향기가 난다. 이것은 갱태(羹苔)보다 조금 일찍 나오며, 자라는 곳은 자채(紫菜)의 위층이다.

▌평설

매산태는 매생이이다. 가늘고 부드러운 갈매패목의 녹조류이다. 조류가 완만하고 물이 잘 드나들고, 오염되지 않은 깨끗한 조간대 상부의 바위에 붙어서 자란다. 파래와 비슷하게 생겼지만 더 가늘고 부드러우며, 초록실이라고도 불린다. 10월 중순경부터 출현해서 주로 겨울철에 채취되다가 4월이면 쇠퇴한다.

김양식장에 밀생하여 김의 사육에 피해를 주기도 하였지만 매생이 가격이 오르자 김 양식이 매생이 양식으로 전환되기도 하였다.

정월대보름에 향토음식으로 사용되며 굴을 넣고 국을 끓여 먹는다. 남도지역에는, “미운 사위에 매생이국 준다.”는 속담이 있다. 매생이국은 끓여도 김이 잘 나지 않아서 모르고 먹다가는 입안에 화상을 입기가 쉽기 때문이라 한다.

〈원문〉 莓山苔.細於蠶絲,密於牛毛.長數尺,色青黑.作羹則柔滑,而混合莫可分離.味甚甘而香.其生稍早於羹苔,帶在紫菜之上.

4-14. 신경태(信經苔)

매산태(莓山苔)와 모양이 거의 비슷하지만 약간 거칠고, 약간 짧으며 몸 표면이 조금 껄끄럽다. 맛은 없다. 살고 있는 층과 나는 시기는 매산태와 같다.

▌평설

신경태는 녹조류 갈파랫과의 해조의 하나인 납작파래이다. 싱경이, 신경이라고도 불린다. 외해수의 영향이 있는 조간대 상부의 바닷가의 바위나 돌에 자생하며 김발에도 잘 붙는다. 길이는 약40cm, 지름은 1~5cm이다. 몸은 녹색의 얇은 막으로 된 원통모양이고 때로는 위로 갈수록 조금씩 넓어져 납작해진다. 독특한 향기와 맛을 가지고 있어 생으로 무쳐먹거나 국을 끓여 먹는다.

〈원문〉信經苔.略似莓山,而稍麤,稍短,體稍澀.味薄.其帶其時與莓山仝.

4-15. 적태(赤苔)

모양은 말 털과 비슷하지만 약간 길고, 색깔은 붉으며 몸은 약간 껄끄럽다. 맛은 없다. 나오는 시기는 상사태(常思苔)와 같고, 자라는 곳은 파래[苔] 종류의 가장 상층이다. 푸른 것도 있다.

▌평설

어보에서는 여러 가지 파래 종류를 기록하고 있지만 적태(赤苔)가 어떤 종류의 파래인지 비정하기 어렵다. 일반적으로 파래는 푸른빛인데, 적태(赤苔)는 붉은 파래 종류를 설명하고 있다. 어보에는 푸른 것도 있다고는 하지만, 환경변이로 파래종류가 변색한 것으로도 보인다.

〈원문〉赤苔.狀類馬毛而稍長.色赤體稍澀[591],味薄.生之時與常思苔同.其帶在苔類之最上.亦有青者.

4-16. 저태(菹苔)

모양은 맥태(麥苔)와 비슷하고, 초겨울에 나기 시작한다. 돌 웅덩이에서 자라는데, 썰물이 져도 물이 마르지 않는 곳이다. 이 점이 맥태와 차이가 난다.

▌평설

저태는 잎파래로 보인다(이태원 5, 2003). 잎파래는 녹조식물 갈파래과로 연안 조간대 상부의 바위에 서식한다. 길이는 10~20cm, 너비는 넓은 부분이 0.5~10cm이고 표면에 약간의 주름이 있다. 연한녹색이며 기부는 얇은 막으로 된 대롱모양인데 위로 갈수록 차츰 넓어지면서 납작하게 눌려져 종이처럼 넓어진다. 말리면 향기로우며 물김치 또는 국거리로 식용한다. 이름의 저(菹)는 '채소절임'을 뜻한다.

〈원문〉菹苔.狀類麥苔.始生於冬初,產於石窪,潮退不涸之地.此其別也.

4-17. 감태(甘苔)

매산태(莓山)와 닮았으며 약간 거칠다. 길이는 여러 자이며, 맛은 달다. 초겨울에 나기 시작해서 소금기 있는 진흙에서 자란다.

○ 이상 여러 종류의 태(苔)는 모두 돌에 붙어서 나는 것이며, 돌 위에 넓게 깔려 있는 것은 색깔이 푸르다.

---

591 가람본에는 澀이 澁으로 되어 있다. 澀과 澁은 동자이다.

▍평설

감태는 가시파래로 비정되고 있으며(이태원 5, 2003), 『21세기 자산어보』 조사도 같은 의견이다. 가시파래는 갈파래과의 해조로 모양 크기가 매우 다양하고 긴 것은 수 미터에 이른다. 내만 또는 민물의 유입으로 영양이 풍부하고 오염이 없는 강어귀에서 서식한다. 주로 바위 위나 죽은 나뭇가지 위 또는 다른 해조에 붙어서 자라며 김양식장에서도 많이 발견된다.

가시파래는 날로 무쳐서 밑반찬으로 요리되며 향기와 맛이 독특하다. 남도지방에서는 '감태김치(감태지)'를 담그기도 한다. 다른 해조류에 비해 양식이 쉽고 경제성이 높아서 새로운 양식품목으로 각광받고 있다.

〈원문〉 甘苔.似莓山而稍麤,長數尺.味甘.始生於冬初,長於鹵泥之地. ○[592]已上諸種苔,皆附石而生,布在石上,而色青也.

4-18. 자채(紫菜)

현지에서 부르는 이름은 짐(朕)이다. 뿌리로 돌에 붙어 있으며 가지가 없이, 두루 돌 위에 넓게 깔려 있다. 색깔은 자흑색이며, 맛은 달고 좋다. 청안: 『본초』에, "자채는 일명 자연(紫薁)이며, 바다에서 돌에 붙어산다."고 하였다. "정청색이나 거두어 말리면 바로 자색이 된다."고 했는데 자채를 말한 것이다.

592 가람본에만 ○표가 있다.

▎평설

어보에서는 여러 종류의 김에 대해 기록하고 있다. 자채(紫菜), 속명 짐(朕)은 오늘날의 김이다. 김은 보라털과의 해조(海藻)로 해의(海衣)라고도 한다. 김은 인류가 가장 오래 식용한 해조류 중 하나로 세계적으로 약80여종이 있으나 우리나라에는 참김, 방사무늬김, 둥근돌김, 긴잎돌김, 잇바디돌김 등 10여종이 있다. 최근 양식되는 종류는 주로 참김과 방사무늬돌김이다.

형태는 세포가 한 층으로 된 댓잎모양 또는 둥근 엽상체이며 수온이 낮은 가을과 봄에 본체가 나타난다. 수온이 높은 시기에는 곰팡이의 균사처럼 생긴 사상체로 살다가 가을에 포자[593]를 내어 김으로 성숙하게 된다.

〈원문〉 紫菜(俗名朕).有根著石,而無枝條,彌布石上.紫黑色,味甘美.○晴案,『本草』紫菜,一名紫萸,生海中附石.正青色,取而乾之則紫色.是也.

4-19. 엽자채(葉紫菜)

현지에서 부르는 이름은 입짐(立朕)이다. 잎의 길이와 너비가 맥문동(麥門冬)과 비슷하며, 잎의 엷기는 대나 갈대와 비슷한데, 밝게 빛나고 미끄럽고 윤기가 난다. 3월에 나기 시작하며, 나는 곳은 상사태(常思苔)의 위층이다.

▎평설

엽자채, 속명 입짐은 흑산도에서 바위섭짐이라고 부르는 해조로

593 胞子: 포자식물의 무성적인 생식세포로 홀씨라고도 하는데 단독으로 발아하여 새로운 개체가 된다.

비정되기도 하며(이태원 5, 2003), 바위김으로도 볼 수 있다. 바위위에 천연적으로 자란 김을 채취하여 바위 김이라 부르고 판매하고 있으며, 긴잎돌김, 둥근돌김 등의 종류가 있다. 만의 입구나 외해에 인접한 암초 위에서 나며 생육시기가 다른 김보다도 빠르고 풍미가 강하며 딱딱하다.

〈원문〉 葉紫菜(俗名立朕).長廣似麥門冬葉,而薄如竹莩,明瑩滑澤.始生於二月,帶在常思苔之上層.

4-20. 가자채(假紫菜)

갱태(羹苔)와 비슷하지만 단지 흩어져 있는 돌에서 자라며, 석벽에서는 자라지 않는다.

▌평설

가자채는 흑산도에서 가짐이라고 부르는 방사무늬돌김으로 비정된다(이태원 5, 2003). 참짐인 자채에 대비되어서 가짐인 것이다. 방사무늬돌김은 보라털과의 해조로 해안선을 따라 조간대에서 점심대 상부까지에서 자라며 외해에 면한 염분도가 높은 곳에서도 잘 자란다. 몸길이 5~20cm, 너비 2~8cm이며 우리나라에서 양식하는 김의 주종을 이룬다. 방사무늬돌김은 참김과 비슷하게 생겼지만, 생육기간이 더 길다. 색깔이 짙고 광택이 나서 김을 만들면 외견이 보기 좋지만, 향기가 적고 약간 질기다. 방사무늬김이 표준명이다.

〈원문〉 假紫菜.與羹苔同,但産於亂石,而不産於石壁.

4-21. 세자채(細紫菜)

길이는 1자 가량이며 좁고 의침처럼 가늘다. 조수가 드나드는 것에서는 자라지 않고, 물이 흐르지 않고 고여 있는 곳의 돌에 산다. 맛은 없고 상하기 쉽다.

▌평설

세자채는 김 종류가 아닌 다른 해조류를 지칭한 것으로 보인다. 확실한 이름은 비정하기 어렵다.

〈원문〉 細紫菜.長尺許而狹,細如醫鍼.不產於潮迅[594]之地,而產於止水亂石.味薄而易敗.

4-22. 조자채(早紫菜)

현지에서 부르는 이름은 삼짐(參朕)이다. 바로 엽자채(葉紫菜)의 한 종류로, 9~10월에 나서 자란다. 자라는 층은 엽자채의 위층이다.

▌평설

이태원의 조사에 의하면 흑산도 현지 주민은, "삼짐은 긴데 바위에 나는 삼 같다. 김하고 같이 돋는다."고 증언하고 있다(이태원 5, 2003). 조자채(早紫菜)는 김 종류가 아닌 다른 조류를 지칭한 것으로 보이며, 확실한 이름은 비정하기 어렵다.

〈원문〉 早紫菜(俗名參朕).卽葉紫菜之類,而其生在九十月.帶在葉紫菜之上.

---

594 정씨본, 국립본, 상백본에는 退로 되어 있다.

4-23. 취자채(脆紫菜)

현지에서 부르는 이름은 물개짐(勿開朕)이다. 모양은 엽자채(葉紫菜)와 같고, 토의채(土衣菜) 사이에서 난다. 썩기 쉬워서 말리는 시기가 조금이라도 늦으면, 색깔이 변해 붉어진다. 맛은 역시 덜하다.

○ 이상 여러 종의 자채(紫菜)를 다루는 방법은, 깨끗이 씻어 짜서 물기를 없앤 다음, 갈대발[萑箔]에 두툼하게 널어 햇빛에 말린다. 말린 것을 보통 앙자채(秧紫菜)라고 부른다. 모내기 할 때 먹는 것이다. 단지 조차채(早紫菜)는 네모난 틀을 만들어 그 안에 발을 걸고 물을 부어 종이처럼 떠내서 만드는데, 이것을 속칭 해의(海衣)라 한다. 해태(海苔)의 다루는 법도 같다.

청안: 이시진이 이르기를, "자채(紫菜)는 민월(閩越)지방 해변 거의에 다 있는데, 잎이 크고 얇다. 그곳 사람이 손으로 주물러 떡 모양으로 만들고 햇볕에 말려서 사고판다."고 하였는데, 이것이 지금의 해의(海衣)이다.

▌평설

취자채는 김이 아닌 다른 조류를 지칭한 것으로 보인다. 확실한 이름은 비정하기 어렵다. 취자채에 이어 여러 가지 김 종류의 뜨는 법, 즉 가공법을 설명하고 있다. 네모난 틀을 이용해서 종이처럼 김을 얇게 떠서 말리는 과정과 이름[海衣]이 생긴 연유도 함께 설명하고 있다. 또한 이러한 김 가공법은 파래[海苔] 가공법과도 같은 방법이라고 기록하고 있어 어보 당시에도 여러 종류의 김 가공이 성행하였음을 알려 주고 있다.

〈원문〉 脆紫菜(俗名勿開朕).狀同葉紫菜,而生於土衣菜之間.性易敗,晒曝稍遲,色渝而赤.味亦薄.
○[595]已上諸紫菜修治之法,淘洗而醡去水,厚布於萑箔而晒.乾者俗謂之秧紫菜.言移秧時所需也.獨早紫菜作四方木匡,籍以箔沈水,作片如造紙,俗謂之海衣.其海苔修治法亦同.○晴案,李時珍云,紫菜閩·越海[596]邉悉有之,大葉而薄.彼人挼成餠狀,晒乾貨之.此今俗之海衣也.

4-24. 석기생(石寄生)

현지에서 부르는 이름은 두음북(斗音北)이다. 크기는 3~4치이고, 뿌리에서 가지가 많이 나며, 가지는 다시 갈라져서 곁가지가 나고 잎이 난다. 처음 났을 때는 모두 얄팍하고 넓으나, 자라고 나면 평평하던 것이 둥글고 속이 비어서 얼핏 보면 겨우살이[寄生樹][597]와 닮았다. 색깔은 황흑색이고, 맛은 담백하여 국을 끓일만하다. 자채(紫菜)의 위층에 나서 자란다.

▮ 평설

석기생, 속명 두음북은 뜸부기를 말한다. 흑산도와 제주도에서는 듬북이라고 부른다(김순자, 2014). 뜸부기는 갈조식물 뜸부기과의 해조류로 조간대 상부의 암반에 붙어살며 몸길이 5～15cm로 직립한다. 식물체의 뿌리는 반상(盤狀)이고, 원기둥 모양의 줄기와 다시 갈

595 고대본에는 ○표가 없다.

596 가람본에는 海자가 없다.

597 나무에 기생하는 상록관목의 일종으로 잎과 줄기를 말려 약재로 쓰며, 冬靑, 北寄生으로 불린다.

라진 가지로 이루어져 있다. 가지는 상부로 갈수록 약간 납작하고 가지 끝부분이 불룩해져서 공기가 들어있는 주머니가 있다. 식용하거나 알긴산 채취 원료로 쓴다.

〈원문〉 石寄生(俗名斗音北).大三四寸,根生多幹,幹又岐而爲枝爲葉.始生皆匾[598]廣,旣壯,匾[599]者圓而若中空,驟看似寄生.色黃黑,味淡可羹.生在紫菜之上層.

4-25. 종가채(騣加菜)

현지에서 부르는 이름은 종가사리(騣加士里)이다. 크기는 7~8치이고, 뿌리에서 4~5개의 잎이 나며, 잎 끝은 갈라진 것도 있고 그렇지 않은 것도 있다. 모양은 인동초의 꽃망울과 비슷하고, 속이 비어 부드럽고 미끄러워 국을 끓일만하다. 석기생의 위층에서 난다.

▌평설

종가채, 속명 종가사리는 불등가사리로 비정된다. 불등가사리는 불등이라고도 불리는 홍조식물 풀가사리과의 한해살이 바닷말이다. 한국 전 연안에 분포하며 조간대 최상부에 서식한다. 자홍색을 띠며 연골질인데, 식용 또는 풀 원료[糊料]로 이용된다. 늦봄부터 초여름까지 1차로 번성하며 포자를 방출한 다음 죽어버리고 이 포자에서 만들어지는 부착세포인 반상체(盤狀體)가 계속 남아서 가을과 이듬해 봄에 다시 생장활동을 반복한다.

---

598 가람본에는 遍으로 되어 있다.

599 가람본에는 遍으로 되어 있다.

〈원문〉 駿加菜(俗名駿加士里).大[600]七八寸.根生四五葉,葉末或岐或否.狀類金銀花之蓓蕾,中空柔滑可羹.帶在石寄生之上.

4-26. 섬가채(蟾加菜)

현지에서 부르는 이름은 섬이가사리(蟾伊加士里)이다. 뿌리와 줄기가 나는 모습은 석기생(石寄生)과 비슷하지만 대체로 가늘고, 뽀독뽀독 소리가 난다. 색깔은 붉지만, 말려서 오래 되면 황색으로 변한다. 매우 끈적이고 미끄러워 풀처럼 사용하는데 밀가루로 만든 풀과 차이가 없다. 자라는 곳[帶]은 종가채(駿加菜)와 같다. 일본인들이 종가채와 이것을 사려고 사방에서 장삿배로 온다. 어떤 사람은 베와 비단에 풀을 먹이는데 쓴다고 말한다.

○ 청안: 이시진이 이르기를, "녹각채(鹿角菜)는 바다 속 바위절벽 사이에서 나며, 길이는 3~4치이고, 크기는 철선과 같으며, 갈라지고 가지를 친 것이 사슴뿔과 같다. 자황색이며 오래 동안 물에 담가 두면 끈끈한 상태로 변한다. 여자들이 빗질하는 데 쓰면 머리카락이 붙어 흐트러지지 않는다."고 하였다. 『남월지』에 이르기를, "후규(猴葵)는 일명 녹각(鹿角)인데, 이것을 종가(駿加), 섬가(蟾加)라고 부르기 한다."고 하니, 이 두 물건이 바로 녹각채일 것이다.

▌평설

섬가채, 속명 섬이가사리는 풀가사리 종류로 비정된다(이태원 2, 2003). 풀가사리는 홍조식물 풀가사리과의 조류로 겨울에 조간대 상부 바위에서 착생하는 적황색을 띤 해초이다. 몸은 뭉쳐나고 하부는

---

600 가람본에는 大가 六자로 되어 있다.

가는 줄기를 가지며 높이는 10~20cm, 굵기는 1~4mm이다. 풀가사리류는 풀가사리, 불등가사리, 애기풀가사리 등의 종류가 있다. 식용을 하는 외에 품질이 우수한 풀 원료[糊料]로도 이용되며, 이청의 안에서 여자가 머리카락을 가지런히 정리하는 데 사용하다는 점도 일치한다. 중국 자료에서는 섬가채(蟾加菜)를 녹각채(鹿角菜)와 같은 것으로 보았지만, 녹각채는 청각(靑角)이어서 풀가사리와는 다른 종류이다.

〈원문〉 蟾加菜(俗名蟾伊加士里).根條枝[601]生,類石寄生,而皆纖細澀澀有聲.色赤,晒曝日久,則變黃.甚粘滑,用之爲糊,無異麪末.帶如[602]騣加菜同.日本人求貿騣加菜及此物,商船四出.或言用[603]糊於布帛.○晴案,李時珍云,鹿角菜生海中石厓間,長三四寸,大如鐵線,分丫如鹿角狀.紫黃色.以水久浸則,化如膠狀.女人用以梳髮,粘而不亂.『南越志』云,猴葵,一名鹿角,此云騣加·蟾加,二物,是鹿角菜也.

4-27. 조족초(鳥足草)

현지에서 부르는 이름이 조족초이다. 바로 석기생의 한 종류로, 줄기와 가지가 여위고 말랐다. 미역이 자라는 층의 아래층에 사는데, 수심이 깊은 곳이다.

▌평설

속명 조족초는 오늘날의 새발을 말하는 것이다. 새발은 홍조식물

---

601 정씨본, 국립본, 상백본에는 岐로 되어 있다.
602 정씨본, 국립본, 상백본에는 与로 되어 있다.
603 가람본에는 用이 明으로 되어 있다.

우뭇가사리목 우뭇가사리과의 조류로 조간대 하부의 바위에 착생하며 줄기 길이는 5-20cm정도이다. 식물체는 연골질이며 단추모양의 뿌리에서 원통모양의 줄기가 나오고 그 줄기는 조금 꾸불꾸불하게 위로 뻗으며 불규칙하게 가지를 많이 낸다. 한천의 원료로 사용되지만 우뭇가사리보다 질이 떨어지며 생산량도 많지 않다.

〈원문〉 烏足草(仍俗名).卽石寄生之類,而幹枝瘦瘠.產於海帶之下層水深[604]處.

4-28. 해동초(海凍草)

현지에서 부르는 이름은 우모초(牛毛草)이다. 모양은 섬가초(蟾加草)와 비슷하고 단지 몸이 얄팍하고 가지 사이에서 아주 작은 잎이 나며, 색깔이 자색인 것이 다르다. 여름철에 삶아서 떡처럼 만들면, 매끄럽게 엉기어 맑고 미끄러운 것이 먹을 만하다.

▌평설

해동초, 속명 우모초는 우뭇가사리이다. 우뭇가사리는 홍조류 우뭇가사리과의 다년생 해조류로서 한천의 원료로 이용된다. 조간대 중부 및 하부의 바위에 살며 몸길이는 10~30cm, 너비는 약1mm정도이다. 우리나라에 널리 있는 해조류로 우무, 천초, 까사리, 우미, 한천이라고도 불린다.

생김새가 소의 털과 흡사하다하여 우모초(牛毛草)라고 하며, 끓인 다음 식히면 굳어서 얼음처럼 보인다 해서 해동초(海凍草)라고 어보

604 정씨본, 국립본, 상백본, 교감본에는 渁로 되어 있다.

에 기록된 것이다. 한천은 우무를 건조해서 동결시키거나 압착 탈수하여 건조시킨 것으로 아이스크림이나 양갱을 만들 때 사용한다.

〈원문〉 海凍草(俗名牛毛草).狀類蟾加草,但體匾[605],而枝間有葉極細,色紫爲異.卽夏月煮以成膏,酥凝瀅滑,可啖者也.

4-29. 만모초(蔓毛草)

현지에서 부르는 이름은 나출우모초(那出牛毛草)이다. 사람의 머리카락처럼 가늘고, 가지가 꼬이고 얽혀 흐트러진 머리칼처럼 어지럽다. 갈고리로 끌어내고 혼합하면 뭉쳐진다. 역시 덩어리[膏]를 만들 수 있으나, 돌에서 사는 것처럼 단단하게 굳지는 않는다. 색깔은 자색이고 녹조대(綠條帶)의 사이에서 자라며, 땅에 붙지 않고 수초에 의지해 자란다.

평설

만모초는 속명이 나출우모초인 점으로 미루어 우뭇가사리과 우모초의 한 종류로 보인다. 나출이라는 이름으로 보아 넝쿨우모초를 음차해서 적은 것으로 짐작되지만 확실한 표준명은 비정하기 어렵다.

〈원문〉 蔓毛草(俗名那出牛毛草).細如人髮,枝條糾纏鬅鬙棼亂.以鉤句出則混合成塊.亦以作膏,不能堅凝如產石者.色紫,生於綠條[606]帶之間,不著於地,依草而生.

605 가람본에는 遍으로 되어 있다.

606 정씨본, 국립본, 상백본에는 絛로 되어 있다.

4-30. 가해동초(假海凍草)

모양은 우모초와 비슷하지만 더 거칠고 더 길다. 돌 위에 모여 나며, 쇠털처럼 빽빽하다. 색깔은 황흑색이다. 또 다른 한 종류가 있는데, 약간 길고, 혹간은 1자나 되는 것도 있다. 자채(紫菜)의 사이에서 살며 자채와 뒤섞여있다.

▌평설

우뭇가사리와 비슷하지만 질이 떨어진다는 의미에서 어보에서는 가해동초라고 기록하고 있다. 개우무가사리, 즉 개우무로 볼 수 있지만 확실하지는 않다. 새발이나 개우무로 한천을 만들 수 있지만 우무가사리에 비해 수율이나 품질이 못하다.

〈원문〉 假海凍草.狀類牛毛,而益麤益長.叢生石上,密於牛毛.色黃黑.又有一種稍長,或有一尺者.生於紫菜之間,雜於紫菜.

4-31. 녹조대(綠條帶)

현지에서 부르는 이름은 진질(眞叱)이다. 뿌리는 대와 같고, 뿌리에서 줄기 하나가 나며, 줄기에는 마디가 있다. 추워지기 시작하면 마디에서 두 개의 잎이 나며, 너비는 8~9푼이고, 바닥과 끝이 평평하고 바르다. 봄이 되면 여위기 시작하고, 가을이면 쇠해서 없어진다. 그 마디에서 다시 잎이 나고 해마다 이와 같이 반복하며, 잎이 가지런히 수면에 이르면 성장을 멈춘다. 나이가 들면 줄기에서 가지가 나오는데, 실띠처럼 약간 얄팍하며, 아래쪽은 넓지 않고 위도 모지라지지 않았다.

마디는 부풀어 있거나 모지지 않고 그곳에서 잎이 난다. 끝마디는 풍성한데, 큰 것은 1자 가량이고, 그 위에서 잎이 나며, 창포 줄기와 같다. 그 중간에서 끝 가까이에 이삭이 있으며 열매는 마치 벼 알갱이와 같다. 줄기 색깔은 청백색이며, 잎은 청록색이어서, 깨끗하고 윤기 나는 것이 예쁘다. 길이는 일정하지 않고, 물의 얕고 깊음에 따른다. 모래와 진흙이 뒤섞인 곳에서 자란다. 잎과 잎 사이의 줄기가 맛이 좋다. 풍랑이 칠 때 죽은 잎이 해안에 표착하면, 그것으로 논에 거름을 준다. 태워서 재를 내어 바닷물을 뿌려 거르면 소금을 만들 수 있다. 그 잎이 마르고 시들면[枯敗][607] 종잇장같이 되는데, 깨끗한 것이 매우 예쁘다. 내 생각에는 풀과 닥나무와 섞어 종이를 만들면 좋을 것 같으나, 아직 시험해 보지는 못했다.

▌평설

녹조대, 속명 진질은 거머리말을 말한다. 진지, 잘피라고도 불린다. 거머리말은 외떡잎식물 소생식물목 거머리말과의 여러해살이 해초로 얕은 바다 하구에 자라며 길이는 50～100cm, 너비는 3～5mm 정도이다. 땅속줄기는 흰색이고 길게 벋으며 마디에서 뿌리가 내린다. 잎은 줄풀과 같은 모양이며 가장자리가 밋밋하고 끝이 둥글다.

어린 물고기나 갑각류·조개 따위에게 서식지를 제공하는 한편, 파도의 강도를 조절하고 침전물을 걸러내어 물을 맑게 하는 등 연안어업에 큰 도움을 준다. 뿌리줄기와 어린 눈은 단맛이 난다. 바닷가나 강어귀에서 흔히 볼 수 있었으나 오염과 부영양화 등의 영향으로 개체수가 줄어들고 있다.

소금은 바닷물로 만들지만 바다근처라고 해서 다 소금이 나는 것은

607 '잘 마르고 시든다[猶枯萎]'와 같은 뜻이다(이시진, 『본초강목』).

아니다. 천일염을 생산할 수 없는 바다지역에서 거머리말로 소금을 만들 수 있다는 귀중한 정보를 『자산어보』는 오늘에 전해주고 있다.

〈원문〉 綠條帶(俗名眞叱).其根如竹,根生一莖,莖有節.寒氣始至,節生二葉.廣八九分,本末平正.至春始衰,至秋衰落.次節又生葉,年年如是,至於葉齊水面而止.及至年久莖成一條,如條[608]帶,而稍匾.下不豊上不殺.節不腫方,其欲葉也.末節豊大者尺許.其上生葉如菖蒲.莖在中間近末有穗,實如稻米.莖色青白,葉色青綠,俱鮮潤可愛.其長無定,隨水淺淡[609],産於沙泥相雜之地.葉間之莖,味甘.每風浪,敗葉漂至于岸,以糞田.燒之取灰,用海水淋漉,亦可作鹽.其葉故[610]敗,卽成一條白紙,鮮潔可愛.余意和糊及楮作紙,則似好,但未試耳.

4-32. 단록대(短綠帶)

현지에서 부르는 이름은 폭진질(暴眞叱)이다. 진질(眞叱)과 닮았으나 줄기가 없고, 혹간 줄기가 있더라도 실처럼 가늘다. 길이는 불과 1자 남짓이다. 잎은 약간 좁고 단단하다. 열매가 없으며 얕은 바다에서 자란다.

▮ 평설

단록대, 속명 폭진질은 애기거머리말로 비정된다(이태원 4, 2003). 애기거머리말은 거머리말과에 속하는 침수성 여러해살이해초이다. 씨로 번식하기 때문에, 어보에 열매가 없다고 본 것은 잘못 안 것이

608 정씨본, 국립본, 상백본에는 絛로 되어 있다.
609 정씨본, 국립본, 상백본에는 淡로 되어 있다.
610 정씨본, 국립본, 상백본에는 故자가 枯로 되어 있다. 고대본과 가람본의 오기로 보인다.

다. 민물이 섞여 있는 염분이 적은 물에서 잘 자라며, 한대에서 열대 지역까지 전 세계에 걸쳐 분포한다.

〈원문〉 短綠帶(俗名暴眞叱).似綠條[611]而無莖.其或有莖,細如布縷.長不過尺許.葉稍狹而硬,無實.産於淺水.

4-33. 석조대(石條帶)

현지에서 부르는 이름은 고진질(古眞叱)이다. 잎이 부추처럼 가늘고, 길이는 4~5자이고, 열매가 없다. 해대(海帶)의 사이에서 자란다. 말려서 엮으면 부드럽고 질겨서 지붕을 덮을 수 있다.

▌평설

석조대, 속명 고진질은 게바다말로 비정된다(이태원 4, 2003). 게바다말은 거머리말과의 다년생 침수성 해초로 수심이 1~5m되는 암초에 부착해서 산다. 줄기는 굵고 짧으며 잎은 억세고 총생형으로 자란다. 어보에서는 '열매가 없다'고 했지만, 게바다말은 3~5월에 꽃이 피고 5~6월에 열매를 맺는다. 『21세기 자산어보』 조사에서는 새우말로 비정하고 있다. 게바다말과 함께 거머리말과에 속하는 다년생 해초로 수심 1~8m의 암반 틈에서 자라며 우리나라 전 해안에 분포하고 있다.

〈원문〉 石條帶(俗名古[612]眞叱).葉細如韭,長四五尺,無實.産於海帶之間.乾而編之,柔靭可蓋屋.

---

611 정씨본, 국립본에는 絛로 되어 있다.

612 교감본에는 古자가 없다.

4-34. 청각채(青角菜)

뿌리와 줄기, 가지가 모두 토의채를 닮았지만 둥글다. 성질은 미끄러우며 색깔은 청흑색이다. 맛은 담백하여 채소절임[葅]의 맛을 돋운다. 5~6월에 나며 8~9월에 다 자란다.

▌평설

청각채는 요즘도 청각이라고 불린다. 청각은 청각과의 해조로 길이는 15~40cm이며, 파도의 영향을 적게 받는 깊은 바다에서 자라며 암석이나 조가비 등에 붙어산다. 청각은 말려서 다른 양념과 버무려서 김장 때 김치 속으로 쓰며, 그냥 무쳐 먹기도 한다. 달여서 마시면 구충효과가 있으며, 청각 추출물이 세균에 대한 항생작용을 가진다는 최근 연구보고도 있다(『21세기 자산어보』).

〈원문〉 青角菜.根幹枝條頗似土依草而圓.性滑,色青黑.味淡,可以助葅之味.五六月生,八九月成.

4-35. 가산호(假珊瑚)

생긴 것은 고목과 같다. 줄기와 가지가 있고, 모든 가지가 뒤얽혀서 나있다[杈枒613]. 몸을 자르면 돌과 같고, 두드리면 댕강대는 소리가 나지만, 사실은 물러서 손가락으로 튕겨도 깨진다. 모양이 들쑥날쑥하고 기이하고 예스러워서 가지고 즐길만하다. 겉 색깔은 진홍색이지만 그 속은 희다. 바닷물이 가장 깊은 곳에서 자라며, 때로는 낚시에 걸려 올라오기도 한다.

---

613 槎枒와 같은 말로 나뭇가지가 얽혀있거나 정돈되지 못함을 형용한다.

▌평설

산호는 자포동물 산호충강의 산호류를 통틀어 이르는 이름이다. 산호는 식물이 아니라 동물로 100~300m의 바다 밑에 많은 산호충이 모여 높이 50cm정도의 나뭇가지 모양의 군체를 이루다가 죽으면 골격만 남는다. 단단한 골격으로 장식물을 만드는데, 예로부터 칠보의 하나로 여겨 왔다.

가산호는 장식품에 쓰기 위해서 인공으로 만든 가짜 산호를 말하기도 하지만, 어보에서는 가지모양을 이루는 질이 떨어지는 산호를 관찰한 것이다. 산호는 가지산호류, 돌산호류, 뿔산호류 등 다양한 종류가 있으며 따듯한 해역에 널리 분포한다.

〈원문〉 假珊瑚.狀如枯木.有枝有條,皆杈枒.頭折[614],體似石,叩之琤然有聲,而其實則脆,彈指可碎.擁腫卷曲,奇古可玩.皮色眞紅,其裏白.生於海水最深[615]處,時[616]或挂鈎而上.

---

614 국립본은 拆으로 되어 있다.
615 국립본에는 湥로, 정씨본에는 湥로 되어 있다.
616 가람본에는 時가 畔으로 되어 있다.

어보원문에 나오는 인명과 서적

강부(江賦): 중국 동진(東晉)의 시인 겸 학자인 곽박(郭璞, 276~324)의 부(賦)로 어류에 대한 고찰이 나온다.

강희자전(康熙字典): 중국 청(淸)나라 때에 강희제(康熙帝)의 칙명으로 진정경(陳廷敬), 장옥서(張玉書) 등 30명의 학자가 1716년에 완성한 전42권의 자전이다.

개상(介象): 중국 삼국시대 오나라의 술사로 개군(介君)이라고도 한다.

견권(甄權): 중국 당나라 때의 의사(541~643)로 맥경(脈經), 맥결부(脈訣賦), 침경초(鍼經鈔), 명당인형도(明堂人形圖), 약성본초(藥性本草) 등의 의서를 지었다.

경상도지리지(慶尙道地理誌): 세종의 명으로 신찬팔도지리지를 편찬하게 되자, 경상도 관찰사로 있던 하연(河演)과 대구군사(大丘郡事) 금유(琴柔), 인동현감 김빈(金鑌) 등이 펴낸 지리지이다. 다른 도지는 임진왜란 때 없어졌으나 이 지리지만이 전한다.

경천(庚闡): 중국 동진(東晉)의 문학가로 지금의 하남성 사람이다.

계신록(稽神錄): 송나라 때 서현(徐鉉, 916~991)이 지은 당대와 오대의 기이한 이야기를 수록한 책이다.

고공기(考工記): 주례의 제6편으로 중국에서 가장 오래된 공예기술서이다.

고금주(古今注): 중국 진(晉)나라의 천문학자이자 약학자인 최표(崔豹, 생몰미상)가 물명을 고증한 책이다. 여복(輿服), 도읍(都邑), 음악, 조수(鳥獸), 어충(魚蟲), 초목(草木), 잡주 및 문답의 8개 부문으로 나누어져 있다.

고이(考異): 자치통감고이(資治通鑑考異)의 줄인 이름이다. 자치통감을 지은 사마광(司馬光, 1019~1086)은 수많은 사료의 신빙성에 대한 근거를 설명하기 위해 자치통감과는 별도로 자치통감고이를 편찬했다.

고황(顧況): 당나라 중당기의 시인(생몰 미상)이자 화가, 고문물 감상가이다. 지덕연간(756~758)에 진사가 되어 관위가 저작랑(著作郎)에 이르렀고 만년에 모산에 은거하였다.

교주기(交州記): 중국 남북조시대의 진(晉)나라 사람인 유흔기(劉欣期)가 쓴 필기소설로 천문, 지리와 자연과학에 대한 내용이 담겨져 있다.

곽박(郭璞): 중국 동진(東晉) 시인이자 학자(276~324)로 박학다식하고, 경학·고문에 밝았으며 진사(晉史)를 편찬하였다. 이아(爾雅), 산해경(山海經), 초사(楚辭) 등을 주석하였다.

광아(廣雅): 중국 삼국시대 위나라의 장읍(張揖)이 찬술한 자전으로 박아(博雅)라고도 한다. 주나라 주공(周公)이 지은 이아(爾雅)와 같은 형식으로 자귀를 해석고증하고 주석을 달았다.

남방이물지(南方異物志): 중국 당나라 때 사람인 방천리(房千里, ?~?)가 쓴 잡가서이다.

남사(南史): 중국 당나라 때 이연수(李延壽)가 지은 남조(南朝)의 송, 제, 양, 진 네 나라의 170년 동안의 사실을 적은 역사서이다. 동이전(東夷傳)이 실려 있어 우리나라 역사연구에 도움이 된다.

남산지(南産志): 중국 명나라 때 하교원(何橋遠, 1558~1631)이 지은 복건지방의 지방지인 민서(閩書)의 제2권이다.

남월지(南越志): 중국 남북조시대 심회원(沈懷遠, 557～589)이 쓴 남쪽지방의 지지로 전해지지는 않고, 영표록이(嶺表錄異)에 인용되어 있다.

당서(唐書): 중국 당나라의 정사로서 당고조(唐高祖)의 건국(618)에서부터 애제(哀帝)의 망국(907)까지 290년 동안의 역사기록이다. 송나라 때 신당서로 다시 편찬하였다.

대명일통지(大明一統志): 중국 명나라 때 이현(李賢) 등이 1461년에 편찬한 지리지로 중국전역과 조공국의 지리를 기록한 총지이다. 명통일지(明一統志)라고도 한다.

도경본초(圖經本草): 중국 송나라 때 의학자 소송(蘇頌, 1020~1101)이 1061년에 찬한 본초서이다.

동명기(洞冥記): 중국 남북조시대 곽헌(郭憲, ?~?)이 지은 지괴소설이다.

동산경(東山經): 중국 고대 지리서인 산해경의 편명이다.

동월조선부(董越朝鮮賦): 명나라의 동월(董越, 1430~1502)이 1488년에 조선에 사신으로 왔다가 조선의 풍토를 읊은 책이다.

동의보감(東醫寶鑑): 조선의 허준(許浚, 1539~1615)이 1610년에 저술한 의서로 음식물, 동식물에 대한 고찰도 같이 정리되어 있다.

류편(類篇): 송나라 인종 때 왕수(王洙)와 호숙(胡宿) 등이 편찬한 자전 형식의 책으로 고대의 훈고(訓詁)에 치중하고 있다.

마지(馬志): 중국 북송시대의 의학자로 973년에 왕명으로 오복규(吳復珪), 유한(劉翰), 진소우(陳昭遇) 등과 함께 의서인 개보신상정본초(開寶新詳定本草)를 편수하였다.

모시(毛詩): 춘추시대 노나라 모형(毛亨)학파가 주석한 시경을 모시(毛詩)라 한다. 한나라 때 시경 주석본으로는 모형 주석본만이 세상에 전한다.

모시초목충어소(毛詩草木蟲魚疏): 중국 삼국시대 오나라의 육기(陸璣)가 시경에 나오는 초·목·충·어 등 물명을 주석한 책으로 약칭해서 육기시소(陸璣詩疏)라고도 한다.

문선(文選): 중국 양(梁)나라의 소통(蕭統, 501~531)이 진(秦)·한(漢) 이후 제(齊)·양나라의 130여명의 문장가의 대표적인 시문을 모아 30권으로 엮은 책이다.

민서(閩書): 명나라 때의 하교원(何橋遠, 1558~1631)이 지은 복건지방의 지방지이다.

박물지(博物志): 중국 서진(西晉)의 학자 장화(張華, 232~300)가 저술한 수신기(搜神記) 종류의 지괴서이다.

방언(方言): 중국 전한말기의 학자 양웅(揚雄, BC53~18)이 각 지방의 언어를 집대성해 쓴 언어에 관한 책이다. 양자방언(揚子方言)이라고도 한다.

별록(別錄): 중국 한나라의 유향(劉向, BC77~BC6)이 선별한 조정의 장서목록집(藏書目錄集)을 말한다.

본초(本草): 본초학의 준 말로 한방에서 약제나 약학을 일컫던 말이며, 본초강목의 줄인 이름이다.

본초강목(本草綱目): 중국 명나라 때 본초학자 이시진(李時珍, 1518～1593)이 저술한의서로 임상학적 기술 외에 水·火·土·金石·草·穀·菜·果·木·器服·蟲·鱗·介·禽·獸·人의 차례로 모두 1,892종의 약물을 싣고 있다.

본초경집주(本草經集註): 중국 남북조시대 양(梁)나라의 본초학자 도홍경(陶弘景, 456~536)이 쓴 본초에 관한 주해서이다.

본초습유(本草拾遺): 중국 당나라 사람 진장기(陳藏器, 681~757)가 편찬한 의서로 원본은 전하지 않는다.

본초연의(本草衍義): 중국 송나라 구종석(寇宗奭, ?~?)이 편찬하여 1116년에 간행된 의서로 가우보주신농본초(嘉祐補註神農本草)의 470종 가운데 설명이 미진한 약물에 대하여 상세하게 주석했다.

북호록(北戶錄): 중국 당나라 때 단공로(段公路, ?~?)가 쓴 책으로 북호잡록(北戶雜錄)이라고도 불린다.

사기(史記): 중국 전한(前漢)의 사마천(司馬遷, BC145?~BC86?)이 상고시대의 황제(黃帝)에서 한나라 무제 연간의 중국과 그 주변 민족의 역사를 포괄하여 쓴 역사서이다.

사기화식전(史記貨殖傳): 중국 전한 사마천의 사기 중 편명으로 화식은 재산을 늘림을 의미한다.

산해경(山海經): 중국 최고(最古)의 지리서로 BC4세기 전국시대 이후의 저작으로 보인다. 원래는 23권이었으나 전한(前漢) 말기에 유흠(劉歆)이 교정한 18편만 전해지고 있다.

삼국지(三國志): 진(晉)나라의 진수(陳壽, 233~297)가 찬한 위, 촉, 오 삼국시대 각국의 역사서이다. 송나라 때 배송(裴松)이 주를 상세히 달았다.

상림부(上林賦): 중국 전한(前漢)시대의 문인 사마상여(司馬相如, BC179~BC117)가 지은 문장의 하나. 천자가 장안 서쪽의 상림원(上林苑)에서 사냥하는 것을 읊었다.

서정부(西征賦): 중국 진(晉)나라 때 시인이자 문인인 반악(潘岳, 247~300)이 지은 글의 편명이다. 반악이 장안령이 되어 통과하는 곳의 산수와 인물을 논했다.

설문해자(說文解字): 중국 한나라 때 허신(許愼, 30~124)이 한자를 자획에 따라 분류하고 음과 뜻을 새겨 한자의 구성과 운용의 원리를 서술한 책이다. 자서(字書) 또는 자전(字典)이라고도 한다. 줄여서 설문(說文)이라고 한다.

소공(蘇恭): 당나라 때 본초학자로 소경(蘇敬, 599~674)이라고도 한다. 당나라의 공식 약전(藥典)인 신수본초(新修本草)의 편찬에 참여하였다. 신수본초는 당본초(唐本草)라고도 한다.

소송(蘇頌): 중국 송나라 때 사람(1020~1101)으로 약물학자이자, 천문학자이며 도경본초(圖經本草)와 신의상법요(新儀象法要)를 지었다.

손사막(孫思邈): 중국 당나라의 의사(581~682)로 당대의 대표적 의서인 비급천금요방(備急千金要方)과 천금익방(千金翼方) 등의 저작이 있다.

송릉집(松陵集): 당나라 말에 피일휴(皮日休, 834?~883?)와 육구몽(陸龜蒙,?~881)이 주고받은 시를 모은 책으로 어류, 물고기, 어구에 대한 고찰이 나온다.

순자(荀子): 중국 주나라 때 유학자인 순황(荀況, BC298?~BC238?)이 제자백가의 사상을 집대성한 책이다.

수경주(水經註): 중국 북위의 지리학자 역도원(酈道元, 469~527)이 각지의 하천· 수계를 기록한 지리서이다.

술이기(述異記): 중국 당(唐)대에서 송(宋)대에 걸쳐 완성된 책으로 임방(任昉, 460~508)이 찬하였다. 괴이한 전기·고사가 수록되어 있다.

습유기(拾遺記): 중국 후진(後晉) 때 왕가(王嘉)가 전설을 모은 지괴서(志怪書)로 습유록(拾遺錄)이라고도 한다.

승보지(僧寶誌): 중국 남조시대의 승려 보지(寶志, 418~514)를 말하며, 보지(保志), 보지(保誌)로 쓰기도 한다. 저서에 문자석훈(文字釋訓) 30권과 불교와 관련된 게송이 다수 있다.

시경(詩經): 고대 중국의 시가를 모아 엮은 5경(五經)의 하나로 본래 3천여 편이었다고 전하나 공자에 의해 305편으로 간추려졌다.

식감본초(食鑑本草): 중국 청나라의 시예(柴裔)가 1741년에 출간한 식품에 대한 해설서로 식감(食鑑)이라고도 부른다.

신증동국여지승람(新增東國輿地勝覽): 1530년에 이행(李荇) 등이 동국여지승람을 증수, 편찬한 조선 전기의 대표적인 관찬 지리서로 지방의 정치·경제·역사·행정·군사·사회·민속·예술·인물 등 다방면에 걸쳐 종합적으로 기록한 백과전서 형식의 책이다.

신이경(神異經): 중국 한나라 때 동방삭(東方朔, BC154~BC93)이 지은 신기하고 괴이한 이야기를 모은 책이다.

어설(魚說): 중국 송나라의 소식(蘇軾, 1037~1101)이 쓴 물고기의 우화집이다.

여씨춘추(呂氏春秋): 중국 전국시대 진(秦)나라의 재상이었던 여불위(呂不韋,

?~BC235)가 선진시대의 여러 학설과 사실·설화를 모아 편찬한 책으로 도가·유가·법가·음양가·농가 등의 설을 망라하고 있다.

역어류해(譯語類解): 조선시대 사역원에서 신이행(愼以行) 등이 1690년에 만든 중국어사전이다. 각 어휘를 문항별로 배열하고, 중국어 발음과 뜻을 한글로 적은 유별사서(類別辭書)이다.

연북록(燕北錄): 중국 송나라 사람 왕역(王易)이 쓴 지리서이다.

영남이물지(嶺南異物志): 중국 송나라 때 맹관(孟琯, 805~?)이 찬한 영남지방의 진기한 생물 등에 대한 책으로 줄여서 이물지라고도 부른다.

영표록(嶺表錄): 중국 당나라 유순(劉恂, ?~311)이 지은 책으로 중국 영남지방의 초목충어가 그림과 함께 상세하게 기록되어 있다. 영표록이(嶺表錄異), 영표록이기(嶺表錄異記)등의 명칭도 있다.

오도부(吳都賦): 중국 서진(西晉) 때의 좌사(左思, ?~306)가 부(賦)의 형식으로 삼국시대 세 나라 도읍의 번화상을 묘사한 삼도부(三都賦) 중 하나이다.

오록(吳錄): 중국 진(晋)나라 때 사람인 장발(張勃)이 쓴 삼국시대 오나라의 역사서이다.

오주연문장전산고(五洲衍文長箋散稿): 조선후기의 실학자 이규경(李圭景, 1788~?)이 쓴 고금의 사물에 대하여 고증하고 해설한 류서이다.

옥편(玉篇): 한자를 자획에 따라 분류, 배열하고 그 음과 뜻을 새긴 것으로 한자의 구성과 운용의 원리를 서술한 것이다. 자서(字書), 자전(字典)이라고도 한다.

운편(韻篇): 한자 음운에 관한 책으로 당서에는 운편 12권을 조 씨(趙氏)가 찬했다고 했다.

위무식제(魏武食制): 중국 위나라 무제(武帝, 155~220)의 사시(四時)의 식제(食制)를 정리한 책으로 사시식제라고도 한다.

위지왜인전(魏志倭人傳): 중국 남북조시대의 사학자 진수가 쓴 정사 삼국지의 위서(魏書)에 담겨 있는 동이전(東夷傳)의 왜인에 관한 조항을 가리킨다.

유람지(遊覽志): 중국 명나라 전여성(田汝成, 1503~1557)이 항주 서호지방의 명승·전설 등을 찬한 지리서로 서호유람지라고도 한다. 자산어보에는 저자가 전구성(田九成)으로 되어 있다.

유양잡조(酉陽雜俎): 중국 당나라 단성식(段成式, ?~863)이 도서·의식·풍습·동식물·의학·종교·인사 등 여러 사항에 대해 기술한 유서이다.

유효위(劉孝威): 중국 남조 양(梁)나라의 시인(490?~549)으로 변방생활을 묘사한 농두수(隴頭水)등 수십 수가 전해진다. 명나라 때 문집 유서자집(劉庶子集)이 편찬되었다.

육서고(六書故): 중국 송나라 때 대동(戴侗, 1200~1285)이 편찬한 자서(字書)이다.

육운(陸雲): 중국 서진시대의 강소성 출신의 문학자(262~303)로 육기(陸機)의 동생이며 문집으로 육운집(陸雲集)12권, 육청하집(陸清河集)이 있다.

육전(陸佃): 중국 북송 사람(1042~1102)으로 문자학에 정통하여 비아(埤雅)를 저술했다.

이기(李頎): 당나라 때 시인(690?~751)으로 개원23년(735)에 진사가 되고, 신향현위(新鄉縣尉)에 올랐다.

이물지(異物志): 중국 동한시대 양부(楊孚, 생몰 미상)가 지은 잡가서로 인물·지지·금수·곡식·과일·수목·충어 등이 기록되어 있다. 후일 비슷한 체제와 이름으로 여러 이물지가 나왔다. 만진(萬震)의 남주이물지, 심형(沈瑩)의 임해수토이물지, 초주(譙周)의 이물지, 송응(宋膺)의 이물지, 맹관(孟琯)의 영남이물지 등이다.

이시진(李時珍): 중국 명나라 때의 의약학자이자 과학자(1518~1593)로 1,892종의 약물을 분류하고 정리한 본초강목(本草綱目)을 지어 약물학의 발전에 기여하였다.

이아(爾雅): 유교 경전의 집성으로서 당나라 때 이루어진 내용문자의 뜻을 고증하고 설명하는 사전적인 성격을 지닌 책이다. 진(晉)나라의 곽박(郭璞)이 제 학자의 설을 집성하면서 여러 주석본이 나왔다. 곽박의 주와 송나라 형병(邢昺)의 이아주소(爾雅注疏), 송나라 때 정초(鄭樵)의 이아주(爾雅注), 나원(羅願)의 이아익(爾雅翼)이 있다.

이아석어소(爾雅釋魚疏): 이아는 고서의 자구를 해석한 책으로 13경의 하나이다. 석어소는 현재 전해지는 19편 중 물고기에 대한 부분이다.

이아익(爾雅翼): 중국 송나라 때 나원(羅願, 1136~1184)이 편찬한 초·목·조·수·충·어를 해설한 책이다.

이아정의(爾雅正義): 중국 청나라 때 소진함(邵晋涵, 1743~1796)이 쓴 이아의 주석서이다.

이아주(爾雅注): 송나라 때 정초(鄭樵, 1104~1162)가 쓴 이아의 주석서이다.

이어찬규집(異魚贊閨集): 중국 명말청초 때 사람인 호세안(胡世安, ?~1663)이 지은 신기한 물고기에 대한 기록으로 줄어서 이어찬(異魚贊)이라고도 한다.

이원(異苑): 중국 육조(六朝)시대 송나라의 유경숙(劉敬叔, ?390~470)이 지은 설화집. 육조시대에 많이 나온 신선·괴이에 관한 기록집인 지괴서(志怪書)의 하나이다.

이청(李晴): 정약용의 제자로 1792년생이다. 1806~1808년 다산을 자신에 집에 모시고 생활했다. 정약전이 지은 자산어보에 주석인 청안(晴案)을 달았다. 정약용이 지은 대동수경(大東水經), 상서고훈(尙書古訓)에도 크게 기여하였고, 자신의 저서로는 정관편(井觀編)을 남겼다. 1861년 우물에 빠져 사망했다.

임읍지(林邑記): 임읍은 중남반도(中南半島, Indochina) 동부의 옛 지명이다. 원래 참족(占族)의 근거지였으나 서한시대에 중국에 편입되었다. 한나라 때 동방삭(東方朔)이 지은 지지이다.

임증지남의안(臨證指南醫案): 중국 청나라 때 섭계(葉桂)가 1766년에 저술한 의서로 처방을 쓰는 기술을 많이 담고 있다. 줄여서 임증지남(臨證指南)이라고 일컫는다.

일화자제가본초(日華子諸家本草): 송나라 초에 나온 저자미상의 본초서로 간략하게 일화자본초(日華子本草) 또는 일화본초(日華本草)라고 한다.

임해수토이물지(臨海水土異物志): 중국 삼국시대 오나라의 심형(沈瑩, ?~280)이 찬한 지리서로 임해수토기(臨海水土記)라고도 한다.

임해이물지(臨海異物志): 중국 당나라 단공로(段公路, 생몰 미상)가 찬한 책이나 북호록(北戶錄)에 인용되어 있을 뿐 전모는 알 수 없다.

자서(字書): 6서에 의해 한문자를 분석하여 해석한 책으로 설문, 옥편과 같은 것이다.

자휘보(字彙補): 중국 청나라 때 오임신(吳任臣, ?~1689)이 쓴 한자자전으로 매응조(梅膺祚)의 자휘(字彙)를 보충한 책이다.

장덕순(張德順): 일명 창대(昌大)라고도 하며 1792년에 태어났다. 1807~1814년 정약전이 흑산도에 머물렀을 때 16~23세의 젊은 나이로 자산어보 작성에 기여하였다. 흑산도 인근의 대둔도에 살았다.

전여성(田汝成): 명나라 때 절강 전당(錢塘) 사람으로 벼슬을 그만 둔 후 고향으로 돌아와 명승고적을 탐방하면서 지냈다. 서호유람지(西湖遊覽志)24권, 서호유람지여(西湖遊覽志餘)26권의 저서가 있다.

절지(浙志): 절강변지(浙江匾志)의 줄인 이름으로 1522~1556년에 저술된 항주 인근의 지지이다.

정자통(正字通): 중국 명나라의 장자열(張自烈, 1564~1650)이 지은 한자 음운의 자서이다.

조수고(鳥獸考): 중국 명나라 때 신무관(慎懋官)이 지은 화이화목조수진완고(華夷花木鳥獸珍玩考)의 한 책이 조수고이다.

조벽공(趙辟公): 원나라 때인 1346년에 송사·예문지를 편찬하였으며, 그 일부에 잡록(雜錄)1권이 포함되어 있다. 잡설(雜說)이라고도 한다.

조선통어사정(朝鮮通漁事情): 세키자와(關澤明淸)와 다케나까(竹中邦香)가 1893년에 발간한 조선의 수산업 전반에 관해 조사한 보고서로 조선의 수산업 침탈을 위한 기초자료로 작성되었다.

조이기(徂異記): 중국 송나라 때 섭전(聶田, 생몰미상)이 쓴 중국의 기문일사에 관한 책이다.

주례(周禮): 주나라 왕실의 관직제도와 전국시대 각국의 제도를 기록한 유교경전의 하나이다. 원래 명칭은 주관(周官) 또는 주관경(周官經)이었는데, 전한(前漢) 말에 경전에 포함되면서 예경(禮經)에 속한다 하여 주례라 한다.

주례월령(周禮月令): 중국 고대 주나라에서 정한[周禮] 1년 동안 정례적인 정사와 의식을 기록한 책이나, 후세 시후의 뜻으로 쓰이기도 한다.

주례천관(周禮天官): 주례의 편명으로 천관총재(天官冢宰)는 국정을 전반적으로 아우르는 직책이다.

주익공(周益公): 남송시기의 대신이자 문학가인 주필대(周必大, 1126~1204)

를 말한다. 좌승상을 지냈으며 육유(陸遊), 범성대(範成大), 양만리(楊萬里) 등과 교유하였다. 성재문고(省齋文稿), 평원집(平園集) 등의 문집이 있다.

죽서기년(竹書紀年); 사기의 오류를 보정한 중국 고대 초부터 하·은·주를 거쳐 위(魏)나라의 양왕(襄王) 때까지의 편년체의 역사서이다.

지봉류설(芝峯類說): 조선의 실학자 이수광(李晬光, 1563~1628)이 1614년에 고서와 고문에서 뽑은 기사일문집인 백과사전 형식의 책이다.

집운(集韻): 중국 북송시대에 정탁(丁度)이 1039년경에 지은 중국의 운서(韻書)로 이체자(異體字)와 이독(異讀)을 널리 수록하였다.

집해(集解): 집주(集注, 集註)라고도 하며 제가의 주석을 모은 책이다.

채도명(蔡道明): 중국 진(晉)나라 사람(281~356)으로 본초강목과 화한삼재도회에는 채모(蔡謨)라고 기록되어 있다. 도명은 채모의 호이다.

청장관전서(青莊館全書): 조선 후기의 실학자 이덕무(李德懋, 1741~1763)의 저술 총서이며 청장관은 그의 호이다.

통아(通雅): 중국 명나라의 방이지(方以智, 1611～1671)가 이아의 체제를 본떠서 명물, 산수, 훈고, 음운 따위의 어원에 대하여 고증하였다.

포박자(抱朴子): 중국 동진(東晉)의 갈홍(葛洪, 283～343)이 지은 중국의 도교서로 노장사상을 기초로 하여 신선사상을 도교의 중심에 놓고, 누구나 선인이 될 수 있음을 강조하였다.

한보승(韓保昇): 중국 오대시(五代時) 후촉(後蜀)의 약학가로 역대 본초서를 참고하여 중광영공본초(重廣英公本草)를 도경(圖經)을 부가시켜 편찬하였다.

한서(漢書): 중국 후한(後漢)시대의 역사가 반고(班固, 32~92)가 저술한 기전체의 역사서로 전한서(前漢書) 또는 서한서(西漢書)라고도 한다.

해보(蟹譜): 중국 송나라 부굉(傅肱)이 게에 대해 1059년에 찬한 책이다.

해보(蟹譜): 중국 북송연간에 여항(呂亢, ?~?)이 절강성 태주부(台州府) 임해현령(臨海縣令)으로 있으면서 특히 게에 관심이 많아 해보(蟹譜)를 썼으며 12종의 게에 대해 그림을 붙인 책을 각판하였다.

해부(海賦): 중국 서진 사람인 목화(木華, ?~?)가 지은 해양수산에 관한 책으로 현허(玄虛)는 그의 자이다.

형소(邢疏): 중국 북송의 경학가인 형병(邢昺, 932~1010)이 이아를 교정하고, 그 주를 냈는데, 이를 형소(邢疏)라고도 한다.

후한서(後漢書): 중국 남북조시대에 범엽(范曄)이 편찬한 기전체 역사서로 광무제(光武帝)에서 헌제(獻帝)에 이르는 후한(後漢)의 13대 196년의 역사를 기록하고 있다. 마융전(馬融傳)은 그 편명이다. 85권 동이열전(東夷列傳)에는 부여(夫余), 읍루(挹婁), 고구려(高句驪), 동옥저(東沃沮), 예(濊), 삼한(三韓), 왜(倭)에 관한 기록이 있다.

회계지(會稽志): 중국 송나라의 시숙(施宿)과 장호(張淏) 등이 찬한 회계지방의 지지이다.

회남자(淮南子): 중국 전한(前漢)의 회남왕(淮南王) 유안(劉安, BC179~BC122)이 유학자들과 함께 지은 잡가서로 선진(先秦) 및 한대(漢代) 제가의 학설 외에 천문·지리·의학·풍속·농업기술 등 제반분야에 걸쳐 내용을 정리하였다.

어보원문에 나오는 동자, 속자, 이체자 정리

腳: 脚(다리 각)과 동자이다.
盖: 蓋(덮을 개)의 속자이며, 원자는 葢이다.
鷄: 雞(닭 계)와 동자이다.
皷: 고자(古字)로 鼓(북 고)와 동자이다.
群: 羣(무리 군)의 속자이다.
肌: 肌(살 기)가 肥(살찔 비)의 대자로 쓰이고 있다.
伏: 伏(섬 이름 대)가 伏(엎드릴 복)의 대자로 쓰이고 있다.
仝: 同(한 가지 동)과 동자이다.
蠃: 蠃(나나니벌 라)는 권패류의 총칭으로도 쓰이며 螺(소라 라)의 동자이다.
門: 鬥(싸울 투)의 별자로 쓰인다.
澀: 澁(떫을 삽)의 동자이다.
餙: 飾(꾸밀 식)자가 餙(꾸밀 희)자와 혼동되어 있다.
湥: 深(깊을 심)의 정자이며, 湥(흐를 돌)로 오기된 필사본이 여럿이다.
腮: 顋(아가미 시)의 속자이다.
美: 弄(희롱할 롱)의 속자이다.
扵: 於(어조사 어)와 동자이다.
欤: 歟(어조사 여)와 동자이다.
与: 與(어조사 여)의 동자이다.
暎: 映(비칠 영)의 속자이다.
螯: 螯(엄지발 오)와 동자로 쓰인다. 『강희자전』에 螯를 '蟹大脚也.'라고 하였다.
逾: 愈(나을 유)와 동자로 쓰이고 있다.
膓: 腸(창자 장)의 속자이다.
灾: 災(재앙 재)의 속자이다.
箸: 箸(젓가락 저)와 著(나타날 저, 붙을 착)자는 동자로도 통용되며, 着은 著의 속자이다.
吊: 吊(조상할 적)은 弔(조상할 조)의 속자로 쓰인다.

从: 從(좇을 종)과 동자이다.
蹏: 蹄(굽 제)의 동자로 쓰였다.
珎: 珍(보배 진)의 속자이다.
軆: 體(몸 체)의 속자이다.
蒂: 蔕(가시 체)와 동자이다.
烛: 燭(촛불 촉)의 속자이다.
冣: 最(가장 최)의 동자이다.
麁: 麤(거칠 추)와 동자이다.
托: 託(의탁할 탁)과 같은 의미로 쓰였다.
鬥: 鬪(싸울 투)의 동자이다.
蠏: 蟹(게 해)와 동자이다. 鮭(가물치 해, 게 해)로 된 사본도 있다.
鱠: 膾(회 회)와 鱠(회 회)는 같은 의미의 글자이다.
后: 後(뒤 후)와 동자로 쓰인다.

<참고 문헌>

■ 옛 책

徐有榘,『蘭湖漁牧志』, 국립중앙도서관 소장본.

徐有榘,「佃漁志」,『林園經濟志』, 고려대학교 중앙도서관 소장본

徐有榘,「佃漁志」,『林園經濟志』, 오사카 부립나카노시마 도서관 소장본.

愼以行·金敬俊·金指南,『譯語類解』, 1690, 홍문각 1975년 영인본.

柳　僖,『物名考』, 1824, 문아사 1974년 영인본.

李晩永,『才物譜』, 1798, 아세아문화사 1998년 영인본.

李嘉煥·李載威,『物譜』, 1820, 문아사 1974년 영인본.

李圭景,『五洲衍文長箋散稿』, 한국고전번역원 한국고전종합DB.

李德懋,『靑莊館全書』, 한국고전번역원 한국고전종합DB.

李睟光,『芝峯類說』, 한국고전번역원 한국고전종합DB.

李學逵,『物名類解』, 부산대학교 소장본.

저자 미상,『廣才物譜』, 홍문각 1988년 영인본.

丁若銓, 『玆山魚譜』, 고려대학교 중앙도서관 소장본.

丁若銓, 『玆山魚譜』, 국립중앙도서관 소장본.

崔永年,『海東竹枝』, 장학사, 1925.

韓致奫,『海東繹史』, 한국고전번역원 한국고전종합DB.

許　筠,『惺所覆瓿藁』, 한국고전번역원 한국고전종합DB.

洪命福,『方言類釋』, 홍문관 1985년 영인본.

■ 우리 책

국립수산진흥원,『유용연체동물도감: 한국연근해』, 국립수산과학원, 1999.

국립민속박물관,『한국민속대백과사전』, 국립민속박물관누리집, 2015.

김대식, '물명류고의 생물학적 연구-물고기 이름 분류를 중심으로',『새국어생활10-3』, 국립국어연구원, 2000.

김동욱, '연구번역에 있어서 주석에 관한 연구',『반교어문연구』제28집, 반

교어문학회, 2010.
김 려 지음, 김명년 옮김, 『우해이어보』, 한국수산경제신문사, 2010.
김 려 지음, 박준원 옮김, 『우해이어보』, 다운샘, 2004.
김무상, 『어류의 생태』, 아카데미서적, 2003.
김성수, '조선과학사의 한자용어 바로읽기', 『역사비평』76호, 2006.
김순자, 『제주수산물 방언자료집』, 수산업협동조합중앙회 수산경제연구원, 2014.
김언종, '자산어보 명칭고', 『한문교육연구』제21호, 한국한문교육학회, 2003.
김영주, 『자산 정약전』, 이리, 2011.
김익수, 『내가 사랑한 우리 물고기』, 다른세상, 2014.
김익수 외, 『한국어류대도감』, 교학사, 2005.
김인호, 『조선어어원편람』, 박이정출판사, 2001.
김홍석, 『우해이어보와 자산어보 연구』, 한국문화사, 2008.
김홍석, '어명의 명명법에 대한 어휘론적 고찰', 『국어국문과 국문학논집』, 단국대학교, 2000.
김홍석, '『우해이어보』에 나타난 차자표기법 연구-어명을 중심으로', 『어문연구』109호, 한국어문교육연구회, 2001.
김 훈, 『흑산』, 학고재, 2011.
남광우 편, 『고어사전』, 교학사, 2009.
명정구, 『우리바다 어류도감』, 예조원, 2009.
민패류박물관, 『신원색한국패류도감』, 도서출판한글, 2001.
박수현, 『바다생물 이름 풀이사전』, 지성사, 2008.
방기혁, 『중국의 어구어법 및 한중간 어류명 대조표』, 해양수산부어업협정기획단, 1999.
서영상 외 13인, 『21세기 자산어보』, 국립수산과학원, 2013.
서영상, 『신 자산어보』, 아카데미서적, 2015.
서유구 지음, 김명년 역, 『전어지』, 한국어촌어항협회, 2007.
서유구 지음, 이두순 역, 『난호어명고』, 수산경제연구원, 2015.
손택수, 『바다를 품은 책 자산어보』, 아이세움, 2012.

여찬영, '우리말 물고기 명칭어 연구', 『전통문화연구9호』, 효성여대 한국전통문화연구소, 1994.

오세영, 『소설 자산어보』, 문예춘추사, 2012.

유재명, 『물고기백과』, 행림출판, 1996.

유종생, 『한국패류도감』, 일지사, 1995.

이광정, '어류 명칭의 문헌적 고찰 및 방언조사1.', 『국어문법연구II.』, 역락, 2003.

이기석·한백우 해역, 『시경』, 홍신문화사, 1999.

이덕일, 『정약용과 그의 형제들』, 김영사, 2004.

이옥 지음, 실시학사 고전문학연구회 역, 『이옥전집 3. 벌레들의 괴롭힘에 대하여』, 휴머니스트, 2009.

이태원. 『현산어보를 찾아서 1~5』, 청어람미디어, 2003.

이화영, 『술이기 시론 및 역주』, 이화여자대학교 석사학위 논문, 2004.

임종욱, 『중국역대 인명사전』, 이회문화사 2010.

장유승, '학술번역이란 무엇인가', 『한국고전번역연구』제3집, 한국고전번역원, 2012.

정명현, 「정약전의 자산어보에 담긴 해양 박물학의 성격」, 서울대학교 석사학위 논문, 2002.

정문기, 『물고기의 세계』, 일지사, 1997.

정문기, 『한국어도보』, 일지사, 1991.

정석조, 『상해 자산어보』, 신안군, 1998.

정약용 지음, 정해렴 역주, 『아언각비·이담속찬』, 현대실학사, 2005.

정약전 지음, 정문기 옮김, 『자산어보』, 지식산업사, 2004.

정양완 외 3인, 『조선후기한자어휘검색사전』, 한국정신문화연구원, 1997.

정학유 지음, 허경진·김형태 옮김, 『시명다식』, 한길사, 2007.

최기철, 『한국담수어도감』, 향문사, 2002.

최성환, '정약전의 흑산도 유배생활과 저술활동', 『지역과 역사』제36호, 부경역사연구소, 2015.

최 윤, 『상어』, 지성사, 1999.

최 윤·김지현·박종영, 『한국의 바닷물고기』, 교학사, 2008.

최윤·박종영, 『한국의 민물고기』, 교학사, 2008.
한국고전번역원, 『고전번역서』, 『한국문집총간』, 『국학원전』 데이터베이스.
한국민족문화대백과사전편찬위원회, 『한국민족문화대백과사전』, 한국정신문화연구원, 1991.
한승원, 『흑산도 하늘 길』, 문이당, 2005.
황선도, 『멸치 머리엔 블랙박스가 있다』, 부키, 2013.
황인경, 『소설 목민심서』, 북스타, 2014.
허경진, 『손암 정약전 시문집』, 민속원, 2015.
해양과학협회, 『해양과학용어사전』, 아카데미서적, 2005.
홍기옥, '남해안 어촌지역 어획물 명칭연구', 『방언학』제16호, 한국방언학회, 2012.홍기옥, '조개류 생물어의 어휘 분화 양상 연구', 『인문연구』제69호, 영남대학교, 2013.
홍성윤, 『한국해양무척추동물도감』, 아카데미서적, 2006.
홍순탁, '자산어보와 흑산도방언', 『호남문화연구』창간호, 전남대학교 호남문화연구소, 1963.

■ 외국 책

邵廣昭·陳靜怡, 『魚類圖鑑-臺灣七百種常見魚類圖鑑』, 遠流出版事業股份有限公司, 2012.
愛德蒙·雷布隆 著, 朱劉華 譯, 『垂釣手册』, 貴州科技出版社, 2004.
劉敏·陳駿·楊經雲, 『中國福建南部 海洋魚類圖鑑』, 海洋出版社, 2013.
蔣青海, 『釣魚方法大全』, 中國 江蘇科學技術出版社, 2006.
周銘泰·高瑞卿, 『臺灣淡水及河口魚圖鑑』, 晨星出版, 2011.
關澤明清·竹中邦香, 『朝鮮通漁事情』, 團團社書店, 1893.
寺島良安, 『倭漢三才圖會』, 吉川弘文館, 1906.
日本魚類学会 編, 『魚名大辞典』, 三省堂, 1981.
中村守純, 『原色淡水魚檢索圖鑑』, 北隆館, 1993.
蒲原稔治, 『原色日本海水魚圖鑑 I. II.』, 保育社, 1995.
下啓助·山脇宗次, 『韓國水産業調査報告』, 朝鮮統監府, 1905.

<어명 색인>

1. 한글 어명

(ㄱ)

(ㄴ)

2. 한자 어명

(ㄱ)

(ㄴ)

(ㄷ)

(ㄹ)

(ㅁ)

(ㅂ)

(ㅊ)

(ㅌ)

신역 자산어보

2016년 10월 15일 1판 1쇄

글 이두순
그림 강우규

편집 최영수 김지한
인쇄 동양문화인쇄포럼

펴낸이 김수경
펴낸곳 도서출판 목근통
등록번호 제 6-0609
등록일자 2002년 6월 25일
주소 서울·동대문구 고미술로 100 603호
전화 02)2242-7120, 02)2242-2248
팩스 02)2213-2247
전자우편 dongyt@chol.com

ISBN : 978-89-958363-7-8 93520
저작권자와 맺은 협약에 따라 인지를 생략합니다.

값은 뒤 표지에 적혀 있습니다.
잘못 만든 책은 서점에서 바꾸어 드립니다.